电子及电力电子器件实用技术问答

编　著　方大千　郑　鹏　朱丽宁
参　编　方大中　方亚平　方亚敏　张正昌

金盾出版社

内 容 提 要

本书以问答的形式较系统全面地介绍了电子及电力电子器件实用技术。全书共分十六章。内容包括:电阻和电容器、二极管、稳压管和光电元件,三极管和场效应管,运算放大器、时基集成电路和固态继电器,整流电路和稳压电源,放大电路和振荡电路,数字电路,晶闸管及其保护,触发电路和反馈电路,晶闸管实用电路,变频器,软起动器,LOGO! 和 easy,电力模块和电源模块,晶闸管控制模块和直流调速模块,电动机控制模块和电控设备电子模块等。

本书通俗易懂、内容丰富、紧密结合实际,突出实用性、新颖性、可查性,可供从事电子、电气技术工作的工厂、农村及电力企业电工学习,也可供电气技术人员参考。

图书在版编目(CIP)数据

电子及电力电子器件实用技术问答/方大千,郑鹏,朱丽宁编著.—北京:金盾出版社,2009.10
ISBN 978-7-5082-5880-5

Ⅰ.电… Ⅱ.①方…②郑…③朱… Ⅲ.①电子器件—问答②电力系统—电子器件—问答 Ⅳ.TN103-44 TN303-44

中国版本图书馆 CIP 数据核字(2009)第 118218 号

金盾出版社出版、总发行
北京太平路 5 号(地铁万寿路站往南)
邮政编码:100036 电话:68214039 83219215
传真:68276683 网址:www.jdcbs.cn
封面印刷:北京金盾印刷厂
正文印刷:北京金盾印刷厂
装订:永胜装订厂
各地新华书店经销
开本:850×1168 1/32 印张:25.75 字数:667 千字
2009 年 10 月第 1 版第 1 次印刷
印数:1~8 000 册 定价:48.00 元

前　言

随着电力电子技术及微电子技术的快速发展,新产品、新技术层出不穷。电子及电力电子器件在各行各业的应用十分广泛,其实用技术已深深融入电工技术中。当今时代,竞争激烈,作为一名现代电工,若不掌握好电子及电力电子实用技术,会对工作造成很大障碍,更谈不上创新。为了提高电气工作者的电子及自动化技术水平,跟上时代发展的需要,我们编写了《电子及电力电子器件实用技术问答》一书。本书紧紧围绕电子及电力电子器件实用技术在电工技术中的应用,较为系统全面地介绍了电子及电力电子器件的选择、使用、基本计算及实用线路。重点介绍了运算放大器、时基集成电路、稳压电源、振荡电路、数字电路、晶闸管、变频器、软起动器、LO-GO! 和 easy、电力模块、电源模块、晶闸管控制模块、直流调速模块、电动机控制模块和电控设备电子模块等实用技术和新器件、新技术。

编者长期从事电气、自动化工作,负责过国内外许多自动化生产线的电气安装、调试工作,以及设计工作,所开发的多种工业自动控制设备在全国各地推广使用,小水电产品并销往国外,熟悉工业电子及电力电子技术,能保证该书的实用性、先进性。

本书叙述深入浅出,通俗易懂,重点突出应用,突出理论联系实际,以解决具体问题为最终目的。在本书的编写过程中得到了方成、方立、朱征涛、张荣亮、方欣、许纪秋、那罗丽、方亚云、那宝奎、卢静、费珊珊、孙文燕、张慧霖的大力帮助,在此一并表示感谢。

限于作者的水平,不妥之处在所难免,望广大读者批评指正。

编　者

目　　录

一、电阻和电容器

1. 电阻有哪些种类?

电阻的种类及代号见表 1-1。电阻的标称功率系列有:0.05W,0.125W,0.25W,0.5W,1W,2W,5W,10W,25W,50W,100W 等。线绕电阻的标称功率除上述系列外,还有 150W,250W,500W。常用电阻的最高工作温度见表 1-2。

表 1-1　电阻的种类及代号

代号	种　类	代号	种　类
RT	碳膜电阻	RHZ	高阻合成膜电阻
RH	合成碳膜电阻	RHY	高压合成膜电阻
RJ	金属膜电阻	RHZZ	真空兆欧合成膜电阻
RY	氧化膜电阻	RJJ	精密合成膜电阻
RC	沉积膜电阻	RXY	被釉线绕电阻
RX	线绕电阻	RXQ	酚醛涂层线绕电阻
RS	有机实心电阻	RXYC	耐潮被釉线绕电阻
RN	无机实心电阻	RXJ	精密线绕电阻
RI	玻璃釉膜电阻	RR	热敏电阻
RTX	小型碳膜电阻	RM	压敏电阻
RTL	测量用碳膜电阻	RG	光敏电阻
RTCP	超高频碳膜电阻		

表 1-2　电阻最高工作温度(℃)

类　型	最高工作温度	最高环境温度 (允许负载为额定功率)
碳膜电阻	+100	+40
金属膜电阻	+125	+70
氧化膜电阻	+125	+70

续表 1-2

类　型	最高工作温度	最高环境温度（允许负载为额定功率）
沉积膜电阻	＋100	＋70
合成膜电阻	＋70～85	＋40
线绕电阻	＋70～100	＋40

2. 三种常用电阻有什么特点？

常用的电阻有碳膜电阻、金属膜电阻和线绕电阻。

(1)碳膜电阻　碳膜电阻的电阻体是在高温下将有机化合物热分解产生的碳沉积在陶瓷基体表面而制成。它具有阻值范围宽、电阻稳定性好、受电压和频率的影响小、脉冲负载稳定、电阻温度系数不大等优点，因此使用最广。碳膜电阻阻值范围在几欧至几十兆欧。在－55℃～＋40℃的环境温度中，可按 100％的额定功率使用。

(2)金属膜电阻　金属膜电阻的电阻体是通过真空蒸发或阴极溅射，沉积在陶瓷基体表面上的一层很薄的金属或合成膜。与碳膜电阻相比，金属膜电阻阻值精度高、稳定性好、噪声小、温度系数小、工作环境温度范围宽、耐高温、体积小。但它的脉冲负载能力差。阻值范围在 1Ω～$200M\Omega$。在－55℃～＋70℃的环境温度中，可按 100％的额定功率使用。

(3)线绕电阻　线绕电阻是用高电阻率的合金线绕在绝缘骨架上制成的。它具有较低的温度系数、阻值精度高、稳定性好、抗氧化、耐热、耐腐蚀、有较高的强度和耐磨性、电阻功率大等优点。但其绕线具有分布电感和分布电容，故它的高频性能差、时间常数大，限制了高频使用，不宜用于晶闸管换相的阻容保护。线绕电阻体积大。阻值范围 0.1Ω～$5M\Omega$。工作温度可达 315℃。

3. 怎样识别电阻的色标？

电阻的色标见表 1-3；电阻色标的表示方法如图 1-1 所示。

表 1-3　电阻的色标

颜　色	A 第 1 位数	B 第 2 位数	C 倍乘数	D 允许误差
黑	—	0	×1	
棕	1	1	×10¹	±1%
红	2	2	×10²	±2%
橙	3	3	×10³	
黄	4	4	×10⁴	
绿	5	5	×10⁵	±0.5%
蓝	6	6	×10⁶	±0.2%
紫	7	7	×10⁷	±0.1%
灰	8	8		
白	9	9		
金	—	—	×0.1	±5%
银	—	—	×0.01	±10%
无色(体色)				±20%

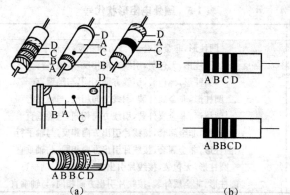

图 1-1　电阻色环表示

(a)外形　(b)符号

例　ABCD 分别为红红棕金,则电阻值为 $220(1+5\%)\Omega$;分别为黄紫橙银,则电阻值为 $47(1\pm10\%)\mathrm{k}\Omega$;若 ABC 分别为黄紫红,则电阻值为 $4.7(1+20\%)\mathrm{k}\Omega$。

精密电阻的色环标志用五个色环表示,如 ABBCD 分别为棕黑绿棕红,则电阻值为 $1.05(1+2\%)\mathrm{k}\Omega$。

4. 怎样识别国外电阻?

(1)国外电阻的标志代号含义如下:

□　　□　　□　　□　　□　　□　　□
种类　外形　特性　额定功率　电阻值　允许误差　其他

(2)国外电阻种类与代号见表 1-4。

表 1-4　国外电阻种类与代号

代号	种　类	代号	种　类
RD	碳膜电阻	RK	金属化电阻
RC	碳质电阻	RB	精密线绕电阻
RS	金属氧化膜电阻	RN	金属膜电阻
RW	线绕电阻		

(3)国外电阻形状代号见表 1-5。

表 1-5　国外电阻形状代号

代号	形　状
05	圆柱形,非金属套,引线方向相反,与轴平行
08	圆柱形,无包装,引线方向相反,与轴平行
13	圆柱形,无包装,引线方向相同,与轴垂直
14	圆柱形,非金属外装,引线方向相反,与轴平行
16	圆柱形,非金属外装,引线方向相同,与轴垂直
21	圆柱形,非金属套,接线片引出方向相反,与轴平行
23	圆柱形,非金属套,接线片引出方向相同,与轴垂直
24	圆柱形,无包装,接线片引出方向相同,与轴垂直
26	圆柱形,非金属外装,接线片引出方向相同,与轴垂直

(4)国外电阻特性代号见表 1-6。

表 1-6　国外电阻特性代号

代号	特性	备　注	代号	特性	备　注
Y	一般型	适用于 RD、RS、RK 三种	H	高频率型	
GF	一般型	适用于 RC	P	耐脉冲型	
J	一般型	适用于 RW	N	防温型	
S	绝缘型		NL	低噪声型	

(5)国外电阻额定功率代号见表 1-7。

表 1-7　　国外电阻额定功率代号

代号	2B	2E	2H	3A	3D
额定功率(W)	0.125	0.25	0.5	1	2

(6)国外电阻值允许误差代号见表 1-8。

表 1-8　　国外电阻值允许误差代号

代号	B	C	D	F	G	J	K	M
允许误差(%)	±0.1	±0.25	±0.5	±1	±2	±5	±10	±20

(7)电阻值的数字表示如下:第一、二位数为有效数,第三位数为"0"的个数,R 表示小数点,单位为 Ω。

例　2R4(2.4Ω),390(39Ω),511(510Ω),113(11kΩ),364(360kΩ)。

(8)国外电阻的色标,其色环的颜色意义与我国的完全相同。

5. 怎样选用电阻?

(1)对于一般的要求,可选用实心电阻或碳膜电阻。实心电阻可靠性较高,能减少设备的维修;碳膜电阻电性能较好,价格低廉,可用于一般的电子线路中。

(2)对于稳定性和电性能要求较高的电子线路,可选用金属膜电阻。它的外表通常为红色。

(3)对于高频和高速脉冲电路,一般可选用无感电阻,如薄膜型电阻。

(4)对于大功率的场合,可选用线绕电阻或金属氧化膜电阻。

(5)电阻的额定功率必须大于电阻阻值与回路电流的平方之乘积。为了防止过热老化,一般应大于 2～3 倍;如果是配换电阻,其额定功率必须不小于原电阻的额定功率,以防烧坏。

(6)配换电子电路中的电阻,有时并不十分严格,一般规律是阻值越大的电阻越可以不必精确。当然还是选阻值相等或接近的为好。

(7)配换直接影响仪器仪表测量准确度的电阻时,应特别仔细,不仅阻值偏差应在允许偏差范围内,而且电阻的类型也宜相同。配换电阻的准确度和稳定性指标宁可偏高而不应降低。

6. 怎样测量电阻的阻值?

电阻的阻值可用万用表电阻挡进行测量,精密的电阻或电阻值极小的电阻,可以用电桥测量。测量时应注意以下事项:

(1)测量前,先调整机械调零,使指针处在无穷大("∞")的位置上,然后选好适当的量程(估计被测电阻电阻值,能使指针尽量接近中心刻度,以提高测量准确度)。

(2)测量前将两根表笔搭在一起短路,调节零点调整电位器,使指针偏转到零位。每改变一次量程都要重新调零,以保证测量的准确性。如果无法调节指针到零位,说明表内电池不足或内部接触不良,应更换电池或修刮掉电池夹板上的氧化层和污物。

(3)测量时两手手指不可触及两表笔的金属部分,也不可触及被测电阻的引线,否则人体电阻(1 500~2 000Ω)并联在被测电阻上,将造成测量结果错误。

(4)测量时,若发现被测电阻引线有脏物或有氧化层,应事先清洁引线、刮去氧化层。测量时表笔要紧压引线,使两表笔接触良好。否则会因接触电阻原因影响测量结果。

(5)测量时必须将被测电路与电源切断。当电路中有电解电容时,必须先将电容短路放电。如果电阻是焊在电路板上,测量前需看清有无其他元件与它构成回路。若有,应将电阻的一个引线从电路板上焊下来再测量。

(6)对于允许偏差要求小于±5%的电阻,应使用电桥来测量。所选用电桥的准确度要求比被测电阻的允许偏差高 3~5

倍。如 QJ23、QJ24 型直流单臂电桥,准确度较低,在 ±0.1% ~ ±1% 之内,适合测量准确度要求不高的中值电阻;QJ19、QJ36 型直流单双臂电桥,准确度在 ±0.05% 以上,适合测量高准确度的及阻值较低的电阻;QJ27 型是直流高阻电桥,专门用于测量高阻值、高准确度的电阻。

例如标称阻值 500Ω 的 RJ 精密金属膜电阻,其允许偏差为 ±1%,选用 QJ23 型单臂电桥,在 100~9 999Ω 范围内其测量准确度为 ±0.2%,可满足要求。

7. 电位器有哪些种类? 各有何特点?

常用电位器的种类及代号见表 1-9。

表 1-9　常用电位器的种类及代号

代号	类　型	代号	类　型	代号	类　型
WT	碳膜电位器	WH	合成碳膜电位器	WS	有机实心电位器
WN	无机实心电位器	WX	线绕电位器	WI	玻璃釉电位器

以上为按电阻材料分类。按其结构特点分类可分为:单圈式电位器、多圈式电位器(如 10 圈式等)、单联式电位器、双联式电位器、锁紧型电位器(防止调好的电阻值变化)、带电源开关式电位器、非锁紧型电位器、贴片式电位器等。

几种常用电位器的特点如下:

(1)碳膜电位器　它具有分辨率高、阻值范围广(470Ω~ 4.7MΩ)、寿命长、结构简单、价格低廉等优点,但功率不高,一般小于 2W。

(2)合成碳膜电位器　它具有分辨率高、阻值范围广(470Ω~ 4.7MΩ)、容易获得直线式或函数式输出特性、价格低廉等优点,但它的电流噪声和非线性较大,耐潮性及阻值稳定性差。

(3)线绕电位器　它具有较好的温度稳定性且耐热性能好、

接触电阻小、精度高、功率大(如 500W)等优点,但它的分辨率低,阻值较小(100Ω～100kΩ),且有分布电感和分布电容,限制了它的高频使用。

(4)玻璃釉电位器　它具有耐温性好(满负荷温度可达+85℃)、耐潮性好、分布电感和分布电容小、寿命长、阻值范围广(47Ω～47MΩ)等优点,但它的接触电阻变化大,电噪声大。

8. 怎样选用和测量电位器?

(1)电位器的选用

①正确选择电位器的样式和结构。如直接安装在印制电路板上,应选择微调电位器、带插脚的实心电位器等;如要求调好后防止阻值变化的,应选用带锁扣(锁紧型)电位器;如要求使用时电阻值变化范围很小的,可选用多圈电位器;如要求使用带旋盘的,则应选用长轴柄电位器等。

②电位器的额定功率可按电阻的功率选取,但电流应取电位器阻值为零时流过电位器回路的电流。

③根据调节对象的要求,可选择阻值变化特性为直线式、对数式、反对数式的电位器。它们分别用 X、D、Z 表示。直线式电位器多用于分压电路中;对数式电位器多用于音量控制电路中;反对数式电位器多用于音调控制电路中。

电位器的阻值变化特性[即电位器在旋转(或直滑)时,阻值变化的规律]如图 1-2 所示。

④对于用于电视机、CD 唱机等家用电位器及其他对噪声要求小的电子设备,应选用动噪声小的电位器。

⑤电位器不能在高温及潮湿环境下使用。

(2)电位器的测量

①先测量总电阻值是否与标定值相符,是否有开路现象。

②再测试其滑动臂工作情况,看滑动触头接触是否良好,阻

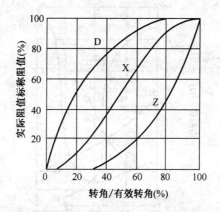

图 1-2   电位器阻值变化特性

值变化是否连续而均匀,阻值能否调到零。如果旋转电位器转轴,万用表指示的电阻值有跌落现象,说明滑动触头接触不良。

9. 热敏电阻有哪些种类?各有何特点?

热敏电阻(即半导体热敏电阻)的电阻阻值对温度很敏感,其电阻温度系数大约是金属的 10 倍。热敏电阻温度系数与金属不同,可以是正的,也可以是负的,阻值能随温度升高而变大的称为正温度系数的热敏电阻(如 PTC 型),阻值能随温度升高而变小的称为负温度系数的热敏电阻(如 NTC 型)。此外,还有临界热敏电阻(CTR 型)和线性热敏电阻(LPTC 型)等。较为常用的是前两种。

PTC、NTC、CTR 和 LPTC 四类热敏电阻的特性曲线如图 1-3 所示。PTC 热敏电阻,当温度超过规定值(通称参考温度或动作温度),其电阻值急剧上升。PTC 的冷态电阻值不大,一般只有几十欧,当温度增加到动作温度时,其阻值剧增到 20kΩ 左右。

各类热敏电阻的性能比较见表 1-10。

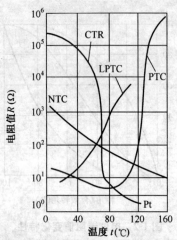

图 1-3   各类热敏电阻的特性曲线

表 1-10   各类热敏电阻的性能比较

类型	使用温度范围(℃)	优　点	缺　点	材料成分
NTC	−252～900	负电阻温度系数大	工作温区窄	Co、Mn、Ni、Fe 等过渡金属氧化物
PTC	−55～200	正电阻温度系数大	工作温区窄	$BaTiO_3$ 掺杂稀土元素
CTR	55～62	临界温度点变化大	精度差	VO_2 掺杂
LPTC	−20～120	线性变化	工作温区窄	Si 单晶掺杂

　　几种 PTC 和 NTC 热敏电阻的阻值参数见表 1-11 和表 1-12。

表 1-11   正温度系数热敏电阻的参数

参 数 名 称	单位	RZK—95℃	RRZW0—78℃	RZK—80℃	RZK—2—80℃
25℃阻值	Ω	18～220	≤240	50～80	≤360
Tr−20℃阻值	Ω	≤250	≤260	≤120	≤620
Tr−5℃阻值	Ω	≤450	≤380	≤500	—
Tr+5℃阻值	Ω	≥1000	≥600	≥1100	≥1.9kΩ
Tr 阻值	Ω	≥550	≥400	≥500	≥4kΩ

表 1-12 负温度系数热敏电阻的参数

名　称	电阻值 (kΩ)25℃	B 常数①	使用 温度范围(℃)	D. C. (kW/℃)	T. C. (s)
片状热敏电阻	0.5~500±1, ±3%	3450~4100±1, ±3%	−40~125	1~2	3~5
玻封热敏电阻	2~1000±3, ±5%	3450~4400±1, ±3%	−50~300	1~2	5~15
超小型热敏电阻	1~300±3, ±5%	3450~3950±1%	−30~100	0.1~0.4	0.1~0.2 (水中)
超高精度热敏电阻	30~100	3950	−30~100	1~2	3~5
体温计、室温计 专用热敏电阻	50~300±1, ±3%	3400~4100±5, ±1%	−40~125	1~2	3~5
盘型热敏电阻	2~100±3, ±5%	3950~4400±2%	−30~120	5	15

① 在 25℃,50℃算出;D. C. 为热耗散常数;T. C. 为热时间常数。

　　根据国际电工委员会(IEC)的要求,PTC 热敏电阻的温度-电阻特性允许值如下:当温度低于动作温度 20℃时,PTC 的电阻值应小于 250Ω;高于动作温度 15℃时,电阻值应大于 4kΩ。

10. PTC 和 NTC 热敏电阻各有何用途?

　　(1)正温度系数热敏电阻(PTC)的主要用途

　　①彩色电视机消磁。

　　②电动机过热保护。将其安装在绕组中或轴承处,当电动机绕组或轴承温度过高时,PTC 元件电阻值急剧增大,切断电源。PTC 热敏电阻的额定响应温度范围为 60℃~180℃,可根据具体要求选用。MZ61 系列电动机过热保护用热敏电阻主要参数见表 1-13。

表 1-13　MZ61 系列电动机过热保护用 PTC 型热敏电阻的主要参数

| 参数

型号 | 控温点(温
度以间隔
5℃成系列)
温度代号 | 对应于规定温度下的电阻值(kΩ) | | | | 使用环境
温度(℃) | 时间
常数
(s) | 绝缘
电阻
值
(MΩ) |
		开关 温度为 −20℃	开关 温度为 −5℃	开关 温度为 +5℃	开关 温度为 +15℃			
MZ61-1	T50〜T60	≤0.55	≤1.2	≥2.8	≥8.5	−40〜+30	≤15	≥100
MZ61-2	T85〜T120	≤0.75	≤0.5	≥1.3	≥4	−40〜+30	≤15	≥100
MZ61-3	T126〜T158	≤0.75	≤0.5	≥1.3	≥4	−40〜+30	≤15	≥100

③作为不熔断的熔断器用作设备的过热保护。如新型 0805 型片式 PTC 热敏电阻[$R_{25}=470Ω×(1±50\%)$],可探测温度范围为 85℃〜145℃,测温精度±5℃。当超过 PTC 元件的接通、断开温度时,其电阻值由 470Ω 升到 4.7kΩ,从而起到过热保护作用。

(2)负温度系数热敏电阻(NTC)的主要用途

①温度补偿。主要用于晶体管电路的温度补偿,如计算机时钟晶振器的温度补偿和液晶显示器(LCD)的温度补偿。

②温度控制。这是 NTC 的主要用途,温控精度范围为±0.1℃〜±1℃。它广泛用于空调、冰箱、热水器、微波炉、电饭煲等家用电器和汽车等设备中。通常采用树脂包封和铜壳灌封结构的热敏电阻,能较好地满足防潮、耐久、足够功耗等要求。

③抑制浪涌电流。将 NTC 元件与负载串联,可有效抑制电器或电源在开关瞬间产生的浪涌电流,避免使熔丝、MOS 器件等烧坏。

普通热敏电阻的主要参数和应用范围见表 1-14。

表 1-14 普通型 NTC 热敏电阻的主要参数

参数 型号	标称电阻值范围	额定功率 （W）	最高工作 温度（℃）	热时间 常数(s)	用　途
MF11	10～100Ω/110Ω～ 4.7kΩ/5.1Ω～15kΩ	0.25	85	≤60	温度补偿、温 度检测、温度控 制
MF12-1	1Ω～430kΩ/ 470kΩ～1MΩ	1	125	≤60	
MF12-2	1Ω～100kΩ/ 110kΩ～1MΩ	0.5	125	≤60	
MF12-3	56～510Ω/ 560Ω～5.6kΩ	0.25	125	≤60	
MF13	0.82Ω～10kΩ/ 11Ω～300kΩ	0.25	125	≤30	
MF14	0.82Ω～10kΩ/ 11Ω～300kΩ	0.5	125	≤60	温度控制、温 度补偿
MF15	100Ω～47kΩ/ 51Ω～100kΩ	0.5	155	≤30	
MF16	10Ω～47kΩ/ 51Ω～100kΩ	0.5	125	≤60	
MF17	6.8kΩ～1MΩ	0.25	155	≤20	

11. 怎样测量热敏电阻的阻值并估算其在某一温度时的阻值?

（1）热敏电阻的测量　测量热敏电阻时应注意以下事项：

①先在室温下测量热敏电阻的阻值。当阻值与标定值基本相符后，再测量其热态阻值。

②测量热敏电阻阻值时，可用手捏住热敏电阻，使其温度升高，也可用灯泡或电烙铁等热源靠近热敏电阻进行测量。对于正温度系数的热敏电阻，当温度升高时，阻值增大；对于负温度系数的热敏电阻，当温度升高时，阻值减小。

多数热敏电阻是负温度系数型，阻值随温度上升而减小的速度约为阻值的(2%～5%)/℃。一般室温(25℃左右)下测得的阻值，可用手指捏住电阻观察其阻值是否下降了 20%～50%。

(2)热敏电阻在某一温度时阻值的估算　热敏电阻的标称电阻值 R_{25},是指在基准温度为 25℃时的电阻值。以常用的具有负温度系数的热敏电阻为例,其随温度变化的阻值,可按温度每升高 1℃,其阻值减少 4%估算。即可按下式估算:

$$R_t = R_{25} \times 0.96^{(t-25)}$$

式中　t——电阻的温度。

例如,某热敏电阻在 25℃时的阻值为 300Ω,则在 30℃时的阻值为

$$R_{30} = 300 \times 0.96^{(30-25)} = 244.6(\Omega)$$

12. 热敏电阻怎样代用?

当现有的热敏电阻的规格不符合电路实际要求时,可以通过串、并联普通电阻的方法代用。例如,电路需要一个如下的热敏电阻 R_{1T}:在 25℃时的阻值 $R_{1T25}=440\Omega$,在 50℃时的阻值 $R_{1T50}=240\Omega$。现仅有热敏电阻 R_{2T},其特性是:在 25℃时 $R_{2T25}=600\Omega$,在 50℃时 $R_{2T50}=210\Omega$。为了使 R_{2T}接入电路后达到 R_{1T}所要求的温度特性,可接成如图 1-4 所示的电路,只要合理选择 R_1 和 R_2 的阻值即可。

R_1 和 R_2 可按下列公式计算:

$$R_{1T50} = \frac{(R_{2T50} + R_2)R_1}{R_{2T50} + R_2 + R_1}$$

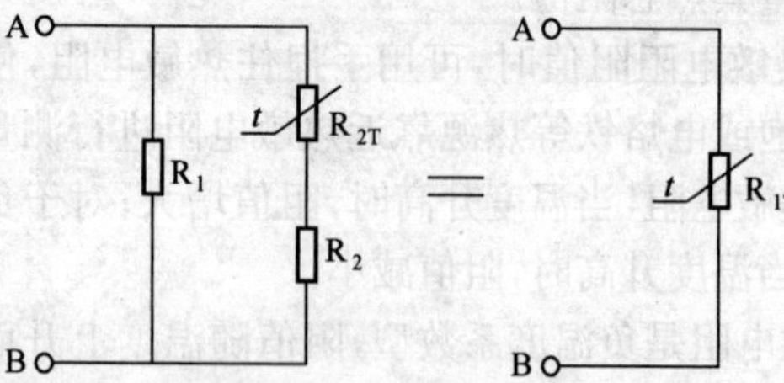

图 1-4　热敏电阻的代用

$$R_{1T25} = \frac{(R_{2T25} + R_2)R_1}{R_{2T25} + R_2 + R_1}$$

将具体数值代入上式,可得

$$\begin{cases} 240 = \dfrac{(210 + R_2)R_1}{210 + R_2 + R_1} \\[3mm] 440 = \dfrac{(600 + R_2)R_1}{600 + R_2 + R_1} \end{cases}$$

解此方程组,得 $R_1 = 1\,218\Omega$, $R_2 = 89\Omega$。

按电阻标称值选择 $R_1 = 1\,200\Omega$, $R_2 = 91\Omega$。

13. 电容器有哪些种类？各有何特点？

(1)电容器的种类　电容器的种类很多,其标志符号见表 1-15。

表 1-15　电容器的标志符号

电容器介质材料	代号	电容器介质材料	代号
钽	A	合金电解	G
聚苯乙烯	B①	复合介质	H
高频瓷	C	玻璃釉	I
铝电解	D	金属化纸	J
其他材料电解	E	涤纶	L②
铌电解	N	云母纸	V
玻璃膜	O	云母	Y
漆膜	Q	纸介	Z
低频瓷	T		

注:①除聚苯乙烯外其他非极性有机薄膜时,在 B 后加一个字母区分,如聚四氟乙烯用 BF 表示;

②除涤纶外其他极性有机薄膜时,在 L 后加一字母区分,如聚酸酯用 LS 表示。

(2)几种最常用电容器的特点

①金属化纸介电容器(CJ)。金属化纸介电容器是用真空蒸发法在涂有漆的纸上蒸发极薄的金属膜作为电极,并用其卷成芯,套上外壳,加上引线封装而成。它具有体积小、电容量大、工

作电压高、价格低等优点。但其稳定性差、损耗大、绝缘电阻值较低。主要用于低频电路或直流电路中,以及对稳定性要求不高的电路中。

②塑料薄膜介质电容器(CB)。它的制造方法和结构与金属化纸介电容器相似。它以聚苯乙烯、聚四氟乙烯、聚碳酸酯等有机薄膜为介质。它具有体积小、绝缘电阻值较高、漏电极小、耐压较高等优点,但其耐热性较差。广泛用于电子设备、仪器、仪表和家用电器中。

③瓷介电容器(CC)。瓷介电容器以陶瓷材料为介质,其电极在瓷片表面,是用烧结渗透法形成银层面构成,并焊出引线。它具有耐热性好、稳定性好、耐腐蚀性好、介质损耗小、绝缘性好、体积小等优点,但其容量较小、机械强度低。常用于高频电路中。

④玻璃釉电容器(CI)。玻璃釉电容器是在已经烧结的玻璃釉薄片上涂敷银电极,将几片叠在一起熔烧,再在端面上涂银,并焊出引线制成。为了防潮,电容器外面涂有绝缘层。它具有耐高温、抗潮湿、损耗小等优点,可与瓷介电容器和云母电容器相比。

⑤云母电容器(CY)。云母电容器是以云母作为介质,在两块铝箔或钢片间夹上云母绝缘层,并从金属箔片上接出引线制成。它具有稳定性高、绝缘电阻值高、电容量精密、温度特性好、频率特性好等优点。广泛用于对电容器稳定性和可靠性要求较高的场合。

⑥电解电容器(CD)。电解电容器的介质是一层极薄的附着在金属极板上的氧化膜,其阳极是附着有氧化膜的金属极,阴极为电解液。电解电容器按阳极材料不同可分为铝电解电容器、钽电解电容器和铌电解电容器,最常用的是铝电解电容器。它具有电容量大、质量小、介电常数比较大、价格低等优点。但其电容量误差大、稳定性差、耐压不高。主要用于低压电路中。钽电解电

容器、铌电解电容器具有稳定性好、绝缘电阻值高、漏电流小、寿命长、使用温度范围广等优点,但其价格高。通常用于要求高的电路中。

14. 怎样识别国外电容器?

(1)国外电容的标志代号含义如下:

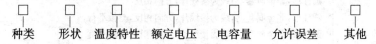

种类　　形状　温度特性　额定电压　电容量　允许误差　其他

(2)国外电容的种类与代号见表1-16。

表1-16　国外电容的种类与代号

代号	电 容 种 类	代号	电 容 种 类
CE	电解电容	CH	金属化纸介电容
CK	瓷介电容(高介电常数)	CQ	塑料薄膜电容
CC	温度补偿瓷介电容	CPM	纸聚酯薄膜电容
CP	纸介电容	CS	钽电解电容
CM	云母电容		

(3)国外电容外形代号见表1-17。

表1-17　国外电容外形代号

代号	形　　　　状
01	圆柱形,金属封装,引线方向相反,与轴平行
02	圆柱形,金属封装,引线方向相反,与轴平行,有套管
03	圆柱形,金属封装,引线方向相同,与轴平行
04	圆柱形,金属封装,引线方向相同,与轴平行,有套管
05	圆柱形,非金属套,引线方向相反,与轴平行
06	圆柱形,非金属套,引线方向相同,与轴平行
07	圆柱形,金属封装,引线方向相同,与轴平行
08	圆柱形,无包装,引线方向相反,与轴平行
09	圆柱形,无包装,引线方向相同,与轴平行
10	圆柱形,金属封装,引线方向相反,附安装机构
13	圆柱形,无包装,引线方向相同,与轴垂直
14	圆柱形,非金属外装,引线方向相反,与轴平行

续表 1-17

代号	形　　　状
15	圆柱形,非金属外装,引线方向相同,与轴平行
16	圆柱形,非金属外装,引线方向相同,与轴垂直
19	圆柱形,金属封装,引线为接线片,方向相反
20	圆柱形,金属封装,引线为接线片,方向相反,有套管
21	圆柱形,非金属套,引线为接线片,方向相反
22	圆柱形,非金属套,引线为接线片,方向相反,与轴平行
23	圆柱形,非金属套,引线为接线片,方向相同,与轴垂直
44	扁圆形,非金属外装,引线方向相反
45	扁圆形,非金属外装,引线方向相同
92	扁方形,非金属外装,引线方向相同
97	扁方形,无包装,引线方向相同
99	扁方形,非金属套,引线方向相同

注:①非金属套指元件上包有树脂膜。

②无包装指元件裸露或涂有涂料,但不保证绝缘。

③非金属外装指用绝缘物浸渍、涂漆或搪瓷包装。

（4）国外 CC 型电容的温度特性见表 1-18。

表 1-18　国外 CC 型电容的温度特性

代号	颜色	标称静电容量温度系数	代号	颜色	标称静电容量温度系数
A	金	+100	U	紫	−750
B	灰	+30	V		−1000
C	黑	0	W		−1500
H	棕	−30	X		−2200
D	红	−80	Y		−3300
P	橙	−150	Z		−4700
R	黄	−220	SL		+350～−1000
S	绿	−330	YN		−800～−5800
T	蓝	−470			

注:标称静电容量温度系数的单位为 $10^{-6}℃^{-1}$。

（5）国外 CC 型电容的温度系数允许误差见表 1-19。

表 1-19　国外 CC 型电容的温度系数允许误差（$10^{-6}\,℃^{-1}$）

代号	静电容量温度系数 允许误差	代号	静电容量温度系数 允许误差
G	±30	L	±500
H	±60	M	±1000
J	±120	N	±2500
K	250		

(6)国外 CC 型电容的温度系数及允许误差组合见表 1-20。

表 1-20　国外 CC 型电容的温度系数及允许误差组合表

标称静电容量	A	B	C	H	L	P	R	S	T
2pF 以下	AK	BK	CK	HK	LK	PK	RK	SK	TK
3pF	AJ	BJ	CJ	HJ	LJ	PJ	RJ	SJ	TJ
4～9pF	AH	BH	CH	HH	LH	PH	RH	SH	TH
10pF 以上	AH	BH	CH	HH	LH	PH	RH	SH	TH
2pF 以下	UK	—	—	—	—	—	SL	—
3pF	UJ	—	—	—	—	—	SL	—
4～9pF	UJ	—	—	—	—	—	SL	—
10pF 以上	UJ	VK	WK	XL	YL	ZM	SL	YN

(7)国外电容的额定耐压代号见表 1-21。

表 1-21　国外电容的额定耐压代号

数字	字　母										
	A	B	C	D	E	F	G	H	J	K	Z
	耐　压　值　(V)										
0	1.0	1.25	1.6	2.0	2.5	3.15	4.0	5.0	6.3	8.0	9.0
1	10	12.5	16	20	25	31.5	40	50	63	80	90
2	100	125	160	200	250	315	400	500	630	800	900
3	1000	1250	1600	2000	2500	3150	4000	5000	6300	8000	9000
4	10000	12500	16000	20000	25000	31500	40000	50000	63000	80000	90000

例　2E 代表 250V,3A 代表 1 000V。

(8)国外电容的电容量允许误差代号,有两种表示法,见表1-22 和表1-23。

表1-22　国外电容电容量允许误差代号(一)

静电容量≥10pF	代号	静电容量≥10pF	代号
±20%	M	±2pF	G
±10%	K	±1pF	F
±5%	J	±0.5pF	D
±2%	G	±0.25pF	C
±1%	F	±0.1pF	B

表1-23　国外电容电容量允许误差代号(二)

字母	D	F	G	J	K	M	N	P	S	Z
误差(%)	±0.5	±1	±2	±5	±10	±20	±30	+100 −20	+50 −20	+80 −20

(9)电容的标称静电容量表示法有以下两种:

①直标法。见表1-24。

表1-24　直标法

符号	M	k	h	da	d	c	m	μ	n	p
名称	兆	千	百	十	分	厘	毫	微	纳	皮
表示数	10^6	10^3	10^2	10	10^{-1}	10^{-2}	10^{-3}	10^{-6}	10^{-9}	10^{-12}

②数字法。采用三个数字表示,前两个数字为电容标称电容量的有效值,第三个数字为倍率。电解电容的单位为 μF,其他电容以 pF 为单位;以 R(或 P)表示小数点的位置。

例　2R2(2.2pF);100(10pF);223(0.022μF)。电解电容:015(1.5μF);100(10μF);331(33μF)。

另外,还有如下标法:3μ3(3.3μF);2m2(2.2mF=2 200μF)。

(10)国外电容其他代号内容见表1-25。

表 1-25　国外电容其他代号内容

代　号	内　　　　容
E	塑料薄膜电容中,使用聚酯作为介质
M	使用喷涂金属的聚酯作为介质
C	使用聚碳酸酯作为介质
P	使用聚丙烯作为介质
S	使用聚苯乙烯作为介质
F	引线为直线形
B	引线为定位弯脚

(11)国外电容表示法如图 1-5 所示。

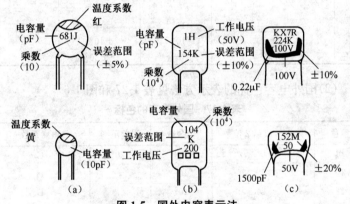

图 1-5　国外电容表示法

(a)国外 CC 型瓷片电容　(b)国外 CK 型电容　(c)国外其他电容

15. 怎样识别电容的色标?

(1)国产电容色标的表示方法见表 1-26

表 1-26　电容色标颜色

颜色	第一、第二色标 (有效数字)	第三色标 (乘数)	第四色标 (允许偏差)	工作电压 (V)
黑	0	10^0	—	4
棕	1	10^1	$\pm 1\%$	6.3

续表 1-26

颜色	第一、第二色标 （有效数字）	第三色标 （乘数）	第四色标 （允许偏差）	工作电压 （V）
红	2	10^2	±2%	10
橙	3	10^3	—	16
黄	4	10^4	—	25
绿	5	10^5	±0.5%	32
蓝	6	10^6	±0.25%	40
紫	7	10^7	±0.1%	50
灰	8	10^8	—	63
白	9	10^9	+50% −20%	—
金	—	10^{-1}	±5%	—
银	—	10^{-2}	±10%	—
无色	—	—	>±20%	—

(2)国外电容色标的表示方法见表 1-27 和图 1-6

表 1-27　国外电容的色标

颜色	第1位或第2位数	倍乘数	误差范围	温度系数
黑	0	10^0	±20%	C
棕	1	10^1		H
红	2	10^2		D
橙	3	10^3		P
黄	4	10^4		R
绿	5			S
蓝	6			T
紫	7			U
灰	8		±30%	B
白	9			SL
金		10^{-1}	±5%	A
银		10^{-2}	±10%	

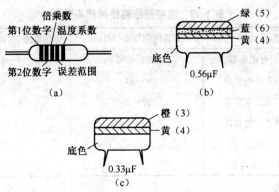

图1-6　国外电容色标的表示方法

16. 怎样选用电容器?

常用的电容器有瓷介电容器、云母电容器、有机电容器和电解电容器等。

电容器的标称电容量从几皮法至几百微法不等,电解电容器的电容量可以达上千微法。有机介质(纸介、金属化纸介、复合介质)及低频有机薄膜电容器的电容量允许误差有±5%、±10%、±20%之分,电解电容器的电容量允许误差有±10%、±20%、+50%、-20%、+100%、-10%之分。

(1)选用电容器时应考虑电容器的耐压值和最高使用频率。电容器的标称耐压值见表1-28;电容器最高使用频率范围见表1-29。

表1-28　电容器标称耐压系列

电　容　器	标称电压值(V)	
云母电容器	100、250、500	
玻璃釉电容器	40、100、150、250、500	
薄膜及金属化纸介电容器	63、160、250、400、630	
电解电容器	低压　3、6、10、16、25、32、50	
	高压　150、300、450、500	

表 1-29　电容器最高使用频率范围

电容器类型	最高使用频率(MHz)	等效电感($\times 10^{-3}$MHz)
小型云母电容器	150～250	4～6
圆片型瓷片电容器	200～300	2～4
圆管型瓷片电容器	150～200	3～10
圆盘型瓷片电容器	2000～3000	1～1.5
小型纸介电容器	50～80	6～11
中型纸介电容器	5～8	30～60

(2)根据电容器在电路中的作用合理选用其型号。例如:用作低频耦合、旁路等,可选用纸介电容器;用在高频电路和高压电路中,可选用云母电容器、瓷介电容器和塑料薄膜介质电容器;用在电源滤波或退耦电路中,应选用电解电容器;用在直流或脉动直流电路中,应选用有极性电解电容器。

(3)选用电容器时应注意环境条件。例如:在湿度较大的环境中,应选用密封型电容器;在温度较高的环境中,电容器容易老化,应选用耐热性好的电容器;在寒冷地区应选用耐寒的电解电容器。

(4)电容的额定工作电压(电容器上所标的耐压值,是指最大值)必须大于加在电容上的工作电压(指有效值)的$\sqrt{2}$倍。如果是配换电容,其额定工作电压必须不低于原电容的额定工作电压,以防击穿。

(5)配换电容器的标称容量应尽量与原电容器的容量相同或接近。在电子电路中,有的电容量取得并不十分严格,可以根据该电容器在电路中的作用,分析出配换电容器允许略大或略小于原电容器的标称容量。例如,作为滤波或旁路用的电容器,其容量允许略大或略小一些。

(6)对工作频率、绝缘电阻值要求不高的场合,可用金属化纸介电容器等代替云母电容器。

(7)可用同容量耐压高的电容器代替耐压低的电容器;用误差小的电容器代替误差大的电容器。

(8)可以用几个电容器串联或并联来代替所需容量的电容器。但串联后电容器的耐压要考虑到每个电容器上的电压降都要小于其耐压值;并联后的耐压以最小耐压电容器的耐压值为准。

串联电容器的电容量按下式计算:

$$\frac{1}{C} = \frac{1}{C_1} + \frac{1}{C_2} + \cdots + \frac{1}{C_n}$$

式中　　C——串联电容器的总电容量(μF);
$C_1, C_2, \cdots, C_n$——各电容器的电容量(μF)。

并联电容器的电容量按下式计算:

$$C = C_1 + C_2 + \cdots + C_n$$

式中　C——并联电容器的总电容量(μF)。

(9)配换仪表中作为测量桥臂元件或振荡回路元件的电容器,应特别仔细,不仅容量偏差应在允许偏差范围内,而且电容器的类型也宜相同或更为高档的(如稳定性等更好的),并且配换后必须对仪表测量准确度进行校验。

(10)配换电解电容器时必须注意正负极性不可接错。

17. 怎样测量电容器?

根据电容器的充放电原理,可以用万用表判断电容器的好坏,并可大致估计容量大小。对电解电容器,可用欧姆挡 R×1kΩ,红表笔接电容器负极,黑表笔接电容器正极。指针开始向阻值小的方向迅速摆动,然后慢慢地向无穷大("∞")方向移动,这就是电容器的充放电现象。充电摆动的幅度越大,则电容量越大。放电至一定时间,指针停止不动,这时指针所指的阻值,表示该电容漏电的大小。阻值越大,则漏电越小,电容越好。如果指针偏转到零欧位置后不再返回,则表示电容短路;相反,如果指针根本不动,则表示电容器开路。对于大于 4 700pF 的电容器也可按上述方法检查。

对于小容量(小于 4 700pF)电容器,指针只能微微摆动,不容易判断,一般来说,只要不短路就是好的。如需看充放电现象,可另附一只 NPN 型三极管如图 1-7 所示,如 3DG6 等,要求 $\beta >$100,$BV_{ceo} > 25V$,$I_{ceo} < 1\mu A$。测试时,A、B 端接被测电容器,利用三极管的放大作用,将微小的充放电电流放大,使指针有较大摆动而后复原。

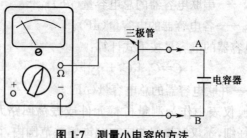

图 1-7 测量小电容的方法

用万用表 R×10Ω 挡直接测量 0.01μF 以上电容器,若指针没有任何摆动,说明电容开路。另外,测量 10μF 以上大容量电容器时,为了防止过大的放电电流将指针打弯,在测量前应先将电容器两端短路放电或通过电阻放电后再测量。放电时操作人员应有防护措施,以免发生触电事故。测量电压较低(几伏至十几伏)的电容器时,不允许用 R×10kΩ 挡测量,因为用该挡时表内电池电压为 15~22.5V,很可能将电容器击穿,故应选用 R×1kΩ挡测量。

按上述方法测量无极性电容时,第一次测得电容器的绝缘电阻后,应将两表笔交换反接,重复上述测量过程。理想的电容器两次最大稳定绝缘电阻值应相差不多,两者差值越大,说明该电容的绝缘性能越差,漏电越大。

　　用上述方法还可测出电解电容器的极性。因为电解电容正向充电时漏电流小,反向充电时漏电流大。注意,做充放电测试时,在反向充电前,应先将电容的电荷短路放掉,否则容易将表针打弯。

　　如要精确测量电容的容量,需要用电容测量仪或万用电桥等专用仪器测量。

二、二极管、稳压管和光电元件

1. 二极管有哪些种类？它有哪些基本参数？

(1)二极管的种类　二极管的类别及用途见表 2-1。

表 2-1　一般二极管类别及用途

分　类		用　　途	要　　求
点接触二极管	检波二极管	检波:将调制高频载波中的低频信号检出	工作频率高,结电容小,损耗功率小
	开关二极管	开关:在电路中对电流起开启和关断作用	工作频率高,结电容小,开关速度快,损耗功率小
面接触二极管	整流二极管	整流:把交流市电变为直流	电流容量大,反向击穿电压高,反向电流小,散热性能好
	整流桥	把二极管组成桥组做桥式整流	体积小,使用方便

常用二极管的外形及特点见表 2-2。

表 2-2　常用二极管的外形及特点

外形图				
特点	2AP 或 2CP 类型的普通二极管,玻璃壳,电流在 10~100mA	2CZ 系列 100mA 挡的整流二极管,塑料封装	2CZ 系列 300mA 挡整流二极管,金属外壳	2CZ 系列 1A 以上的整流二极管,金属外壳,用 M5 或 M6 螺母固定

（2）二极管的基本参数

①平均整流电流 I_0。是在有效负载的半波整流电路中，在一个周期内通过二极管的电流平均值（直流分量）。

②最大允许整流电流 I_oM。在有效负载的半波整流电路中，二极管参数的变化不超过规定允许值时，二极管所能通过的最大整流电流值。

③反向电流 I_R。是在给定的反向偏压下，通过二极管的直流电流值。

④整流电压 U_0。是在半波整流电路中，在一个周期内二极管有效负载上的电压平均值（直流分量）。

⑤额定正向平均电流 I_F（即最大正向电流 I_FM）。正向电流过大，将烧毁 PN 结，因此每个二极管都有一个额定电流，工作电流只能在额定值以下才行。

⑥正向电压降 U_F。是最大整流电流时，二极管两端的电压降。锗管 0.2～0.4V，硅管 0.6～0.8V。

⑦额定反向峰值电压 U_RM。是二极管参数的变化不超过规定允许值时所能承受的最大反向电压峰值。它等于反向最高测试电压的一半。反向最高测试电压规定为反向漏电流急速增加反向特性曲线开始弯曲时的电压。

⑧二极管电容 C。是二极管加上反向电压时，引出线间的电容。

（3）常用进口低频二极管的基本参数见表 2-3。

表 2-3　常用进口低频整流二极管的主要参数

参数 型号	最高反向 工作电压 （V）	额定整 流电流 （A）	最大正 向压降 （V）	反向 电流 （μA）	代用型号
1N4001	50	1	≤1	≤10	2CZ11K
1N4002	100	1	≤1	≤10	2CZ11A

续表 2-3

参数 型号	最高反向 工作电压 (V)	额定整 流电流 (A)	最大正 向压降 (V)	反向 电流 (μA)	代用型号
1N4003	200	1	≤1	≤10	2CZ11B
1N4004	400	1	≤1	≤10	2CZ11D
1N4005	600	1	≤1	≤10	2CZ11F
1N4006	800	1	≤1	≤10	2CZ11H
1N4007	1000	1	≤1	≤10	2CZ11I

2. 怎样选用二极管？

（1）应根据不同的使用场合选用合适的型号。普通二极管（如 2AP1～2AP9、2CP1～2CP20 等）适用于高频检波、鉴频限幅和小电流整流等；整流二极管（如 2CZ11～2CZ27、1N4001～1N4007 等）适用于低频的不同功率的整流；开关二极管（如 2AK1～2AK4、2CK9～2CK20 等）适用于电子计算机、脉冲控制、开关电路等。

（2）选用二极管时要求二极管所承受的反向峰值电压和正向电流均不得超过额定值。对于有电感元件的电路，反向额定峰值电压要选得比线路工作电压大 2 倍以上，以防击穿。

（3）配换二极管时，最高反向电压必须不低于原二极管的最高反向电压，最大整流电流应不低于原二极管的最大整流值。

（4）配换高频二极管时，其最高工作频率应不低于原二极管的最高工作频率。

（5）功率整流二极管必须装设散热片或冷却器件，以防过热烧毁。

（6）在实际电路中，许多二极管是可以代换的，这应根据二极管在电路中的作用而定。

（7）焊接小功率二极管时，焊接要迅速，一般不超过 5s。电烙铁功率一般在 35W 以下为宜。管脚引线的弯折通常需距管壳 5mm 以上。

（8）二极管在整流电路中的串、并联，需采取保护措施，参见第八章第 9 问和第 10 问。

3. 怎样测试二极管？

良好的二极管应该是正向能很好地导通，反向能很好地截止。通常可用万用表测量管子的正、反向电阻来检验。

对于最大整流电流较小（100mA 以下）的二极管，可将万用表欧姆挡放在 R×100Ω 或 R×1kΩ 位置，测量正向电阻，即黑表笔接正极，红表笔接负极如图 2-1a 所示，阻值在 100Ω～1kΩ 左右（锗二极管）或几百～几千欧（硅二极管）属正常。若正向电阻太大，则使用时效应不高。将表笔对调后测量反向电阻，如图 2-1b 所示，它应比正向电阻大数百倍以上。

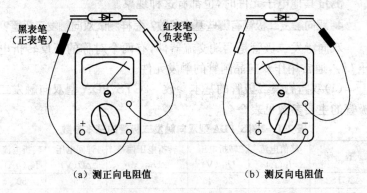

（a）测正向电阻值　　　　　　（b）测反向电阻值

图 2-1　二极管的测量

应特别注意：最大整流电流小于 10mA 的二极管，切不可用 R×1Ω 挡测量。因为使用 R×1Ω 挡时，通过管子的电流为 100mA 左右，很容易烧坏管子。

对于最大整流电流较大的二极管，应使用 R×1Ω 挡测量正向电阻(电源为 1.5V 的万用表),指针一般在度盘的中间区,属正常。反向电阻应用最高电阻挡测量,阻值应无穷大("∞")。如果所测值极小,说明管子已经击穿损坏。

用万用表测量二极管的正向电阻时还会发现一个现象:把欧姆挡放在不同位置时,读出的电阻值相差很大,如放在 R×10Ω 放时测得的电阻为 90Ω,放在 R×100Ω 挡时测得的电阻为 850Ω,挡在 R×1kΩ 挡时测得的电阻却为 4kΩ。这是由于二极管正向(或反向)电阻是个非线性电阻造成的。即二极管的电压和电流不是成正比关系。当使用不同欧姆挡时,加在二极管上的电压值不同,通过管子的电流也不相同(不成比例)。如用 R×1Ω 挡测量时,通过管子的电流为 100mA 左右,而用 R×100Ω 挡测量时,通过管子的电流只有 1mA 左右,由欧姆定律 $R=U/I$ 可知,两次测得的阻值 R 是不一样的。

测量其他电子元件时,也都有这种现象。

4. 双向触发二极管有哪些基本参数?怎样测试双向触发二极管?

双向触发二极管是两端交流器件,有两个对称的正反转折电压 U_{B0},通常用作双向晶闸管的触发元件。

(1)双向触发二极管的基本参数　2CTS、PDA 型双向触发二极管的主要参数见表 2-4。

表 2-4　2CTS、PDA 型双向触发二极管的基本参数

型　号	峰值电流 I_P(A)	转折电压 U_{B0}(V)	转折电压偏差 ΔU_{B0}(V)	弹回电压 ΔU(V)	转折电流 I_{B0}(μA)
2CTS2	2	26~40	3	5	50
PDA30	2	28~36	3	5	100
PDA40	2	35~45	3	5	100
PDA60	1.6	50~70	4	10	100

(2)双向触发二极管的简易测试　先用万用表测量出市电电压 U。然后将双向触发二极管串接在万用表的测量交流电压回

路上,如图 2-2 所示。读出万用表
上电压值 U_1,再读双向触发二极
管的两极对换后的万用表读数
U_2。

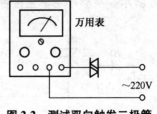

　　当 $U_1=U_2\neq U$ 时,表示该管
击穿性能对称完好。

图 2-2　测试双向触发二极管

　　当 $U_1\neq U_2$ 时,表示该管击穿
性能不对称。

　　当 $U_1=U_2=U$ 时,表示该管内部已短路。

　　当 $U_1=U_2=0$ 时,表示该管内部已开路。

5. 哪几种元件可代替双向触发二极管?

　　(1)用普通氖泡代替　氖泡启辉电压在百伏左右,稳定电压
为几十伏,电流数十微安,交直流均可。用氖泡代替双向触发二
极管接法如图 2-3 所示。

　　(2)用两只稳压管同极性串联代换　此方法是利用稳压管外
加反向电压达到一定值时即导通的特性。用稳压二极管代替双
向触发二极管接法如图 2-4 所示。

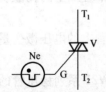

**图 2-3　用氖泡代替
双向触发二极管接法**

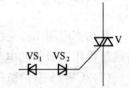

**图 2-4　用稳压管代替
双向触发二极管接法**

　　(3)用普通二极管反极性并联代替双向触发二极管　其接线
如图 2-5 所示。

　　(4)用高频小功率三极管代换双向触发二极管　其接线如图

2-6 所示。高频小功率三极管可选用 3DG6、3DG8 等型号。

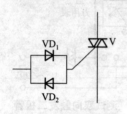

图 2-5　用二极管代替
双向触发二极管接法

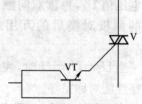

图 2-6　用三极管代替双
向触发二极管接法

6. 稳压管有哪些基本参数？其特性曲线是怎样的？

（1）稳压管基本参数的概念

①稳定电压 U_Z：是指稳压二极管的稳压值，即稳压二极管的反向击穿电压。

②稳定电流 I_Z：是在稳压范围内，稳压二极管的电流。一般为其最大稳定电流 I_{ZM} 的 1/2 左右。

③最大稳定电流 I_{ZM}：是能保证稳压二极管稳定电压（并不致损坏）的电流。

④额定功耗 P_Z：是稳压二极管在正常工作时产生的耗散功率。

⑤动态电阻 R_Z：是稳定状态下，稳压二极管上的电压微变量与通过稳压二极管的电流微变量之比值。

（2）2CW21 系列稳压管的主要参数　2CW21 系列稳压管的主要参数见表 2-5。

表 2-5　2CW21 系列稳压管的主要参数

参数 型号	稳定电压 （V）	最大稳定 电流 （mA）	动态 电阻 （Ω）	反向 电流 （μA）	耗散 功率 （W）	正向 压降 （V）	代换型号
2CW21	3～4.5	220	≤40	≤1	1	≤1	2CW102

续表 2-5

参数 型号	稳定电压 (V)	最大稳定 电流 (mA)	动态 电阻 (Ω)	反向 电流 (μA)	耗散 功率 (W)	正向 压降 (V)	代换型号
2CW21A	4～4.5	180	≤40	≤1	1	≤1	2CW103
2CW21B	5～6.5	150	≤15	≤0.5	1	≤1	2CW104
2CW21C	6～7.5	130	≤7	≤0.5	1	≤1	2CW105
2CW21D	7～8.5	115	≤5	≤0.5	1	≤1	2CW106
2CW21E	8～9.5	105	≤7	≤0.5	1	≤1	2CW107
2CW21F	9～10.5	95	≤9	≤0.5	1	≤1	2CW108
2CW21G	10～12	80	≤12	≤0.5	1	≤1	2CW109
2CW21H	11.5～14	70	≤16	≤0.5	1	≤1	2CW110
2CW21I	13.5～17	55	≤20	≤0.5	1	≤1	2CW111
2CW21J	16～20.5	45	≤26	≤0.5	1	≤1	2CW112
2CW21K	19～24.5	40	≤32	≤0.5	1	≤1	2CW113
2CW21L	23～29.5	34	≤38	≤0.5	1	≤1	2CW114
2CW21M	27～34.5	29	≤48	≤0.5	1	≤1	2CW115
2CW21N	32～40	25	≤60	≤0.5	1	≤1	2CW116
2CW21P	1～2.5	400	≤15	≤10	1	≤1	2CW100
2CW21S	2～3.5	280	≤41	≤10	1	≤1	2CW101
2CW22	3.2～4.5	660	≤20	≤1	3	≤1	2CW130
2CW22A	4～5.5	540	≤15	≤0.5	3	≤1	2CW131
2CW22B	5～6.5	460	≤12	≤0.5	3	≤1	2CW132
2CW22C	6～7.5	400	≤6	≤0.5	3	≤1	2CW133
2CW22D	7～8.5	350	≤4	≤0.5	3	≤1	2CW134
2CW22E	8～9.5	315	≤5	≤0.5	3	≤1	2CW135
2CW22F	9～10.5	280	≤7	≤0.5	3	≤1	2CW136

续表 2-5

参数 型号	稳定电压 (V)	最大稳定电流 (mA)	动态电阻 (Ω)	反向电流 (μA)	耗散功率 (W)	正向压降 (V)	代换型号
2CW22G	10～12	250	≤10	≤0.5	3	≤1	2CW137
2CW22H	11.5～14	210	≤12	≤0.5	3	≤1	2CW138
2CW22I	13.5～17	175	≤16	≤0.5	3	≤1	2CW139
2CW22J	16～20.5	145	≤22	≤0.5	3	≤1	2CW140
2CW22K	19～24.5	120	≤26	≤0.5	3	≤1	2CW141
2CW22L	23～29.5	100	≤32	≤0.5	3	≤1	2CW142
2CW22M	27～34.5	86	≤38	≤0.5	3	≤1	2CW143
2CW22N	32～40	75	≤48	≤0.5	3	≤1	2CW144

(3)稳压管的特性曲线　稳压管的伏安特性曲线如图 2-7 所

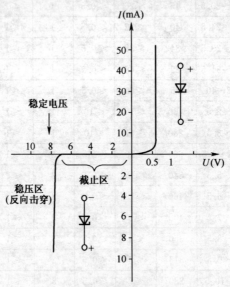

图 2-7　稳压管的伏安特性曲线

示。由图可见,在反向击穿区,通过管子的电流在一定范围内变化时,管子两端的电压变化甚微,这就是稳压管的稳压作用。由于采用了特殊的制造工艺和外电路的限流措施,使稳压管在规定的范围内,不致因击穿而损坏。

7. 怎样选用和更换稳压管?

(1)选用稳压管时,主要是选定稳压值及考虑热稳定性,作稳压使用时,需选温度系数小和动态电阻小的管子。

(2)选用或更换稳压管时,通过稳压管的电流与功率不允许超过稳压管极限值,以免烧坏。

(3)更换稳压管时,其稳定电压值应与原稳压管的相同,若实际电路允许的话,也可选相近的,而最大稳定电流要相等或更大。

(4)当环境温度超过 50℃时,温度每升高 1℃,应将最大耗散功率降低 1%使用。安装时应尽量避开发热元件。

(5)稳压管应工作在反向电压下,极性不得接反,否则会造成电源短路,过大的电流会烧毁稳压管。

(6)稳压管一般不能并联使用,因为稳压值的微小差别都会引起稳定电流的分配极不均匀,使电流大的管子过载而烧毁。

(7)稳定电流相近的稳压管可以串联使用,此时输出电压为各稳压管稳定电压之和。

(8)可以将两只稳压管反相串联,并加上适当的工作电流,以获得较低的稳定电压。

8. 怎样测试稳压管?

(1)好坏的判别　用万用表 R×100Ω 或 R×1kΩ 挡测试,如果正向电阻小,反向电阻很大,说明稳压管好;如果正、反向电阻都很小,接近于零欧,则说明管子已击穿损坏;如果正、反向电阻都极大,说明内部断路。

(2)稳压值的测试

①测算法。将万用表打在高压电阻挡,调好零位,然后用红表笔接稳压管的正极,黑表笔接负极,这时指针将偏转,根据指针的偏转百分数,按下式计算出稳压管的稳压值 U_z:

$$U_z = E_G(1-\alpha\%)$$

式中　E_G——万用表高压电池电压(V);

　　　$\alpha\%$——指针偏转百分数。

例如,用 500 型万用表测试 2CW14 稳压管,已知表内高压电池电压为 10.5V,指针偏转百分数为 48%,则计算得稳压管的稳压值为 10.5(1−48%)=5.5V。

②准确测定法。如图 2-8 所示,将稳压管串联一只固定电阻接到稳压电源上,将万用表打在直流电压挡,表笔如图搭接在稳压管两极,然后调节稳压电源,使输出电压由小到大变化,当稳压管达到某一电压值,再增大稳压电源的输出电压,稳压管上的电压值仍然不变,则该电压值便是稳压管的稳压值 U_z。

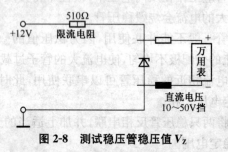

图 2-8　测试稳压管稳压值 V_Z

当然,也可设定稳压电源输出电压不变(应高于稳压管的稳压值),减少串联电阻值(用可变电阻代)的方法来测试稳压管的稳压值。

9. 常用光电元件有哪些? 各有何特点?

光电元件是一种对光线强弱特别敏感的半导体电子元件。它广泛应用于自动控制电路。常用光电元件及特点见表 2-6。

表 2-6　常用光电元件的特点

类型	光敏二极管	光敏三极管	光电池
符号	⏚	⏚	⏚
说明与特点	无光照时有一反向饱和电流称为暗电流。有光照时反向饱和电流增加，称为光电流。有光照时反向电阻可以降到几百欧 光敏二极管体积小，频率特性好，弱光下灵敏度低 用于光电转换及光控、测光等自动控制电路中	光照电流相当于三极管的基极电流，因此集电极电流是其 β 倍，故光电三极管比光电二极管有更高的灵敏度 与光敏二极管相比，其电流灵敏度大 用于光学测量、光电开关控制、光电变换放大器的器件	当 PN 结受光照时，在 PN 结两端出现电动势，P 区为正极，N 区为负极 光电池体积小，不需外加电源；频率特性差，弱光下灵敏度低 用于光控、光电转换的器件
类型	光敏电阻	发光二极管	光电耦合器
符号	⏚	⏚	⏚
说明与特点	当光照射到光敏层时，阻值变化，光线愈强，阻值愈小 光敏电阻体积小，可工作在可见光至红外线区。弱光下工作其灵敏度比所列元件高很多，频率特性差，工作频率在 100Hz 时，衰减较大，光电特性为非线性，同时受温度影响大 用于光控等自动控制电路中	能把电能直接快速地转换成光能。在电子仪器、仪表中用作显示器件、状态信息指示，光电开光和光辐射源等	它是利用电-光-电耦合原理来传递信号的，输入、输出电路在电气上是相互隔离的，抗干扰，响应速度较快 用于强-弱接口和微机系统的输入和输出电路中

10. 光电元件有哪些基本参数?

(1)光谱响应曲线 用单位辐射通量不同的波长的光分别照射光电元件,在光电元件上产生的饱和电流的大小不同,饱和电流相对值与光波波长的关系曲线称为光谱响应曲线。

(2)光谱响应峰值 λ_m 即峰值波长,是光谱响应曲线峰值所对应的波长,即单位辐射通量的光照射元件中最大饱和电流所对应的光波波长。

(3)光谱范围 是光谱响应曲线所占据的波长范围。

(4)最大工作电压 U_M 是测试条件下,光电元件能承受的最大工作电压。

(5)暗电流 I_D 是光敏元件没有光照时流过的电流。

(6)光电流 I_{PH} 是光敏元件在光照射下流过的电流。

(7)响应时间 T_r 即时间常数,是光敏元件自停止光照起到电流下降到光照时的 63% 所需要的时间,此时间越短表示光敏元件惰性越小。

(8)光调截止频率 光敏晶体管的工作频率为调制光频,晶体管增益与调制光频的关系曲线为光敏晶体管频率特性曲线,此特性曲线下降到 0.707 处所对应的调制光频为光调制截止频率。

11. 光敏二极管和光敏三极管有哪些基本参数?

2CU 型硅光敏二极管的主要参数见表 2-7。3DU 系列光敏三极管的主要参数见表 2-8。达林顿型光敏三极管的主要参数见表 2-9。

12. 怎样选用和测试光敏二极管?

(1)光敏二极管的选用 光敏二极管即光电二极管,其结构与二极管相似,装在透明的玻璃外壳中,管中的 PN 结可以接受到光照。光电二极管在电路中是反向工作的,在无光照时,其反向电阻很大,可达几兆欧。有光照时,其反向电阻只有几百欧;反向

表 2-7 2CU 型硅光敏二极管的主要参数

型号	最高反向工作电压 U_{RM}(V)	暗电流 $I_D(\mu A)$	光电流 $I_L(\mu A)$	峰值波长 λ_P(A)	响应时间 t_r(ns)
2CU1A	10				
2CU1B	20				
2CU1C	30	$\leqslant 0.2$	$\geqslant 80$		
2CU1D	40				
2CU1E	50			8800	$\leqslant 5$
2CU2A	10				
2CU2B	20				
2CU2C	30	$\leqslant 0.1$	$\geqslant 30$		
2CU2D	40				
2CU2E	50				
测试条件	$I_R = I_D$	无光照 $U = U_{RM}$	照度 $H = 1000$lx $U = U_{RM}$	—	$R_L = 50\Omega$ $U = 10$V $f = 300$Hz

表 2-8 3DU 系列光敏三极管的主要参数

型号	最大工作电流 I_{CM} (mA)	最高工作电压 $U_{(RM)CE}$ (V)	暗电流 I_D (μA)	光电流 I_L (μA)	上升时间 t_r (μs)	峰值波长 λ_0(nm)	最大耗散功率 P_{CM} (mW)
3DU55	5	45	0.5	2	10	850	30
3DU53	5	70	0.2	0.3	10	850	30
3DU100	20	6	0.05	0.5	—	850	50
3DU21		10	0.3	1	2	920	100
3DU31	50	20	0.3	2	10	900	150

续表 2-8

型号	最大工作电流 I_{CM} (mA)	最高工作电压 $U_{(RM)CE}$ (V)	暗电流 I_D (μA)	光电流 I_L (μA)	上升时间 t_r (μs)	峰值波长 λ_0 (nm)	最大耗散功率 P_{CM} (mW)
3DUB13	20	70	0.1	0.5	0.5	850	200
3DUB23	20	70	0.1	1	1	850	200

表 2-9　达林顿型光敏晶体管的主要参数

参数值　参数名称　型号	击穿电压 $U_{(BR)CE}$ (V)	暗电流 I_{CEO} (μA)	光电流 I_L (mA)	饱和压降 $U_{CE(sat)}$ (V)	响应时间		峰值波长 λ_p (nm)	光谱范围 (μm)
					t_r (μs)	t_f (μs)		
3DU511D	≥20	≤0.5	≥10	≤1.5	≤100	≤100	880	0.4～1.1
3DU512D	≥20	≤0.5	≥15	≤1.5	≤100	≤100	880	0.4～1.1
3DU513D	≥20	≤0.5	≥20	≤1.5	≤100	≤100	880	0.4～1.1

电流约为几十微安。通常用于光电继电器、光电转换的自动控制设备及触发器中。光电二极管有 2CU1、2CU2 和 2DUA、2DUB 等系列,最高工作电压 10～50V 不等,暗电流一般不大于 0.2～0.3μA(2UC1、2DUA、2DUB 系列)和不大于 0.1μA(2CU2 系列),光电流不小于 80μA(2CU1、2DUA 系列)和不小于 30μA(2CU2、2DUB 系列)。它们的响应时间约为 0.1μs。选用光电二极管时主要考虑暗电流、光电流和响应时间等参数。所谓响应时间,就是从光电二极管停止光照起,到电流下降至有光照时的 63% 所需的时间。光电二极管的响应时间越短性能越好。

(2)光敏二极管的测试　光敏二极管可用万用表类似测量普通二极管一样方法测量。良好的管子应该是:无光照时,其反向电阻值可达几兆欧;有光照时,其反向电阻值只有几百欧。

13. 发光二极管有哪些种类?它有哪些基本参数?

发光二极管(LED)是一种在通过正向电流时能发出光亮的特殊二极管。发光二极管的种类很多,有 BT 系列、2EF 系列、FX 系列、LED 系列、HG 系列、GH 系列、GL 系列、BTV 系列、HL 系列、BTS 系列等,常用的有 BT201、2EF601、LED702 等。BT 系列和 2EF 系列等发光二极管的参数见表 2-10 和表 2-11。

表 2-10 BT 系列发光二极管参数

型号 / 参数值	最大耗散功率 P_{CM} (mW)	极限工作电流 I_{CM} (mA)	正向工作电流 I_F (mA)	正向工作电压 U_F (V)	反向漏电流 I_R (μA)	反向工作电压 U_R (V)	峰值发光波长 λ(nm)
BT101 BT102 BT103 BT106	—	50	3~10	1.8~2.1	—	≥5	565
BT201A BT201B BT201C	≤150	≤70	20 30 50	1.5~2	≤50	≥5	630~680
BT202A BT202B	≤20	≤10	≤2 ≤5	1.5~2	≤50	≥5	630~680
BT203A BT203B BT203C	≤15	≤70	10 20 50	1.5~2	≤50	≥5	630~680
FX-1、FX-2 WZ	—	30	10	1.4~2	—	≥3	630~680

表 2-11　2EF 系列发光二极管参数

型号	工作电流 I_F (mA)	正向电压 U_F (V)	发光强度 I_o (mcd)	最大工作电流 I_{FM} (mA)	反向耐压 U_{BR} (V)	发光颜色	外形尺寸
2EF401 2EF402	10	1.7	0.6	50	≥7	红	φ5.0mm
2EF411 2EF412	10	1.7	0.5 0.8	30	≥7	红	φ3.0mm
2EF441	10	1.7	0.2	40	≥7	红	5mm×1.9mm
2EF501 2EF502	10	1.7	0.2	40	≥7	红	φ5.0mm
2EF551	10	2	1.0	50	≥7	黄绿	φ5.0mm
2EF601 2EF602	10	2	0.2	40	≥7	黄绿	5mm×1.9mm
2EF641	10	2	1.5	50	≥7	红	φ0.5mm
2EF811 2EF812	10	2	0.4	40	≥7	红	5mm×1.9mm
2EF841	10	2	0.8	30	≥7	黄	φ3.0mm

14. 怎样选用和测试发光二极管?

(1)发光二极管的选用

①选用时,主要考虑通过它的电流不能超过额定值。当用于长时间发光的场合时,其额定电流应留有余量。通常发光二极管的电流可以由与它串联的电阻或电容加以调节。该电阻和电容的计算见本章第 15 问和第 16 问。

②发光二极管的最大工作电流 I_{Fm} 与环境温度关系极大,如磷化镓管,温度低于 25℃时,I_{Fm} 为 30mA,当温度高于 80℃时,I_{Fm}

为零。用于室温下,一般取发光二极管的工作电流 $I_F \leqslant 1/5 \sim 1/3$ I_{Fm}为宜。

③发光二极管的反向耐压低,一般为 6V 左右。为保护管子免受击穿,可与发光二极管并联一只反向保护二极管。

(2)发光二极管的测试 发光二极管可用万用表欧姆挡测量其正、反向电阻,方法同测量普通二极管类似。如果正向电阻不大于 50kΩ,反向电阻大于 200kΩ,则说明发光二极管是好的;如果正、反向电阻为零或无穷大,则说明发光二极管已击穿短路或开路。当测得正向电阻不大于 50kΩ 时,其黑表笔所连接的一端为正极,红表笔所连接的一端为负极。

15. 怎样选取发光二极管回路的限流电阻?

发光二极管可以用直流、交流和脉冲等电流驱动,其典型电路如图 2-9 所示。

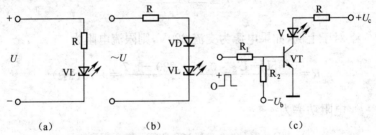

图 2-9 发光二极管驱动电路
(a)直流驱动 (b)交流驱动 (c)脉冲驱动

发光二极管回路的限流电阻 R 选取方法如下:

(1)直流驱动时

$$R = \frac{U - U_F}{I_F}$$

式中 R——限流电阻(kΩ);

U——电源电压(V);

U_F——发光二极管正向压降(V),一般为 1.2V;

I_F——发光二极管工作电流(mA)。

例如,已知直流电压 $U=24V$,发光二极管采用 2EF401,正向工作电压 $U_F=1.7V$,工作电流 $I_F=10mA$,则发光二极管回路所串接的限流电阻为

$$R=\frac{U-U_F}{I_F}=\frac{24-1.7}{10}=2.23(k\Omega)$$

电阻功率为

$$P=I^2R=0.01^2\times2\ 230=0.2(W)$$

可选用标称阻值为 2.2kΩ、功率为 1/2W 的电阻。

(2)交流驱动时

$$R=\frac{0.45U-U_F}{I_F}$$

对于上例,如果电源为交流 220V,则限流电阻为

$$R=\frac{0.45U-U_F}{I_F}=\frac{0.45\times220-1.7}{10}=9.73(k\Omega)$$

电阻功率为

$$P=I^2R=0.01^2\times9\ 730=0.9(W)$$

可选用标称阻值为 10kΩ、功率为 2W 的电阻。

(3)脉冲驱动

$$R=\frac{U_C-(U_{ces}+U_F)}{I_F}$$

式中　U_C——电源电压(V);

U_{ces}——三极管饱和导通时的管压降(V),约为 0.3V。

对于上例,如果电源为 6V,则限流电阻为

$$R=\frac{U_C-(U_{ces}+U_F)}{I_F}=\frac{6-(0.3+1.7)}{10}=0.4(\mathrm{k}\Omega)$$

电阻功率为

$$P=I^2R=0.01^2\times400=0.04(\mathrm{W})$$

可选用标称阻值为 390Ω、功率为 1/8W 的电阻。

16. 怎样选取发光二极管回路的限流电容?

发光二极管也可用电容降压,如采用电容降压,则整个电路的功耗几乎接近发光二极管的功耗。但采用电容降压必须采取一些措施,以免发光二极管受电容瞬时电压冲击而击穿。

采用交流驱动、电容降压的电路如图 2-10 所示。

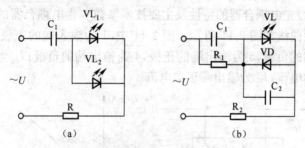

图 2-10　发光二极管电容降压电路

(a)电路之一　(b)电路之二

元器件的选择如下:二极管 VD 选用 1N4001 对发光二极管进行(反向电压)保护;对于交流 220V 电源,电容 C_1 选用涤纶电容,$0.1\mu\mathrm{F}/400\mathrm{V}$;$C_2$ 选用 BP 型双极性电容,$22\mu\mathrm{F}/16\mathrm{V}$,作为瞬间冲击电流的吸收支路;电阻 R 选用 $2.2\mathrm{M}\Omega$、1/8W 电阻,作为电容 C_1 的泄放回路;电阻 R 选用 $6.2\mathrm{k}\Omega$、1/2W 电阻。

图 2-10b 所示电路实测表明,当电压在 220V×(1±20%)范围内变化时,通过发光二极管的电流在 11~16mA 范围内变化。接通或断开电源瞬间,冲击电流从 C_2 上通过,示波器上不显示发

光二极管支路有尖脉冲电流。整个电路的功耗约为 10mW,寿命为 4 万小时以上。

17. 什么是光电耦合器? 它有哪些基本参数?

光电耦合器是将发光元件和受光元件密封在同一管壳中,用作光电转换的一种半导体器件。为了实现波长的最佳匹配,光电耦合器的发光源通常是砷化镓和镓铝砷发光二极管,受光部分由硅光敏二极管、光敏三极管或光晶闸管组成。由于它是借助于光作为媒介物进行耦合的,所以它具有较强的隔离和抗干扰能力,广泛应用于电信号耦合、电平匹配、光电开关和电位隔离等多种模拟和数字电路中。

(1)光电耦合器的特性及主要技术参数 光电耦合器的符号及特性曲线如图 2-11 所示。图 2-11 中,1 为输入端的正极,2 为输入端的负极,3 为输出端的正极,4 为输出端的负极;I_F 为输入端正向电流,I_C 为输出端正向电流。

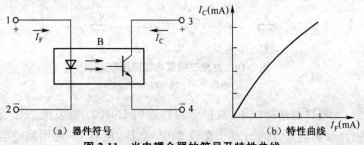

(a) 器件符号   (b) 特性曲线

图 2-11 光电耦合器的符号及特性曲线

光电耦合器的特性主要有输入特性、输出特性和传输特性。现以二极管-三极管光电耦合器为例说明如下:

①输入特性。输入端是发光二极管,其输入特性可用发光二极管的伏安特性来表示。它与普通二极管的伏安特性基本相同,但有两点不同:一是正向死区电压较大,为 0.9~1.1V,外加电压

大于这个数值时,二极管才发光;二是反向击穿电压很小,约为6V,因此使用时必须注意,输入端的反向电压不能大于 6V。

②输出特性。输出端是光电三极管,其输出特性即为光电三极管的输出特性。

(2)光电耦合器的管脚图及外部引脚　光电耦合器的管脚及外部引脚见图 2-12。

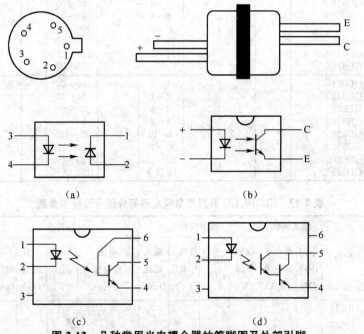

(a)　　　　　　　　　　　(b)

(c)　　　　　　　　　　　(d)

图 2-12　几种常用光电耦合器的管脚图及外部引脚

18. 常用光电耦合器有哪些技术参数?

GD310、GD320 系列光电耦合器的技术参数见表 2-12。GD210、GO 系列光电耦合器的技术参数见表 2-13。常用通用光电耦合器的主要技术参数见表 2-14。

表 2-12　GD310、GD320 系列光电耦合器部分型号及技术参数

型号	最大工作电流 I_{FM} (mA)	正向电压 U_F (V)	反向耐压 U_R (V)	暗电流 I_D (μA)	光电流 I_L (μA)	最高工作电压 U_L(V)	传输比 CTR (%)	隔离阻抗 R_g (Ω)	极间电压 U_g (V)
GD311					1～2		10～20		
GD312					2～4		20～40		
GD313					4～6		40～60		
GD314					6～8		60～80		
GD315	50	≤1.3	＞5	≤0.1	8～10	25	80～100	10^{11}	500
GD316					10～12		100～120		
GD317					12～15		120～150		
GD318					15 以上		150 以上		
GD321					1～2		10～20		
GD322					2～4		20～40		
GD323					4～6		40～60		
GD324					6～8		60～80		
GD325	50	≤1.3	＞5	≤0.1	8～10	25	80～100	10^{11}	500
GD326					10～12		100～120		
GD327					12～15		120～150		
GD328					15 以上		150 以上		

表 2-13　GD210、GO 系列光电耦合器部分型号及技术参数

型号	输入特性		输出特性				传输特性			
	正向压降 (V)	最大正向电流 (mA)	饱和压降 (V)	暗电流 (μA)	最高工作电压 (V)	最大功耗 (mW)	电流传输比 (%)	出入间耐压 (V)	上升时间 (μs)	下降时间 (μs)
GD211							0.5～0.75			
GD212							0.75～1			
GD213	≤1.3	50	≤0.1	≤50	—		1～2	500	1.5	1.5
GD214							1.5～2			
GD215							2～3			
GO101						50	10～30			
GO102	≤1.3	50	≤0.4		≤30	75	30～60	500	≤3	≤3
GO103						75	≥60			

续表 2-13

型号	输入特性		输出特性				传输特性			
	正向压降 (V)	最大正向电流 (mA)	饱和压降 (V)	暗电流 (μA)	最高工作电压 (V)	最大功耗 (mW)	电流传输比 (%)	出入间耐压 (V)	上升时间 (μs)	下降时间 (μs)
GO211 GO212 GO213	≤1.3	50	≤1.5	—	≤30	75	10～30 30～60 ≥60	1000	≤50	≤50

表 2-14　常用通用光电耦合器主要技术参数

型号	结构	正向压降 U_F (V)	反向击穿电压 $U_{(br)ce0}$ (V)	饱和压降 $U_{ce(sat)}$ (V)	电流传输比 CTR (%)	输入输出间绝缘电压 U_{ISO} (V)	上升、下降时间 t_r、t_f (μs)
TIL112		1.5	20	0.5	2.0	1500	2.0
TIL114		1.4	30	0.4	8.0	2500	5.0
TIL124		1.5	30	0.4	10	5000	2.0
TIL116	三极管输出	1.5	30	0.4	20	2500	5.0
TIL117	单光电耦合器	1.4	30	0.4	50	2500	5.0
4N27		1.5	30	0.5	10	1500	2.0
4N26		1.5	30	0.5	10	1500	0.8
4N35		1.5	30	0.3	100	3500	4.0
TIL118	三极管输出 (无基极引脚)	1.5	30	0.5	10	1500	2.0
TIL113		1.5	30	1.0	300	1500	300
TIL127		1.5	30	1.0	300	5000	300
TIL156	复合管输出	1.5	30	1.0	300	3535	300
4N31		1.5	30	1.0	50	1500	2.0
4N30		1.5	30	1.0	100	1500	2.0
4N33		1.5	30	1.0	500	1500	2.0

续表 2-14

型号	结　　构	正向压降 U_F (V)	反向击穿电压 $U_{(br)ce0}$ (V)	饱和压降 $U_{ce(sat)}$ (V)	电流传输比 CTR (%)	输入输出间绝缘电压 U_{ISO} (V)	上升、下降时间 t_r、t_f (μs)
TIL119	复合管输出	1.5	30	1.0	300	1500	300
TIL128	（无基极引脚）	1.5	30	1.0	300	5000	300
TIL157		1.5	30	1.0	300	3535	300
H11AA1	交流输入管输出单光	1.5	30	0.4	20	2500	—
H11AA2	电耦合器	1.5	30	0.4	10	2500	—

19. 光电耦合器的接口电路是怎样的?

（1）光电耦合器与三极管的接口电路　光电耦合器与三极管的接口电路如图 2-13 所示。

图 2-13a 的输入端 A 可接到 HTL 环形脉冲分配器的输出端,也可接到 CMOS 电路的输出端。这种驱动电路的输出脉冲信号可推动功率三极管,也可去触发晶闸管。图 2-13b 采用了高电流传输比型光电耦合器,其特点是电路简单,但响应速度慢,温度稳定性差,要选用 I_{ceo} 较小的光电耦合器和三极管。

（2）光电耦合器与微机的接口电路　光电耦合器与微机的接口电路如图 2-14 所示。

（3）光电耦合器与继电器的接口电路　光电耦合器与继电器的接口电路如图 2-15 所示。

继电器 K 一般为干簧管或密封继电器。只要由软件使并行口的 PB_0 输出"0",PB_1 输出"1",便可使与非门 D_2 输出低电平,光敏三极管导通,继电器 K 吸合。当 PB_0 输出"1",PB_1 输出"0"时,则 K 释放,电路返回。

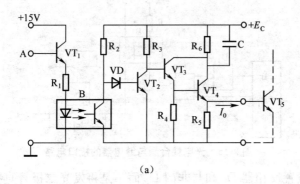

（a）

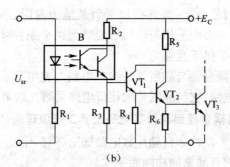

（b）

图 2-13 光电耦合器与三极管的接口电路

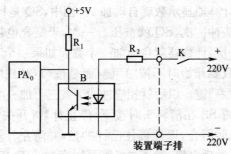

图 2-14 光电耦合器与微机的接口电路

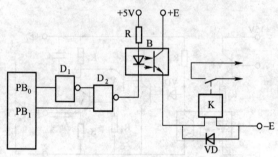

图 2-15　光电耦合器与继电器的接口电路

设置反相器 D_1 和与非门 D_2 而不是将发光二极管直接接在并行口的原因是：一方面并行口带负载能力有限，不足以驱动发光二极管；另一方面采用与非门后要满足两个条件才能使继电器 K 动作，增加了抗干扰能力。

（4）光电耦合器与晶闸管的接口电路　充电耦合器可用作晶闸管的触发电路，它与晶闸管的接口电路见第九章第 18 问。

20. 光电耦合器自动计数电路及其工作原理是什么?

（1）电路一　冲床自动计数电路如图 2-16 所示。该装置利用电子计算器的自动累加功能而制成。

工作原理：顺序按下电子计算器"1"、"＋"、"＝"键，以后每按一次"＝"键，计算器显示数就自动加 1。图中，SQ 是行程开关，当脚踏一下、冲头冲一次，SQ 就被压合一次，于是充电耦合器 B 的耦合管导通一次，计数器就自动加一个数。如果一个工件需冲两下或三下，则只要开始时不按"1"键，而是按"1/2"或"1/3"键，然后再按"＋"、"＝"键。以后就相应冲两下或三下加一个数。

图中，按钮 SB 在清料头时按下，停止计数；开关 SA 的作用是在工间休息时闭合，以便锁住已计的数，并防止计算器由停止运算而于几分钟后自熄；发光二极管 VL，每冲一下，闪亮一次，作为压合指示。

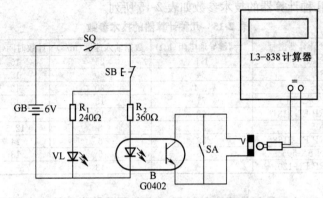

图 2-16　冲床自动计数电路

(2)电路二　光电耦合器自动计数电路如图 2-17 所示。计数信号为外来脉冲。图中发光二极管 VL 用以监视计数脉冲工作。比较 VL 和计算器的工作情况还可以判断计算器工作频率与计数脉冲频率是否同步。

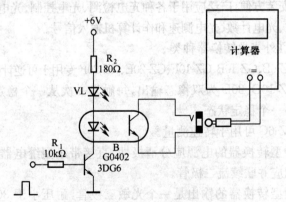

图 2-17　光电耦合器自动计数电路

在实际使用时要求计数脉冲的宽度 t_K 大于计算器的计数时间,而计数脉冲的频率必须小于计算器的工作频率,否则会误计数。几种计算器的技术参数如表 2-15 所列。

表 2-15　几种计算器的技术参数

袖珍计算器型号	"="键导通电阻(kΩ)	数据输入速度(m/s)	计数时间(ms)
日本 8113	1. 6	25	10
XJQ-80	84	20	15
ER-8095	1. 4	20	12
SANYO-CXⅢ	71	15	18
SHARP EL-8131	68	11	4
LC-8005	81	8	12. 5
SHARP EL-8158	53	6	14
SWAN FX-505	75	5	18
SHARP EL-120	—	13	—

21. 什么是红外光电转换器？它有哪些种类和技术参数？

红外光电转换器实际上是光电耦合器。它采用发光二极管作发射光源，光敏三极管作接收元件，U 形外壳，当光路被阻断或导通时，输出电平信号或变阻信号供各种二次仪表或计数器等作输入传感器用。由于收发集于一体，故红外光电转换器工作稳定、寿命长、体积小、安装方便，广泛应用于各种光电检测、光电控制、光电定位、光电限位、光电计数、光电测速和作计算机输入信号。

(1)红外光电转换器种类

①GZ-6B、GZ-10B、GZ-10F、GZ-20E、GZ-20F 专用于可逆计数器。

②GZ-10D、20D 为双稳态输出，每触发一次从一个稳定状态翻转到另一个稳定状态。

③GZ-6C 可用于转速测量。

脉冲型转换器的电源应分清极性，直接带小型继电器时，继电器线圈应并联续流二极管。

变阻型转换器的输出是一个光敏三极管，耐压小于 30V、电流小于 1mA，一般应与二次仪表等输入放大器配合使用。

(2)红外光电转换器的主要技术参数　红外光电转换器的主要技术参数见表 2-16。

表 2-16　GZ 系列红外光电转换器的主要技术参数

型号 参数	GZ-6	GZ-6C	GZ-6B	GZ-10A	GZ-10B	GZ-10C	GZ-10D	GZ-10S	GZ-10F
输入电源	AC5~9V DC	DC5~12V	AC5~9V DC	AC5~9V DC	AC5~9V DC	DC5~12V	DC5~12V	AC5~9V DC	AC6~12V DC
功耗	<2W								
输出特性	暗阻<1mΩ 亮阻<5kΩ	HV大于电源0.9 LV小于电源0.1	同GZ-6 双输出	同GZ-6	同GZ-10A 双路输出	同GZ-6C	"1"态大于电源0.9 "0"态小于电源0.1	双通道输出 同GZ-6	双通道输出同GZ-6C
反应频率(kHz)	<2	<10	<1	<2	<1	<5	<2	<2	<2
最小档光物宽度(mm)	2	2	2	3	8	3	3	3×15	8
定位精度(mm)	5	5	5	9	9	9	9	9	9
最大档光物宽度(mm)					1				
负载电流(mA)	0.3	100	0.3	1	1	100	20~50	1	30×2
环境温度	−10℃~+45℃								
相对湿度	≤85%								
重量(g)	40	40	40	150	150	150	150	150	150
寿命(h)	>10000								
备注	变阻型	脉冲型	双变阻	变阻型	变阻型	脉冲型	双稳态	双通道	双通道

续表 2-16

型号＼参数	GZ-20A	GZ-20B	GZ-20C	GZ-20D	GZ-20E	GZ-20S	GZ-20F	GZ-100A	GZ-100B
输入电源	AC DC 5~9V	AC DC 5~12V	AC DC 5~12V	DC5~12V	DC5~12V	AC DC 5~9V	AC DC 6~12V	DC12V	DC12V
功耗	<2W								
输出特性	同 GZ-6	同 GZ-10C	同 GZ-10C	同 GZ-10C	同 GZ-10C	同 GZ-10C	双电平输出	同 GZ-10C	继电器输出 1Z
反应频率(kHz)	<2	<2	<2	<1	<1	<1	<1	<0.2	<0.2
最小挡光物宽度(mm)	3	3	3	3	10	3×15	10	3	3
最大挡光物宽度(mm)	19	19	19	19	19	19	19	95	95
定位精度(mm)					1				
负载电流(mA)	1	30	100	50	1	2×1	30×2	50	AC220V 3A
环境温度	-10℃~+45℃								
相对湿度	≤85%								
重量(g)	200	200	200	200	200	200	200	400	400
寿命(h)	>10000								
备注	变阻型	脉冲型	脉冲型	双稳态	变阻型	变阻型	双通道	脉冲型	开关型

22. 常用光敏电阻有哪些主要技术参数?

MG41~MG45 系列光敏电阻的主要技术参数见表 2-17。

表 2-17   MG41~MG45 系列光敏电阻的主要技术参数

型号 \ 参数	最高工作电压(V)	额定功率(mW)	亮电阻(kΩ)	暗电阻(MΩ)	时间常数(S)	温度范围(℃)	外径尺寸(mm)	封装形式
MG41-22	100	20	≤2	≥1	≤20	−40~+70	9.2	
MG41-23	100	20	≤5	≥5	≤20	−40~+70	9.2	
MG41-24	100	20	≤10	≥10	≤20	−40~+70	9.2	
MG41-47	150	100	≤100	≥50	≤20	−40~+70	9.2	
MG41-48	150	100	≤200	≥100	≤20	−40~+70	9.2	
MG42-1	50	10	≤50	≥10	≤20	−25~+55	7	
MG42-2	20	5	≤2	≥0.1	≤50	−25~+55	7	金属玻璃全密封
MG42-3	20	5	≤5	≥0.5	≤50	−25~+55	7	
MG42-4	20	5	≤10	≥1	≤50	−25~+55	7	
MG42-5	20	5	≤20	≥2	≤50	−25~+55	7	
MG42-16	50	10	≤50	≥10	≤20	−25~+55	7	
MG42-17	50	10	≤100	≥20	≤20	−25~+55	7	
MG43-52	250	200	≤2	≥1	≤20	−40~+70	20	
MG43-53	250	200	≤5	≥5	≤20	−40~+70	20	
MG43-54	250	200	≤10	≥10	≤20	−40~+70	20	
MG44-2	10	50	≤2	≥0.2	≤20	−40~+70	4.5	树脂封装
MG44-3	20	5	≤5	≥1	≤20	−40~+70	4.5	
MG44-4	20	5	≤10	≥2	≤20	−40~+70	4.5	
MG44-5	20	5	≤20	≥5	≤20	−40~+70	4.5	
MG45-12	100	50	≤2	≥1	≤20	−40~+70	5	

续表 2-17

参数 型号	最高 工作 电压 (V)	额定 功率 (mW)	亮电阻 (kΩ)	暗电阻 (MΩ)	时间 常数 (S)	温度范围 (℃)	外径 尺寸 (mm)	封装 形式
MG45-13	100	50	≤5	≥5	≤20	−40～+70	5	
MG45-14	100	50	≤10	≥10	≤20	−40～+70	5	
MG45-22	125	75	≤2	≥1	≤20	−40～+70	7	
MG45-23	125	75	≤5	≥5	≤20	−40～+70	7	
MG45-24	125	75	≤10	≥10	≤20	−40～+70	7	
MG45-32	150	100	≤2	≥1	≤20	−40～+70	9	树脂 封装
MG45-33	150	100	≤5	≥5	≤20	−40～+70	9	
MG45-34	150	100	≤10	≥10	≤20	−40～+70	9	
MG45-52	250	200	≤2	≥1	≤20	−40～+70	16	
MG45-53	250	200	≤5	≥5	≤20	−40～+70	16	
MG45-54	250	200	≤10	≥10	≤20	−40～+70	16	

23. 什么是光电继电器？它有哪两种基本电路？

　　光电继电器是利用光敏元件(如光敏二极管、光敏三极管、光电池、光敏电阻等)将光能转换成电能,经功率元件放大,带动继电器工作的组合器件。

　　光电继电器分亮通和暗通两种电路。亮通是指光敏元件受光照时,继电器吸合;暗通是指光敏元件无光照时,继电器吸合。这两种基本电路如图 2-18 所示。它们的工作情况如表 2-18 所列。

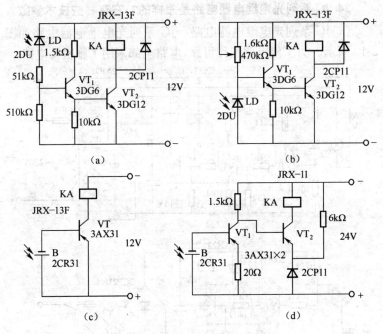

图 2-18　光电继电器的两种电路

(a)亮通　(b)暗通　(c)亮通　(d)暗通

表 2-18　图 2-18 各电路工作情况

图号	图 2-18(a)				图 2-18(b)			
光照情况	光电管	VT$_1$	VT$_2$	KA	光电管	VT$_1$	VT$_2$	KA
有光照	电流小	导通	导通	吸合	电流小	截止	截止	释放
无光照	电流大	截止	截止	释放	电流大	导通	导通	吸合

图号	图 3-18(c)			图 3-18(d)			
光照情况	光电池	VT	KA	光电池	VT$_1$	VT$_2$	KA
有光照	有电势	导通	吸合	有电势	导通	截止	释放
无光照	无电势	截止	释放	无电势	截止	导通	吸合

24. JG 系列光电继电器电路是怎样的？它有哪些技术参数？

（1）JG 系列光电继电器电路　JG 系列光电继电器电路如图 2-19 所示。为了使电路工作可靠，电路全部采用了施密特电路。

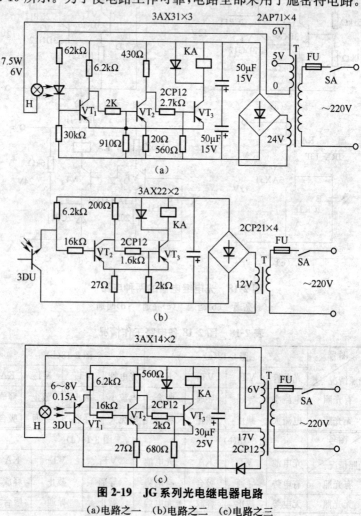

图 2-19　JG 系列光电继电器电路

(a)电路之一　(b)电路之二　(c)电路之三

这几个电路的工作原理基本相同。现以图 2-19c 为例分析如下：由三极管 VT_2、VT_3 组成施密特电路（即射极耦合双稳态触发电路），其工作原理见第七章第 29 问。当有光照射到光敏三极管 VT_1 上时，其电流增大，内阻变小，使三极管 VT_2 基极电位升高而截止，VT_3 导通，继电器 KA 吸合。

(2)JG 系列光电继电器的技术参数　JG 系列光电继电器的技术参数见表 2-19。

表 2-19　JG 系列光电继电器的技术参数

型号		JG-A	JG-C	JG-D	JG-E
电路型式		亮通	亮通	亮通	亮通
配用光电头型号		GTA-1	GT-C	GT-D	GT-D
流过光敏元件的电流	继电器释放	<50μA	<1.2mA	<1.5mA	同 JG-A
	继电器吸合	>50μA（实际调整到>60μA）	>1.5mA（实际调整到>1.6mA）	>1.9mA	
发光头与接收头最大距离		7	温度高于 700℃、截面直径>10mm 的工件小于 0.5m；直径>50mm 的工件小于 5m	2	2.5
接收头与继电器的最大距离		75	75	50	75
用途		在自动控制系统中，指示工件是否存在或所在位置	用作灼红钢件位置检测元件	同 JG-A，但体积比它小	同 JG-A

25. 冲床光电控制安全装置电路是怎样的?

冲床光电控制安全装置能确保操作者的安全。它由发光头、接收头、灵敏继电器及控制电路等组成。冲床光控安全装置同样可应用于翻车机光控安全装置及无触点开关等。电路如图 2-20 所示。

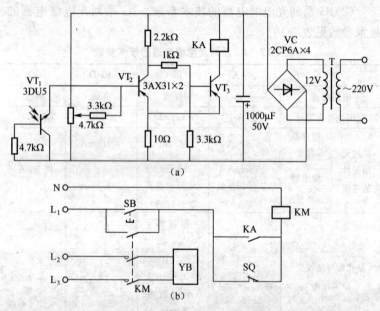

图 2-20　冲床光电控制安全装置电路
(a)电路图　(b)制动控制电路

工作原理:由三极管 VT_2、VT_3 组成施密特电路,起整形放大作用,使电路动作可靠。接通电源,当光线(经聚光镜片)照射到接收头光敏三极管 VT_1 上时,VT_1 产生大电流,内阻很小,三极管 VT_2 基极得不到负偏压而截止,VT_3 导通,继电器 KA 吸合,其常开触点闭合,接通接触器 KM,牵引电磁铁 YB 得电吸合,冲床正常开车。

当操作者的手伸进冲床的危险区时,光线被挡,光敏三极管 VT_1 产生电流很小,内阻很大,VT_2 基极得到负偏压而导通,VT_3 截止,继电器 KA 失电释放,继而接触器 KM 释放,牵引电磁铁 YB 失电释放,刹车机构动作,实现紧急停车。

制动控制电路如图 2-20b 所示。图中,采用凸轮开关 SQ,使电路只对冲床下行程时起制动保护作用。它由一随曲轴旋转的凸轮和行程开关构成。在滑块上死点及行程时,SQ 闭合,制动机构不受开关电路控制。在下行程时,SQ 断开,此时若手挡光,则接触器 KM 断电释放并自锁,制动机构动作,滑块停止下降。制动后需按下复位按钮 SB,滑块才能继续工作。

如采用 36V、40W 工作灯作光源时,光源与接收头之间的距离不应超过 1m;如采用 60W 工作灯作光源时,则光源与接收头之间的距离可达 1.3m。

三、三极管、场效应管和单结晶体管

1. 三极管有哪些种类？它有哪些基本参数？

（1）三极管的种类

①按导电类型分。NPN 型三极管和 PNP 型三极管。

②按材料分。硅三极管和锗三极管。

③按结构分。点接触型三极管和面接触型三极管。

④按工作频率分。高频三极管（＞3MHz）和低频三极管（＜3MHz）。

⑤按功率分。大功率三极管（＞1W）、中功率三极管（0.5～1W）和小功率三极管（＜0.5W）。

常见三极管的类别及用途见表 3-1。

表 3-1　常见三极管的类别及用途

类　别	特　　　　点	用　　途
合金型三极管	增益较高，集电极饱和压降小，发射极-基极击穿电压高，截止频率低	低频放大 低频开关
扩散型三极管	发射极-基极击穿电压低，饱和压降大，开关特性较差	低频放大

几种三极管的外形及符号如图 3-1 所示。

（2）三极管的基本参数

①集电极反向截止饱和电流 I_{cbo}。是发射极开路时，基极和集电极之间加以规定的截止电压时的集电极电流。

②发射极反向饱和电流 I_{ebo}。是集电极开路时，基极和发射极之间加以规定的反向电压时的发射极电流。

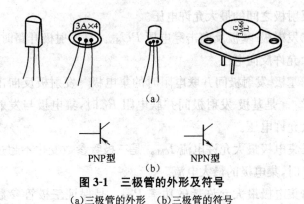

图 3-1　三极管的外形及符号

(a)三极管的外形　(b)三极管的符号

③集电极穿透电流 I_{ceo}。是基极开路时,集电极和发射极之间加以规定的反向电压时的集电极电流。

④共发射极电流放大系数 $h_{FE}(\beta)$。是在共发射极电路中,集电极电流和基极电流的变化量之比。

⑤共基极电流放大系数 $h_{FB}(\alpha)$。是在共基极电路中,集电极电流和发射极电流的变化量之比。

⑥共发射极截止频率 f_{β}。是 β 下降到低频的 0.707 倍时所对应的频率。

⑦共基极截止频率 f_{α}。是 α 下降到低频的 0.707 倍时所对应的频率。

⑧特征频率 f_{T}。是 β 下降到 1 时所对应的频率。当 $f \geqslant f_{T}$ 时,三极管便失去电流放大能力。

⑨最高振荡频率 f_{M}。是给定条件下,三极管能维持振荡的最高频率。它表示三极管功率增益下降到 1 时所对应的频率。

⑩集电极-基极反向击穿电压 BU_{cbo}。是发射极开路时,集电结的最大允许反向电压。

⑪集电极-发射极反向击穿电压 BU_{ceo}。是基极开路时,集电

极和反射极之间的最大允许电压。

⑫发射极-基极反向击穿电压 BU_{ebo}。是发射极开路时,发射结最大允许反向电压。

⑬基极-发射极间并联电阻时的集电极—发射极反向击穿电压 BU_{ceR}。是基极-发射极间并联电阻 R_{be} 时,集电极与发射极之间最大允许电压。

⑭集电极最大允许电流 I_{CM}。是三极管参数变化不超过规定允许值时,集电极的最大电流。

⑮集电极最大允许耗散功率 P_{CM}。是保证三极管参数变化在规定允许范围之内的集电极最大消耗功率。

⑯最高允许结温 T_{jm}。是保证三极管参数变化不超过规定允许范围的 PN 结最高温度。

⑰基极电阻 $r_{bb'}$。是输入电路交流开路时,发射极-基极间的电压变化与集电极电流变化之比值。

⑱热阻 R_T。是集电极每耗散 1W(大功率管)或 1mW(小功率管)功率引起管子 PN 结结温升高的度数。

(3)常用三极管的主要参数

常用 3DG、3CG 高频小功率三极管的主要参数见表 3-2。

表 3-2　常用 3DG、3CG 高频小功率三极管的主要参数

型号		极限参数			直流参数		交流参数		类型
		P_{CM} (mW)	I_{CM} (mA)	$U_{(BR)ceo}$ (V)	I_{ceo} (μA)	h_{FE}[①]	f_T (MHz)	C_{ob} (pF)	
3DG100	A	100	20	20	≤0.01	≥30	≥150	≤4	NPN
	B			30					
	C			20			≥300		
	D			30					

续表 3-2

型号		极限参数			直流参数		交流参数		类型
		P_{CM} (mW)	I_{CM} (mA)	$U_{(BR)ceo}$ (V)	I_{ceo} (μA)	h_{FE}①	f_T (MHz)	G_{ob} (pF)	
3DG120	A			30			≥150		
	B	500	100	45	≤0.01	≥30		≤6	NPN
	C			30			≥300		
	D			45					
3DG130	A			30			≥150		
	B	700	300	45	≤1	≥25		≤10	NPN
	C			30			≥300		
	D			45					
测试条件				I_C=0.1mA	U_{CE}=10V	U_{CE}=10V I_C=3mA I_C=30mA I_C=50mA			
3CG100	A			15					
	B	100	30	25	≤0.1	≥25	≥100	≤4.5	PNP
	C			40					
3CG120	A			15					
	B	500	100	30	0.2	≥25	≥200		PNP
	C			45					
3CG130	A			15					
	B	700	300	30	≤1	≥25	≥80		PNP
	C			45					

① h_{FE}分挡:橙 25～40、黄 40～55、绿 55～80、蓝 80～120、紫 120～180、灰 180～270。

2. 什么是三极管的特性曲线？

特性曲线表示三极管各电极之间的电压和电流的关系，如图3-2b 所示。其测量电路如图 3-2a 所示。测量时，首先调节基极电流 I_b 为某一固定值（例如 $I_b=20\mu A$），然后改变集-射极电压 U_{ce}（即调节 RP_c）就能得到集电极电流 I_c 随 U_{ce} 变化的一条曲线。

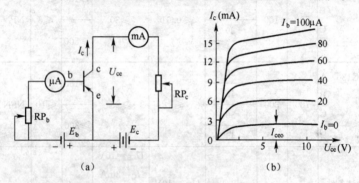

图 3-2 三极管特性曲线及其测量
(a)测量电路 (b)特性曲线

给定不同的 I_b，重复上面的试验，就可以得到一组三极管的伏安特性曲线。特性曲线也可用晶体管特性显示仪显示出来。

由图 3-2b 所示的特性曲线可以看出：

(1)当 $U_{ce}=0$ 时，$I_c=0$，当 U_{ce} 大于某一数值后（约零点几伏），I_c 就基本不变了。

(2)当 $I_b=0$ 时，$I_c=I_{ceo}$，即特性曲线中第一条曲线所示，这就是三极管的穿透电流。

(3)当 I_b 变化时，I_c 也发生变化，且 $\Delta I_c \gg \Delta I_b$。在某一固定的集-射极电压 U_{ce} 下，$\Delta I_c/\Delta I_b=\beta$，即为三极管的电流放大倍数，表明三极管的放大能力。

(4)从特性曲线看，各曲线并不是等距离的平行线，也就是说

在不同的 U_{ce} 下，同样的 I_b 所对应的 I_c 是不相等的，即三极管的 β 值在不同工作情况下是不同的。但工作在正常的放大状态时，β 值的变化不大，可以近似地认为 β 值是不变的。

需指出，即使是同一型号的三极管，它们的特性曲线及 β、I_{ceo} 等数值会有较大差别。所以在制作电子装置时往往需要根据具体三极管的特性来确定电路的某些参数。

3. 怎样选用和配换三极管？

三极管的型号规格非常之多，选用时应注意以下事项：

（1）应根据电路的性能、要求不同，合理地选用三极管。选择时应考虑的三极管主要参数有：特征频率 f_T、共发射极直流电流放大系数（简称电流放大倍数）h_{FE}（即 β）、集电极-发射极反向击穿电压 BV_{ceo}、集电极-发射极反向截止电流（即穿透电流）I_{ceo}、集电极最大允许耗散功率 P_{CM} 等，选择原则见表 3-3。

（2）选用或配换三极管时，三极管的极限参数 BV_{ceo}、I_{CM} 和 P_{CM} 必须满足电路要求，否则会造成管子击穿或过热损坏。一般 BV_{ceo} 取电源电压的 2 倍以上，I_{CM} 取集电极电流的 2 倍及以上。

（3）一般三极管的穿透电流 I_{ceo} 越小越好，这样工作稳定性好。

表 3-3　三极管的选择

参数	f_T	β	P_{CM}	BV_{ceo}	I_{ceo}
选择原则	$\geqslant 3f$	$40\sim100$	$\geqslant P_0$（输出功率）	$\geqslant E_C$（电源电压）	3AX：$<$1mA 3AD：$<$ 几 mA～十几 mA 3AG 3AK $\left.\right\}<$200μA 硅管是相同功率锗管的 0.1%～1%

续表 3-3

参数	f_T	β	P_{CM}	BV_{ceo}	I_{ceo}
说明	f 为工作频率	太高易引起自激振荡，稳定性差	甲类功放 $P_{CM} \geqslant 3P_0$ 甲乙类功放 $P_{CM} \geqslant (\frac{1}{3} \sim \frac{1}{5})P_0$	若负载是电感性元件，$BV_{ceo} \geqslant 2E_c$	I_{ceo} 是影响三极管稳定性的主要因素，其值越小越好

（4）配换三极管时必须注意管子的结构型式，NPN 型管子只能用 NPN 型的代换，PNP 型管子只能用 PNP 型的代换。否则，电源极性和线路结构都得变动，一般情况下是没有必要的，有时甚至还做不到。

（5）配换三极管时，管子的工作特性应与原三极管尽量相近，以免影响电路的性能。

（6）安装时应尽量避开发热元件。

4. 怎样识别三极管上的色标？

在三极管管顶上标有色标，表示电流放大倍数 β 的范围。部分三极管的色标见表 3-4。

表 3-4　三极管 β 的分挡标记

管顶颜色	棕	红	橙	黄	绿	蓝	紫	灰	白	黑	不标颜色
3AX21～24		20～35	35～50	50～65	65～85	85～115				115～200	
3AX25			10～25	25～40	40～60	60～90					
3AX26、31		20～30	30～40	40～50	50～65	65～85	85～115	115～150	150～200		

续表 3-4

管顶颜色	棕	红	橙	黄	绿	蓝	紫	灰	白	黑	不标颜色
3AX42、43、45		20~30	30~40	40~50	50~65	65~85	85~115		>150		
3AD6、30、35	12~20	20~30	30~40	40~50	50~65	65~85	85~100				
3AG1B~1E		20~30	30~40	40~50	50~65	65~85	85~110	110~150	150~200		
3AG6		20~30	30~45	45~65	65~100	100~150		>150			
3AG30		20~40	40~70	70~100	100~150	150~250					
3AG31、32	20~30	30~45	45~67	67~100	100~150	150~225	225~337	337~500	500~750		
3DG6、8、11、12、13、14		10~30		30~60	60~100	100~150			150~200		>200
3DK2A~2C 3DK3A、3B 3DK4~4C		10~30		30~60	60~100	100~150			150~200		
3DK5A~5C 3DK6A、6B		10~30		30~60	60~100	100~150			150~200		>200

5. 怎样判别三极管的好坏?

可用万用表测量三极管极间阻值来判断 PN 结的好坏。将万用表打到欧姆挡 R×1kΩ 或 R×100Ω 位置,测量集电极和发射极的反向电阻值和正向电阻值,如图 3-3 所示。如果反向电阻值很大(越大越好),而正向电阻为低阻值,则说明管子是好的。如果测得反向电阻值非常小或正向电阻值非常大,说明管子已损坏。

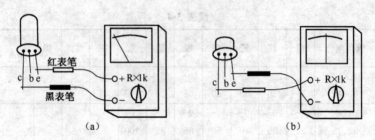

图 3-3　判断三极管的好坏(PNP 型)

(a)测量反向电阻　(b)测量正向电阻

图 3-3b 为测量 PNP 型管子的情况,如果是 NPN 型管子,则只要将两表笔对调即可。

6. 怎样测量三极管的 β、I_{ceo} 和热稳定性?

(1)用万用表估计三极管的电流放大倍数 β

将欧姆挡置于 R×1kΩ 或 R×100Ω 位置,对于 NPN 型管按图3-4a 接法,在三极管集电极 c 和基极 b 之间接一个 50~100kΩ 的电阻(也可用手指捏住 c、b 极代替此电阻),这时相当于给三极管提供一个偏流,万用表指示的电阻应明显减小。此变化越明显,表明管子 β 越大。若先测出已知放大倍数 β 的管子的指示减小幅度,就可大致判定出被测管子的 β 值。对于 PNP 型管子,只要将两表笔对调即可。

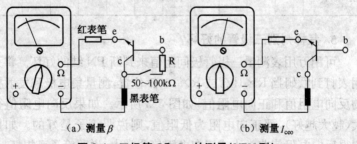

(a) 测量 β　　　　　　(b) 测量 I_{ceo}

图 3-4　三极管 β 和 I_{ceo} 的测量(NPN 型)

（2）用万用表估计三极管穿透电流 I_{ceo} 值及热稳定性

将欧姆挡置 R×1kΩ 或 R×100Ω 位置，对于 NPN 型管按图 3-4b 接法，测得阻值越大越好。阻值大，说明 I_{ceo} 小，管子热稳定性好。如测得阻值小或不稳定（指针移动），说明 I_{ceo} 很大，管子稳定性差。测试时可用舌头贴着管壳，以观察指针稳定情况。良好的管子，指针几乎不动；指针移动越明显，管子热稳定性越差。若指针接近于零，则表明管子已击穿。一般硅管比锗管阻值大；高频管比低频管阻值大；小功率管比大功率管阻值大。低频小功率锗管约在几千欧以上。

测量 PNP 型管子时，只要将两表笔对调即可。

有些型号的万用表备有晶体管测试孔，可定量测试 β 和 I_{ceo}，使用起来很方便。

7. 怎样判别三极管的管型和管脚？

（1）管型、管脚的判别　如果不知道管型和管脚排列，可用万用表 R×1kΩ 挡按下法判别：

①先判定基极 b。选取一管脚假定为 b 极，将红表笔（负表笔）接 b 极，黑表笔（正表笔）分别接触另两脚，如测得均为低阻值，则红表笔接触的脚为 b 极，且为 PNP 型管；要是均为高阻值，则红表笔接触的脚为 b 极，且为 NPN 型管。如果测得的两只管脚阻值相差很大，可另选一个管脚假定为 b 极，直至满足上述条件为止。

②判定集电极 c 与发射极 e。知道是 NPN 型或 PNP 型管子及找到 b 极后，再在剩下的两管脚中假设一个为 c 极，另一个为 e 极，按第 6 问中所述的测量放大倍数 β 的方法如图 3-4a 所示进行测试，并记住指针偏转位置；然后把假定反过来，再测量一次，比较两次指针偏转的大小。偏转大的（即电阻小的）那次假定是正确的。

　　三极管管脚排列通常有一定的规律,如图 3-5 所示,测试时可作参考。

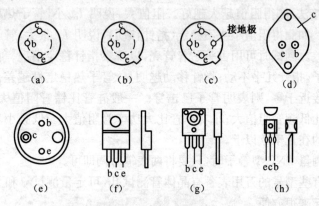

图 3-5　三极管管脚排列图

(a)～(e)仰视图　(f)～(h)正视图

　　(2)高频管与低频管的判别　对于小功率三极管,先用万用表 R×1kΩ 或 R×100Ω(1.5V)挡测出 be 结反向电阻,然后用 R×10kΩ 挡(表内电池 9V 以上)再测一次。如果两次测得的阻值无明显变化,则被测的是低频管;如果用 R×10kΩ 挡测时指针偏转角度明显变大,则被测的是高频管。当然个别型号高频管(如3AG1 等合金扩散型三极管),其 be 结反向击穿电压值小于 1V,用此法测试很难区别。对于大功率三极管,测试方法同上,但应使用 R×1Ω 或 R×10Ω 挡。

8. 三极管有哪三种工作状态?

　　三极管有截止、放大和饱和三种工作状态。作为放大用的三极管应工作在三极管特性曲线的放大区;三极管作为开关用应工作在其特性曲线的饱和区和截止区。三极管放大区、饱和区和截止区如图 3-6 所示。

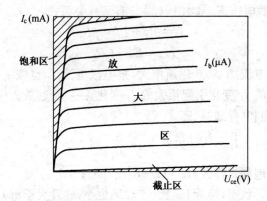

图 3-6　三极管的放大区、饱和区和截止区

(1)截止状态

①条件。对 PNP 型管,$U_b \geq U_e$;对 NPN 型管,$U_b \leq U_e$。截止时的特点是两个 PN 结均为反向偏置。

②特点。$I_b \approx 0$,$I_c \approx 0$,$U_{ce} \approx E_c$(E_c 为电源电压)。即集电极电流 I_c 很小,三极管相应于截止,电源电压 E_c 几乎全部加在管子的 c、e 极上。

为了使三极管更好地截止,可采取下列措施:

a. 采用 I_{ceo} 较小的管子;

b. 在基极和发射极间加反向偏压。此时截止的条件为:对于 PNP 型管,$U_{be} \geq 0$;对于 NPN 型管,$U_{be} \leq 0$。

(2)放大状态

①条件。发射结加正向电压:对于 PNP 型管,$U_b < U_e$;对于 NPN 型管,$U_b > U_e$;集电结反向:$U_c > U_b$。

在放大状态,锗管 U_{be} 约为 $-0.1 \sim -0.2V$;硅管约为 $+0.5 \sim +0.7V$。

②特点。$\Delta I_c = \beta \Delta I_b$,满足放大规律,集电极电流 I_c 与负载电

阻 R_c、电源电压 E_c 基本上无关。有下列关系式：

$$I_c = \beta I_b + I_{ceo} \approx \beta I_b$$

$$U_{ce} \approx E_c - I_c R_c$$

基极电流 I_b 从 0 逐渐增大，集电极电流 I_c 也按一定比例增加。很小的 I_b 变化引起很大的 I_c 变化，三极管起放大作用。

（3）饱和（导通）状态

①条件。$I_b \geqslant \dfrac{I_{CM}}{\beta}$（如果 $I_{CM} = \dfrac{E_c}{R_c}$，则 $I_b > \dfrac{E_c}{\beta R_c}$）；为了使三极管处于深度饱和工作区，$I_b = (2 \sim 3) E_c / \beta R_c$；

在饱和状态，锗管 U_{be} 比 $-0.2V$ 更小，硅管大于 $+0.7V$。

②特点。发射结、集电结都处于正向偏置，I_b 增加，I_c 不再增加，$I_c = E_c / R_c$ 由 R_c、E_c 决定，饱和压降 $U_{ces} \approx 0$，这时可以把三极管的三个电极看作是接通的。

9. 三极管有哪三种基本接法？各有何特点？

三极管的三种基本接法及特点见表 3-5。

表 3-5　三极管三种接法的比较

名　称	共发射极电路	共集电极电路 （射极输出器）	共基极电路
电路图			
输出与输入 电压的相位	反相	同相	同相

续表 3-5

名称	共发射极电路	共集电极电路 （射极输出器）	共基极电路
输入电阻	中（几百欧～几千欧）	大（几十千欧以上）	小（几欧～几十欧）
输出电阻	中（几千欧～几十千欧）	小（几欧～几十欧）	大（几十千欧～几百千欧）
电压放大倍数	大	小（小于 1 并接近于 1）	大
电流放大倍数	大（β 为几十）	大［$(1+\beta)$ 为几十］	小（α 小于 1 并接近于 1）
功率放大倍数	大（30～40dB）	小（约 10dB）	中（15～20dB）
频率特性	高频差	好	好
稳定性	差	较好	较好
失真情况	较大	较小	较小
对电源要求	只需一个电源	只需一个电源	需两个独立的电源
应用	多级放大器的中间级，低频放大	输入级、输出级或作阻抗匹配用	高频或宽频带电路及恒流源电路

注：PNP 型三种接法的电源极性相反。

10. 场效应管有哪些特点及主要用途？

场效应管由于具有输入阻抗非常高（可达 $10^9 \sim 10^{15}\,\Omega$）、噪声低、动态变化范围大和温度系数小，且为电压控制元件等优点，因此应用也较为广泛。

场效应管分结型和绝缘栅（即 MOS）型两大类。常用场效应管的特点及主要用途见表 3-6。

表 3-6 常用场效应管的主要用途

类别	结型管			MOS 管		增强型 MOS 型
	3DJ2	3DJ6	3DJ7	3DO1	3DO4	3CO1
特点及用途	用于高频、线性放大和斩波电路等	具有低噪声、稳定性高的优点，适用于低频低噪声线性放大器	具有高输入阻抗、高跨导、低噪声和稳定性高等优点	具有高输入阻抗、低噪声、动态范围大的特点，适用于直流放大、阻抗变换和斩波器	工作频率较高，大于 100MHz，可作电台、雷达中线性高频放大或混频放大	具有高频输入阻抗，零栅压下接近截止状态，用于开关、小信号放大、工业及通信用

11. 场效应管有哪些基本参数?

(1)场效应管的基本参数

①夹断电压 U_P。也称截止栅压 $U_{GS(OFF)}$,是在耗尽型结型场效应管或耗尽型绝缘栅型场效应管源极接地的情况下,能使其漏源输出电流减小到零时所需的栅源电压 U_{GS}。

②开启电压 U_T。也称阀电压,是增强型绝缘栅型场效应管在漏源电压 U_{DS} 为一定值时,能使其漏、源极开始导通的最小栅源电压 U_{GS}。

③饱和漏电流 I_{DSS}。是耗尽型场效应管在零偏压(即栅源电压 U_{GS} 为零)、漏源电压 U_{DS} 大于夹断电压 U_P 时的漏极电流。

④击穿电压 BU_{DS} 和 BU_{GS}。

a. 漏源击穿电压 BU_{DS}。也称漏源耐压值,是当场效应管的漏源电压 U_{DS} 增大到一定数值时,使漏极电流 I_D 突然增大、且不受栅极电压控制时的最大漏源电压。

b. 栅源击穿电压 BU_{GS}。是场效应管的栅、源极之间能承受的最大工作电压。

⑤耗散功率 P_D。也称漏极耗散功率,该值约等于漏源电压 U_{DS} 与漏极电流 I_D 的乘积。

⑥漏泄电流 I_{GSS}。是场效应管的栅-沟道结施加反向偏压时产生的反向电流。

⑦直流输入电阻 R_{GS}。也称栅源绝缘电阻,是场效应管栅-沟道在反偏电压作用下的电阻值,约等于栅源电压 U_{GS} 与栅极电流的比值。

⑧漏源动态电阻 R_{DS}。是漏源电压 U_{DS} 的变化量与漏极电流 I_D 的变化量之比,一般为数千欧以上。

⑨低频跨导 g_m。也称放大特性,是栅极电压 U_G 对漏极电流 I_D 的控制能力,类似于三极管的电流放大倍数 β 值。

⑩极间电容。是场效应管各极之间分布电容形成的杂散电容。栅源极电容(输入电容)C_{GS} 和栅漏极电容 C_{GD} 的电容量为 $1\sim3pF$,漏源极电容 C_{DS} 的电容量为 $0.1\sim1pF$。

(2)常用场效应管的主要参数　部分结型场效应管的主要参数见表3-7。部分 N 沟道耗尽型 MOS 场效应管的主要参数见表3-8。部分增强型 MOS 场效应管的主要参数见表3-9。

表3-7　部分国产结型场效应晶体管的主要参数

型　　号	沟道类型	饱和漏电流 I_{DSS}(mA)	夹断电压 U_P(V)	栅源击穿电压 BU_{GS}(V)	低频跨导 g_m	耗散功率 P_D(mW)	极间电容(pF)
3DJ1A～3DJ1C	N	0.03～0.6	−1.8～−6	−40	＞2000	100	≤3
3DJ2A～3DJ2H	N	0.3～10	≤−9	＞−20	＞2000	100	≤3
3DJ3A～3DJ3G	N	20～50	≤−9	−30	＞2000	100	≤3
3DJ4D～3DJ4H	N	0.3～10	≤−9	＞−20	＞2000	100	≤3
3DJ6D～3DJ6H	N	0.3～10	≤−9	＞−20	＞1000	100	≤5
3DJ7F～3DJ7J	N	1～35	≤−9	＞−20	＞3000	100	＜8
3DJ8F～3DJ8K	N	1～70	≤−9	＞−20	＞6000	100	≤6
3DJ9G～3DJ9J	N	1～18	≤−7	＞−20	＞4000	100	≤2.8
3DJ50D～3DJ50F	N	0.03～3.3	−5	−70～−100	＞2000	300	≤15
3DJ50G、3DJ50H	N	3～15	−15	−70～−100	＞2000	300	≤15
3DJ51D～3DJ51F	N	0.03～3.3	−5	−70～−150	＞2000	300	≤15
3DJ51G、3DJ51H	N	3～15	−15	−70～−150	＞2000	300	≤15

表 3-8　部分 N 沟道耗尽型 MOS 场效应晶体管的主要参数

型　　号	夹断电压 U_P(V)	饱和漏电流 I_{DSS} (mA)	低频跨导 g_m	极间电容 (pF)	栅源击穿电压 BU_{GS} (V)	耗散功率 P_D (mW)	最高振荡频率 f_m (MHz)
3D01D～3D01H	−9	0.3～10	＞1000	≤5	40	100	≥90
3D02D～3D02H	−9	1～25	＞4000	≤2.5	25	100	≥1000
3D04D～3D04I	−9	0.3～15	＞2000	≤2.5	25	100	≥300

表 3-9　部分增强型 MOS 场效应晶体管的主要参数

型　　号	沟道类型	开启电压 U_T(V)	饱和漏电流 I_{DSS} (mA)	栅源击穿电压 BU_{GS} (V)	耗散功率 P_D (mW)	低频跨导 g_m
3C01A/3C01B	P	−2～−4/−4～−8	15	20	100	≤1000
3C03C/3C03E	P	−2～−4/−4～−8	10	15	150	≤1000
3D03C/3D03E	N	2～8	10	150	150	≤1000
3D06A/3D06B	N	2.5～5/＜3	＞10	20	100	＞2000

12. 使用场效应管时有哪些注意事项？

场效应管较三极管娇弱，使用不当很容易损坏，因此使用时应特别注意以下事项：

(1)应根据不同的使用场合选用适当型号的场效应管。常用场效应管的主要用途见表 3-6。

(2)场效应管，尤其是绝缘栅场效应管，输入阻抗非常高，不用时应将各电极短接，以免栅极感应电荷而损坏管子。

(3)结型场效应管的栅源电压不能接反，但可在开路状态下保存。

(4)为了保持场效应管的高输入阻抗，管子应注意防潮，使用环境应干燥。

(5)带电物体(如电烙铁、测试仪表)与场效应管接触时,均需接地,以免损坏管子。特别是焊接绝缘栅场效应管时,还要按源极-漏极-栅极的先后次序焊接,最好断电后再焊接。电烙铁功率以 15～30W 为宜,一次焊接时间不应超过 5s。

(6)绝缘栅场效应管切不可用万用表测试,只能用测试仪测试,而且要在接入测试仪后,才能去掉各电极短接线。取下时,则应先短路各电极后再取下,要避免栅极悬空。

(7)使用带有衬底引线的场效应管时,其衬底引线应正确连接。

13. 怎样判别场效应管的管脚好坏?

用万用表欧姆挡可判别结型场效应管的管脚和管子的好坏。

从结型场效应管的结构可知,栅极 G 与源极 S 和漏极 D 之间呈二极管特性;源极 S 与漏极 D 之间呈电阻特性。

(1)管脚的判别　将万用表打到 R×100Ω 挡,红、黑表笔任接管子的两脚,测得一个电阻值,然后调换表笔,又测得一个电阻值。如果两次测得的电阻值大小很接近,则可判定被测的两脚为源极 S 和漏极 D,剩下的一脚为栅极 G;如果前后两次测得的电阻值相差很大,则可判定被测的两脚分别为栅极 G 和源极 S 或栅极 G 和漏极 D。测试值为小阻值时,黑表笔(正表笔)所接的脚为栅极 G。

(2)好坏的判断　分别测试栅极 G 和源极 S、栅极 G 和漏极 D。如果测得的正、反向电阻值相差很大,则管子是好的;如果正、反向电阻值均很小,则管子已击穿损坏;如果正向电阻很大,则管子性能很差。另外,再测试源极 S 和漏极 D,如果阻值为零或无穷大,说明管子已坏;如果阻值为一定值,测试时可用手触摸栅极 G,此时万用表的指针应有变化,指针摆动幅度越大,管子性能越好。

对于绝缘栅场效应管,不能用万用表测试,只能用测试仪测试。

14. 场效应管时间继电器是怎样应用的?

场效应管具有极高的输入阻抗(如绝缘栅型场效应管可达 $10^9 \sim 10^{15}\,\Omega$),导通时从电源输入的电流几乎可以忽略。因此允许采用很大的充电电阻,有利于比延时的提高。

(1)电路一

JSB-1 型时间继电器电路如图 3-7 所示。它采用 3C01 型场效应管(P 沟道增强型)作比较环节。该定时器最大延时可达 5min,比延时可达 $5\mathrm{s}/\mu\mathrm{F}$,延时误差<±5%。

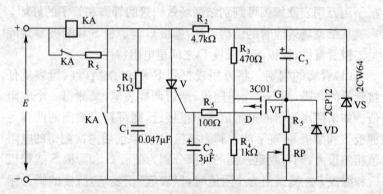

图 3-7　JSB-1 型时间继电器电路

工作原理:接通电源时,由于电容 C_3 两端电压为零,场效应管 VT 处于截止状态,继电器 KA 释放,延时开始。同时电源 E 通过电阻 R_2、继电器 KA 线圈向电容 C_3 充电,电容上的电压逐渐升高,场效应管 VT 的栅源电压 U_{GS} 越来越负,栅-漏极电流 I_{DS} 就越来越大。当 I_{DS} 大到晶闸管 V 所需的触发电流时,V 触发导通,继电器 KA 得电吸合,输出延时信号。

图中,二极管 VD 的作用是提供电容 C_3 一条快速放电回路 (R_3、R_4、VD、C_3);R_1、C_1 及 C_2 的作用是防止晶闸管 V 误触发;并联在电阻值较大的继电器 KA 线圈上的低阻值电阻 R_5,用以提供延时电路足够的电压与电流。

(2)电路二

JS-20 型时间继电器电路如图 3-8 所示。

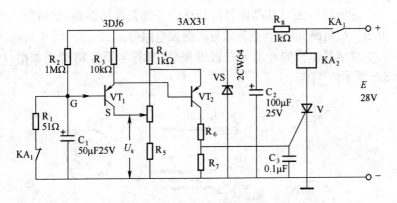

图 3-8　JS-20 型时间继电器电路

工作原理:当继电器 KA_1 吸合时(图中 KA_1 控制部分未画出),接通电源,由于电容 C_1 两端电压为零,场效应管 VT_1 的栅源电压 $U_{GS}=U_C-U_S=-U_S$ 大于其夹断电压 U_P,因此 VT_1 截止,三极管 VT_2 无基极电流而截止,晶闸管 V 关闭,继电器 KA_2 处于释放状态,延时开始。同时电源电压 E 通过电阻 R_8、R_2 向电容 C_1 充电。C_1 上电压 U_C 逐渐升高,当达到 $U_{GS}<U_P$ 时,VT_1 导通,VT_2 得到基极电流也导通(由于电阻 R_4 的正反馈作用,VT_2 由截止变为导通是瞬间完成的),晶闸管 V 触发导通,继电器 KA_2 得电吸合,输出延时信号。

15. 什么是单结晶体管？它有哪些用途？

单结晶体管又称双基极二极管,是具有一个 PN 结的三端半导体器件。它的导电特性完全不同于普通三极管,具有以下特点:

(1)稳定的触发电压,并可用基极间所加电压控制。

(2)有一极小的触发电流。

(3)负阻特性较均匀,其温度和寿命较三极管稳定。

这些特性使单结晶体管特别适合于作张弛振荡器、定时器、电压读出电路、晶闸管整流装置的触发电路等。

单结晶体管的外形与三极管相似,其符号及管脚排列如图3-9 所示。

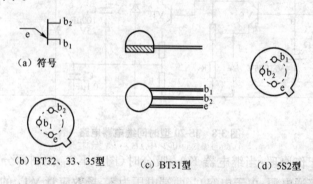

(a) 符号

(b) BT32、33、35型　　(c) BT31型　　(d) 5S2型

图 3-9　单结晶体管的符号及管脚排列

16. 单结晶体管有哪些基本参数？

(1)单结晶体管的基本参数

①基极电阻 R_{bb}。是发射极开路状态下基极 1 和基极 2 之间的电阻,一般为 $2\sim10\text{k}\Omega$。基极电阻随温度的增加而增大。

②分压比 η。是发射极和基极 1 之间的电压与基极 2 和基极 1 之间的电压之比,一般为 $0.3\sim0.8$。

③发射极与基极 1 间反向电压 U_{eb1}。是基极 2 开路时,在额定的反向电流下基极 1 与发射极之间的反向耐压。

④发射极与基极 2 间反向电压 U_{eb2}。是基极 1 开路时,在额定的反向电流下,基极 2 与发射极之间的反向耐压。

⑤反向电流 I_{eo}。是基极 1 开路时,在额定的反向电压 U_{eb2} 下的反向电流。

⑥峰点电流 I_P。是发射极电压最大值时的发射极电流。该电流表示了使管子工作或使振荡电路工作时所需的最小电流。I_P 与基极电压成反比,并随温度增高而减小。

⑦峰点电压 U_P。能使发射极-基极 1 迅速导通的发射极所加的电压。

⑧谷点电压 U_V。发射极-基极 1 导通后发射极上的最低电压。

⑨谷点电流 I_V。与谷点电压相对应的发射极电流。

(2)BT31～BT37 型单结晶体管的参数见表 3-10。

17. 使用单结晶体管有哪些注意事项?

(1)使用单结晶体管时,其发射极与基极 1 之间的反向电压 V_{eb1} 必须大于外加电源电压(同步电压),以免击穿。

(2)作为张弛振荡器使用时,必须正确选择放电电阻 R_1、温度补偿电阻 R_2、充电电阻 R 和充放电电容 C,否则不能起振。具体选择见第九章第 7 问。

(3)要正确选择管子的分压比 η、谷点电压 U_V 和谷点电流 I_V。在触发电路中,希望选用 η 稍大些,U_V 低些,I_V 大些的单结晶体管为好,这样会使输出脉冲幅度和相位调节范围都增大。单结晶体管的分压比 η 通常为 0.5～0.85,在晶闸管触发电路中,一般选用 $\eta=0.6$～0.7 为宜。

(4)安装时应尽量避开发热元件。

表 3-10　BT31~BT37 型单结晶体管的参数

型号	分压比 η	基极间电阻 R_bb (kΩ)	调制电流 I_BZ (mA)	峰点电流 I_P (mA)	谷点电流 I_V (mA)	谷点电压 U_V (V)	耗散功率 P_BZM (mW)
BT31A	0.3~0.55	3~6	5~30	≤2	≥1.5	≤3.5	100
BT31B	0.3~0.55	5~12	≤30				
BT31C	0.45~0.75	3~6					
BT31D	0.45~0.75	5~12					
BT31E	0.65~0.9	3~6					
BT31F	0.65~0.9	5~12					
BT32A	0.3~0.55	3~6	8~35	≤2	≥1.5	≤3.5	250
BT32B	0.3~0.55	5~12	≤35				
BT32C	0.45~0.75	3~6					
BT32D	0.45~0.75	5~12					
BT32E	0.65~0.90	3~6					
BT32F	0.65~0.90	5~12					

续表 3-10

型号	分压比 η	基极间电阻 R_{bb}(kΩ)	调制电流 I_{BZ}(mA)	峰点电流 I_P(mA)	谷点电流 I_V(mA)	谷点电压 U_V(V)	耗散功率 P_{B2M}(mW)
BT33A	0.3~0.55	3~6	8~40				
BT33B		5~12	≤40	≤2	≥1.5	≤3.5	400
BT33C	0.45~0.75	3~6					
BT33D		5~12					
BT33E	0.65~0.9	3~6					
BT33F		5~12					
BT37A	0.3~0.55	3~6	3~40				
BT37B		5~12	≤40	≤2	≥1.5	≤3.5	700
BT37C	0.45~0.75	3~6					
BT37D		5~12					
BT37E	0.65~0.9	3~6					
BT37F		5~12					
测试条件	$U_{bb}=20\text{V}$	$U_{bb}=20\text{V}$ $I_e=0$	$U_{bb}=10\text{V}$	$U_{bb}=20\text{V}$	$U_{bb}=20\text{V}$	$U_{bb}=20\text{V}$	

18. 怎样测试单结晶体管?

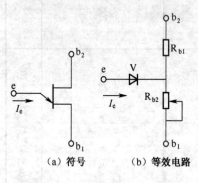

（a）符号　　（b）等效电路

图 3-10　单结晶体管等效电路

用万用表欧姆挡可判别单结晶体管的管脚及管子的好坏。从单结晶体管的结构可知,发射极 e 与第一基极 b_1 及发射极 e 与第二基极 b_2 之间均呈二极管特性,b_1 与 b_2 之间呈电阻特性。单结晶体管简单的等效电路如图 3-10b 所示。

（1）管脚的判别　将万用表打到 $R \times 100\Omega$ 挡,测量 e 与 b_1 或 b_2 间的正、反向电阻,阻值应相差很大;而测量 b_1 与 b_2 间的正、反向电阻,阻值应相等（2～12kΩ）。据此可找出发射极 e。然后将黑表笔（即正表笔）接 e 极,用红表笔（即负表笔）分别去接触 b_1 和 b_2 极,测得的阻值稍小者,红表笔接触的是 b_2 极。

（2）管子好坏的判别　如果测得的 e 和 b_1、b_2 间没有二极管特性,或 b_1、b_2 之间的电阻值比 2～12kΩ 大很多或小很多,则说明管子已损坏或不合格。

（3）分压比 η 的判别　先测出 e 和 b_1、e 和 b_2 的正向电阻值,及 b_1 和 b_2 之间的电阻值,然后按下式计算 A 值:

$$A = \frac{R_{eb1} - R_{eb2}}{R_{b_1 b_2}}$$

A 值越大,说明分压比 η 也越大。

19. 怎样测试绝缘双极晶体管(IGBT)?

绝缘双极晶体管(IGBT)是通过栅极驱动电压来控制的开关

晶体管,广泛用于变频器中作为直流逆变成交流的电力电子元件。IGBT 管的结构和工作原理与场效应晶体管(通常称为MOSFET 管)相似。IGBT 管的符号如图 3-11 所示。G 为栅极,C 为集电极,E 为发射极。

用万用表测试 IGBT 管的方法如下:

(1)确定三个电极　假定管子是好的,先确定栅极 G。将万用表打到 R×10kΩ挡,若测量到某一极与其他两极电阻值为无穷大,调换表笔后测得该极与其他两极电阻值为无穷大,则可判断此极为栅极(G)。再测量其余两极。若测得电阻值为无穷大,而调换表笔后测得电阻值较小,此时红表笔(实为负极)接的为集电极(C),黑表笔(实为正极)接的为发射极(E)。

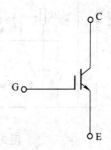

图 3-11　IGBT 管的符号

(2)确定管子的好坏　将万用表打到 R×10kΩ 挡,用黑表笔接 C 极,红表笔接 E 极,此时万用表的指针在零位,用手指同时触及一下 G 极和 C 极,万用表的指针摆向电阻值较小的方向(IGBT被触发导通),并指示在某一位置;再用手指同时触及 G 极和 E 极,万用表的指针回零(IGBT 被阻断),即可判断 IGBT 是好的。

如果不符合上述现象,则可判断 IGBT 是坏的。用此方法也可测试功率场效应晶体管(P-MOSFET)的好坏。

20. 单结晶体管时间继电器是怎样应用的?

(1)电路一

JS15 型时间继电器电路如图 3-12 所示。它采用单结晶体管组成的弛张振荡器作延时电路。

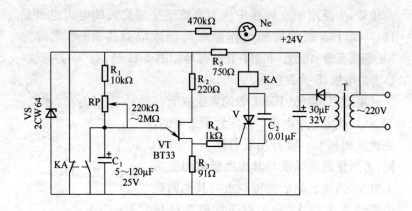

图 3-12　JS15 型时间继电器电路

工作原理：由单结晶体管 VT、电阻 R_1、R_2、R_3、电位器 RP 和电容 C_1 等组成弛张振荡器。其脉冲重复周期可长达几十秒。接通电源后，由于电容 C_1 两端电压不能突变，为零，单结晶体管 VT 截止，晶闸管 V 因控制极无触发电压而关闭，继电器 KA 处于释放状态，延时开始。电源电压 E 经电阻 R_1、电位器 RP 向电容 C_1 充电，经过一段延时后，C_1 上电压达到单结晶体管 VT 的峰点电压 U_P 时，VT 突然导通，发出一个正脉冲，使晶闸管 V 导通，继电器 KA 得电吸合，输出延时信号。同时 KA 的常开触点闭合，短接了 C_1，为下次工作做好准备。

延时时间 t 符合以下公式：

$$t \approx RC \ln \frac{1}{1-\eta} \quad \text{(s)}$$

式中　R——图 3-12 中的 $R_1 + RP(\Omega)$；

　　　C——图 3-12 中的 $C_1(F)$；

　　　η——单结晶体管的分压比。

上式表明，这种延时继电器的延时精度与电源无关，只要选择漏电小的电容及温度稳定性好的电阻、电位器,调整第二基极温度补偿电阻 R_2 的阻值,使电路处于零温度系数下,这种时间继电器能获得较高的延时精度和良好的重复性。

　　(2)电路二

　　JS12 型时间继电器电路如图 3-13 所示。该电路的工作原理与图 3-12 相同。

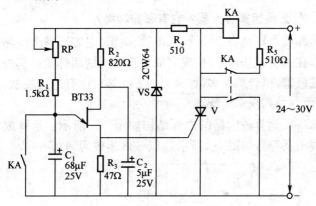

图 3-13　JS12 型时间继电器电路

四、运算放大器、时基集成电路和固态继电器

1. 什么是运算放大器？它有哪些种类？

运算放大器是将三极管、二极管、电阻、电容等整个电路的元件制作在一块硅基片上，构成完成特定功能的固体块。其外形有的像三极管，但管脚很多（如 8 极、12 极等），也有的为块状，塑料封装，两侧排列众多的管脚。

BG301 运算放大器的内部结构如图 4-1 所示。运算放大器的接线图及符号如图 4-2 所示（以 5G23 运放为例）。

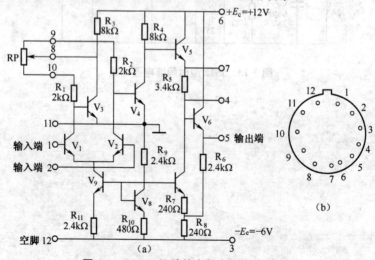

图 4-1　BG301 运放的内部电路和管脚排列

4、7. 外接消除电路寄生振荡元件　8～10. 外接调零电位器

运算放大器通过外接电阻、电容的不同接线,能对输入信号进行加、减、乘、除、微分、积分、比例及对数等运算。它是具有高放大倍数和深度负反馈的直流放大器,可用来实现信号的组合和运算。它的输出-输入关系仅简单地决定于反馈电路和输入电压的参数,与放大器本身的参数没有很大关系。运算放大器通用性很强,应用十分广泛。

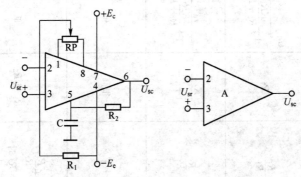

图 4-2　5G23 运放接线图及符号

运算放大器的基本电路见表 4-1。

2. 运算放大器有哪些基本参数?

(1)运算放大器的基本参数

①开环放大倍数 K_0。是指元件加反馈环路、放大器工作在直流(或很低频率的交流)下的电压放大倍数,一般在 $10^3 \sim 10^7$。运算放大器除作比较器外,通常都接成闭环使用,以保证其工作稳定。

②输入特性。输入电阻计算如下:

当反相输入时,属于电压并联负反馈

$$r_{sr} \approx R_1$$

当同相输入时,属于电压串联负反馈

表 4-1　各种运算放大器的基本电路及比较

名称	电路图	传递函数	输入阻抗	输出阻抗	说明
反相放大器		$\dfrac{U_{sc}}{U_{sr}}=-\dfrac{R_f}{R_1}$	R_1	$\dfrac{r_0}{1+\dfrac{KR_1}{R_1+R_f}}$	反相输入 电压并联负反馈 出现虚地
同相放大器		$\dfrac{U_{sc}}{U_{sr}}=1+\dfrac{R_f}{R_1}$	$\dfrac{Kr_1}{1+\dfrac{R_f}{R_1}}$	$\dfrac{r_0}{1+\dfrac{KR_1}{R_1+R_f}}$	同相输入 电压串联负反馈 出现共模电压
电压跟随器		$\dfrac{U_{sc}}{U_{sr}}\approx 1$	很高	低	同相输入 电压串联负反馈 出现共模电压
加法器		$U_{sc}=\left(\dfrac{R_f}{R_1}U_{sr1}+\dfrac{R_f}{R_2}U_{sr2}\right)$ 当 $R_f=R_1=R_2$ 时 $U_{sc}=-(U_{sr1}+U_{sr2})$	R_1 或 R_2	低	反相多端输入 电压并联负反馈 出现虚地 能求两个以上电压之和

续表 4-1

名称	电路图	传递函数	输入阻抗	输出阻抗	说明
减法器差动放大器		$U_{sc} = \dfrac{R_f}{R_1}(U_{sr2} - U_{sr1})$ （当 $R_f/R_1 = R_3/R_2$ 时）		低	差动输入 出现共模电压 能求两个电压之差 输入阻抗因输入电压而变
积分器		$U_{sc} = -\dfrac{1}{RC}\displaystyle\int u_{sr}dt$ 或 $\dfrac{U_{sc(s)}C_{(s)}}{U_{sr(s)}} = -\dfrac{1}{sCR}$	R	低	反相输入 电压并联负反馈 出现虚地 能对时变电压积分
微分器		$U_{sc} = -RC\dfrac{du_{sr}}{dt}$ 或 $\dfrac{U_{sc(s)}}{U_{sr(s)}} = -\dfrac{1}{sCR}$	$\dfrac{1}{j\omega c}$	低	反相输入 电压并联负反馈 出现虚地 能对时变电压微分 输入阻抗因频率而变
对数		$U_{sc} = -U_T \ln \dfrac{U_{sr}}{I_{es}R_1}$ （室温时 $U_T \approx 26mV$）	R_1	低	反相输入 电压并联负反馈 出现虚地 在较宽范围内对输入正电压作对数运算

续表 4-1

名称	电路图	传递函数	输入阻抗	输出阻抗	说　明
线性整流器		当 $u_{sr}<0$ 时 $$U_{sr}=-\frac{R_f}{R_1}u_{sr}$$	R_1	低	反相输入 电压并联负反馈 出现虚地 能对低于二极管门坎电压的信号电压整流
有源低通滤波器		$$\frac{U_{sc}(s)}{U_{sr}(s)}=\frac{R_1+R_2}{R_1}\times\frac{1}{1+sCR}$$	R_1	低	同相输入 电压串联负反馈 出现共模电压 输入阻抗随信号频率而变
比较器		同集成运放的开环差模放大倍数	典型值 100kΩ	典型值 100kΩ	开环比较器,用作电平检测
方波发生器					采用了带正反馈的比较器加快转换速度

注:K—运算放大器的电压放大倍数;r_i,r_o—运算放大器的输入电阻和输出电阻;s—运算子(拉氏变换)。

$$r_{sr}=(1+K_0F)r_{sr0}+R_3 \quad F=\frac{r_{sr0}/\!/R_1}{(r_{sr0}/\!/R_1)+R_2}$$

式中　r_{sr0}——放大器开环输入电阻，一般数值较大，如几十千欧～几百千欧；

　　　K_0——开环电压放大倍数，此值很大，如积分用的运算放大器为 $10^6\sim10^7$；

　　　F——电压反馈系数。

输入电流 I_{ib} 在数微安～数皮安之间。

③输出特性 U_{pp}——R_z。R_z 代表输出端接有负载时能输出的最大电压值。它标志一个放大器的负载能力。输出电阻计算如下：

开环输出电阻　r_{sc0} 约几百欧。

闭环输出电阻　　$r_{sc}\approx\dfrac{r_{sr0}}{1+K_0F}\approx0$

④失调电压 U_{0s}、电流 I_{0s}。集成运算放大器通常都采用差分输入级，由于输入差分管的不对称，即使输入端电压、电流为零，放大器的输出电压、电流也不为零。使放大器输出电压为零在输入端所加的信号电压称为失调电压。

⑤单位增益带宽 f_c。当开环差模增益下降到 $K=1$ 时的频率称为放大器的单位增益带宽，即放大器使用频率上限。

（2）常用运算放大器的主要参数

常用通用型运算放大器的主要参数及主要特点见表 4-2。

3. 常用运算放大器的管脚图是怎样的？

常用运算放大器的管脚图如图 4-3 所示。图 4-3a～4-3e 分别与表 4-3 中的各运算放大器相对应；图 4-3f 对应于 8FC1（5G922、BG301）、8FC21、BG305、FC52、FC54 等；图 4-3g 对应于 5G23、5G24 等。图中 OA_1、OA_2 为接调零元件管脚。

表 4-2　常用通用型运算放大器的主要参数及主要特点

参数名称 \ 型号	μA741（单运放）	MC1458（双运放）	LM324（四运放）	LF351（单运放）BJT-FET	TL082（双运放）BJT-FET	TL084（四运放）BJT-FET	CA3140（单运放）BJT-MOS
输入失调电压（mV）	2	2	2	13（max）	5（max）	5（max）	2
输入失调电流（nA）	30	20	5	4（max）	2（max）	3（max）	0.5×10^{-3}
输入偏流（nA）	200	80	45	8（max）	7（max）	7（max）	10×10^{-3}
输入电阻（MΩ）	1	1	1	10^6	10^6	10^6	1.5×10^6
转换速度（V/μs）	0.5	0.5	0.5	13	13	13	9
频率宽度 f_T（MHz）	1	1	1	4	3	3	4.5
频率宽度 f_P（MHz）	10	10	5	上升时间 0.1μs	上升时间 0.1μs	上升时间 0.1μs	上升时间 0.08μs
主要特点	单片高增益，内有频率补偿，共模电压范围宽，电源电压范围宽	2 组独立的高增益运放，既可运放，驱动功耗低，工作，又可单电源工作	4 组运放封装在一起，静态功耗低，能单电源工作	输入阻抗高，输入偏流小，噪声低，频带宽，电源功耗低	含 2 组相同的运放，噪声低，输入失调电流小，输入阻抗高	含 4 组独立的低噪声运放，输入阻抗高，转换速率大	输入阻抗很高，失调电流小，输入偏流小，频带宽

续表 4-2

参数名称 \ 型号	μA741 (单运放)	MC1458 (双运放)	LM324 (四运放)	LF351 (单运放) BJT-FET	TL082 (双运放) BJT-FET	TL084 (四运放) BJT-FET	CA3140 (单运放) BJT-MOS
代换同类品及类似品	LM741 MC1741 AD741 HA17741 CF741(类似品) F007 FC4 5G26 μA748 LM748 MC1748 BG308 4E322 有的不设调零 (内部已有)	μA1458 RC1458 LM1458 μPC1458 TA75458 HA17458 μPC1458(类似品) LM4558 MC3548 MC1747 AN358 LM358 LM747 MB3607 AN1358	μPC324 MB3514 μA324 SF324(类似品) MC3403 MB3515 NJM2058 LM348 μA348 μPC3403 LM2902 HA17902 NJM2902 TA75902	SF351 TL07 μA771 TL081 CF081 F073 5G28 BG313 TD05	NJM072 μPC4072 TL072 LF353 NJM535 μA772	μPC4084 HA17084 AN1084 μPC4074 LF347 μA774 TL074	CF3140 F072 FX3140 DG3140 有的有调零 (1、5管脚)
管脚图（见图 4-3）	(a)	(b)	(c)	(a)	(b)	(d)	(e)

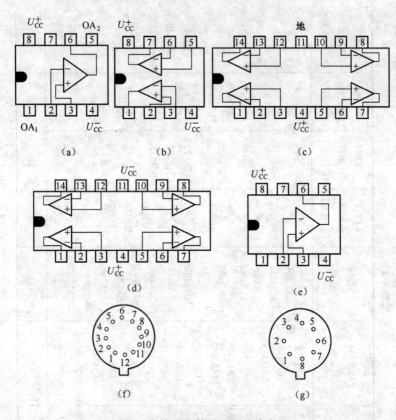

图 4-3　常用运算放大器的管脚图

4. 运算放大器的补偿电路有哪些?

运算放大器外部通常需接入阻容元件进行补偿,以消除自激。常用运算放大器的补偿电路如图 4-4 所示。

5. 怎样对运算放大器采取电源反接和电压突变保护?

电源反接和电压突变保护电路如图 4-5 所示。图 4-5a 为电源反接保护。即在电源引线上分别串联一只二极管 VD₁、VD₂ 以

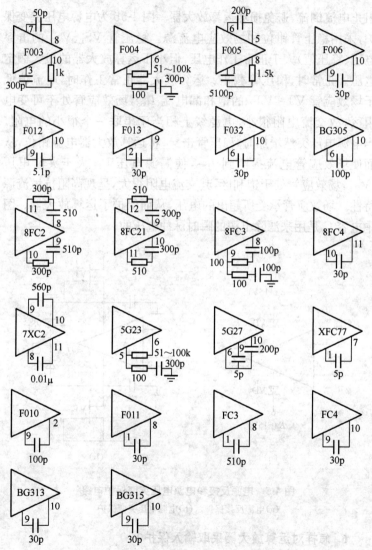

图 4-4　常用运算放大器补偿电路

阻止电流倒流,避免损坏运算放大器。图 4-5b 为电源电压突变保护,采用稳压管钳位和场效应电流源。稳压管 VS₁、VS₂ 的击穿电压(稳压值)大于正常工作电压,但小于运算放大器的最大额定电压。正常时,稳压管截止。运算放大器正常工作时,电流值低于场效应管 VT₁、VT₂ 的饱和漏电流 I_{DSS},场效应管处于可变电阻区,故交流电阻很小,电源线上相当于串联一个很小的电阻。当电源电压突然增加时,稳压管击穿,将运算放大器电源钳位,从而使场效应管电流提高到 I_{DSS},使漏源电压 V_{DS} 大于夹断电压 $|V_P|$,场效应管处于饱和区,其交流电阻很大,呈现高阻抗恒流源特性。场效应管承受所超出的电压,从而保护了运算放大器。图中电容 C 是用来滤除电源的瞬时脉冲电压的。

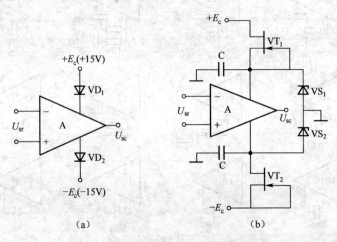

图 4-5　电源反接和电源电压突变保护电路

(a)电源反接保护　(b)电源电压突变保护

6. 怎样对运算放大器采取输入保护?

输入保护电路如图 4-6 所示。图 4-6a 为输入钳位保护,在运算放大器的输入端接入电阻 R_1（一般电路中已有此电阻）和反向并联的二极管 VD_1、VD_2，使运算放大器输入电压的幅度限制在二极管的正向压降以下。该保护措施还可以避免在运算放大器中产生自锁现象（即运算放大器输入信号过大而引起输出电压过高，使输出级管子处于饱和或截止。这时运算放大器不能调零，甚至烧毁）。

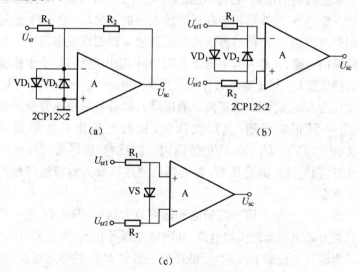

图 4-6　输入保护电路

(a)输入钳位保护　(b)差模输入过载保护　(c)采用稳压管保护

图 4-6b 是差模输入过载保护，其保护原理与图 4-6a 相同。要求限流电阻 R_1 与 R_2 相等。

图 4-6a 和图 4-6b，输入电压范围为 $\pm 0.6 \sim \pm 0.7V$，缺点是输入电阻降低了。

应注意，二极管所产生的温度漂移会使整个运算放大器的漂移增加，在要求高的场合要考虑这个问题。

图 4-6c 采用稳压管保护。稳压管的稳压值可根据运算放大器允许输入的最大信号峰值来选择,这种输入保护电路的输入电压范围较宽,且输入电阻也较大,故在大信号输入时常用此法。

7. 怎样对运算放大器采取输出限幅保护?

常见的输出限幅(钳位)电路如图 4-7 所示。图 4-7a 是将稳压管 VS_1、VS_2 对接后再接在运算放大器的输出端;图 4-7b 是将稳压管 VS_1、VS_2 对接后再连接在运算放大器的反馈电路中。这两种保护电路,在运算放大器正常工作时,输出电压 U_{sc} 小于稳压管的稳压值 U_z,该支路不起作用。当输出电压 $U_{sc} > U_z + 0.6V$ 时(0.6V 为 VS_1 或 VS_2 的正向导通压降),就有一只稳压管反向击穿,另一只正向导通,负反馈加强,从而把输出电压限制在 $-(U_z + 0.6V) \sim U_z + 0.6V$ 的范围内。应注意,应尽量选择反向特性好、漏电流小的稳压管,否则将会使运算放大器传输特性的线性度变坏。

图 4-7c 电路适用于高精度的运算放大器中;图 4-7d 是一种可以调节输出限幅范围的电路,其限幅范围可在 ±1~±8V 内调节。当调节电位器 RP_1 时,便能改变三极管 VT_1 的导通程度(三极管作可变电阻用),即改变集-射极电压 U_{ec} 的大小,从而改变发射极对地的电压,也就改变了输出正电压的大小。同样,调节电位器 RP_2,可以改变输出负电压的大小。

8. 运算放大器输出电压扩展电路是怎样的?

运算放大器允许的输出电压是有限的,如 F007 的最大输出电压为 ±12V,这在某些场合是不够大的,因此需采用扩展电路。

常见的输出电压扩展电路如图 4-8 所示。

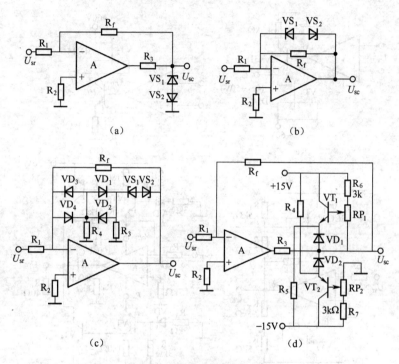

图 4-7　常见的输出限幅电路

(a)稳压管 VS$_1$、VS$_2$ 对接后接在运算放大器的输出端

(b)稳压管 VS$_1$、VS$_2$ 对接后接在运算放大器的反馈电路中

(c)适用于高精度运算放大器的电路　(d)输出限幅范围可调电路

图 4-8a，当运算放大器输出电压为负电压较大时，三极管 VT$_1$ 基极为负偏置而饱和导通，输出电压 $U_{sc} \approx 0$；当运算放大器输出电压为正电压时，VT$_1$ 截止，场效应管 VT$_2$ 导通，输出电压 $U_{sc} \approx -50V$。因此当运算放大器输出由较大负电压向正电压变化时，扩展电路输出电压为 0～-50V 变化。

图 4-8b 电路的原理与图 4-8a 类似。图 4-8c 的最大输出幅度，

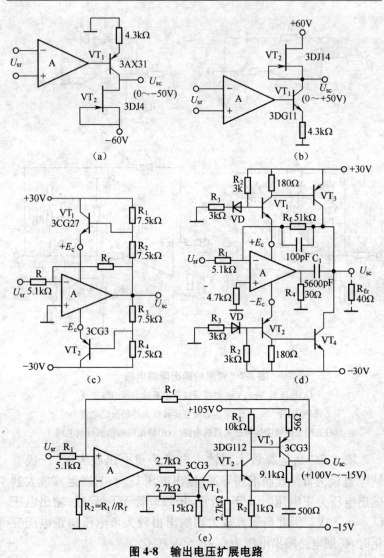

图 4-8　输出电压扩展电路

(a)电路一　(b)电路二　(c)电路三　(d)电路四　(e)电路五

约为运算放大器本身的输出幅度与其输入电压范围之和。图 4-8d 电路可使输出幅度扩展到±29.8V 左右,并可在负载 R_z 上得到约 22W 的峰值输出功率。电容 C_1 的作用是改善高频响应,并有助于提高动态稳定性。此电路的频率响应特性,其平坦区为直流至 30kHz。

图 4-8e,当运算放大器输出较大的正电压时,三极管 VT_1 基极为负偏置而导通,VT_2 有基极电流流过而导通,从而使三极管 VT_3 基极为负偏置(经 R_1 和 R_2 分压)而导通,扩展电路输出约 100V（$105V-V_{ces}$,V_{ces} 为 VT_3 饱和压降）;当运算放大器输出为负电压时,VT_1 截止,VT_2 因得不到基极电流而截止,VT_3 基极为正偏压而截止,扩展电路输出约为-15V。因此当运算放大器输出由较大正电压向负电压变化时,扩展电路输出约为+100～-15V 变化。

9. 运算放大器输出功率扩展电路是怎样的?

运算放大器允许的最大输出功率是有限的,如 F007 的静态功率≤150mW,这在某些场合是不够大的,因此需采用扩展电路。为此可以在运算放大器输出端外接射极输出器或源极输出路。如要求双极性输出,就必须外接互补对称电路,如图 4-9 所示。

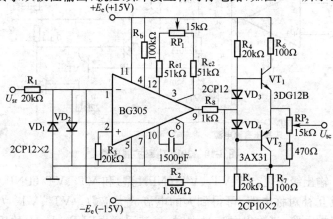

图 4-9　输出功率扩展电路

由三极管 VT_1（NPN 型）和 VT_2（PNP 型）组成互补对称电路，为了保证 VT_1、VT_2 管工作在乙类但又不致产生交越失真，电路中加入二极管 VD_3、VD_4。要求两个三极管的 β 相等，穿透电流要小；VD_3、VD_4 特性分别与 VT_1、VT_2 管的输入特性配合好，且 VD_3、VD_4 的门槛电压分别接近稍小于 VT_1、VT_2 管发射结的门槛电路。

图 4-10 是负载电阻为 8Ω、峰值功率为 20W 的功率扩展电路。第一级由源极输出器组成（场效应管 VT_1、VT_2），使输出级和运算放大器隔离，并提供三极管 VT_3 的工作电流。调节电位器 RP，可改变输出级的静态电流。

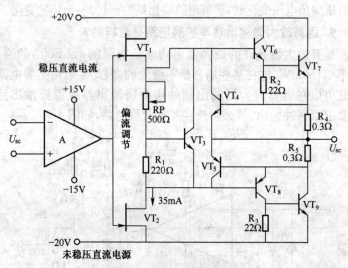

图 4-10 20W 功率扩展电路

输出级由复合管 VT_6、VT_7（NPN 型）和 VT_8、VT_9（PNP 型）组成互补对称电路，可得到大的电流放大倍数。VT_4、VT_5 为限流保护电路，当输出电流过大时，过流采样电阻 R_4、R_5 上的压降增大,即加于三极管 VT_4、VT_5 基极偏压增大,使它们的导通程度增大(正常时两管截止),集电极电流增大,从而使两组复合管的基极电流减小,限制输出电流增大。

10. 使用运算放大器有哪些注意事项?

(1)自激振荡的消除 检查各校正网络是否已经接好,负反馈是否合适,RC 补偿元件选择是否适当(有些运算放大器内部已设 RC 补偿元件)。此外,也可在印刷板插座上的正、负电源接线端并联一只几十微法的电解电容和一只 $0.01 \sim 0.1 \mu F$ 的瓷片电容试试。有时输出端容性负载以及引线的杂散电容也会引起自激振荡。

(2)"堵塞"现象的消除 运算放大器闭环工作时,突然工作不正常,输入电压接近正的或负的限幅值,发生这种"堵塞"现象时,放大器不能调零,连信号也加不进去,很容易被误认为管子已损坏。如果这时将电源切断,重新接通或把运算放大器的两个输入端短路,电路又会重新工作。为了防止"堵塞"现象,应限制输入信号的最大幅度,这通常可通过接入输入限幅保护电路来达到。有些运算放大器,如 F007 等内部已设防"堵塞"的电路。

(3)不能调零的消除 不能调零的原因可能是运算放大器在开环状态下工作,这时即使没加输入信号,只要有任何微小的干扰或失调,都可能使它处于饱和状态,输出正的或负的电压。对此应检查接线是否正确、有无虚焊等情况。

另一个原因是输入信号过强,使运算放大器"堵塞"了。对此可以先断开电源,然后重新接通,看能否恢复正常。如能恢复正常,说明是输入信号过强,应进一步降低限幅电压。

如果经上述检查仍不能调零,则说明运算放大器已损坏。

(4)运算放大器是比较娇贵的元件,焊接时所使用的电烙铁功率一般以 $20 \sim 30W$ 为宜,不得超过 $45W$,一次焊接时间不应超过 $5s$。一次没焊好,可待一会儿再焊,以免烫坏管子。

(5)其他要求 使用运算放大器时必须认清每个管脚,切不可弄错。电源电压必须符合管子要求,若超过其额定电压,会使管子击穿。电路所使用的电源在接通与断开时,不得有瞬时高压产生,否则会使管子击穿。

使用运算放大器时,参数不得超过极限值。运算放大器的使用温度一般在-30℃～80℃,安装时应尽量远离发热元件。

11. 运算放大电路有哪些抗干扰措施?

运算放大电路具有高输入阻抗和低输出阻抗的特点,而没有数字电路所特有的保真电压工作区。噪声干扰信号可通过多种渠道(如电源线)进入高增益的运算放大器,从而造成工作异常。为此必须采取抗干扰措施,使噪声干扰降到最低限度。具体措施如下:

(1)采用旁路电容 对靠近运算放大器的电源线跨接一个容量为 $0.01\mu F$ 的陶瓷电容器。

(2)印刷电路的导线应有足够的宽度 印刷电路的导线越细,射频干扰越严重。因此应尽可能加宽导线宽度。必要时将电源导线的宽度增至 2.5mm 以上。只要有可能都应采用接地平面,此接地平面应接至电源回程线。

(3)区别"接地点"和"公共点" 接地导线不可用来传送功率。系统中的"接地"和"公共"导线只能接在一点,否则,接地环路会把噪声引入该电路。

(4)尽可能采用小阻值电阻 除非功耗或其他问题是首要考虑的因素,否则,均应如此。

(5)不要采用上升时间过快的信号 信号上升时间越快,导线间的耦合就越大,越容易引起干扰。

(6)要有稳定的高绝缘输入 应用运算放大器的高输入阻抗电路(微小电流检测电路、模拟存储电路等),特别容易耦合入各种噪声。因此在电路的装配工艺中应采用特别措施:

①提高印刷电路板的绝缘性能。

②对输入端采取隔离措施。将高输入阻抗部分用铜箔线（板）围起来，并与电路的等电位的低阻抗部分相接。

③采用空中布线的方法。即将绝缘性能极好的聚四氟乙烯（$10^7 M\Omega$）制成的接线底座，安装在印刷电路板上，凡高输入阻抗部分均在此接线柱上相连接。

（7）电路装配时的注意事项

①不要在反相输入端接过长的连接线和不必要的器件。

②运放输入端加二极管作钳位限幅保护时，不要用外壳透明的二极管，不要让管壳黑漆层脱落。

③运放输入使用较长的屏蔽线时，应考虑牺牲响应速率而加 $10k\Omega$、$4700pF$ 的补偿。

④屏蔽线应固定牢固。

⑤电位器滑动触点、继电器触点、插接件等均应接触良好，不使其成为干扰源。

12. 怎样测试运算放大器？

（1）用万用表判别运算放大器的好坏　万用表欧姆挡可判别运算放大器的好坏。现以测试 BG301 为例（图 4-1）。先检查正负电源管脚 3 和 6 对地端子 11，以及对其他管脚是否有短路现象；再检查运放中 PN 结的电阻是否正确，如测量 1 对 10 和 2 对 9 的管脚，检查 V_1 和 V_2 集电极的电阻是否正常，有无故障［所测电阻值应为集电极电阻与 R_1（或 R_2）之和］；测量 10 对 11 和 9 对 11 管脚，以检查 V_3 和 V_4 发射结的电阻是否正常，有无短路故障［所测电阻值应为发射极与 R_1（或 R_2）之和］，等等。这主要是根据电路中 PN 结电阻值的大小来判别运算放大器电路是否正常。测试时，不要使用 $R\times1\Omega$ 挡，以免电流过大损坏管子，也不要用 $R\times10k\Omega$ 及以上挡，以免表内电池电压过高击穿管子。

（2）运算放大器主要参数的测试　运算放大器的参数可根据

其型号从手册中查找。手册中给出的一般都是典型值,由于运放参数的离散性,通常在安装前要对某些主要参数进行测量和筛选,以便按照它们的特点合理使用。

①输入失调电压 U_{0s} 的测试。测试电路如图 4-11a 所示。R_1、R_2、R_3 和 R_4 需采用精密电阻,且 $R_1 = R_3$,$R_2 = R_4$,以保证两输入端直流平衡。将运放的调零电位器短路,用高精度电压表测出输出电压 U_{sc} 的数值,代入下式就可算出输入失调电压值

$$U_{0s} = \frac{R_1}{R_1 + R_2} U_{sc}$$

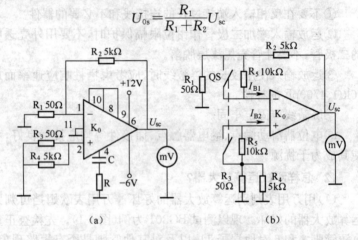

图 4-11　输入失调电压和输入失调电流的测试

②输入失调电流 I_{0s} 的测试。测试电路如图 4-11b 所示。闭合开关 QS,测得输出电压 U_{sc1};断开开关 QS,测得输出电压 U_{sc2}。如果两个输入端的静态基极电流(I_{bn} 和 I_{bp})不等,由于外电阻平衡,则两次测量的 U_{sc1} 和 U_{sc2} 不等,其增加部分 $U_{sc2} - U_{sc1}$ 就是由失调电流产生的,由下式可算出输入失调电流

$$I_{0s} = \frac{U_{sc2} - U_{sc1}}{1 + R_2/R_1} \times \frac{1}{R}$$

③输入偏置电流 I_B 的测量。测试电路如图 4-12a 所示。用

高灵敏度的微安表测得 I_{BN} 和 I_{BP} 之和,则输入偏置电流为

$$I_B = (I_{BN} + I_{BP})/2$$

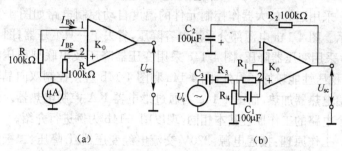

(a)   (b)

图 4-12　输入偏置电流和电压放大倍数的测量

④开环电压放大倍数 K_0 的测量。测试电路如图 4-12b 所示。R_2、C_2 引入直流负反馈,使静态工作点稳定,而它们对交流来说,相当于开环的。因为电容很大,交流信号在上面的压降几乎为零,即 R_2 相当于输出端的一个负载。为了保持两个输入端对称,在"2"端接入 R_1、C_1,使两边阻抗平衡。

输入信号经 R_3、R_4 构成的分压器衰减后通过 C_1 送入输入端。调节输入信号幅度,用示波器观察输出波形没有明显失真时,测出输入、输出电压值,由下式可算出开环电压放大倍数

$$K_0 = \frac{R_3 + R_4}{R_4} \times \frac{U_{sc}}{U_{sr}}$$

(3)传输特性的对称度和线性度的测试　可用示波器按图 4-13 所示的接线图进行测试。

即将运放接成电压跟随器的形式,并将输入电压 U_{sr} 和输出电压 U_{sc} 分别

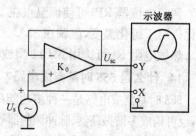

图 4-13　传输特性的测试

接到示波器的 X 轴和 Y 轴,调节 U_{sc} 的幅度,便可测得传输特性。

13. 由运算放大器构成的温控电路是怎样工作的?

采用运算放大器作控制元件的温度自动控制电路如图 4-14 所示。图 4-14a 电源部分采用电容降压,省去了一只变压器;图 4-14b 采用变压器降压;图 4-14c 采用变压器降压及串联型稳压电源,稳压性能较好。另外,图 4-14a 和图 4-14b 直接控制双向晶闸管给电热器加热,而图 4-14c 则通过继电器 KA 控制电热器。这三个电路的工作原理基本相同,现以图 4-14b 为例进行介绍。

工作原理:接通电源,220V 交流电经变压器 T 降压、二极管 VD_1、VD_2 全波整流、电容 C 滤波后,提供控制电路约 9V 的直流电源。发光二极管 VL_1 为运算放大器 A 提供 1.5V 基准电压,同时它用作电源指示,也可用两只二极管串联代替。热敏电阻 Rt 与电阻 R_2、电位器 RP 一起为运算放大器 A 提供比较电压。当温箱内的温度较低时,Rt 阻值很大,A 的 2 脚电位大于 1.5V,A 的 6 脚输出低电平,三极管 VT 导通,双向晶闸管 V 触发导通,接通电热器 EH 加热,同时发光二极管 VL_2 点亮,表示正在升温。当温箱内的温度达到设定值时,Rt 阻值减小到正好使运算放大器 A 的 2 脚电位小于 1.5V(需调节电位器 RP 达到),A 的 6 脚输出高电平,三极管 VT 截止,双向晶闸管 V 关闭,停止加热,发光二极管 VL_2 熄灭。如此反复循环,达到恒温的目的。

调节电位器 RP,可使恒温点在 26℃~43℃(±1℃)的范围内变化。对于孵化温度,应调在 38℃。

热敏电阻 Rt 可选用 MF11 型或 MF53 型,10kΩ、0.25W。

14. 什么是 555 时基集成电路?它有哪些基本参数?

555 时基集成电路是一种多功能集成电路,可用作定时、延时电路,也可构成多谐振荡器、脉冲调制器等多种电路,由于它具有较大的驱动能力(200mA),还可以直接驱动继电器、信号灯等较大负载。

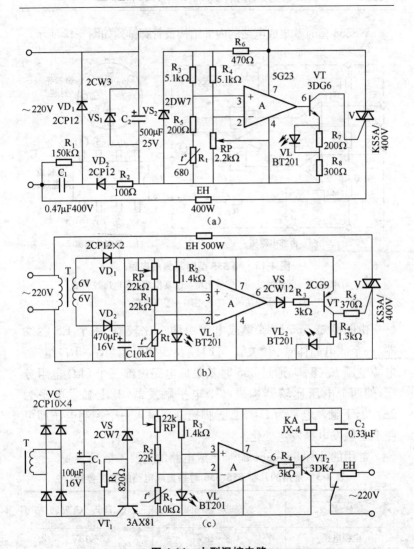

图 4-14 小型温控电路

(a)电容降压 (b)变压器降压 (c)继电器控制

NE555 型时基集成电路的内部结构及管脚排列如图 4-15 所示。

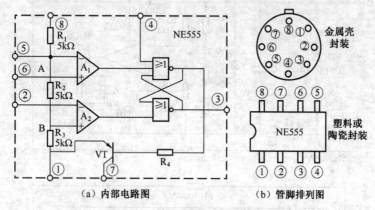

（a）内部电路图　　　　（b）管脚排列图

图 4-15　NE555 型时基集成电路

①接地端　②低触发端　③输出端　④复位端　⑤电压控制端
⑥高触发端　⑦放电端　⑧电源端

由图可知,555 时基集成电路由两个比较器、一个 RS 触发器、一个放电晶体管(开关管 VT)以及四个电阻($R_1 \sim R_4$)组成。电源电压 E_c(8 脚)通过 555 时基集成电路内部三个 $5k\Omega$ 电阻分压,使两个电压比较器构成一个电平触发器,其上触发电平为 $2E_c/3$,下触发电平为 $E_c/3$。⑤脚控制端输入一个控制电压即可使上下触发电平发生变化。

常用的几种 555、556 时基集成电路的主要参数见表 4-3。

表 4-3　常用的几种 555、556 时基集成电路的主要参数

参数 ＼ 型号	NE555　NE556	CC7555　CC7556	
电源电压	4.8～18V	3～18V	
静态电流	10mA	80μA	160μA
触发电流	250nA	50pA	

续表 4-3

参数 　　　　型号	NE555　NE556	CC7555　CC7556
上升及下降时间	100ns	40ns
输出驱动能力	200mA	1mA
吸收电流	10mA	3.2mA
输出转换时电源电流尖峰	300～400mA,需加退耦电容	2～3mA,控制端为高阻抗,故不需加退耦电容

互换或代换型号：ME555、ME556、5G555、FD555、XG555、CC7555、CC7556、FX7555、WH555、μA555、5G1555、SL555 等。

注意：555 和 556 时基集成电路管脚是不同的。

15. 什么是 556 时基集成电路？它是怎样工作的？

556 时基集成电路为双时基电路,即芯片内含有两个相同的时基电路。NE556 型时基集成电路的内部结构如图 4-16 所示。

图中,THR 为阈值端,CONT 为控制端,TR 为触发端,GND 为接地端,$\overline{MR}$ 为复位端,V_0 为输出端,dish 为放电端。

内部电路中,A_1、A_2 为电压比较器,F/F 为 R-S 触发器,F_1、F_2 为倒相器,T 为 MOS 场效应管,电阻 R 的电阻值相等。V_{DD} 接正电源,电源范围为 3～16V。

工作原理：当阈值电平 $V_{THR} \geqslant V_a (= 2V_{DD}/3)$ 时,F/F 中的 $R=1$,则 $Q=0$,输出电压 $V_0=0$,电路处于复位状态。当触发电平 $V_{TR} \leqslant V_b (= V_{DD}/3)$ 时,F/F 中 $S=1$,触发器翻转为 $Q=1$,$V_0=1$,电路处于复位状态。$\overline{MR}$ 是 R-S 触发器 F/F 的优先复位端,$\overline{MR}=0$ 时,不论阈值端及触发端是高电平还是低电平,Q 总为 0,$V_0=0$。此处,"0"是真正 0V,"1"是 V_{DD},即为全电平值。其功能真值见表 4-4。

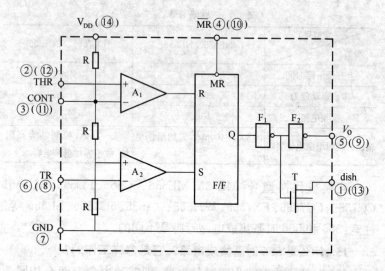

图 4-16　NE556 型时基集成电路的内部结构

表 4-4　NE556 功能真值表

输　　入			输　　出	
THR ②(⑫)	TR⑥(⑧)	$\overline{\mathrm{MR}}$ ④(⑩)	dish ①(⑬)	V_0 ⑤(⑨)
φ	φ	0	0	0
1	0	1	0	0
0	0	1	1	1
1	1	1	不确定	不确定

注：φ—任意电平；0—0V；1—全电平值。

16. 由 555 时基集成电路构成的延时电路是怎样的?

由 555 时基集成电路构成的延时电路如图 4-17 所示。它是一个由低电平跳变到高电平的延时电路。即按下按钮 SB,经过一段延时后,输出端跳变到高电平并一直保持下去,直到关机为止。

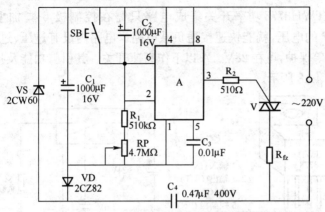

图 4-17　555 时基集成电路构成的延时电路

工作原理：接通电源，按一下按钮 SB，使电容 C_2 放完电，延时开始。555 时基集成电路 A 的脚 2 高电平，脚 3 输出为低电平，双向晶闸管 V 关闭，负载 R_{fz} 不工作。同时直流电源（市电经电容 C_4 降压、稳压管 VS 稳压、电容 C_1 滤波而得）通过电阻 R_1、电位器 RP 向电容 C_2 充电。当 C_2 充电到 8V 时，A 的脚 2 低电平［只有 1/3 电源电压（4V）］，A 的脚 3 为高电平，双向晶闸管 V 触发导通，负载 R_{fz} 得电工作，延时结束。

延时时间可按下式计算：

$$t = 1.1(R_1 + RP)C_2$$

式中　t——延时时间(s)；

　　　C_2——电容(F)；

$R_1 + RP$——电阻和电位器（滑臂输出）的阻值(Ω)。

通常 $R_1 + RP$ 取 1kΩ～10MΩ，C_1 可用 5 000～1 000μF，可得到 15min 内的延时。调节电位器 RP，可方便地改变延时时间。

17. 什么是 TWH8778 功率开关集成电路？它是怎样工作的？

TWH8778 功率开关集成电路只需在控制极 5 脚加上约
1.6V 的电压，就能快速接通负载电路。电路内设有过压、过流、
过热等保护，可在 28V、1A 以下作高速开关。其引脚功能及接线
如图 4-18 所示。

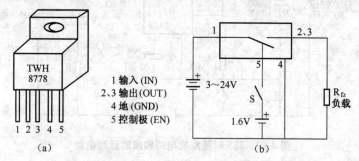

1 输入 (IN)
2、3 输出 (OUT)
4 地 (GND)
5 控制极 (EN)

（a）　　　　　　　　　　　（b）

图 4-18　TWH8778 功率开关集成电路管脚及接线图

(a)外形及管脚图　(b)接线图

主要电气参数：最大输入电压为 30V；最小输入电压为 3V；
输出电流为 1～1.6A；开启电压 ≥1.6V；控制极输入电流为
50μA；控制极最大电压为 6V；延迟时间为 5～10μs；允许功耗为
2W（无散热器）及 25W（有散热器）。

采用 TWH8778 功率开关集成电路控制的路灯自动光控开
关如图 4-19 所示。它通过光敏电阻 RL 及晶闸管 V_1 和 V_2，根据
自然环境的光线强弱自动开灯、关灯，其中 TWH8778 功率开关
集成电路 A 作驱动开关。

工作原理：接通电源，220V 交流电经路灯 EL、二极管 VD_1、
电阻 R_2、稳压管 VS、二极管 VD_3 和电阻 R_3 构成回路，并在稳压
管两端建立约 8V 直流电压。当环境光线较亮时，光敏电阻 RL
受光照，其电阻很小，三极管 VT 得到足够的基极电流而导通，

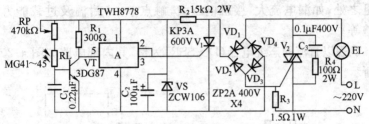

图 4-19　路灯自动光控开关电路

TWH8778 开关集成电路 A 的 5 脚电压小于 1.6V，即无触发电压而关断，A 的 3 脚输出低电平（0V），晶闸管 V_1 关断，双向晶闸管 V_2 无触发电压而关断，路灯 EL 不亮。当环境的光线变暗时，光敏电阻 R_L 电阻变大，三极管 VT 的基极电流变得很小，其集电极电位升高，当升高到大于 1.6V（即 A 的 5 脚电压）时，A 触发导通，其 3 脚输出高电平（约 8V），晶闸管 V_1 触发导通，全整流桥回路导通，有正、负交流脉冲触发双向晶闸管 V_2 的控制极并使其导通，路灯 EL 点亮。

晶闸管 V_1 导通后，其阳极与阴极之间的电压降很小，使触发电路不能工作。电网电压过零点时 V_1 关断，等到下一个半周时，触发电路又工作，重复上述过程。

图中 C_1 为抗干扰电容，防止汽车灯光等瞬间光照造成装置误动作。

18. 什么是固态继电器？它是怎样工作的？

固态（体）继电器（SSR）是采用固体半导体元件组装而成的一种无触点开关。它不仅可代替常规的机电型继电器，而且广泛应用于数字程控装置、计算机终端接口电路等场合。

固态继电器具有控制功率小、可靠性高、抗干扰能力强（采用光电隔离）、动作快、寿命长、耐压高和适用电压范围广（30～220V）等优点，因而被广泛应用。但固态继电器也有不足之处,如漏电流大,接触电压大,触点单一,耐温及过载能力差等。

现以直流固态继电器(DC-SSR)为例,其内部电路如图 4-20 所示。

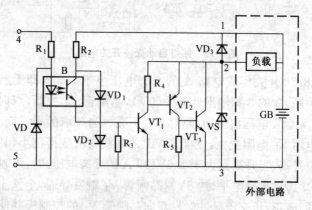

图 4-20 DC-SSR 内部电路图

工作原理:当有输入电压 U_{sr} 时,光电耦合器 B 中的光电三极管导通,于是三极管 VT_1、VT_2 和 VT_3 导通。其中,VT_3 是大功率晶体管,它导通时即可带动负载。当输入电压 U_{sr} 消失时,光电三极管截止,三极管 VT_1、VT_2 和 VT_3 均截止,切断负载。

图中,二极管 VD_1、VD_2 的作用是限制光电三极管截止时的开路电压,以保护光电三极管;VD_3 是用来保护三极管 VT_3 的。稳压管 VS 的稳压值应与 SSR 的设计工作电压相等,以保证在电源电压较高时 SSR 仍能正常工作。

19. 固态继电器有哪些基本参数?

交流固态继电器(AC-SSR)的主要参数见表 4-5;直流固态继电器(DC-SSR)的主要参数见表 4-6。

表 4-5　AC-SSR 主要技术参数

参　数	V23103-S 2192-B402	G30-202P	GTJ-1AP	GTJ-2.5AP
开关电流(A)	2.5	2	1	2.5
开关电压范围(V)	24～280	75～250	30～220	30～220
控制电压(V)	3～30	3～28	3～30	3～30
控制电流(mA)	<30	<30	<30	<30
断态漏电流(mA)	4.5	10	<5	<5
通态压降(V)	1.6	1.6	1.8	1.8
过零电压(V)	±30	±30	±15	±15
绝缘电阻(Ω)	10^{10}	10^8	10^9	10^9

表 4-6　DC-SSR 主要技术参数

参　数	#675	GTJ-0.5DP	GTJ-1DP
开关电流(A)	3	0.5	1
开关电压范围(V)	4～55	24	24
控制电压(V)	10～32	6～30	6～30
控制电流(mA)	12(max)	3～30	3～30
断态漏电流(μA)	4000	10	10
通态压降(V)	2(2A 时)	1.5(1A 时)	1.5(1A 时)
开通时间(μs)	500	200	200
关断时间(ms)	2.5	1	1
绝缘电阻(Ω)	10^9	10^9	10^9

20. 使用固态继电器有哪些注意事项?

(1)SSR 输入电压范围的下限就是确保接通电压的最小值。多数 DC-SSR 的确保关断电压最大值在 0.8～2V。对多数 SSR,控制接通电压宜设计为 5～6V,控制关断电压设计在 0.8V 以下。

(2)当线路控制电压超过输入电压最大值时,需在外部串联限流电阻。

(3)一般要求控制信号的周期应为 SSR 接通、关断时间之和的 10 倍。

(4)当 SSR 输入端可能引入反极性电压时,电压值切不可超过其规定的反极性电压值,否则会造成 SSR 损坏。

(5)注意当工作环境温度上升或 SSR 不带散热器时,SSR 最大输出电流将下降。

(6)当负载过轻(如为最大额定电流的 15％)时,AC-SSR 有可能会使接触器嗡嗡作响,或使输出晶闸管不能在规定的零电压范围内导通。为此,可在负载两端并联一定的电阻、RC 或灯泡。

(7)选用 SSR 时,必须考虑不同负载的涌流情况。如用于 10W 以下的交流电动机,SSR 的额定输出电流(最大值)应为电动机额定电流的 2～4 倍;用于白炽灯时,为额定电流的 1～2 倍;用于脉冲电流达 100 倍的金属卤化物灯时,为额定电流的 10 倍以上;用于交流接触器时,为额定电流的 1.5～3 倍。

(8)选用 SSR 时,必须考虑不同负载引起的过电压及 dV/dt。对于一般的感性负载,SSR 的最大额定输出电压应为线电压的 1.5 倍;对于 dV/dt 和过电压严重的线路中,应为线电压的 2 倍。

(9)当 SSR 用于控制直流电动机、继电器时,应在负载两端并接续流二极管以阻断反电势;当 SSR 用于控制交流负载时,应在负载两端并接 RC 吸收回路或压敏电阻等;当控制感性负载时,在 SSR 的两端必须加接压敏电阻。压敏电阻的额定电压可选为电源电压有效值的 1.9 倍。

JGD 型多功能固态继电器的 RC 元件及压敏电阻的选用见表 4-7。

表 4-7　JGD 型固态继电器保护元件选用表

推荐量值　　　保护电路　　　负载电流	RC 吸收回路		压敏电阻(MYH 型)$U_1 = 2U_{5.6}$	串联限流电阻
	$R(\Omega)$	$C(\mu F)$		
1A	240	0.022	$\phi12$ 390V(470V)	(1)感性负载
5A	68	0.1	$\phi12$ 390V(470V)	5 倍额定电流＝工作电压/(串联限流电阻＋负载电阻)
10A	22	0.22	$\phi16$ 390V(470V)	(2)容性负载
20A	22	0.22～0.47	$\phi16$ 390V(470V)	5 倍额定电流＝工作电压/串联限流电阻

21. 什么是无触点接近开关? 它是怎样工作的?

无触点接近开关,即感应式无触点开关。图 4-21 为采用磁敏二极管的无触点开关电路。磁敏桥由四只磁敏二极管组成,两只背靠背和两只面对面安装。

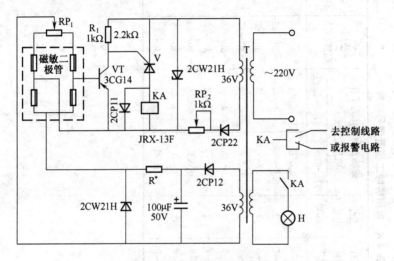

图 4-21　无触点接近开关电路

工作原理:平时,磁敏电桥平衡,无输出电压,三极管 VT 截止,继电器 KA 释放。当外力驱动小磁铁向着磁敏电桥运动到一定位置时,磁敏电桥失去平衡,有输出电压,其电压加到三极管 VT 的基极,VT 导通,晶闸管 V 控制极得到触发电压而导通,继电器 KA 得电吸合,其常开触点闭合,指示灯 H 点亮,并接通控制电路或报警电路。

常用磁敏二极管型号参数如表 4-8 所列。

表 4-8 常用磁敏二极管型号参数

型 号	用 途	负载电阻 (kΩ)	工作电压 (V)	工作电流 (mA)	磁场方向变化与工作电压变化量(V)		使用温度 (℃)	频率 (kHz)	P_{CM} (mW)	温度系数 (1/℃)
					$H_+ = 0.1T$	$H_- = 0.1T$				
2ACM-1A	用于磁场测量、无触点开关、计数器、位移测量、电流测量、信息处理、调频调隔、磁场控伤及无电刷电机	3	3~5	2	≤0.6	≤0.4	−30~65	10	30	0.006
2ACM-1B		3	3~5	2	0.6~0.8	0.4~0.6	−30~65	10	30	0.006
2ACM-1C		3	3~5	2	0.8~1	≥0.6	−30~65	10	30	0.006
2ACM-2A		3	5~7	2	≤0.6	≤0.4	−30~65	10	30	0.006
2ACM-2B		3	5~7	2	0.6~0.8	0.4~0.6	−30~65	10	30	0.006
2ACM-2C		3	5~7	2	0.8~1	≥0.6	−30~65	10	30	0.006
2ACM-3A		3	7~9	2	≤0.6	≤0.4	−30~65	10	30	0.006
2ACM-3B		3	7~9	2	0.6~0.8	0.4~0.6	−30~65	10	30	0.006
2ACM-3C		3	7~9	2	0.8~1	≥0.6	−30~65	10	30	0.006

五、整流电路和稳压电源

1. 单相半波整流电路是怎样的?

单相半波整流电路如图 5-1a 所示。图 5-1b 给出了负载为电阻性负载时其上的电压及流过的电流波形。在 $0\sim\pi$ 时间内,变压器的次级电压使二极管 VD 导通;在 $\pi\sim2\pi$ 时间内,二极管 VD 加反向电压,不导通,负载上无电压。

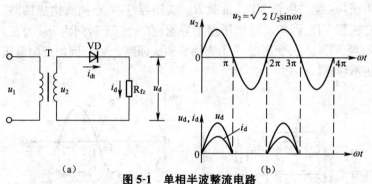

图 5-1 单相半波整流电路

(a)电路图 (b)波形图

空载直流输出电压为

$$U_d = \frac{1}{2\pi}\int_0^\pi \sqrt{2}U_2\sin\omega t\,\mathrm{d}(\omega t) = \frac{\sqrt{2}}{\pi}U_2 \approx 0.45U_2$$

当有电容滤波时,$U_d = 0.9U_2$。

流过负载 R_{fz} 的直流电流为

$$I_d = \frac{U_{sc}}{R_{fz}} = \frac{0.45U_2}{R_{fz}}$$

流过整流元件的平均电流为

$$I_{dt} = I_d = \frac{0.45U_2}{R_{fz}}$$

整流元件承受的最大反向峰值电压 U_m，即 u_2 的最大值为

$$U_m = \sqrt{2}U_2$$

根据 I_{dt}、U_m 的值，即可选择整流元件。

单相半波整流电路的主要缺点是：电压波动大，变压器利用率低。

2. 单相全波整流电路是怎样的?

单相全波整流电路如图 5-2a 所示。图 5-2b 给出了负载为电阻性负载时其上的电压及流过的电流波形。在 $0 \sim \pi$ 时间内，u_{2a} 为正，u_{2a} 经二极管 VD_1、负载 R_{fz}、变压器 T 中心抽头构成回路。二极管 VD_2 因加反向电压而不导通；在 $\pi \sim 2\pi$ 时间内，u_{2b} 为正，u_{2b} 经 VD_2、R_{fz}、变压器 T 中心抽头构成回路。VD_1 因加反向电压而不导通。

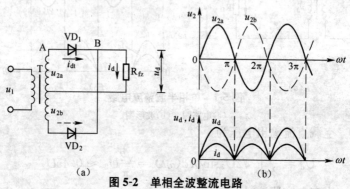

（a）

图 5-2　单相全波整流电路

(a)电路图　(b)波形图

空载直流输出电压为

$$U_d = 0.9U_2$$

当有电容滤波时，$U_d = 1.2U_2$。

流过负载 R_{fz} 的直流电流为

$$I_d = \frac{U_d}{R_{fz}} = \frac{0.9U_2}{R_{fz}}$$

流过整流元件的平均电流为

$$I_{dt} = \frac{1}{2}I_d = \frac{0.45U_2}{R_{fz}}$$

整流元件承受的最大反向峰值电压 U_m，即 A、B 两端的电压为

$$U_m = 2\sqrt{2}U_2$$

单相全波整流电路克服了单相半波整流电路的缺点，但变压器需有中心抽头。另外，对整流元件耐压性要求较高。

3. 单相桥式整流电路是怎样的？

单相桥式整流电路如图 5-3a 所示。图 5-3b 给出了负载为电阻性负载时其上的电压及流过的电流波形。当电源的极性为上正下负时，二极管 VD_1、VD_3 导通，电流从变压器 T 次级绕组上端经二极管 VD_1、负载 R_{fz}、二极管 VD_3 回到变压器次级绕组下端，在负载 R_{fz} 上得到一个半波整流电压；当电源极性为上负下正时，二极管 VD_2、VD_4 导通，电流通过 VD_2、R_{fz}、VD_4 回到变压器次级绕组上端。

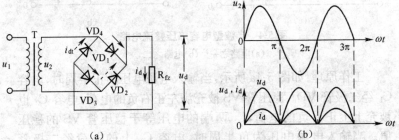

图 5-3　单相桥式整流电路

(a)电路图　(b)波形图

当有电容滤波时，$U_d = 1.2U_2$。

流过负载 R_{fz} 的直流电流为

$$I_d = \frac{U_d}{R_{fz}} = \frac{0.9U_2}{R_{fz}}$$

流过整流元件的平均电流为

$$I_{dt} = \frac{1}{2}I_d = \frac{0.45U_2}{R_{fz}}$$

整流元件承受的最大反向峰值电压为 U_m，即 u_2 的最大值为

$$U_m = \sqrt{2}U_2$$

桥式整流电路无需变压器有中心抽头，变压器利用率高，对整流元件的耐压性要求不高，但元器件数量较多。

4. 电容降压整流电路是怎样的？

电容降压基本整流电路有半波型和全波型两种。

（1）半波型电容降压整流电路　该整流电路如图 5-4 所示。在该电路中，C_1 是降压电容，C_2 是输出滤波电容，稳压管 VS 起输出电压的稳压作用。

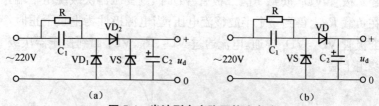

图 5-4　半波型电容降压整流电路

(a)电路之一　(b)电路之二

工作原理：如图 5-4a 所示，当输入电源电压为正半周时，电容 C_1 经二极管 VD_1、稳压管 VS 被充满左正右负的电荷，电容 C_2 也被充上上正下负的电荷，C_2 两端的电压等于稳压管 VS 的稳压值。当输入电源电压为负半周时，电容 C_1 上的电荷经二极管 VD_2 泄放。与此同时，电容 C_2 向负载放电（相对负载而言，C_2 容

量较大时,此放电过程缓慢,所以负载电压也较稳定)。当电源第二个正半周来到时,C_1 再次充电,重复上述过程。

在如图 5-4b 所示的电路中,稳压管 VS 有双重作用,正半周时起稳压作用,负半周时为电容 C_1 提供放电回路。

在图 5-4b 中,电容 C_1 上并联电阻 R(数值很大)的目的是:一是为下次工作做好准备;二是不会产生在电容 C_1 上电压尚未消失前再接通电源时可能损坏电容器 C_1 和稳压管 VS 的现象。同时电容 C_1 上的电压及时消失也有利于人身安全,否则断电后进行修理时,触及电容会造成麻电。

以上两种电路的元件选择:电容 C_1 容量的选取可按 $1\mu F$ 等于 30mA(输出电流)估算;二极管平均整流电流 I_F 不小于输出电流 I_d,I_d 按 $1\mu F$ 等于 30mA 折算;二极管反向耐压因二极管 VD_1 在反向时均被 VD_2 或 VD_3 正向钳位,所以只要大于输出电压即可;稳压管 VS 的稳压值一般选 12～24V。

(2)全波型电容降压整流电路　该整流电路如图 5-5 所示。

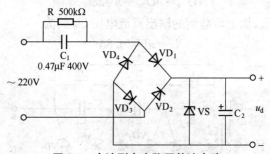

图 5-5　全波型电容降压整流电路

工作原理:当交流电源为正半周时,电容 C_1 经二极管 VD_1、VD_3 充电,并向电容 C_2 馈送上正下负的电荷,C_2 两端电压受稳压管 VS 击穿电压钳位,C_1 充上左正右负半周时,C_1 经二极管 VD_2、VD_4 反向充电,也向 C_2 馈送上正下负的电荷,C_1 充上右正左负的电荷,可见交流电源每一个周期内电容 C_2 都获得补充电能。

元件选择:电容 C_1 的容量可按 $1\mu F$ 等于 60mA 估算。如果输出电流小于 30mA,则 C_1 的容量可相应减小,如采用 $0.47\mu F$。稳压管功率可根据其稳压值 U_z 与输出电流 I_d 由下式估算:

$$P \geqslant U_z I_d$$

二极管 $VD_1 \sim VD_4$ 选用平均整流电流 $I_F \geqslant \dfrac{1}{2} I_d$、反向耐压大于输出电压即可。

5. 多级倍压整流电路是怎样的?

当整流电流很小(小于 5mA)时,可以采用多级倍压整流电路获得很高的直流电压。多级倍压整流电路如图 5-6 所示(图中为 5 级)。

理论输出直流电压 U'_d 为

$$U'_d = nU_{2m} = n\sqrt{2}U_2$$

实际上,加上负载后的输出直流电压 U_d 约为

$$U = nU_2/0.85$$

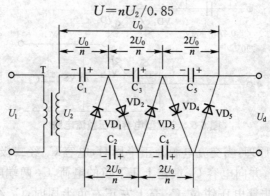

图 5-6　多级倍压整流电路

电容器两端电压约为

$$U_{c1}=U_d/n=U_2/0.85$$
$$U_{c2}=U_{c3}=\cdots=U_{cn}=2U_{c1}=2U_2/0.85$$

电容器电容量约为

$$C_1=C_2=C_3=\cdots=34I_0(n+2)/U_2$$

式中　U_2——变压器二次侧电压有效值(V)；

　　　n——倍压级数；

　　　I_0——整流电流(mA)。

整流二极管的最大反向电压为 $U=2\sqrt{2}U_2$。

注意:当加大负荷(负荷电阻减小)时,输出电压将严重下跌。倍压整流的级数不宜过多,如用于静电喷漆上的九级倍压输出电压可在60～120kV 范围内调节(由调节高频振荡器输出的振荡电压来实现),输出的电能够供给 6 支喷枪同时进行喷漆。

6. 常用单相整流电路的基本电量关系是怎样的?

常用单相整流电路的基本电量关系、特点及适用场合,见表 5-1。

表 5-1　单相整流电路的比较

整流电路名称	单相半波	单相全波(双半波)	单相桥式(全波)
电路图			
空载直流输出电压 U_{z0}	$0.45U_2$	$0.9U_2$	$0.9U_2$
元件最大正向和最大反向电压峰值 U_m	$1.41U_2$ ($3.14U_{z0}$)	$2.83U_2$ ($3.14U_{z0}$)	$1.41U_2$ ($1.57U_{z0}$)
输出电压脉动系数 s	1.57	0.667	0.667
输出电压纹波系数 γ	1.21	0.484	0.484

续表 5-1

整流电路名称	单相半波	单相全波(双半波)	单相桥式(全波)
流过元件的电流平均值 I_a	I_z	$0.5I_z$	$0.5I_z$
变压器一次侧相电流 I_{x1}	$1.21kI_z$	$1.11kI_z$	$1.11kI_z$
变压器二次侧相电流(有效值)I_{x2}	$1.57I_z$	$0.785I_z$	$1.11I_z$
变压器二次侧相电压(有效值)U_{x2}	$2.22U_z+ne$	$1.11U_z+ne$	$1.11U_z+ne$
变压器一次侧容量 P_{s1}	$2.69U_zI_z$	$1.23U_zI_z$	$1.23U_zI_z$
变压器二次侧容量 P_{s2}	$3.49U_zI_z$	$1.74U_zI_z$	$1.23U_zI_z$
变压器平均计算容量 P_{pj}	$3.09U_zI_z$	$1.49U_zI_z$	$1.23U_zI_z$
优　点	线路简单、元件少	(1)输出直流电压高 (2)输出直流电流脉动小 (3)变压器利用率较高	(1)输出直流电压高 (2)输出直流电流脉动小 (3)二极管承受反向电压低 (4)变压器二次侧无中心抽头,利用率高
缺　点	输出电压脉动较大,不易滤成平滑的直流	(1)变压器二次侧中心有抽头,二次侧利用率低 (2)二极管承受的反向电压高	(1)所用二极管较多 (2)整流器内阻较大(在每个半周内,电流都需流经两只二极管)

续表 5-1

整流电路名称	单相半波	单相全波(双半波)	单相桥式(全波)
适用场合	适用于输出电流小、稳定性要求不高的场合,如稳压电源中的辅助电源	适用于输出电流较大、稳定性高的场合,如稳压电源的主回路	适用场合同单相全波整流电路,但在所有的二极管耐压都较低时,用此电路比较恰当

注:e 为硅元件正向压降;n 为硅元件的串联只数;k 为 U_2/U_1。

$$\gamma = \frac{输出电压交流分量的有效值}{输出电压直流分量(即平均值)}$$

$$s = \frac{输出电压交流分量的基波振幅值}{输出电压直流分量(即平均值)}$$

7. 常用三相整流电路的基本电量关系是怎样的?

常用三相整流电路的基本电量关系见表 5-2。

表 5-2 常用三相整流电路的比较

整流电路名称	三相半波	三相桥式
电路图		
空载直流输出电压 U_{z0}	$1.17U_2$	$1.35U_2$
元件最大正向和最大反向电压峰值 U_m	$2.45U_2$ ($2.09U_{z0}$)	$1.41U_2$ ($1.05U_{z0}$)
输出电压脉动系数 s	0.25	0.057
输出电压纹波系数 γ	0.183	0.042
流过元件的电流平均值 I_a	$0.333I_z$	$0.333I_z$

续表 5-2

整流电路名称	三相半波	三相桥式
变压器一次侧相电流 I_{x1}	$0.47kI_z$	$0.817kI_z$
变压器二次侧相电流(有效值) I_{x2}	$0.58I_z$	$0.817I_z$
变压器二次侧相电压(有效值) U_{x2}	$0.855U_z+ne$	$0.428U_z+2ne$
变压器一次侧容量 P_{s1}	$1.21U_zI_z$	$1.05U_zI_z$
变压器二次侧容量 P_{s2}	$1.49U_zI_z$	$1.05U_zI_z$
变压器平均计算容量 P_{pj}	$1.35U_zI_z$	$1.05U_zI_z$

注:表中 e、n、k 及 s、γ 等同表 5-1。

8. 怎样选择整流元件的阻容保护和快熔保护?

(1)阻容保护　并联在整流元件上的阻容保护用来防止整流元件过电压击穿。阻容保护参数的选择见表 5-3。

表 5-3　阻容保护参数的选择

整流元件额定正向平均电流 I_F(A)	$R(\Omega)$	$C(\mu F)$
500	10~20	0.5~1
200	10	0.5
100	20	0.25
50	40	0.2
5~20	100	0.1

(2)快熔保护计算

$$I_{er} \leqslant (1.2 \sim 1.5)I_F$$

式中　I_{er}——快熔额定电流(A);

　　　I_F——整流元件的额定正向平均电流(A)。

9. 常用滤波电路各有哪些特点? 各适用于哪些场合?

(1)常用滤波电路的比较和参数见表 5-4。

表 5-4　常用滤波电路的比较和参数

名称	电容滤波	Γ 型滤波	阻容滤波	Π 型滤波
电路图				
滤波效果	较差	较好	较好	好
输出电压	高	低	较高	高
输出电流	较小	大	小	较小
负载特性	差	较好	差	差
参数选择 ($f = 50\text{Hz}$)	全波整流 $C = \dfrac{1.44 \times 10^3}{\gamma R_{fz}}$ 半波整流 $C = \dfrac{2.88 \times 10^3}{\gamma R_{fz}}$	全波整流 $LC = \dfrac{1.19}{\gamma}$ 取 $L \geqslant \dfrac{2R_{fz}}{942}$	全波整流 $RC^2 = \dfrac{2.3 \times 10^6}{r R_{fz}}$ 其中 R 一般取数十至数百欧	由于体积、重量都较大，所以在晶体管整流电路中较少使用

注：γ 为输出电压纹波系数，电容 C 的单位 μF。

（2）常用滤波电路的适用场合如下：

①电容滤波。适用于负载电流较小的场合。如果负载变化很大，可在输出端并联一个泄放电阻以改善负载特性。泄放电阻可近似按 10 倍负载电阻来选取。此外，还应选用足够电流裕度的二极管，以防浪涌电流损坏管子。

②Γ 型滤波。适用于负载电流大，要求直流电流脉动很小的场合。

③阻容滤波。适用于负载电阻大，电流较小，要求直流电流脉动很小的场合。

④Π 型滤波。适用于负载电流小，要求直流电流脉动很小的场合。

另外，还有电感滤波电路。如果电感量较大，在断开电源时，电感线圈两端会产生较大的电动势，可能使整流二极管过电压而击穿。为此，二极管耐压值应有一定的裕度。

10. 常用电源低通滤波器有哪些？怎样选择低通滤波器？

电网中的噪声会给接在电网中的电子设备等造成干扰，影响设备的正常工作。为此可设置适当的低通滤波器，将噪声谐波分量滤掉。

（1）电网中的噪声产生原因及浪涌电压大小见表 5-5。

表 5-5　电网中的噪声产生的原因及浪涌电压大小

种类	原　因	浪涌电压大小
雷电	雷击	1000kV
	雷电感应	线间 6kV，对地 12kV
开关	分合变压器	正常电压的 4 倍
	突然切断线路	正常电压的 3 倍
	三相非同期投入	正常电压的 2～3.5 倍
接地	对地短路	正常电压的 2 倍
	断线接地	正常电压的 4～5 倍

（2）常用低通滤波器

滤波器可对高于电源频率成分的噪声产生很大的衰减，而让电源频率附近的频率成分通过，特别对尖峰脉冲具有很强的抑制作用。

常用的低通滤波器参数见表 5-6。表中 C_1、C_2 可采用纸介电容器，C_3 可采用云母、瓷介等高频电容器。

表 5-6　常用的低通滤波器参数

名称	特征	L (mH)	C_1 (μF)	C_2 (μF)	C_3 (pF)	电路图
电容滤波器	线间		0.47~2			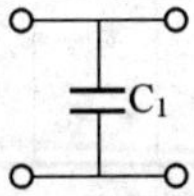
	对地			0.47~2		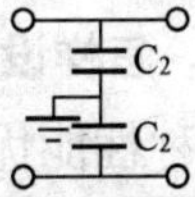
	混合		0.47~2	0.47~2		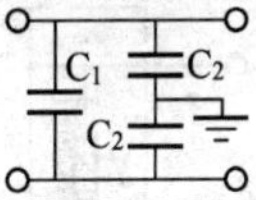
$LC\pi$ 形滤波器	线间	数个到数十个	0.47~2	0.47~2		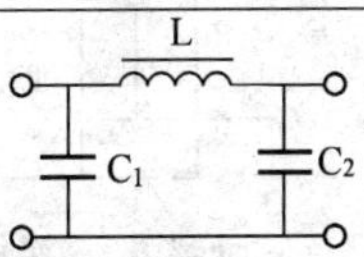
	对地			0.47~2	0.47~2	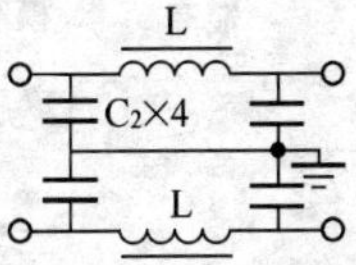
LC 双 π 形滤波器	线间	数个到数十个	0.1~1			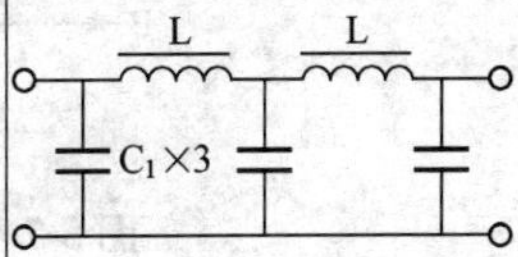

续表 5-6

名称	特征	L (mH)	C_1 (μF)	C_2 (μF)	C_3 (pF)	电 路 图
$LC\pi$ 形滤波器	混合	数个到数十个	0.1~1	0.47~2		
$LCRv$ 形滤波器	混合	数个到数十个	0.1~1	0.47~2	R_v 为压敏电阻	

11. 怎样设计性能优良的低通滤波器?

一种性能优良的电源低通滤波器电路如图 5-7 所示。

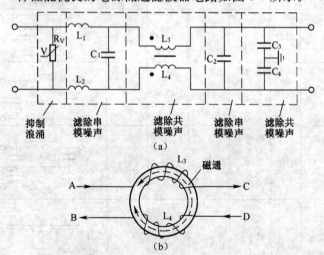

(a)

(b)

图 5-7　性能优良的电源低通滤波器

(a)电路图　(b)L_3、L_4 的绕制

　　图 5-7 中，R_V 为压敏电阻，用于浪涌抑制。其击穿电压略高于电源正常工作时的最高电压，平时相当于开路。遇尖峰干扰（噪声）脉冲时被击穿，干扰电压被压敏电阻钳位。

　　电感 L_3、L_4 绕在同一个磁环上，如图 5-7b 所示，它们的匝数相同，一般为 10～15 匝，线径视通过电流而定。由于电源线的往返电流所产生的磁通在磁芯中相互抵消，故 L_3、L_4 对串模噪声无电感作用，抗共模噪声则具有电感抑制作用。抗共模噪声扼流圈的制作应注意以下要求：

　　(1)磁芯要选用特性曲线变化较缓慢而不易饱和的，绕制时要尽量减小匝间分布电容，线头与线尾不要靠近，更不能扎在一起，否则无抑制共模噪声的能力。

　　(2)磁芯截面面积要视通过的电流大小而定，截面面积小或通过的电流过大，均会使磁芯磁饱和，扼流圈的效果急剧下降。

　　电容 C_1、C_2 及 C_3、C_4 应选用高频特性好的陶瓷式聚酯电容。电容的容量越大，滤除共模噪声的效果越好，但容量越大，漏电流也越大。而漏电流是有要求的。我国规定 220V、50Hz 的漏电流小于 1mA。

　　滤波器元件参数选择：

　　L_1、L_2——几至几十毫亨；

　　L_3、L_4——几百微亨至几毫亨；

　　C_1～C_4—— 0.047～1μF；

　　R_V——标称电压 U_{1mA} 为电源额定电压的 1.3～1.5 倍，通流容量可选 1～3kA。

　　一个好的交流滤波器，对在 20kHz～30MHz 频率范围内的噪声抑制应大于 60dB（优等品）或 40dB（合格品）。对于净化电源，在电源电路的输入与输出端分别设置电源滤波器。

12. 什么是稳压管稳压电源？怎样选择稳压管稳压电源？

　　稳压管稳压电源如图 5-8 所示。

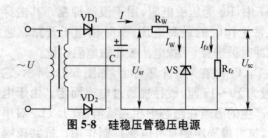

图 5-8　硅稳压管稳压电源

(1)工作原理

交流电压经变压器 T 降压、二极管 VD_1、VD_2 整流、电容 C 滤波,将电压 U_{sr} 加在稳压电路的输入端(称输入电压)。当 U_{sr} 增大时,输出电压 U_{sc}(即稳压管两端的电压)也上升。由稳压管特性可知,只要稳压管两端的电压有少量的增长,就将使稳压管的电流 I_W 大大增加。于是通过限流电阻 R_W 的电流 $I(=I_W+I_{fz})$ 也增大,所增加的电流 ΔI 在电阻 R_W 上引起附加压降,抵消了输入电压 U_{sr} 的变化,使输出电压基本上保持不变。当输入电压下降时,情况则相反。

当负载电流 I_{fz} 增加时,电阻 R_W 上的压降将增大,于是输出电压 U_{sc} 下降。随着 U_{sc} 的下降,稳压管的电流 I_W 就减小,这样 R_W 上的压降又有降低的趋向,从而保持 R_W 上的电压降基本不变,使输出电压得以稳定。

(2)元件选择

①稳压管的选择。

$$稳定电压\ U_z=U_{sc}$$

$$稳压管工作电流\ I_z=I_{fz}\ 或取\ I_{ZM}\geqslant(2\sim3)I_{fz}$$

式中　U_{sc}——输出电压(即负载上的电压)(V);

　　　I_{fz}——负载电流(A);

　　I_{ZM}——稳压管最大稳定电流(A),可查手册。

②限流电阻 R_W 的估算。

$$R_W = \frac{U_{sr} - U_{sc}}{I_{w1} + I_{fz}} = \frac{U_{sr} - U_{sc}}{I}$$

式中　I_{w1}——实际流过稳压管的电流(A),可取略大于 I_{fz};

　　　　I——流过限流电阻的电流(A)。

限流电阻的功率: $P_R \geqslant (2\sim4) I^2 R_w$

例　如图 5-7 电路,已知 U_{sc} 为 12V,R_{fz} 为 380Ω,求稳压电路元件参数。

解　取 $U_z = U_{sc} = 12V$

负载电流　$I_{fz} = U_{sc}/R_{fz} = 12/380 = 0.0316(A)$

　　　　　　　$= 31.6(mA)$

查手册选稳压管 2CW21H,其参数为

　　　　$U_z = 11.5\sim14V, I_z = 30mA, I_{ZM} = 83mA$

输入电压　　　$U_{sr} = (2\sim3) U_{sc} = 30(V)$

取 $I_{w1} = 64mA > I_z$,则限流电阻为

$$R_w = \frac{U_{sr} - U_{sc}}{I_{w1} + I_{fz}} = \frac{30 - 12}{64 + 31.6} = 0.188(k\Omega)$$

$$\approx 190(\Omega)$$

13. 最简单的串联型晶体管稳压电源是怎样的?

最简单的串联型晶体管稳压电源如图 5-9 所示。

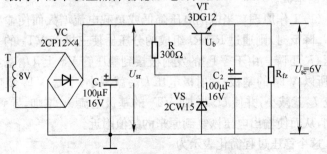

图 5-9　单管串联型晶体管稳压电源

工作原理：当负载变化引起输出电压 U_{sc} 降低时，调整管 VT 的基极-发射极电压为

$$U_{be}=U_b-U_e=U_b-U_{sc}$$

因为基极电压 U_b 是恒定的，U_{sc} 降低，则 U_{be} 增加，使基极电流 I_b 和集电极电流都增加，从而使 U_{sc} 上升，保持 U_{sc} 近似不变。这个调整过程可简化表示为

$$U_{sc}\downarrow\rightarrow U_{be}\uparrow\rightarrow I_c\uparrow\rightarrow$$
$$U_{sc}\uparrow$$

这种串联型稳压电源只能做到输出电压基本不变。因为调整管的调整作用是靠输出电压与基准电压的静态误差来维持的，如果输出电压绝对不变，则调整管的调整作用就无法维持，输出电压也就不可能进行自动调节。

14. 带有放大环节的稳压电源电路是怎样的？

带有直流放大环节的稳压电源电路如图 5-10 所示。它的直流电压 U_{sr} 由桥式整流滤波电路获得，经调整管 VT_1 接到负载电阻 R_{fz}。调整管相当于一个射极输出器。电阻 R_3 和 R_4 组成分压器，起到"取信号"（即测量输出电压 U_{sc} 的变化）的作用。稳压管 VS 作基准电压，R_2 为限流电阻。由三极管 VT_2 组成的放大器起比较和放大作用。调整管的控制信号由 VT_2 的集电极直接加到 VT_1 的基极。

（1）工作原理　当电网电压降低或负载电流增大而使输出电压 U_{sc} 降低时，则通过 R_3、R_4 组成的分压器使三极管 VT_2 的基极电压 U_{b2} 下降。由于 VT_2 的发射极接到稳压管 VS 上，U_{e2} 基本不变，所以 VT_2 的基极-发射极电压 U_{be2} 就减小，于是 VT_2 集电极电流 I_{c2} 就减小，并使 U_{c2} 增加，VT_1 的基极电流 I_{b1} 增加，导致 I_{c1} 增加，从而使输出电压恢复到原来的数值附近。

这个稳压过程简化表示为

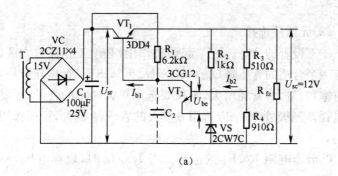

(a)

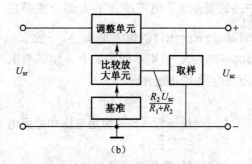

(b)

图 5-10　带有直流放大环节的稳压电源

(a)电路图　(b)原理框图

$$U_{sc}\downarrow \rightarrow U_{b2}\downarrow \rightarrow I_{c2}\downarrow \rightarrow U_{c2}\uparrow \rightarrow U_{b1}\uparrow \rightarrow I_{c1}\uparrow \rightarrow$$

$$U_{sc}\uparrow \leftarrow \underline{\hspace{5cm}}$$

　　同样的道理,当U_{sc}因某种原因而升高时,通过反馈作用又会使U_{sc}下降,使输出电压几乎保持不变。

　　调整电阻 R_3、R_4,即可改变分压比,也就可以调节输出电压U_{sc}的大小。电容 C_2 可以减小输出电压的纹波值,防止稳压电源产生自激振荡。但此电容太大时,当输入电压或负载电流突变时,会延长恢复输出电压到额定值的时间。C_2 一般取 0.01～

$0.05\mu F$。

（2）元器件选择

①三极管的选择。VT_1 起调整作用，必须工作在放大区，需要有一个合适的管压降 $U_{ce1}=U_{sr}-U_{sc}=3\sim8V$。此电压过小，管子易饱和；过大，管耗增大，不仅要选用更大功率的管子，还要增加电耗。三极管 VT_2 应选用 β 较大的管子，β 越大，稳压作用越稳定。

②分压电阻 R_3、R_4 的选择。当 $I_1\gg I_{b2}$ 时，取样电压 $U_{b2}=U_{sc}\dfrac{R_4}{R_3+R_4}$。要使输出电压变化的大部分能通过 VT_2 放大以控制调整管，$R_4/(R_3+R_4)$ 的值不能太小，一般取 $0.5\sim0.8$。R_3+R_4 的值也不能太大，否则不能满足 $I_1\gg I_{b2}$ 的要求。

③限流电阻 R_2 的选择。

$$R_2=(U_{sc}-U_z)/I_z$$

式中 U_z、I_z——稳压管 VS 的稳定电压和稳定电流（V、A），可由手册查得。

15. 从零起调的稳压电源是怎样的？

从零起调的稳压电源如图 5-11 所示。它具有不易振荡、有较好的过载保护功能，输出电压能在 $0\sim12V$ 范围内连续可调等特点。当负载电流为 2A 时纹波电压为 1.5mV，内阻为 0.05Ω。

（1）工作原理 由三极管 VT_2 和 VT_3 组成比较放大电路，VT_3 的集电极输出全部加到调整管 VT_1 的基极，控制 VT_1 的管压降。这是一种全反馈稳压电路。普通全反馈稳压电路容易振荡，一般都需要加消振电容。但该稳压电路的 VT_2 和 VT_3 的接法较特殊，VT_3 为共基极放大状态，抑制了高频反馈通路，从而有效地克服了振荡。VT_2 为 NPN 管，其基极电位可略低于输出负端，因而可从零伏起调（电位器 RP_1 中点电位恰为 VT_2 和 VT_3 发

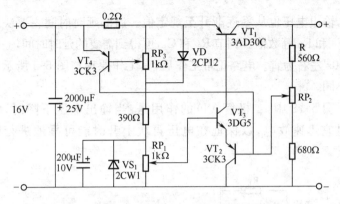

图 5-11 从零起调的稳压电源

射结压降之和时,输出为零)。三极管 VT$_4$ 是限流保护管,调节电位器 RP$_3$ 可以改变输出电流限定值。

(2)元件选择 VS$_1$ 选用 7～9V 的稳压管,如 2CW1 等。若要求输出电压大于 12V,则 VS$_1$ 可选用大于 9V 的稳压管。

16. 软启动稳压电源是怎样的?

所谓软启动稳压电源,是指电路接通电源后,输出电压需经过一个启动过程,以较慢的速度上升至给定值,以保护不希望有浪涌冲击的负载回路。图 5-12 所示电路为输出电压为 24V、电流为 2A 的软启动稳压电源。

(1)工作原理 该电路是在串联型晶体管稳压电源的基础上加一软启动电路构成的,如图 5-9 所示。软起动电路由电容 C$_1$、三极管 VT$_2$ 及二极管 VD 组成,其工作过程如下:当电路接通电源,电压经电阻 R$_6$ 加到电容 C$_1$ 上,由于 C$_1$ 上的电压为零(电容上的电压不能突变),因此开始输出电压也接近零。随着电容 C$_1$ 的充电,三极管 VT$_2$ 也由导通(此时三极管 VT$_3$、VT$_4$、VT$_5$ 均截止)经放大(各三极管开始工作),至截止状态(各三极管正常工作),输出电压也从零逐渐升至规定值。启动延时时间主要决定于 C_1 和 R_6 等数值。调节 R_6 和 C_1,可得到需要的延时时间,一般以 30s 左右为宜。电路正常工作后,其工作原理与图 5-9 所示电路类同。

图 5-12 中,二极管 VD 的作用是:当输出电压下降时,C_1 通过它迅速放电,以保证在电压再次上升时能可靠地进行软启动。

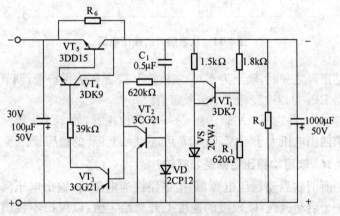

图 5-12　24V、2A 软启动稳压电源

(2)元件选择　为了避免软启动时流过电容 C_1 的电流从二极管 VD 漏掉,VD 应选用反向电阻尽可能大的硅二极管;为保证电路有较好的软启动特性和稳压性能,三极管 VT_2 应选用饱和压降小、β 值较高的管子;VT_3、VT_4 和 VT_5 应选用耐压足够、穿透电流较小的管子。

图 5-13 给出了输出电压为 12V、电流为 3A 的软启动稳压电源,其工作原理与图 5-12 所示电路相同。

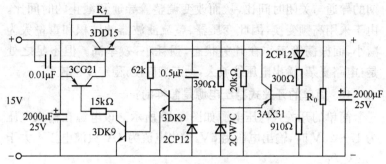

图 5-13　12V、3A 软启动稳压电源

17. 什么是开关式晶体管稳压电源?

　　前面介绍的晶体管直流稳压电源的调整管工作在线性区,其缺点是:电源的效率低、调整管功耗大,发热量大,重量大。为了克服上述缺点,可采用开关式稳压电源。目前,它在彩色电视机、示波器、激光器、电子计算机和数控装置中应用较多。

　　开关式稳压电源的原理方框图如图 5-14 所示。

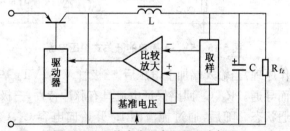

图 5-14　开关式稳压电源原理方框图

　　工作原理:将电网交流电压直接整流得到脉动直流,再经脉宽变换器(多谐振荡器)变换成 20kHz 左右的高频脉宽交变电压,然后再经整流滤波得到稳定的直流。稳压过程是利用电容储能作用来实现的。由取样环节得到的取样电压和基准电压比较后,经比较放大器加到由开关三极管构成的开关驱动器,控制开关周期的导通与关闭时间比,从而改变调整管导通和截止的时间比。由于采用高频变换,因此变压器、整流滤波器的体积和重量大为减小,而振荡管工作在开关状态,损耗小,效率高。但不足之处是:电路复杂,输出电压纹波大,动态响应慢,稳定度也较差。

18. 简单的开关式稳压电源是怎样的?

简单的开关式稳压电源如图 5-15 所示。该电源在输入电压为 15~25V 时,输出电压为 5V,输出电流为 4A,纹波电压不大于50mV。

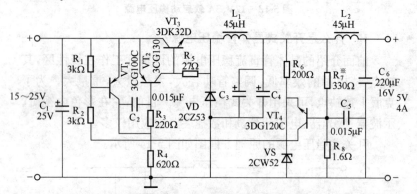

图 5-15 5V、4A 简单的开关式稳压电源

工作原理:当输入端加上电压后,三极管 VT_2、VT_3 基极有电流流过而导通。R_3、C_2 回路保证电流具有脉冲特性,三极管处于强行导通状态。随后,通过扼流圈 L_1 开始向电容 C_3、C_4 充电。当 C_3、C_4 上的电压达到某一值 U_1 时,三极管 VT_4 和 VT_1 导通,后者饱和导通,VT_2 发射结加上 C_2 的电压而很快被截止。

由于 L_1 中的电流不能瞬时消失,因此三极管 VT_2、VT_3 截止后二极管 VD 通过 L_1 的电流回路导通。随着 L_1 中的电流减小,电容 C_3、C_4 上的电压逐渐减小。当它达到某一值 U_2 时,三极管 VT_4、VT_1 截止,VT_2、VT_3 导通,L_1 中的电流又重新开始增大,二极管 VD 截止。当 L_1 中的电流等于负载电流时,电容 C_3、C_4 上的电压已降低到 U_3 值($U_3 < U_2 < U_1$)。从这时开始,C_3、C_4 上的电压重新开始增加,稳压器重复上述工作循环。

由于三极管 VT_3 和二极管 VD 的耗散功率很小,因此不装散热器就可获得大的负载电流。但负载电流超过 3.5A 时,这些元件必须安装散热器。

扼流圈 L_1 的磁导体用铁氧体 M2000HM,线圈用 7 根 ϕ0.35mm 漆包线绕 18 匝;L_2 用同样的磁导体,用 10 根 ϕ0.35mm 漆包线绕 9 匝。L_1 和 L_2 的电感量均为 40μH。

19. 由运算放大器构成的稳压电源是怎样的?

(1)原理方框图　由集成运算放大器构成的稳压电源,其原理方框图如图 5-16 所示。它的工作原理与晶体管稳压电源相同。由于运算放大器将众多的电子元件制作在一块集成电路上,因此电路结构简单。运算放大器本身具有元件参数对称性好、温度漂移小等优点,因此性能很好。

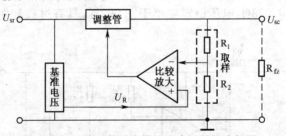

图 5-16　集成运算放大器稳压电源原理方框图

电路的技术参数可由下列公式表示:

最大输出电流　　$I_{sc\cdot max} \leqslant \dfrac{P_{CM}}{U_{sr} - U_{sc\cdot min}}$

输出电压　　$U_{sc} = \dfrac{R_1 + R_2}{R_1} U_R$

内阻抗　　　　　$Z_{sc} = \dfrac{r_{sc0}}{1 + \dfrac{R_1}{R_1 + R_2} K_0}$

负载稳定性　　　$S_v = \dfrac{1}{\lambda K_0 \dfrac{R_1}{R_1 + R_2}} \times \dfrac{U_{sr}}{U_{sc}}$

式中　P_{CM}——调整管的最大允许功耗（W）；

　　　U_R——基准电压（V）；

　　　r_{sc0}——运算放大器开环输出电阻（Ω）；

　　　K_0——运算放大器的电压放大倍数；

　　　λ——调整管的电压放大倍数；

U_{sr}、U_{sc}——输入电压和输出电压（V）。

　　要仔细分析运算放大器的工作原理，需知道其内部电路结构。但作为应用，一般只要了解接线就行了。

　　(2)9V、150mA 稳压电源　其电路如图 5-17 所示。该电源在输入电压为 10～20V 时，输出电压为 9V，输出电流为 150mA，内阻为 0.003Ω，电压稳定度小于 0.002％，具有过载和短路保护功能。

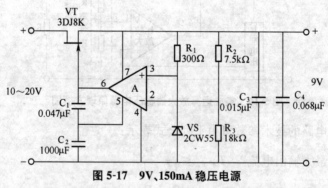

图 5-17　9V、150mA 稳压电源

　　(3)工作原理　采用场效应管 VT 作为调整管，由电阻 R_1 和

稳压管 VS 形成基准电压。接通电源和负载,负载电流逐渐增大,VT 的栅极-源极的电压和漏极-源极通道间的电阻减小,同时运算放大器 A 输出电压达到最大值,该电压总是小于电源电压。当负载电流达到一定值时,VT 的栅极-源极电压将达到稳定值,并等于稳压电源输出电压和运算放大器输出端饱和电压之差,稳压电源进入稳流状态。当输出端短路时,通过稳压电源的电流不会超过其本身的最大值。该值等于当栅极和源极之间电压为零时场效应管的漏极电流。

　　当稳压电源输出端长时间短路时,调整管耗散功率不应超过允许值。如果场效应管漏极最大电流为 400mA,则功率为 6W,相应的电压为 15V。这就是输出端长时间短路时稳压电源的最大输入电压。当负载电流大于 30mA 时,调整管必须安装散热器。

　　电容 C_1 和 C_2 用于校正运算放大器的频率特性,电容 C_3 和 C_4 为运算放大器供电电路和负载回路旁路用。C_3 应尽量接近运算放大器安装。

　　(4)元件选择　运算放大器 A 选用 F005,注意稳压系数正比于运算放大器的放大倍数;场效应管 VT 要求最大漏源电流不小于 30mA;稳压管 VS 选用 2CW55,稳压值为 6.2~7.5V;电阻均为 1/4W 的电阻。

20. 什么是三端固定集成稳压器? 其性能参数及接线是怎样的?

　　(1)三端固定集成稳压器及其主要参数

　　三端固定集成稳压器的输出电压是固定的,可直接用于各种电子设备作电压稳压器。其芯片内部设置有过流保护、过热保护及调整管安全工作区保护电路。三端固定集成稳压器分为 7800 正稳压和 7900 负稳压两大系列,见表 5-7 和表 5-8。

表 5-7　7800、7900 系列三端固定集成稳压器的输出电压

器件型号	输出电压(V)	器件型号	输出电压(V)
7805	5	7905	−5
7806	6	7906	−6
7807	7	7907	−7
7809	9	7909	−9
7810	10	7910	−10
7812	12	7912	−12
7815	15	7915	−15
7818	18	7918	−18
7820	20	7920	−20
7824	24	7924	−24

表 5-8　7800、7900 系列三端固定集成稳压器的输出电流

器件	7800	78M00	78L00	78T00	78H00
	7900	79M00	79L00	79T00	79H00
输出电流(A)	1.5	0.5	0.1	3	5

(2)三端固定集成稳压器的典型电路　三端固定集成稳压器的典型电路如图 5-18 所示。

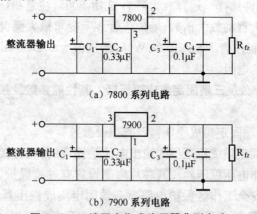

(a) 7800 系列电路

(b) 7900 系列电路

图 5-18　三端固定集成稳压器典型电路

　　整流器输出的电压经电容 C_1 滤波后得到不稳定的直流电压。该电压加到三端固定集成稳压器的输入端 1 和公共地 2 之间,则在输出端 2 和公共地 3 之间可得到固定电压的稳定输出。

　　在图 5-18 中,电容 C_1 滤波电容,为尽可能地减小输出纹波,C_1 值应取得大些,一般可按每 0.5A 电流 $1000\mu F$ 容量选取;电容 C_2 为输入电容,用于改善纹波特性,一般可取 $0.33\mu F$;电容 C_4 为输出电容,主要作用是改善负载的瞬态响应,一般可取 $0.1\mu F$。当电路要求大电流输出时,C_2、C_4 的容量应适当加大;电容 C_3 的作用是缓冲负载突变、改善瞬态响应,可在 $100\sim470\mu F$ 之间取;R_{f20} 为稳压器内部负载,以使外部负载断开时稳压器能维持一定的电流。R_{f20} 的取值范围以通过其的电流是 $5\sim10mA$ 为佳。

21. 什么是三端可调集成稳压器? 其性能参数及接线是怎样的?

　　三端可调集成稳压器的输出电压是可调的。它具有外围元件少、使用方便灵活、输出电流大、调压范围宽、稳压精度高、纹波抑制性能好、保护功能全(具有过载、短路、芯片过热和调整管安全工作区保护)等特点。

　　三端可调集成稳压器可分为三端可调式正集成稳压器和三端可调式负集成稳压器两大系列。有 W117、W217、W317、LM317、LM337 和 LLM350、LLM380 等型号。它们能在 $1.2\sim37V$ 的范围内连续可调,可输出 0.1A、0.5A、1.5A、3A、5A 的负载电流。其电压调整率和电流调整率指标均优于三端固定集成稳压器。使用时只要外接两个电阻即可使输出电压可调。

　　三端可调集成稳压器不仅可作输出电压可调的稳压器,

而且还可作开关稳压器、可编程序输出的稳压器和精密电流源。

W××7 系列三端可调集成稳压器分类见表 5-9。

表 5-9　W××7 系列三端可调集成稳压器分类

稳压器名称	输出极性	输出电流(A)	输出电压(V)
W117、W217、W317	+	1.5	1.2～37
W117M、W217M、W317M	+	0.5	1.2～37
W117L、W217L、W317L	+	0.1	1.2～37
W137、W237、W337	—	1.5	−1.2～−37
W137M、W237M、W337M	—	0.5	−1.2～−37
W137L、W237L、W337L	—	0.1	−1.2～−37

LM317、LM337 和 LLM350、LLM380 三端可调集成稳压器的性能参数见表 5-10。

表 5-10　三端可调稳压器性能参数

项　　目	型　号			
	LM317	LM337	LLM350	LLM380
$U_{sr}-U_{sc}$ (V)	$3{\leqslant}(U_{sr}-U_{sc})$ ${\leqslant}40$	$3{\leqslant}(U_{sr}-U_{sc})$ ${\leqslant}35$	$3{\leqslant}(U_{sr}-U_{sc})$ ${\leqslant}35$	$3{\leqslant}(U_{sr}-U_{sc})$ ${\leqslant}35$
电压调整范围(V)	1.2～37	−1.2～−37	1.2～32	1.2～32
工作温度范围(℃)	0～125	0～125	0～125	0～125
最大输出电流(A)	1.5	1.5	3	5
允许管耗(W)	15	15	30	50

注：U_{sr} 为输入电压，U_{sc} 为输出电压。

图 5-19 和图 5-20 所示电路为输出电压可调的正稳压电源。

图 5-19 变压器需有两组次级绕组，图 5-20 只需一组次级绕组。

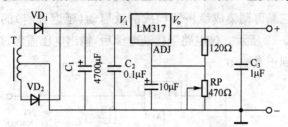

图 5-19 输出电压可调的正稳压电源之一

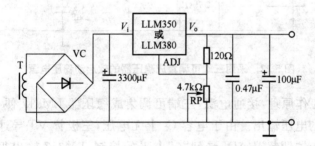

图 5-20 输出电压可调的正稳压电源之二

图 5-21 所示电路为输出电压可调的负稳压电源。

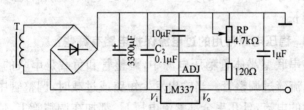

图 5-21 输出电压可调的负稳压电源

在上述电路中，调节电位器 RP 便能改变输出电压的大小。

22. 采用三端可调集成稳压器的软启动稳压电源是怎样的?

由三端可调集成稳压器构成的软启动(延迟开启)的稳压电源如图 5-22 所示。该电路当接通电源后,输出电压需经过一段延时才达到正常输出。

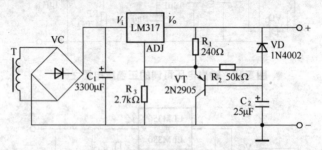

图 5-22　采用三端可调集成稳压器的软启动稳压电源

工作原理:接通电源,三端可调集成稳压器 LM317 便有一较小的电压输出。由于电容 C_2 上无电压,三极管 VT 导通,因此稳压器调节端 ADJ 受到"0"电平的控制,LM317 输出很小。随着时间的增加,电容 C_2 不断被充电,其上的电压不断升高,最后导致三极管 VT 截止,这时稳压电路才输出正常电压。延时时间取决于 R_2 和 C_2 的数值。R_2 和 C_2 越大,稳压电源开通的时间越长。

23. 稳压电源常用的过电流保护电路有哪些?

在串联型晶体管稳压电源中,调整管和负载是串联的,全部负载电流流过调整管。当输出发生短路或过载时,调整管中将流过很大的电流,且几乎全部整流电压 U_{sr} 都加在调整管上,使其过电流或过电压而损坏,为此必须加过电流保护环节。

稳压电源常用的过电流保护电路见表 5-11。

表 5-11　稳压电源常用的过电流保护电路

类型	序号	电路图	作用原理	动作电流 I_{dz}	应用场合
限流型	1	R_0 0.8Ω　VD 2CP10　VT　R_1 100Ω　U_{sr}　U_{sc}	正常时，VD截止。当负载电流增大、使 R_0 上压降大于 $U_{VD}-U_{be}$ 时，调整管 VT 基极电位降低、其管压降 U_{ce} 增大，限止输出电流	$\dfrac{U_{VD}-U_{be}}{R_0}$	调整管为射极输出式
	2	$U_{sc}=12V$ 1A　VT_1　VT_2 3DG6　R_0 1Ω　R_1　VD 2CP　$U_{sr}=20V$	正常时，VT_2 截止。当负载电流增大，使 R_0 上压降大于 $U_{be2}+U_{VD}$ 时，调整管 VT_1 基极电位降低，限止输出电流	$\dfrac{U_{VD}+U_{be2}}{R_0}$	调整管为射极输出式
	3	U_{sc}　R_0 0.8Ω　VT_1　VT_2 3AX31　U_{sr}	过电流时，R_0 上压降大于 U_{be2}，使 VT_2 导通、降低调整管 VT_1 基极电位而限流	$\dfrac{U_{be2}}{R_0}$	同上

续表 5-11

类型序号	电路图	作用原理	动作电流 I_{da}	应用场合
限流型 4	$U_{sr}=9V$　$U_{sc}=5V$ 5A　VT$_1$　VT$_2$ 3AK1　R$_0$	过电流时，R$_0$ 上压降大于 U_{be2}，使 VT$_2$ 导通，降低调整管 VT$_1$ 基极电位而限流	$\dfrac{U_{be2}}{R_0}$	调整管为集电极输出式
5	$U_{sr}=9V$　$U_{sc}=5V$ 0.5A　VT$_1$　VT$_2$ 3AX25　R$_0$ 2Ω　R$_1$ 5Ω　R$_2$ 910Ω　$E=6V$	过电流时，R$_0$ 上压降使 VT$_2$ 发射极电位高于基极电位，减小调整管 VT$_1$ 基极电流，限制调整管电流增大	$\dfrac{ER_2+U_{be2}(R_1+R_2)}{R_0(R_1+R_2)}$	在输出接地点以下，加一辅助电源的稳压电源中
6	U_{sr}　U_{sc}　VT$_1$　R$_0$　VD　R$_1$　R$_2$　VT$_2$　R$_3$　恒流源	正常时，VD 反偏；过电流时，R$_0$ 上压降大，VD 正向导通，过电流的一部分由 VD 流过 R$_1$ 使 VT$_2$ 的集电极电流减小，从而使调整管 VT$_1$ 偏流减小	$\dfrac{U_{R1}+U_{VD}}{R_0}$	用恒流源代替调整管调偏流电阻的稳压电源中

续表 5-11

类型序号	电 路 图	作 用 原 理	动作电流 I_{dz}	应用场合
7	$U_{sr}=20V$　VT_1　R_1 100Ω　R_2 12kΩ　R_0 0.1Ω　VT_2　$U_{sc}=12V$ 60mA	过电流时，R_0 上压降增大，使 VT_2 导通，从而使调整管 VT_1 偏流减小	$\dfrac{(R_1+R_2)U_{be2}+R_1 \cdot U_{sc}}{R_2 \cdot R_0}$	
载流型 8	U_{sr}　E_1　R_3 2.4kΩ　VT_1 3AX22　R_4 120Ω　R_0 47Ω　R_1　R_2　过电流保护　R_5 VS　VT_2　RP_1 3.9kΩ　R_6　R_7　VT_3　R_8 6.8kΩ　VT_4　R_9 3DG6×2　R_{fz}	过电流时，R_0 上压降增大，使 VT_3 导通，其集电极电压的绝对值减小，使调整管 VT_1 趋于截止	$\left[\dfrac{U_{sc}\cdot R_4}{R_3+R_4}-U_{be2}+\dfrac{ER_2}{R_1+R_2}\right]/R_0$	具有基准电源的稳压电源中
9	$U_{sr}=12V$　$E=6V$　R_0 0.5Ω　VT_2 3AX22　R_4　R_3 3kΩ　VT_3 3DG6　R_2 4.3kΩ　VT_1　200Ω C　$U_{sc}=5V$ 1.5A	过电流时，R_0 上压降增大，使 VT_3 集电极电流增加，VT_2 集电极电流减小，从而减小调整管 VT_1 的基极电流，VT_2 是一般电流放大器	$\dfrac{(R_1+R_2)U_{be3}+R_1 \cdot U_{sc}}{R_2 \cdot R_0}$	同上

续表 5-11

类型序号	电 路 图	作 用 原 理	动作电流 I_{dz}	应用场合
10		过电流时，R_0 上压降增大，使 VD 导通，VT_3 集电极电流增大，使调整管 VT_1 基极电位升高而截止。VT_3 是恒流源，向 R_2 供给恒定电流，建立 VT_2 的基极电位，R_4 是电源开启时用的电阻	$I_{dz}=\left[\left\{\dfrac{U_{sc}(R_6+R_7)-U_{be2}}{R_5+R_6+R_7}\cdot\dfrac{R_2}{R_3}-U_{be2}+U_{DV}\right\}\right]\cdot\dfrac{1}{R_0}$	使用恒压恒流源的稳压电源中
11		VT_2,VT_3 组成不对称双导稳态电路。正常时 VT_2 导通，VT_3 截止。VD 截止。过电流时，VD 上压降增大，使 VT_2 截止，通过 VD 使电位升高而截止，VT_3 导通，管 VT_1 基极电位升高而截止	$I_{dz}=\dfrac{U_{sc}+U_{be1}-U_{VD}}{R_0}$	需要辅助电源
12		正常时，VD 导通，VT_4 导通。当过电流时 $U_{be1}=U_{VD}-R_0$。$I_{dz}\approx0.2\text{V}$，VT_1,VT_2 截止。使调整管 VT_1,VT_2 导通，继续 VT_4 导通是靠电压 U_{be1}，经 R_4,R_5,R_6 在 VT_4 的基射极间产生一定基射电压(约为 0.2V),此时 VD 截止。当负载掉后能自动恢复截止及输出流有一定的电流。C_3 可改善保护动作的软工脆	$I_{dz}=\dfrac{U_{VD}-U_{be1}}{R_0}$	不需要辅助电源

载流型

24. 稳压电源稳压管限流型过电流保护是怎样的？怎样选取检测电阻？

稳压管限流型保护电路如图 5-23 所示。

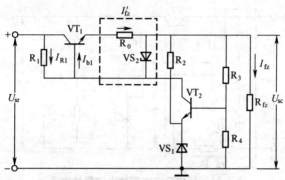

图 5-23　稳压管限流型保护电路

（1）工作原理　　正常时，流过检测电阻 R_0 的电流所引起的压降小于稳压管 VS_2 的击穿电压，VS_2 处于截止状态，保护电路（虚线框内）不起作用。当过流时，流过 R_0 的电流增大，R_0 上的压降增大，并超过稳压管 VS_2 的击穿电压，使 VS_2 击穿。此时流过电阻 R_1 的电流 I_{R1} 立即增加，A 点电位下降，使调整管 VT_1 基极电流 I_{b1} 减小，故输出电流减小，从而使输出电流限制在一定范围内。

这种保护电路的优点是简单可靠，当过载解除后可以自动恢复正常状态。缺点是过载时调整管上仍消耗较大的功率。

（2）检测电阻的选择　　如果要求将输出电流限制在 I_{fzm} 值（即动作电流 I_{dz}），则检测电阻 R_0 可按下式选择：

$$R_0 = \frac{U_{VS2} - U_{be1}}{I_{fzm}}(\Omega)$$

式中　U_{VS2}——稳压管 VS_2 的击穿电压，即稳压值（V）；

　　　U_{be1}——调整管 VT_1 发射结压降，如 0.6V，它不是固定值，且随温度而变化。

25. 稳压电源晶体管限流型过电流保护是怎样的？怎样选取检测电阻？

晶体管限流型过电流保护电路如图 5-24 所示。

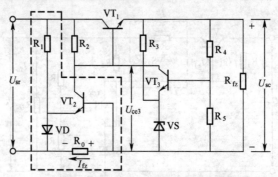

图 5-24　晶体管限流型过电流保护电路

（1）工作原理　调整电阻 R_1，使二极管 VD 的正向电压保持一定。正常时，检测电阻 R_0 上的压降较小，三极管 VT_2 没有电流。当过载时，R_0 上的压降增大，VT_2 得到基极偏压而导通，其集电极电流使电阻 R_2 上的压降增大，造成三极管 VT_2 的管压降 U_{ce2} 减小，使调整管 VT_1 的基极电压降低，调整管管压降 U_{ce1} 增加，输出电压 U_{sc} 下降，负载电流 I_{fz} 被限制。

（2）检测电阻的选择　检测电阻 R_0 可按下式选择：

$$R_0 = \frac{U_{VD} + U_{be2}}{I_{fzm}}(\Omega)$$

式中　U_{VD}——二极管 VD 的正向压降，如 0.7V；

　　　　U_{be2}——三极管 VT_2 发射结压降，如 0.6V。

26. 稳压电源晶闸管式过电流保护是怎样的？

晶闸管式过电流保护电路如图 5-25 所示。

工作原理：如图 5-25a 所示，调节电阻 R_0，使稳压电源在正常工作时晶闸管 VD 控制极没有足够的触发电压而截止；当过载或

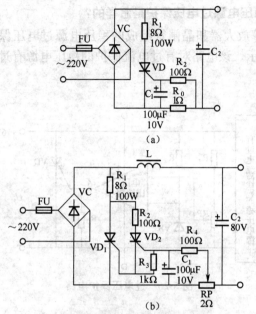

图 5-25　晶闸管式过电流保护电路
(a)保护电路之一　　(b)保护电路之二

短路时,输出电流急速增大,在检测电阻 R_0 上产生较大压降,从而触发晶闸管 VD 导通,使大电流直接流经由 R_1 及 V 组成的保护电路,使电源熔丝 FU 熔断,起到迅速保护电源的作用。

图 5-25b 所示电路与图 5-25a 所示电路类似,只不过通过一只小晶闸管 V_2 再触发大晶闸管,以确保大过电流保护时大晶闸管能得到足够的触发功率而可靠动作。

动作电流为

$$I_{dz}=U_g/R_0$$

式中　U_g ——晶闸管控制极触发电压,2～4V(视晶闸管功率而定)。

27. 稳压电源过电压保护是怎样的？

由运算放大器和晶闸管组成的稳压电源过电压保护电路如图 5-26 所示。该电路对有过电流保护的稳压电源有过电压保护作用。

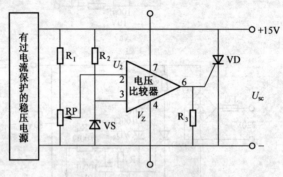

图 5-26　过电压保护电路

该保护电路采用运算放大器等作为电压比较器，以判断稳压电源输出电压的情况。

工作原理：稳压电源的输出电压经电阻 R_2、稳压管 VS 分压，产生基准电压，将电压比较器 3 脚钳位在 VS 的稳压值 V_z。过电压采样电压由电阻 R_1 和电位器 RP 取得。当稳压电源输出电压正常时，$U_2 < V_z$，比较器 6 脚输出低电平，晶闸管 VD 关断，保护电路对稳压电源无影响。当稳压电源输出出现过电压时，$U_2 > V_z$，比较器 6 脚输出高电平，晶闸管得到触发电压而导通，稳压电源输出被晶闸管短路，输出电流剧增，此时过电流保护再起作用，从而达到过电压、过电流保护的目的。

28. 常用集成稳压器有哪些？有哪些技术参数？

集成稳压电源具有电路体积小、重量轻、接线及调整方便、可靠性高等优点,因而被广泛使用。

集成稳压电源和分立元件稳压电源一样,也由基准电压、取样电路、比较放大和电压调整等部分组成。有些集成稳压电源还设有启动、保护环节。常用的集成稳压器有 BG601、5G11、5G13、5G14、W2、WA6、WA7 等。它们的技术参数见表 5-12。

表 5-12　常用集成稳压器型号参数

参数名称	最大输入电压	电压调整率	输出电压范围	电流调整率	最小输入、输出电压差	最大输出电流	最大静态功耗
符号	U_{srmax}	S_V	$U_{\text{scmin}} \sim$ U_{scmax}	S_1	$(U_{\text{sr}} - U_{\text{sc}})_{\text{min}}$	I_{scmax}	P_{m}
单位	V	%/V	V	%	V	A	W
型号	参　数　值						
BG601	(U_{srmin})9	0.05	2～27	0.05	4	0.01	(电流) 4mA
5G11A	15	≤0.5	3.5～6		4～5	0.2	2
5G11B	21	≤0.5	6～12		4～5	0.2	2
5G11C	27	≤0.5	6～18		4～5	0.2	2
5G11D	35	≤0.5	6～24		4～5	0.2	5(加散热板)
5G13A	15	≤0.5	3.5～6		4～5	0.03	0.7
5G13B	21	≤0.5	6～12		4～5	0.03	0.7
5G13C	27	≤0.5	6～18		4～5	0.03	0.7
5G13D	35	≤0.5	6～24		4～5	0.03	1.5(加散热板)
5G14A	15	<0.1	4～6		4	0.02	0.3
5G14B	25	<0.1	4～15		4	0.02	0.3
5G14C	35	<0.1	4～25		4	0.02	0.3
5G14D	45	<0.1	4～35		4	0.02	0.3
5G14E	55	<0.1	4～45		4	0.02	0.3
W1-01	25	0.05	9～15		4	0.2	

续表 5-12

参数名称	最大输入电压	电压调整率	输出电压范围	电流调整率	最小输入、输出电压差	最大输出电流	最大静态功耗
符号	U_{srmax}	S_V	$U_{scmin}\sim U_{scmax}$	S_1	$(U_{sr}-U_{sc})_{min}$	I_{scmax}	P_m
单位	V	%/V	V	%	V	A	W
型号	参 数 值						
W1-02	25	0.05	9		4	0.2	
W1-03	25	0.05	12		4	0.2	
W1-04	25	0.05	15		4	0.2	
W2-03A	30	≤0.04	9~15		4	0.4	2
W2-03B	30	≤0.03	9~15		4	0.4	2
W2-04A	45	≤0.04	15~24		4	0.4	2
W2-04B	45	≤0.03	15~24		4	0.4	2
W2-08	20	≤0.02	9		4	0.4	2
W2-09	25	≤0.03	12		4	0.4	2
W2-10	30	≤0.03	15		4	0.4	2
W2-11	35	≤0.03	18		4	0.4	2
W2-12	40	≤0.03	20		4	0.4	2
W2-13	45	≤0.03	24		4	0.4	2
WA6-110	15		2~5		4	0.5	
WA6-111	10	A≤1	2~9	红点	4	0.5	
WA6-112	25		2~15	≤1	4	0.5	
WA6-113	30		2~20		4	0.5	
WA6-114	34	B≤0.5	2~24	绿点	4	0.5	
WA6-115	42		2~32	≤0.5	4	0.5	
WA6-120	19		2~9		4	0.5	

续表 5-12

参数名称	最大输入电压	电压调整率	输出电压范围	电流调整率	最小输入、输出电压差	最大输出电流	最大静态功耗
符号	U_{srmax}	S_V	$U_{scmin} \sim U_{scmax}$	S_1	$(U_{sr}-U_{sc})_{min}$	I_{scmax}	P_m
单位	V	%/V	V	%	V	A	W
型号	参　数　值						
WA6-121	25	C≤0.1	5~15	黑点	4	0.5	
WA6-122	30		5~20	≤0.1	4	0.5	
WA6-123	34	D≤0.05	5~24	白点	4	0.5	
WA6-124	42		5~32	≤0.05	4	0.5	
WA7-110	15		2~5		4	1	
WA7-111	19	A≤1	2~9	红点	4	1	
WA7-112	25		2~15	≤1	4	1	
WA7-113	30	B≤0.5	2~20		4	1	
WA7-114	24		2~24	绿点	4	1	
WA7-115	42		2~32	≤0.5	4	1	
WA7-120	19	C≤0.1	2~9		4	1	
WA7-121	25		2~15	黑点	4	1	
WA7-122	30		2~20	≤0.1	4	1	

29. 常用集成稳压器内部电路及管脚是怎样的?

常用集成稳压器的内部电路及管脚如图 5-27 所示。图中所示稳压器的型号分别为 BG601、5G11、5G13、5G14、W1、W2、WA6 和 WA7。

30. 集成稳压器是怎样工作的?

现以 5G11 型集成稳压器(见图 5-28)为例介绍这类稳压电源的工作原理。

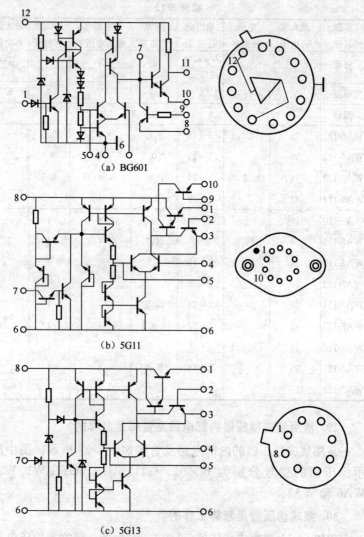

(a) BG601

(b) 5G11

(c) 5G13

图 5-27　常用集成稳压器内部电路及管脚图

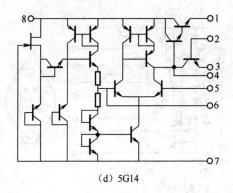

(d) 5G14

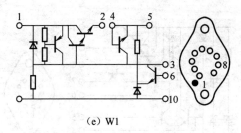

(e) W1

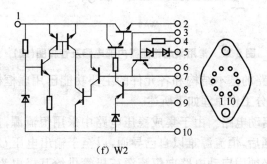

(f) W2

图 5-27 常用集成稳压器内部电路及管脚图(续)

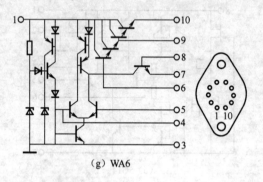

（g）WA6

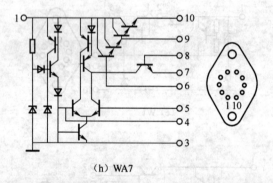

（h）WA7

图 5-27   常用集成稳压器内部电路及管脚图(续)

其电路的基本结构和各元件的主要功能已用虚框标注在图中。各部分工作原理如下所述。

（1）启动电路   由于集成稳压电路中采用恒流源,当输入电压U_{sr}接通后,恒流源难以自己导通,以至于输出电压U_{sc}升不起来,因此必须用启动电路向恒流源三极管供给基极电流,让电路正常工作。

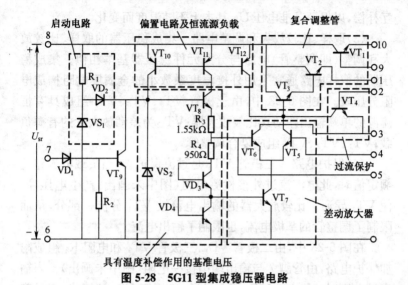

图 5-28 5G11 型集成稳压器电路

当输入电压 U_{sr} 高于稳压管 VS_1 的击穿电压时,有电流通过电阻 R_1、二极管 VD_2,使三极管 VT_8 的基极电位上升而导通,于是三极管 VT_{10}、VT_{11}、VT_{12} 也导通。VT_{10} 的集电极电流使稳压管 VS_2 建立起正常工作电压,直到 VS_2 达到与稳压管 VS_1 相等的稳压值,整个电路便进入正常的工作状态,电路启动完毕。由于两稳压管稳压值相等,故二极管 VD_2 截止,从而保证 VD_2 左边出现的纹波与噪声不致影响基准电压。

(2)基准电压电路 基准电压是否稳定对稳压电源影响甚大,要求基准电压的温度性好、内阻小。该电路的基准电压为

$$U_R = \frac{U_{z2} - 3U_{be}}{R_3 + R_4} R_4 + 2U_{be}$$

式中,U_{z2} 为稳压管 VS_2 的稳压值,U_{be} 为三极管 VT_8、VD_3、VD_4 发射结的正向电压值。在电路设计和工艺上使具有正温度系数的 R_3、R_4 和稳压管 VS_2 与负温度系数的 VT_8、VD_3、VD_4 达到相

互补偿,以保证基准电压 U_R 基本上不随温度而变化。

(3)取样、比较放大和调整电路　集成稳压器的取样、比较放大和调整(即调整管)电路与分立元件稳压器基本相似。集成稳压器的取样电路通常采用外接温度系数小的金属膜电阻构成电阻分压式。在图 5-28 中,由三极管 VT_5、VT_6、VT_7 组成具有恒流源的单端输出差动式比较放大器;VT_{12} 为差动放大管的有源负载;VT_1、VT_2、VT_3 组成复合调整管。

(4)保护电路　三极管 VT_4 是过流保护管,当负载电流超过额定值时,此电流流过外接检测电阻(图中未画出)产生电压降,使 VT_4 导通。比较放大器的输出电流被 VT_4 分流一部分,从而限制了调整管的基极电流,也限制了输出电流。

在图 5-28 中,由二极管 VD_1、三极管 VT_9 和电阻 R_2 组成附加保护电路,由管脚 7 与输出端串接一电阻(图中未画出)。当输出过电压时,VD_1 和 VT_9 就会导通,稳压管 VS_2 被短路,于是基准电压 $U_A \approx 0$,使稳压电路截止而受到保护。

六、放大电路和振荡电路

1. 怎样确定交流放大电路的静态工作点和直流负载线？

（1）放大电路静态工作点的选择　放大电路的静态工作点是指在没有输入信号时三极管的工作状态。最简单的单管放大器电路如图 6-1a 所示。

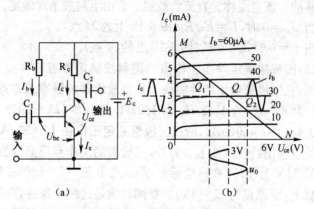

图 6-1　最简单的单管放大器和放大器的图解

(a)单管放大器　(b)放大器的图解

由于电容 C_1 和 C_2 的隔直作用，对于静态下的直流电路来说，它们就相当于开路，所以在计算静态工作点时，只需考虑图中的 E_c、R_b、R_c 及三极管 VT 所组成的直流通路就可以了。

静态工作点由下列各式决定：

$$I_b = \frac{E_c - U_{be}}{R_b} \approx \frac{E_c}{R_b}$$

$$I_c = \beta I_b + I_{ceo} \approx \beta I_b$$
$$U_{ce} = E_c - I_c R_c$$

U_{be}对于硅管为$0.5 \sim 0.7V$；对于锗管为$0.1 \sim 0.2V$，较电源电压E_c小很多，可以忽略不计；三极管的穿透电流I_{ceo}数值也很小，有时也可忽略不计。

R_b确定了，I_b也就确定了，从而可求出相应的I_c和U_{ce}的数值，把这一点标在图6-1b中，该点Q就是静态工作点。

(2)放大器的直流负载线的确定　I_b的大小随R_b值的改变而变化，即静态工作点位置会发生变化，其变化规律是在某一直线上移动。该直线称为直流负载线。它由下列关系式确定：

当$U_{ce} = 0$时，$I_c = E_c/R_c$（图6-1b上的M点）。

当$I_c = 0$时，$U_{ce} = E_c$（图6-1b上的N点）。

(3)图解法确定静态工作点　图解法确定静态工作点，即通过作图，在三极管输出特性曲线上找出放大器的静态工作点。例如，E_c为6V，R_c为$1k\Omega$，R_b为$180k\Omega$，则$I_b = (E_c - U_{be})/R_b = (6 - 0.6)/180 \approx 30(\mu A)$，所以三极管必定工作在$I_b = 30\mu A$的那一条特定输出特性曲线上。另外，三极管的工作点还必须在直流负载线MN上（M点在纵坐标上，距原点为$E_c/R_c = 6mA$；N点在横坐标上，距原点为$E_c = 6V$）。要同时满足这两个条件，在图6-1中只有一个特定点，即直流负载线MN与$I_b = 30\mu A$的输出特性曲线的交点Q。因此Q点就是放大器的静态工作点。

确定好工作点Q后，可以从图6-1b分析有交流信号输入时放大器的运行状态。由图解可见，如果放大器工作在输出特性曲线的放大区，它不会产生明显的失真。但若Q点选择不当，而使放大器的工作点进入了饱和区或截止区，就会引起失真。

2. 怎样设计工作点稳定的单管交流放大器？

工作点稳定的典型的交流放大器电路如图6-2所示。

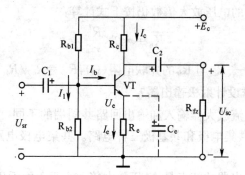

图6-2 工作点稳定的典型的交流放大电路

为了保证工作点足够稳定,应满足下列条件:

$$I_1 \geqslant (5 \sim 10)I_b \text{(硅管可以更小)}$$

$$U_b \geqslant (5 \sim 10)U_{be} = \begin{cases} 3 \sim 5V \text{(硅管)} \\ 1 \sim 3V \text{(锗管,取绝对值)} \end{cases}$$

式中 I_1——流过 R_{b1} 和 R_{b2} 的电流(因 I_b 很小,可以认为流过 R_{b1} 和 R_{b2} 的电流相等)。

各量的计算公式如下:

$$U_b \approx E_c \times \frac{R_{b2}}{R_{b1} + R_{b2}}$$

$$I_c = I_e - I_b \approx I_e = \frac{U_b - U_{be}}{R_e} \approx \frac{U_b}{R_e}$$

$$I_b = I_c / \beta$$

$$I_1 = U_b / R_{b2}$$

引入反馈电阻 R_e 后,为了稳定直流分量,而又不削弱交流分量,在电阻 R_e 上并联一个电容 C_e(10~100μF)。利用电容对直流电与交流电的容抗不同,使其对射极的交流电流起"短路"的作用,即让 R_e 对交流电不起负反馈作用,从而使放大器的交流放大倍数不致下降。

该电路的电压放大倍数仍按下式计算：

$$K_u = -\beta \times \frac{R'_{fz}}{r_{be}}$$

式中　R'_{fz}——R_c 与 R_{fz}的并联电阻(Ω)，$R'_{fz}=R_c \mathbin{/\mkern-5mu/} R_{fz}$。

3. 怎样设计射极输出器？

根据交流放大器输入和输出回路共同端的不同,放大电路有共发射极、共集电极和共基极三种电路。共集电极电路又称为射极输出器。

射极输出器的特点是:电压放大倍数小于 1 而近于 1,输出电压与输入电压同相,输入电阻高,输出电阻低。虽然射极输出器的电压放大倍数小于 1,但它的输入电阻高,可减小放大器对信号源或前级所取的信号电流。同时,它的输出电阻低,可减小负载变动对放大倍数的影响。另外,它对电流仍有放大作用。由于它具有这些优点,因此获得广泛的应用。

射极输出器的典型电路如图 6-3 所示。

元件参数选择如下:

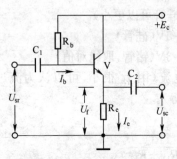

图 6-3　射极输出器的典型电路

(1)静态工作点计算

基极静态电流 I_b

$$I_b = \frac{E_c - U_{be}}{R_b + (\beta+1)R_e} \approx \frac{E_c}{R_b + (\beta+1)R_e}$$

当 $E_c \gg U_{be}$时,可用近似式计算。

(2)输入电阻计算

$$r_{sr} = R_b \mathbin{/\mkern-5mu/} r'_{sr} \approx R_b \mathbin{/\mkern-5mu/} \beta R'_z = \frac{R_b \beta R'_z}{R_b + \beta R'_z}$$

式中　r_{sr}——输入电阻(Ω)；

　　　R_b——基极偏置电阻(Ω)；

　　　R'_z——射极输出器输出端的等效负载(Ω)，$R'_z = R_e /\!/ R_z$；

　　　r'_{sr}——不考虑 R_b 时射极输出器的输入电阻(Ω)，$r'_{sr} = r_{be} + (\beta+1)R_e$；

　　　r_{be}——基-射结电阻(Ω)。

　　射极输出器的输入电阻一般可达几十千欧到几百千欧，比起集电极输出电路(即共发射极电路)的输入电阻高几十倍到几百倍。

　　(3)输出电阻计算

$$r_{sc} = R_e /\!/ \left(\frac{R'_b + r_{be}}{\beta+1} \right) \approx \frac{R'_b + r_{be}}{\beta+1}$$

式中　r_{sc}——输出电阻(Ω)；

　　　R'_b——等效电阻(Ω)，$R'_b = R_b /\!/ R_s$；

　　　R_s——信号源内阻。

当 $\left(\dfrac{R'_b + r_{be}}{\beta+1} \right) \ll R_e$ 时，可用近似式计算。

　　由以上公式可见，三极管 β 愈大，r_{sc} 就愈小。为了获得特别低的输出电阻，应选用 β 大的管子。射极输出器的输出电阻大约在几十欧到几百欧的范围内，比共发射极电路的输出电阻低得多。

4. 怎样设计共基极放大电路?

　　共基极放大电路具有较好的高频响应，且输入电阻很低、输出电阻很高，广泛用于宽频带放大电路中。其典型电路如图 6-4 所示。

　　(1)放大电路静态工作点的选择　　共基极放大电路的静态工作点由下列各式决定

$$U_b = \frac{R_{b2}}{R_{b1} + R_{b2}} E_c$$

$$I_c \approx I_e = \frac{U_b - U_{be}}{R_e}$$

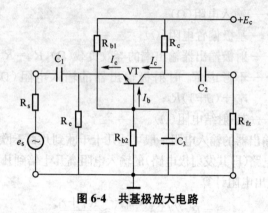

图 6-4　共基极放大电路

$$I_b = \frac{I_c}{\beta}$$

$$U_{ce} = E_c - I_c R_c - (U_b - U_{be})$$

式中,U_{be}对于硅管为 0.5～0.7V,对于锗管为 0.1～0.2V。

(2)放大器的输入电阻计算

$$r_{sr} = \frac{R_e r_{be}}{(1+\beta)R_e + r_{be}}$$

式中　r_{be}——三极管的输入电阻(Ω)。

(3)放大器的输出电阻计算

$$r_{sc} = R_c$$

式中　R_c——集电极电阻(Ω)。

(4)放大器的电压放大倍数 K 的计算

$$K = \frac{\beta R'_{fz}}{r_{be}}$$

式中　R'_{fz}——输出的总负载电阻(Ω),$R'_{fz} = \frac{R_c R_{fz}}{R_c + R_{fz}}$;

　　　R_{fz}——负载电阻(Ω)。

5. 三极管几种基本偏置电路各有哪些特点?

三极管几种基本偏置电路的性能见表 6-1。

表 6-1　三极管几种基本偏置电路的性能

名称	固定偏置	电压负反馈式	电流负反馈式	混合负反馈式
电路				
特点	(1)电路简单,元件少 (2)放大倍数高 (3)稳定性差 (4)电路损耗小 (5)R_b 值范围大	(1)电路简单,元件少 (2)输入阻抗低 (3)失真减少,但放大倍数降低 (4)稳定性好,且 R_c 越大越稳定,R_b 越小越稳定 (5)变压器耦合或 R_c 很小时,稳定性较差	(1)电路较复杂 (2)当 $I_1 \gg I_b$,$U_b \gg U_{be}$时,稳定性好 (3)偏置电路损耗一定功率,且 R_c 越大,R_b、R_1 越小,损耗越大 (4)C_e 为交流旁路电容,防止交流负反馈而减小放大倍数	具有电压负反馈和电流负反馈的特点
参数选择	$R_b = \dfrac{E_c - U_{be}}{I_b}$ $= \dfrac{E_c - U_{be}}{I_c}\beta$ U_{be}可根据放大状态选取,见本章第 1 问	$R_b \approx \dfrac{E_c - I_c R_c}{I_b}$ $\approx \dfrac{E_c - I_c R_c}{I_c}\beta$ 一般取 $R_b = (2 \sim 10)R_c$	一般取 $I_1 = 10 I_b$ $R_1 = \dfrac{\beta}{10}R_e$ $R_b = \dfrac{\beta}{10}\left(\dfrac{E_c}{I_c} - R_e\right)$ $R_e \approx \dfrac{U_e}{I_e}$ U_e 一般取小于 1V. 功率放大器取值更小,甚至为 0 R_c 一般选择在几百欧到千欧范围内 C_e 对低频放大器取几十到几百微法	参考电压负反馈和电流负反馈的原则选取

续表 6-1

名称	固定偏置	电压负反馈式	电流负反馈式	混合负反馈式
工作稳定性说明	温度↑→I_c↑→工作点漂移。更换管子时，也会引起工作点变化	温度↑→I_c↑→I_cR_c↑→U_{ce}↓→U_{be}↓→I_b↓→I_c↓，达到温度补偿的目的	温度→I_c↑→I_e↑→I_eR_e↑→U_{be}↓→I_b↓→I_c↓，达到温度补偿的目的	同时存在电压负反馈和电流负反馈，使I_c和I_e基本上不随温度变化，稳定性更好

6. 常用场效应管基本放大电路及偏置电路各有哪些特点？

结型场效应管的基本放大电路见表 6-2。

表 6-2   结型场效应管三种放大电路的比较

形式	共 源	共 漏	共 栅
电路图			
输入电阻 R_i	$R_G /\!/ R_{GS} \approx R_G$	$\approx R_1 /\!/ R_2$	R_i 很低 $\approx 1/g_m$
输出电阻 R_0	$R_L /\!/ R_{DS} = R_L$	$\approx R_L$	$\approx R_L$
电压放大倍数 K	$\approx -g_m R_L$	≈ 1	$\approx -g_m R_L$
特点	输入阻抗高、电压增益大，应用最广，但高频特性差	输入阻抗高、输出阻抗低，适用于阻抗变换，如缓冲放大器，电压跟随器	输入阻抗低，输出阻抗较高，频率特性好，常用于高频放大

注：g_m 为正向跨导。

场效应管常用偏置电路见表 6-3。

表6-3　场效应管常用偏置电路

名称	固定偏压电路	自偏压电路	分压器式自偏压电路
电路图	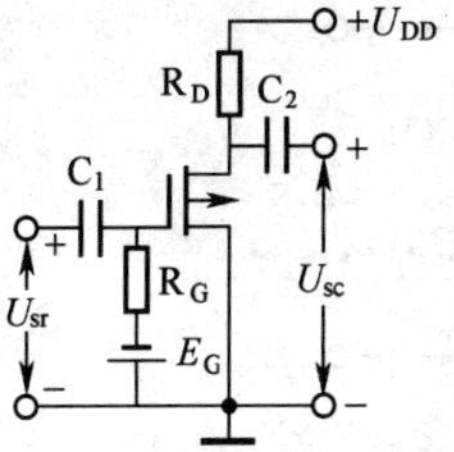	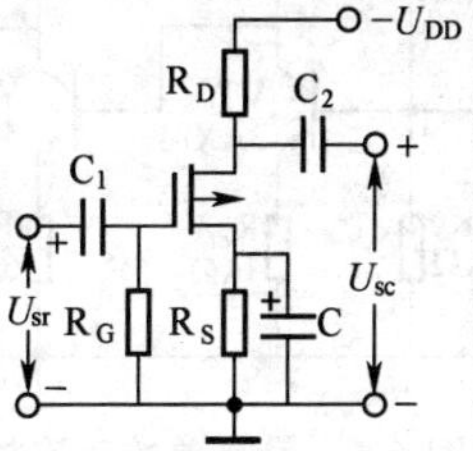	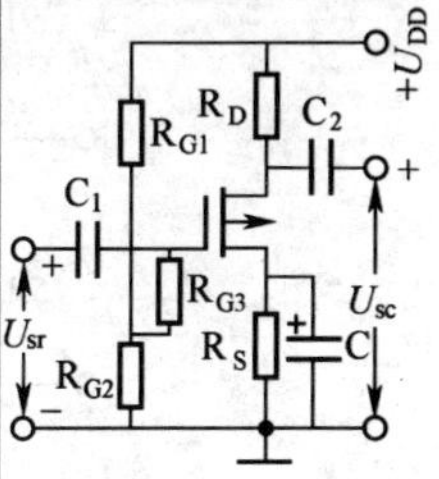
说明	静态时 $U_{GS} = -E_G$，因需电源 E_G，故不常用	静态时 $U_{GS} = -I_D R_S$，只适用于耗尽型场效应管负栅压运行，不能用于增强型场效应管	静态时 $U_{GS} = \dfrac{R_{G2}}{R_{G1}+R_{G2}} U_{DD} - I_D R_S$，此偏置电路的优点是参数的选择范围大，输入电阻高，故应用较广

7. 什么是直流放大器？怎样选择元件参数？

直流放大器和交流放大器的主要区别在于直流放大器是放大变化缓慢的微弱信号（通称为直流信号）用的。直流放大器的形式很多，最简单的直流放大器如图 6-5 所示。该放大器是利用调整后级发射极电位，使前级输出端电位和后级输入端电位相配合，以使各级管子工作点处于线性区。

电路元件参数的选择：

已知条件：电源电压 E_c、三极管 VT_1 和 VT_2 的工作点（即已知各管的 U_{ce} 和 I_e）及放大倍数 β（各管均同）。

（1）选取 R_{e1}

R_{e1} 根据稳定性要求选取，对小信号放大器可取几百欧到几千欧。

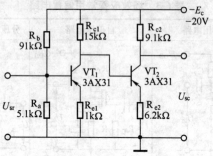

图 6-5　最简单的直流放大器

(2)确定 R_{c1}

$$R_{c1} = \frac{E_c - U_{ce1} - I_{c1}R_{e1}}{I_{c1}}$$

(3)确定 R_e 和 R_b

$$R_e = \frac{\beta}{10}R_{e1} ; \quad R_b = \frac{\beta}{10}\left(\frac{E_c}{I_{c1}} - R_{e1}\right)$$

(4)确定 R_{e2}

$$R_{e2} = \frac{U_{ce1} + I_{c1}R_{e1} - U_{eb2}}{I_{c2}} \approx \frac{U_{ce1} + I_{c1}R_{e1}}{I_{c2}}$$

(5)确定 R_{c2}

$$R_{c2} = \frac{E_c - U_{ce2} - I_{c2}R_{e2}}{I_{c2}}$$

　　上述各参数选定后(取标准值电阻),再根据实际情况调整 R_b 和 R_{e2},以确定 VT_1 和 VT_2 的工作点。

8. 什么是差动放大器? 常用差动放大电路有哪些?

　　差动放大器的输入信号是差动信号。即两管的输入信号振幅相等、相位相反,即 $u_{sr1} = u_{sr2}$。放大器的输出正比于差动信号,$u_{sc} = K_{du}(u_{sr1} - u_{sr2})$。式中 K_{du} 为差动放大器的差动电压放大倍数。

　　差动放大器能很好地抑制零点漂移,这对直流放大电路非常重要。共用的发射极电阻 R_e 对因温度变化而引起的两个三极管集电极电流的变化能起反馈作用,能使放大器的零点漂移现象进一步得到改善。

差动放大电路在仪器仪表及自动控制装置中应用十分广泛。其基本电路见表 6-4。

表 6-4　差动放大器基本电路

电路型式	电路图	电压放大倍数	输入、输出电阻
双端输入 双端输出		$K_{du} = -\beta \dfrac{R'_{fz}}{r_{be} + R_{b1}}$ $R'_{fz} = R_c /\!/ \dfrac{R_{fz}}{2}$	$r_{sr} = 2(R_{b1} + r_{be})$ $r_{sc} = 2R_c$
双端输入 单端输出		$K_{du} = -\beta \dfrac{R'_{fz}}{2(r_{be} + R_{b1})}$ $R'_{fz} = R_c /\!/ R_{fz}$	$r_{sr} = 2(R_{b1} + r_{be})$ $r_{sc} = R_c$
单端输入 单端输出		$K_{du} = -\beta \dfrac{R'_{fz}}{2(r_{be} + R_{b1})}$ $R'_{fz} = R_c /\!/ R_{fz}$	$r_{sr} = 2(R_{b1} + r_{be})$ $r_{sc} = R_c$

续表 6-4

电路型式	电路图	电压放大倍数	输入、输出电阻
单端输入 双端输出	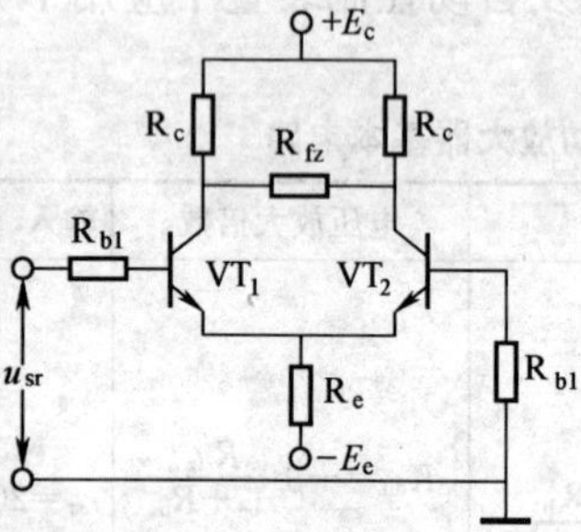	$K_{du} = -\beta \dfrac{R'_{fz}}{r_{be}+R_{b1}}$ $R'_{fz} = R_c /\!/ \dfrac{R_{fz}}{2}$	$r_{sr} = 2(R_{b1}+r_{be})$ $r_{sc} = 2R_c$

9. 怎样抑制直流放大器零点漂移?

(1)零点漂移及其原因 零点漂移就是当放大器的输入端短路时,输出端还有缓慢变化的电压,即输出电压偏离原来的起始点而有上下漂动。

在直接耦合的直流放大器中,前级产生的零点漂移会和放大的信号一起传递到下一级去(交流放大器中由于有电容器或变压器隔直,没有这个问题),经逐级放大,在输出端产生较大的漂移电压,从而造成放大器不能正常工作,控制失控。

造成直流放大器零点漂移的主要原因有:

①三极管的参数 I_{cbo}、U_{be} 和 β 等都与温度有关,当温度变化时,这些参数也发生变化,从而使三极管的静态工作点发生改变而产生零点漂移。一般来说,温度每变化 1℃造成的影响,相当于在放大管的 b、e 两端接入几毫伏的信号电压。

②电源电压 E_c 的波动(如采用较简单的稳压电路)引起三极管静态工作点的变化,造成零点漂移。

③三极管、电阻等元件劣化,其参数发生变化,引起零点

漂移。

在上述各因素中,温度变化的影响是主要的。

(2)零点漂移的抑制措施

①选用高质量的三极管。应选用受温度影响比较小的硅管,不宜选用锗管;应选用噪声系数小的三极管(手册中噪声系数用 N_F 表示),以提高放大器工作的稳定性。三极管应经老化处理。

②正确调整三极管的工作点,如减小集电极电流能减小管子的噪声,当 I_c 约 0.2mA 时噪声最小,即三极管工作稳定性最好。

③采用温度补偿电路。即在电路中接入温度敏感元件(如二极管、三极管、热敏电阻等),用它们的温度特性来抵消温度对放大电路中三极管参数的影响。

④采用差动式放大器。差动放大器是利用两只同型号、特性相同的三极管进行温度补偿。广泛采用的运算放大器,其内部主要组成单元就是差动放大器。对于差动放大器,两只三极管应采取均热措施,以保证两只管子温度相同。

⑤采用内部有补偿的运算放大器,这种放大器不需再在外部线路加设防零点漂移的阻容调整电路。如采用没有内部补偿的运算放大器,则应正确调整外部补偿的阻容元件参数,使零点漂移降低到最小限度。

⑥采用调制方式。即先将直流信号通过某种方式转换成频率较高的信号(称为调制),经过不产生零点漂移的阻容耦合或变压器耦合的交流放大器放大后,再把放大后的信号还原成原来的信号(称为解调)。不过,用这种方法会大大增加电路的复杂性。

10. 什么是 RC 振荡器?

RC 振荡器是根据 RC 网络有移相作用的原理,把三节或四节 RC 网络串联起来,达到 180°相移,然后与反相放大器(有电流型和电压型)连接形成正反馈。只要满足振荡条件便能产生振荡。

三节 RC 网络连接在单级反相阻容耦合放大器上组成的振荡器如图 6-6 所示。

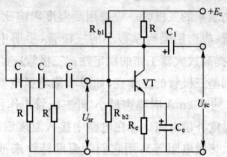

图 6-6　三节 RC 振荡器基本电路

RC 振荡器有电流移相型和电压移相型,其等效电路分别如图 6-7a、6-7b 和图 6-7c、6-7d 所示。

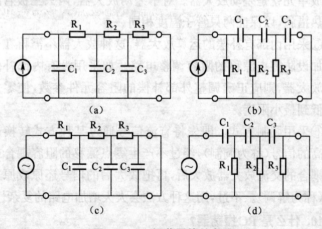

图 6-7　RC 振荡器等效电路

(a)、(b)电流移相型　(c)、(d)电压移相型

RC 移相振荡器的振荡频率较低,为几赫至几十千赫。它和 LC 振荡器相比,具有结构简单、经济、便于携带、受外界干扰小等优点。缺点是波形差、频率稳定性差(仅能做到 $10^{-2} \sim 10^{-3}$)、调频范围小且不方便。另外,为了起振,对三极管电流放大倍数有一定要求,β 太小不易起振;太大,会使波形失真。RC 振荡器仅用于单一频率的振荡器。

11. 常用 RC 振荡器有哪些？其振荡频率如何计算？

常用 RC 振荡器的电路结构及计算见表 6-5。

12. 什么是 LC 振荡器？常用 LC 振荡器有哪些？

LC 振荡器是根据 LC 网络有移相作用的原理,经 L、C 串、并联达到 180°相移,然后与反相放大器连接形成正反馈。只要满足振荡条件便能产生振荡。LC 振荡器主要用来产生高频正弦信号,振荡频率从几十千赫至 1MHz。

LC 振荡器有电容三点式振荡器、电感三点式振荡器和变压器反馈式振荡器等三种。这三种振荡器的电路、特点及计算见表 6-6。

13. 什么是石英振荡器？它有哪些基本电路？

(1)石英振荡器及其性能 石英晶体振荡器是以石英晶体谐振器取代 LC 振荡器中的振荡元件 L、C 而组成的正弦波振荡器。由于晶体的等效电感很大、等效电容很小,所以品质因数 Q 值很大,频率稳定度非常高,一般在 $10^{-6} \sim 10^{-9}$ 以上。此外,串联谐振频率 f_s 和并联谐振频率 f_p 之差很小,约为 1%,在 $f_s \sim f_p$ 范围内,谐振时的阻抗呈电感性。

部分石英振荡器的主要性能见表 6-7。

表 6-5 常用 RC 振荡器的电路结构及其计算

电路名称		电路图	振荡频率	振荡条件
电流相移阻容振荡器	三节高通型	电流放大器	$f=\dfrac{1}{2\pi\sqrt{6}RC}$	$\beta\geq29$
	四节高通型	电流放大器	$f=\dfrac{\sqrt{7}}{2\pi\sqrt{10}RC}$	$\beta\geq18.4$
	三节低通型	电流放大器	$f=\dfrac{\sqrt{6+(4RR_{fz})}}{2\pi RC}$	$\beta\geq29+23\dfrac{R}{R_1}+4\left(\dfrac{R}{R_{sr}}\right)^2$
	四节低通型	电流放大器	$f=\dfrac{\sqrt{10}}{2\pi\sqrt{7}RC}$	当 $R_{fz}\leq R$ 时 $\beta\geq18.4$

续表 6-5

电路名称		电 路 图	振 荡 频 率	振 荡 条 件
电压相移阻容振荡器	三节高通型		$f=\dfrac{1}{2\pi RC\sqrt{6-(4R_{sc}/R)}}$	$K_u\geqslant 29+23\dfrac{R_{sc}}{R}+4\left(\dfrac{R_{sc}}{R}\right)^2$
	四节高通型		$f=\dfrac{\sqrt{7}}{2\pi\sqrt{10}RC}$	当 $R_{sc}\ll R$ 时 $K_u\geqslant 18.4$
	三节低通型		$f=\dfrac{\sqrt{6}}{2\pi RC}$	$K_u\geqslant 29$
	四节低通型		$f=\dfrac{\sqrt{6}}{2\pi\sqrt{7}RC}$	$K_u\geqslant 18.4$

续表 6-5

电路名称	电路图	振荡频率	振荡条件
文氏电桥振荡器 电压放大型	电压放大器 R_1 C_1 C_2 R_2	$f=\dfrac{1}{2\pi}\dfrac{1}{\sqrt{C_1 R_1 C_2 R_2}}$	$K_u \geqslant 1+\dfrac{R_2}{R_1}+\dfrac{C_1}{C_2}$
文氏电桥振荡器 电流放大型	电流放大器 R_1 C_1 R_2 C_2	$f=\dfrac{1}{2\pi}\dfrac{1}{\sqrt{C_1 R_1 C_2 R_2}}$	$K_u \geqslant 1+\dfrac{R_2}{R_1}+\dfrac{C_1}{C_2}$
桥式		$f=\dfrac{1}{2\pi}\dfrac{1}{\sqrt{C_1 C_2 R_1 R_2}}$	$K_u \geqslant 3$

注:相移振荡器中 R,C 均选用相等数值。

表 6-6　LC 振荡器的比较

电路种类	电容三点式振荡器	电感三点式振荡器	变压器反馈式振荡器
电路形式			
振荡频率	$f_0 = \dfrac{1}{2\pi\sqrt{L\dfrac{C_1C_2}{C_1+C_2}}}$	$f_0 = \dfrac{1}{2\pi\sqrt{(L_1+L_2+2M)C}}$	$f_0 = \dfrac{1}{2\pi\sqrt{LC}}$
振荡条件	$\dfrac{C_2}{C_1} \leqslant \beta$	$\dfrac{L_1+M}{L_2+M} \leqslant \beta$ $\dfrac{W_1}{W_2} \leqslant \beta$(磁心线圈)	$\beta F \geqslant 1$
特点	(1)振荡波形好 (2)频率稳定性好 (3)振荡频率高	(1)容易起振 (2)高次谐波多 (3)振荡波形差	特性一般 (较少采用)

注：β—电流放大倍数；F—反馈系数；M—互感。

表 6-7　部分晶体振荡器的主要性能

参　数 项　目 ＼ 型　号	ZXB-1	ZXB-2	ZXB-4	ZUB-1	ZGU-5
振荡频率	50～130kHz	100kHz	150kHz	1000 或 1024kHz	5MHz
频率稳定度	电源电压变化 ±10％时,频率变 化 $\Delta f/f<1.5\times$ 10^{-6}	频率偏移 $<\pm200\times$ 10^{-6}		5×10^{-6} (室温下 $<3\times10^{-7}$)	连续工作一个 月后优于±2.5 $\times10^{-9}$/d,开机 工作 2h 后优于 $\pm1\times10^{-8}$/d
输出电压	≥0.5V (有效值)	≥1.5V (方波)	≥3V	≥0.5V	≥0.3V (有效值)
电源电压	12V	6V	10～15V	12V	12V 稳定度优 于 0.5％
负载电阻				1kΩ	100Ω
工作温 度范围	室温频差 $\Delta f/f=\pm50\times10^{-6}$		$-40℃$ $\sim$ $+70℃$	$-40℃$ $\sim$ $+70℃$	$-10℃\sim$ $+45℃$
消耗功率				0.1W	起振时 ≤3.5W 稳定时 ≤0.5W

　　(2)石英振荡器基本电路及计算　石英振荡器基本电路及计算见表 6-8。

表6-8 石英振荡器基本电路及计算

电路名称	电 路 图	振荡频率(Hz)
串联晶体振荡器		$f_s=\dfrac{1}{2\pi\sqrt{LC}}$
并联晶体振荡器		$f_p=\dfrac{1}{2\pi\sqrt{LC'}}$ $\left(C'=\dfrac{C_1C_2}{C_1+C_2}\right)$

注：L、C—石英晶体谐振器的等效电感(H)和电容(F)。

14. 什么是压控振荡器？它有哪些基本参数？

压控振荡器是一种能把电压线性地转换成一定的频率脉冲（或正弦电压）或者进行相反的转换的转换器，即电压/频率（V/F）、频率/电压（F/V）转换器。它还可以用作模/数转换器、长时间积分器、线性频率调制或解调以及其他功能电路。

常用的压控振荡器有 LM2907、AD537、AD650（含有 V/F、F/V 两个电路）等，LM331 电路采用了温度补偿电路，因此在整个工作温度范围内和低到 4V 的电源电压下都有很高的精度。可双电源或单电源工作，输出可驱动 3 个 TTL 负载，高电压输出可达 40V。

　　LM331 精密电压-频率转换器的主要参数见表 6-9；其外引线排列图如图 6-8 所示。

表 6-9　LM331 转换器主要参数

参数名称	符号/单位	测试条件	典型值
U_{FC}非线性	/%满量程	$V_s=15V$ $f=10Hz\sim11kHz$	±0.024
增量的温度稳定性	/(PPM/℃)	$4.5V\leqslant V_S\leqslant20V$	±30
满量程频率范围	/kHz		$1Hz\sim100kHz$
输入比较器失调电压	U_I/mV		±3
基准电压	U_R/V		1.89
电源电压	U_S/V		40(最大值)
电源电流	I_S/mA	$V_S=5V$	3

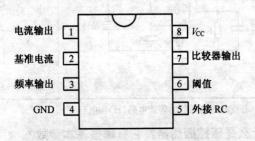

图 6-8　LM331 转换器外引线排列图

15. 采用石英振荡器的木工手压刨安全装置电路是怎样工作的？

　　木工手压刨安全装置电路分为两大部分：由石英晶体等组成的检测电路和刨刀电动机主电路及控制电路。

　　(1)检测电路

工作原理：如图 6-9 所示，由石英晶体 HTD 和三极管 VT_1 的极间电容组成振荡元件，振荡频率为 3MHz，经电容 C_2、电感 L 谐振回路选频后，将振荡信号输到射极跟随器 VT_2。VT_2 起阻抗变换及开关作用。

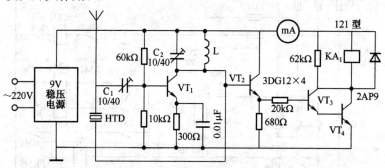

图 6-9　木工手压刨安全装置检测电路

正常时，VT_1 级输出信号较强，VT_2 导通，复合管 VT_3、VT_4 导通，继电器 KA_1 得电吸合，其常开触点闭合，这时若按动启动按钮 SB_1 则接触器 KM_1 吸合并自锁，电动机正常运转如图 6-10 所示。

当手接近刀轴危险区时，会使振荡信号的频率和 C_2L 回路的谐振频率不同，VT_1 级输出信号突然减小，VT_2 迅速截止，复合管 VT_3、VT_4 截止，继电器 KA_1 失电释放，其常开触点断开，接触器 KM_1（见图 6-10）失电释放，电动机迅速制动。

电感 L 采用直径为 0.15mm 漆包线在高频磁上绕 133 匝。

(2)刨刀电动机主电路及控制电路

电动机采用能耗制动方式，制动时间可通过改变电容 C_3 容量调节。

工作原理（刀轴制动过程）：如图 6-10 所示，当接触器 KM_1 失电释放时，其常开辅助触点断开，常闭辅助触点闭合，已充电的电

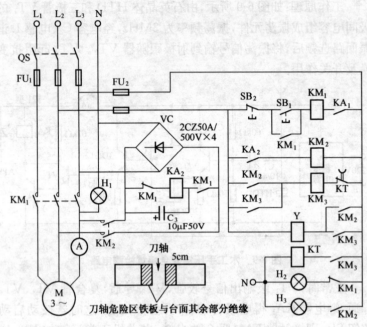

图 6-10　刨刀电动机主电路及控制电路

容 C_3 向继电器 KA_2 充电，KA_2 吸合，其常开触点闭合，接触器 KM_2 得电吸合，其常开触点闭合，制动电磁铁 Y 得电，带动了机械制动，使刀轴制动。可见在电动机开始制动时刀轴制动立即开始，加快制动速度。KM_2 常开辅助触点闭合，接触器 KM_3 得电吸合并自锁，同时时间继电器 KT 线圈通电，经过一段延时后，其延时断开常闭触点断开，KM_3 失电释放，电磁铁 Y 随之失电，刀轴制动过程结束。延时时间为 0~4min 连续可调，可根据具体情况加以调整。停车后，再次按下启动按钮 SB_1，刨床即恢复正常运转。

16. 常用非正弦振荡器有哪些？其振荡频率如何计算？

常用非正弦振荡器电路、波形及频率计算见表 6-10。

表6-10　常用非正弦振荡器及计算

类别	名称	电 路 图	波 形 图	振 荡 频 率
方波振荡器	自激多谐振荡器			$f=\dfrac{1}{T}=\dfrac{1}{T_1+T_2}=\dfrac{1}{0.69(C_1R_{b2}+C_2R_{b1})}$ 若 $R_{b1}=R_{b2}=R,C_1=C_2=C$，则 $f=\dfrac{1}{1.38RC}$
脉冲波振荡器	变压器同歇振荡器			$f=\dfrac{1}{T}=\dfrac{1}{T_1+T_2}=\dfrac{1}{\pi\sqrt{L_2C_0R_bC_b\ln\left(1+\dfrac{L_1}{L_2}\right)}}$
脉冲波振荡器	单结晶体管同歇振荡器			$f=\dfrac{1}{RC\ln\dfrac{1}{1-\eta}}$ η 为单结晶体管的分压比

续表 6-10

类别	名称	电 路 图	波 形 图	振 荡 频 率
锯齿波振荡器	利用多谐振荡器的锯齿波振荡器			$f=\dfrac{1}{2RC}$
	利用同歇振荡器的锯齿波振荡器			$f=\dfrac{1}{T}=\dfrac{1}{T_1+T_2}=\dfrac{1}{RC+\pi\sqrt{L_2C}}$

17. 晶体管直流变换器是怎样工作的?

晶体管直流变换器又称逆变器,其电路形式多样,但其工作原理都基本相同,即通过振荡器电路(有各种形式)将直流电(如蓄电池)变换成工频或高频交流电(一般为方波),并经放大、变压器耦合,输送出去供负载使用。为了使振荡器工作,必须有正反馈电路。

逆变器电路常用于黑光诱虫灯、船用照明灯、变电所或家庭用应急照明,以及照相机闪光灯电路等。下面介绍一种用于应急灯的逆变器电路,如图 6-11 所示。

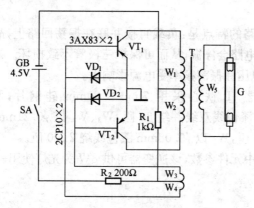

图 6-11　一种应急灯电路

该电路能将 4.5～6V 直流电变换成 220V 交流电,供 8～40W 荧光灯使用。

工作原理:接通直流电源,三极管 VT₁、VT₂ 都得到工作电压,但由于它们不可能完全对称,总有一只管子(如 VT₁)先开始得到基极偏流而放大,其集电极电流 I_c 经变压器 T 耦合,在绕组 W₄ 上产生正反馈电流,使注入 VT₁ 基极电流 I_b 增大,反过来再引起 I_c 增大。通过正反馈过程,VT₁ 迅速饱和导通(这期间三极

管 VT_2 一直是截止的), I_c 达到最大值,变压器 T 中磁通不再增加, W_4 感应电压迅速下降, I_b、I_c 也迅速减少至零。由于电流急剧减小,各绕组中引起相反极性的电动势,于是在正反馈的作用下, VT_1 迅速截止, VT_2 很快导通, VT_1、VT_2 就这样轮流导通和截止,形成的脉冲电流经变压器 T 耦合输出工频交流电供灯管使用。

图中二极管 VD_1、VD_2 的作用是防止三极管 VT_1、VT_2 的 be 结击穿而损坏。因为在灯管启动瞬间,三极管由导通变为截止,串接在三极管基极回路的绕组会产生一个比较高的反压加在 be 结之间。

该电路的特点是:负载直接并联在振荡回路上,故在输出负载过重时电路会停振,从而可保护三极管不致损坏。缺点是效率低,输出电压和振荡频率受电源影响大。

变压器 T 铁心采用 7mm × 20mm 硅钢片, W_1、W_2 以 $\phi 0.35mm$ 漆包线双线并绕 30 匝, W_3、W_4 以 $\phi 0.21mm$ 漆包线双线并绕 30 匝, W_5 以 $\phi 0.08mm$ 漆包线绕 2 000 匝。

按图中元件参数,该逆变器可供 8W 荧光灯使用。

七、数字电路

1. 什么是逻辑门电路?

逻辑门电路是对信号进行逻辑判断处理,进而控制出口电路的工作状态。出口电路是否有信号输出,通常是几个元件电气参量的综合关系结果。各信号之间的逻辑关系,须由逻辑门电路来完成。

逻辑门电路运算涉及逻辑代数。逻辑代数的任何变量只有两个值:0和1。例如在继电器电路中,用0代表继电器线圈断电(继电器触点断开),用1代表继电器线圈通电(触点闭合)。

在逻辑控制中0和1代表的两种不同工作状态,如表7-1所列。

表 7-1　0 和 1 代表的工作状态

变量值		0	1
开关触点		在动合(常开)状态	在动断(常闭)状态
继电器线圈		在失电状态	在得电状态
电位	正逻辑	低电位时	高电位时
	负逻辑	高电位时	低电位时
输入(或输出)		无输入(或无输出)时	有输入(或有输出)时

逻辑代数运算有如表 7-2 所示的一些基本定律。

表 7-2　逻辑代数定律

名　称	公　式		
	加	乘	非
基本定律	$A+0=A$	$A \cdot 0=0$	$A+\overline{A}=1$
	$A+1=1$	$A \cdot 1=A$	$A \cdot \overline{A}=0$
	$A+A=A$	$A \cdot A=A$	$\overline{\overline{A}}=A$
	$A+\overline{A}=1$	$A \cdot \overline{A}=0$	
结合律	$(A+B)+C=A+(B+C)$	$(AB)C=A(BC)$	
交换律	$A+B=B+A$	$AB=BA$	
分配律	$A(B+C)=AB+AC$	$A+BC=(A+B)(A+C)$	
摩根定律（反演律）	$\overline{A \cdot B \cdot C \cdots}=\overline{A}+\overline{B}+\overline{C}+\cdots$	$\overline{A+B+C+\cdots}=\overline{A} \cdot \overline{B} \cdot \overline{C} \cdots$	
吸收律	$A+A \cdot B=A$		
	$A \cdot (A+B)=A$		
	$A+\overline{A} \cdot B=A+B$		
	$(A+B) \cdot (A+C)=A+BC$		
其他常用恒等式	$AB+\overline{A}C+BC=AB+\overline{A}C$		
	$AB+\overline{A}C+BCD=AB+\overline{A}C$		

2. 什么是"或"、"与"、"非"运算门电路？

逻辑代数中最常用的基本运算有三种："或"运算（逻辑加）、"与"运算（逻辑乘）和"非"运算（逻辑非）。对应于这三种基本逻辑关系就是三种基本逻辑门电路。三种基本运算如表 7-3 所列。

如果用电灯电路来表示，以上三种门电路如图 7-1 所示。

表 7-3　"或"、"与"、"非"运算

运算	逻辑式	读法	逻辑符号	逻辑电路示例	真值表	工作原则
或(逻辑加)	$F=a+b$ 或写为 $F=a\lor b$	F 等于 a 加 b(F 等于 a 或 b)			a b | $F=a+b$ 0　0 | 0 0　1 | 1 1　0 | 1 1　1 | 1	只要有一个输入变量为1,就有输出。只当全部输入变量都为0,才无输出。
与(逻辑乘)	$F=a\cdot b$ 或 $F=a\land b$　$F=a\times b$　$F=ab$	F 等于 a 乘 b(F 等于 a 与 b)			a b | $F=a\cdot b$ 0　0 | 0 0　1 | 0 1　0 | 0 1　1 | 1	只当全部输入变量都为1,才有输出。只要有一个输入变量为0,就无输出。
非(逻辑非)	$F=\bar{a}$	F 等于 a 非(F 等于 a 反)			a | $F=\bar{a}$ 0 | 1 1 | 0	没有输入时,有输出,有输入时无输出

注:表中逻辑电路系正逻辑。

208 电子及电力电子器件实用技术问答

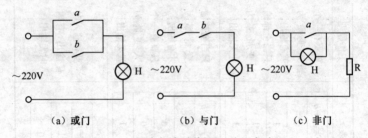

（a）或门 （b）与门 （c）非门

图7-1 用电灯电路表示三种门电路

3. 什么是"或非"、"与非"、"异或"、"与或非"运算门电路？

逻辑代数中还有其他几种运算："或非"、"与非"、"异或"、"与或非"等。对应这几种逻辑关系的逻辑关系的逻辑门电路，其运算如表7-4所列。

表7-4 其他逻辑运算

运算	或非	与非	异或	与或非
逻辑符号	$F=\overline{a+b+c}$	$F=\overline{abc}$	$F=a\oplus b$ $=a\bar{b}+\bar{a}b$	$F=\overline{ab+c}$

真值表

或非：

a	b	c	F
0	0	0	1
0	0	1	0
0	1	0	0
0	1	1	0
1	0	0	0
1	0	1	0
1	1	0	0
1	1	1	0

与非：

a	b	c	F
0	0	0	1
0	0	1	1
0	1	0	1
0	1	1	1
1	0	0	1
1	0	1	1
1	1	0	1
1	1	1	0

异或：

a	b	F
0	0	0
0	1	1
1	0	1
1	1	0

与或非：

a	b	c	F
0	0	0	1
0	0	1	0
0	1	0	1
0	1	1	0
1	0	0	1
1	0	1	0
1	1	0	0
1	1	1	0

续表 7-4

运算	或非	与非	异或	与或非
工作原则	只有输入变量全为 0 时才有输出	只有输入变量全为 1 时才无输出	只当两输入变量异值时才有输出	任何一组与门的输入变量全为 1 时无输出

4. 什么是 TIL 集成门电路？

TTL 集成门电路是一种单片集成电路。其逻辑电路的所有元件和连接线都制作在同一块半导体基片上。TTL 集成门电路的输入和输出电路均采用晶体管，因此通常称为晶体管-晶体管逻辑门电路。其英文名为 Transistor-Transistor Logic，简称 TTL 电路。

TTL 集成门电路具有结构简单、稳定可靠、运算速度快等特点，但功耗较 CMOS 集成门电路大。

TTL 集成门电路的基本形式是与非门，此外还有与门、或门、非门、或非门、与或非门、异或门等。不论哪一种形式，都是由与非门稍加改动可得到。

图 7-2 为 TTL 与非门的典型电路及逻辑符号。

TTL 门电路的极限参数见表 7-5。各类 TTL 门电路的推荐工作条件见表 7-6。

表 7-5 TTL 门电路的极限参数

参数名称	符号	最大极限
存储温度	T_{ST}	$-65℃\sim+150℃$
结温	T_J	$-55℃\sim+125℃$
输入电压	U_{IN}	多射极输入电压$-0.5\sim5.5V$，T4000 的肖特基二极管输入电压$-0.5\sim15V$
输入电流	I_{IN}	$-3.0\sim+0.5mA$
电源电压	U_{CC}	7V

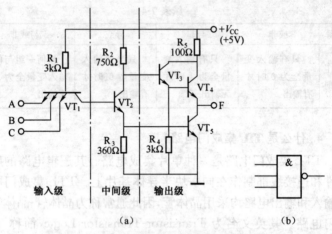

图7-2　TTL与非门典型电路及其逻辑符号

(a)电路图　(b)逻辑符号

表7-6　各类TTL门电路的推荐工作条件

参数名称	符号	Ⅰ类			Ⅱ类			Ⅲ类		
		最小值	典型值	最大值	最小值	典型值	最大值	最小值	典型值	最大值
电源电压	U_{CC} (V)	4.5	5.0	5.5	4.75	5.0	5.25	4.75	5.0	5.25
环境温度	T_A (℃)	−55	25	125	−40	25	80	0	25	70

5. 什么是 MOS 和 CMOS 集成门电路?

MOS 集成门电路是一种由单极型晶体管(MOS 场效应管)组成的集成电路。它具有抗干扰性能强、功耗低、制造容易、易于大规模集成等优点。

CMOS 集成门电路是由 N 沟道 MOS 管构成的 NMOS 集成电路和由 P 沟道 MOS 管构成的 PMOS 集成电路组成的门电路,

又称互补 MOS 电路。

CMOS 门电路的逻辑功能与 TTL 门电路的逻辑功能相同，它们的逻辑符号也相同。

图 7-3 为 CMOS 与非门电路及逻辑符号。图 7-4 为 CMOS 或非门电路及逻辑符号。

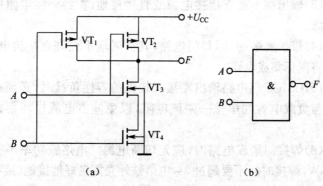

图 7-3 CMOS 与非门电路及其逻辑符号

(a)电路图 (b)逻辑符号

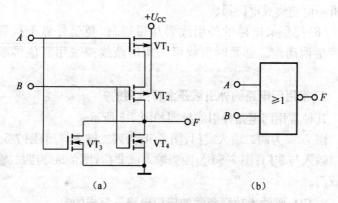

图 7-4 CMOS 或非门电路及其逻辑符号

(a)电路图 (b)逻辑符号

6. 使用 TTL 和 CMOS 集成门电路有什么注意事项?

(1)多余的输入端不能悬空,以免造成干扰。一般要根据逻辑功能的不同接电源或接地。

(2)电源电压大小必须符号要求,极性必须正确,否则会损坏集成电路。

(3)输出端不能直接接电源或直接接地,需经外接电阻后再接电源。

(4)带扩展端的 TTL 门电路,其扩展端不允许直接接电源,否则将损坏集成电路。

(5)CMOS 门电路输出端接有较大的容性负载时,必须在输出端与负载电容间串接一限流电阻,以免冲击电流损坏集成电路。

(6)焊接门集成电路时,应先切断电源。电烙铁功率不得大于 25W,焊接时间不要超过 3s,电烙铁外壳需良好地接地(接零)。焊接后用酒精清洁处理,以防焊剂腐蚀电路板。

(7)安装门集成电路时,不可使外引脚过分弯曲,以免引脚根部折断而使集成电路报废。

(8)门集成电路的外引线要尽量短,以免受外界干扰影响而产生误动作。必要时引线可采用屏蔽线或采用其他屏蔽措施。

7. 常用门电路的外引线是怎样排列的?

几种常用门电路外引线排列如图 7-5 所示。

图 7-5a 为四二输入或门;图 7-5b 为四二输入与门;图 7-5c 为四二输入与非门;图 7-5d 为四二输入或非门;图 7-5e 为四二输入异或门。

8. TTL 驱动大功率负载的接口电路是怎样的?

由 TTL 电路驱动灯泡的电路如图 7-6 所示。

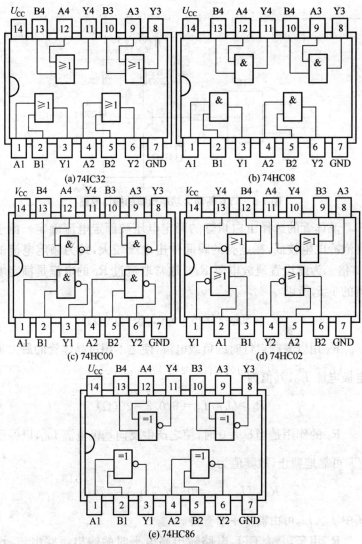

图 7-5 几种常用门电路外引线排列图

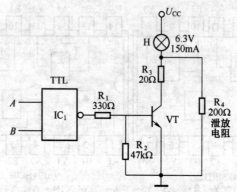

图7-6 TTL驱动大功率负载的接口电路

晶体管的选择由白炽灯的额定电压和额定电流确定。由于灯泡冷电阻较低,在点亮的瞬间冲击电流较大,约为额定电流的10倍。为此设置泄放电阻 R_4。通常取流过 R_4 的电流是额定电流的 1/5,所以

$$R_4 = 5U_{CC}/I = 5 \times 6/0.15 = 200(\Omega)$$

R_3 用以限制点灯时的负载电流,使之不超过晶体管的最大集电极电流 I_{cm},其值为

$$R_3 \geqslant U_{CC}/I_{cm} = 6/0.3 = 20(\Omega)$$

R_2 的作用是当 $U_i = 0$ 时,使之产生反向基极电流 I_{cbo},以保证VT可靠地截止,故其值为

$$R_2 < U_{be}/I_{cbo} = 0.7V/15\mu A = 47k\Omega$$

其中 I_{cm}、I_{cbo} 可由器件手册查得。

R_1 用于限制 TTL 电路输出高电平时的输出短路电流,设VT 的 $\beta \geqslant 25$,则

$$I_b = I/\beta = 150/25 = 6(\text{mA})$$

所以

$$R_1 = \frac{U_{oh} - U_{be}}{I_b + (U_{be}/R_2)} = \frac{2.7 - 0.7}{6 \times 10^{-3} + (0.7/47 \times 10^3)} = 330(\Omega)$$

此处取 $U_{oh} = 2.7(\text{V})$

晶体管 VT 可选用 3DDIC 型。

9. CMOS 与放大器的接口电路是怎样的？

如果 CMOS 电路的负载（执行元件）是继电器，则电路必须具有较大的带负载能力。图 7-7 所示为非门驱动一个分立元件的开

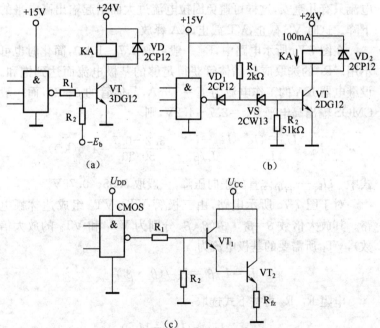

图 7-7　CMOS 与开关放大器的接口电路

(a)一般电路　(b)改进电路

(c)采用达林顿电路的接口电路

关放大器的接口电路。

图 7-7a、图 7-7b 中三极管的集电极负载为继电器 KA 线圈，其工作电流为 100mA。若晶体管的 $\beta=25$，则需要 4mA 的基极电流。这对与非门来说是个拉电流负载。如与非门不能提供这样大的拉电流，可采用图 7-7b 所示的电路。由电阻 R_1、二极管 VD_1 和稳压管 VS 组成变换电路。当与非门输出高电平时，VD_1 截止，VS 击穿，晶体管 VT 的基极电流由＋15V 电源经 R_1、VS 和 VT 的发射结来提供，VT 导通，继电器 KA 吸合。当与非门输出低电平时，灌电流经＋15V 电源经 R_1、VD_1 流入与非门，这个电流只有几毫安，这样可避免因拉电流过大而引起输出高电平的下降。这时 VS 截止，VT 截止，KA 释放。

在图 7-7a 所示电路中，R_2 一般可取 $4.7\sim10\mathrm{k}\Omega$，简化时也可不用。$R_1$ 的选取应使晶体管获得足够的基极电流而达到饱和。设继电器 KA 的工作电流为 $I_c=50\mathrm{mA}$，晶体管的 $\beta=30$，而一般 CMOS 输出高电平 $U_{oh}=2.7\sim4.2\mathrm{V}$，则

$$R_1=\frac{U_{oh}-U_{be}}{I_b}=\frac{U_{oh}-U_{be}}{I_c/\beta}=\frac{3.2-0.7}{50/30}=1.5(\mathrm{k}\Omega)$$

式中　U_{be}——晶体管的正向压降，一般取 $0.65\sim0.75\mathrm{V}$。

对于图 7-7c 所示电路，由三极管 VT_1、VT_2 组成达林顿电路。其放大倍数 $\beta=\beta_1\cdot\beta_2$（$\beta_1$、$\beta_2$ 分别为 VT_1 和 VT_2 的放大倍数），VT_1 所需要的基极电流为

$$I_b=I_c/\beta_1=I_{R_{fz}}/(\beta_1\cdot\beta_2)$$

电阻 R_1、R_2 可按下式选取：

$$R_1=\frac{U_{oh}-(U_{be1}-U_{be2})}{I_b+(U_{be1}+U_{be2})/R_2}$$

$$R_2=4.7\sim10(\mathrm{k}\Omega)$$

10. 什么是反相器？

反相器即非门电路，它是输入端和输出端具有反相关系的电路。最简单的三极管非门电路如图7-8所示。当输入端无信号，即 $U_A = 0$ 时，三极管 VT 截止，$I_c \approx 0$，输出 $U_F = E_c$，F 为高电平；当 U_A 为一足够大的正脉冲电压时，VT 饱和导通，$U_F \approx 0$。

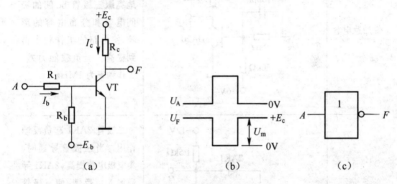

图7-8　三极管反相器

(a)电路图　(b)波形　(c)逻辑方框图

电路参数 E_c、E_b、R_c、R_b、R_1 的选择和调整如表7-7所列。几种反相器的实用电路如表7-8所列。

表7-7　反相器电路参数的选择和调整

参数	E_c	E_b	R_b	R_c	R_1
计算公式	$E_c = (1.2 \sim 1.3)U_m$	$E_b \leqslant E_c$	$R_b \leqslant \dfrac{E_b}{I_{cbo}}$	$R_c = \dfrac{E_c}{I_{cs}}$	按充分饱和条件
调整	—	—	若 VT 不截止，可适当减小 R_b	$I_{cs} = \left(\dfrac{1}{3} \sim \dfrac{1}{2}\right) I_{CM}$	若 VT 不饱和，可适当减小 R_1

表 7-8　反相器的实用电路

电路名称	电 路 图	工作原理说明
带加速电容		C 为加速电容,它能有效地克服三极管 be 间的极间电容和分布电容的影响,使电路的工作频率得到提高。但负载能力差,工作频率为 1MHz
非饱和式		二极管 2AK1 起负反馈作用。当三极管导通时,集电极电位提高,2AK1 导通加入负反馈,使三极管不至于深度饱和,减小了三极管开关的存储时间,提高了电路的工作频率。但管耗大,电路较复杂,因而影响其使用范围
带钳位二极管		二极管起钳位作用。当 U_{sc} 的幅值超过 E_1 时,二极管导通,U_{sc} 被钳定在 E_1 值(6V)上,这样可减小负载变化对 U_{sc} 的影响(特别是容性负载的影响),有利于改善输出波形前沿,提高电路的工作频率。工作频率为 10MHz

续表 7-8

电路名称	电路图	工作原理说明
功率式	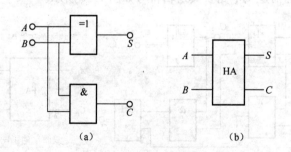	3AX22 为射极跟随器，具有电流放大和功率放大特性，并使负载与信号源隔离，进一步提高了电路的带负载能力，有利于改善波形的前后沿和减小管耗。适用于频率较低的工业自动控制装置中作功率输出级（可带 24W 负载）

11. 什么是半加器？

两个一位的二进制数本位相加（不考虑低位来的进位）的加法运算称为半加。实现半加运算的电路称为半加器，简称 HA。

半加器逻辑电路及其逻辑符号如图 7-9 所示。

图 7-9 半加器

(a)逻辑电路 (b)逻辑符号

半加器的输出逻辑函数为

$$S=A\oplus B$$
$$C=AB$$

逻辑电路的真值表如表 7-9 所列。

表 7-9　半加器真值表

输 入		输 出	
A	B	S	C
0	0	0	0
0	1	1	0
1	0	1	0
1	1	0	1

12. 什么是全加器？

两个二进制数中,同位的两个数及来自低位的进位数三者相加称作全加。实现全加运算的电路称为全加器,简称 FA。

全加器逻辑电路及其逻辑符号如图 7-10 所示。

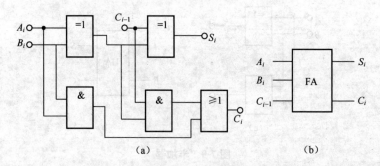

(a)　　　　　　　　　　　　　(b)

图 7-10　全加器

(a)逻辑电路　(b)逻辑符号

全加器的输出逻辑函数为

$$S_i = A_i \oplus B_i \oplus C_i$$

$$C_i = A_i B_i + (A_i \oplus B_i) C_{i-1}$$

逻辑电路的真值表如表 7-10 所列。

表 7-10　全加器真值表

输　　入			输　　出	
A_i	B_i	C_{i-1}	S_i	C_i
0	0	0	0	0
0	0	1	1	0
0	1	0	1	0
0	1	1	0	1
1	0	0	1	0
1	0	1	0	1
1	1	0	0	1
1	1	1	1	1

13. 什么是编码器?

在二进制数字系统中,二进制数只有 1 和 0 两个数码,只能表达两个不同的信息。若要用二进制数码表示更多的信息,则需要用若干位二进制数的组合来分别代表这些信息。将二进制数按一定规律编排成不同的组合代码并赋予每个代码确定的含义,称为编码。用来完成编码工作的逻辑电路称为编码器。

编码器逻辑电路如图 7-11 所示。

逻辑电路的真值表如表 7-11 所列。

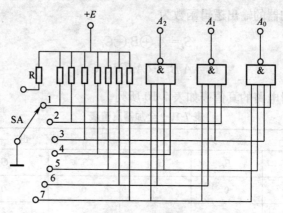

图 7-11 编码器

表 7-11 编码器真值表

输入	输　　出		
	A_2	A_1	A_0
0	0	0	0
1	0	0	1
2	0	1	0
3	0	1	1
4	1	0	0
5	1	0	1
6	1	1	0
7	1	1	1

14. 什么是译码器?

译码器也称解码器。它能将代码的含义"翻译"出来。译码器按用途不同,可分为以下三大类:

(1)变量译码器　用以表示输入变量状态的组合电路,如二进制译码器。

(2)码制变换译码器 用于一个数据的不同代码之间的相互变换,如二-十进制、二-八进制等译码器。

(3)显示译码器 将数字或文字、符号的代码译成数字、文字、符号的电路。

译码器逻辑电路如图 7-12 所示。

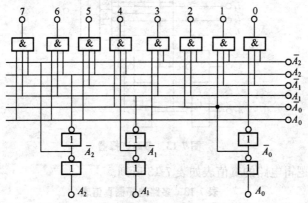

图 7-12 译码器

逻辑电路的真值表如表 7-12 所列。

表 7-12 译码器真值表

输		入	输			出				
A_2	A_1	A_0	0	1	2	3	4	5	6	7
0	0	0	1	0	0	0	0	0	0	0
0	0	1	0	1	0	0	0	0	0	0
0	1	0	0	0	1	0	0	0	0	0
0	1	1	0	0	0	1	0	0	0	0
1	0	0	0	0	0	0	1	0	0	0
1	0	1	0	0	0	0	0	1	0	0
1	1	0	0	0	0	0	0	0	1	0
1	1	1	0	0	0	0	0	0	0	1

15. 什么是多路选择器？

多路选择器又称数据选择器，是指能够从多路输入数据中选择一路进行传输的电路。它是一种多输入、单输出的组合逻辑电路。多路选择器逻辑电路如图 7-13 所示。

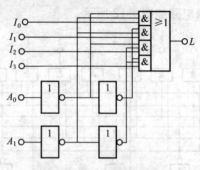

图 7-13 多路选择器

逻辑电路的真值表如表 7-13 所列。

表 7-13 多路选择器真值表

通道地址选择		数据输入端				输出端
A_1	A_0	I_3	I_2	I_1	I_0	L
0	0	×	×	×	0	0
		×	×	×	1	1
0	1	×	×	0	×	0
		×	×	1	×	1
1	0	×	0	×	×	0
		×	1	×	×	1
1	1	0	×	×	×	0
		1	×	×	×	1

16. 什么是多路分配器？

多路分配器又称数据分配器，其功能是将一路输入数据分时传送到多个输出端输出。它是一种一路输入、多路输出的组合逻辑电路。多路分配器逻辑电路如图 7-14 所示。

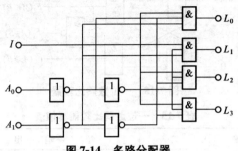

图 7-14　多路分配器

逻辑电路的真值表如表 7-14 所列。

表 7-14　多路分配器真值表

通道地址选择		数据输入端	输　出　端			
A_1	A_0	I	L_0	L_1	L_2	L_3
0	0	0	0	0	0	0
		1	1	0	0	0
0	1	0	0	0	0	0
		1	0	1	0	0
1	0	0	0	0	0	0
		1	0	0	1	0
1	1	0	0	0	0	0
		1	0	0	0	1

17. 什么是数码比较器?

用来比较 A、B 两个二进制数并确定其相对大小的组合逻辑电路称为数码比较器。一位数码逻辑电路如图 7-15 所示。

逻辑电路的真值表如表 7-15 所列。

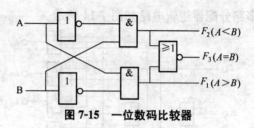

图 7-15　一位数码比较器

表 7-15　一位数码比较器真值表

输　　入		输　　出		
A	B	F_1 (A>B)	F_2 (A<B)	F_3 (A=B)
0	0	0	0	1
0	1	0	1	0
1	0	1	0	0
1	1	0	0	1

一位数码比较器的输出逻辑函数为

$$F_1 = A\overline{B}$$

$$F_2 = \overline{A}B$$

$$F_3 = \overline{A}\,\overline{B} + AB = \overline{\overline{A}\,\overline{B} + \overline{A}B} = \overline{A \oplus B}$$

18. 什么是触发器？

触发器对数字信号具有记忆和存储的功能。数字系统中二进制数的存储和记忆都是通过触发器来实现的。触发器有两个互补（互为相反）的逻辑输出端 Q 和 $\overline{Q}$。也有两种不同类型的输入端：一种是时钟脉冲输入端 CP，只有一路；另一种是逻辑变量输入端，可以有多路。

触发器具有两种稳定状态，这两种状态可以分别用二进制数码0和1表示。只要外加信号不变,触发器的状态就不会发生变化。但若外加合适的触发信号,触发器便会由一种稳态翻转到另一种新的稳态。这时即使触发信号消失,触发器仍保持新的稳态,即触发器具有记忆功能。只有再输入触发信号,它的状态才可能改变。

触发器的种类很多,按其逻辑功能分,可分为基本触发器、SR型触发器、D型触发器、JK型触发器、T型触发器等。它们所对应的逻辑电路及真值表如图7-16~图7-20所示。

基本触发器有由"与非"门构成和由"或非"门构成两种方式,如图7-16所示。

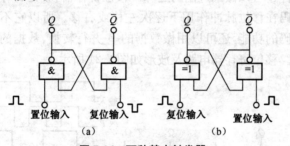

图 7-16　两种基本触发器

(a)"与非"门基本触发器　(b)"或非"门基本触发器

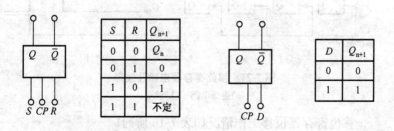

S	R	Q_{n+1}
0	0	Q_n
0	1	0
1	0	1
1	1	不定

D	Q_{n+1}
0	0
1	1

图 7-17　SR 型触发器　　　　**图 7-18　D 型触发器**

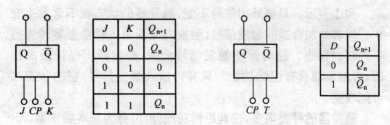

图 7-19 JK 型触发器　　　　**图 7-20 T 型触发器**

19. 什么是移位寄存器?

能暂时存放数码的逻辑部件称为寄存器。寄存器配合其他逻辑部件还可以做二进制的运算。移位寄存器,就是寄存器中存放的数码在移位脉冲作用下逐次左移或右移。所以它不但具有存放数码的功能,还可以用做数据的串-并行转换,数据的运算及处理等。移位寄存器电路及波形如图 7-21 所示。

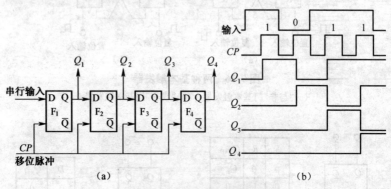

图 7-21 移位寄存器电路及波形
(a)逻辑电路　(b)波形

移位寄存器位移工作情况如表 7-16 所列。

20. 什么是计数器?

计数器是一种能累计输入脉冲数目的时序逻辑电路。计数器除了计数外,还可用做定时、分频和进行数字运算等。

表 7-16　位移工作情况

CP	位移寄存器中数码			
顺序(脉冲数)	F_1	F_2	F_3	F_4
0	0	0	0	0
1	1	0	0	0
2	0	1	0	0
3	1	0	1	0
4	1	1	0	1

　　计数器按计数功能可分为加法计数器、减法计数器和可逆计数器;按触发器状态更新可分为同步计数器和异步计数器;按进位制可分为二进制计数器、十进制计数器和任意进位制计数器。

　　计数器电路及波形如图 7-22 所示。

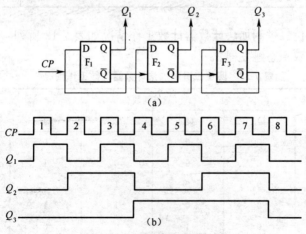

图 7-22　计数器电路及波形
(a)逻辑电路图　(b)波形

三位二进制加法计数器计数工作情况如表 7-17 所列。它需要三个双稳态触发器。

表 7-17　三位二进制加法计数器计数工作情况

计数顺序（脉冲数）	二进制数			十进制数
	Q_3	Q_2	Q_1	
0	0	0	0	0
1	0	0	1	1
2	0	1	0	2
3	0	1	1	3
4	1	0	0	4
5	1	0	1	5
6	1	1	0	6
7	1	1	1	7
8	0	0	0	0

四位二进制加法计数器计数工作情况如表 7-18 所列。它需要四个双稳态触发器。

表 7-18　四位二进制加法计数器计数工作情况

计数顺序（脉冲数）	二进制数				十进制数
	Q_3	Q_2	Q_1	Q_0	
0	0	0	0	0	0
1	0	0	0	1	1
2	0	0	1	0	2
3	0	0	1	1	3
4	0	1	0	0	4
5	0	1	0	1	5
6	0	1	1	0	6

续表 7-18

计数顺序 （脉冲数）	二进制数				十进 制数
	Q_3	Q_2	Q_1	Q_0	
7	0	1	1	1	7
8	1	0	0	0	8
9	1	0	0	1	9
10	1	0	1	0	10
11	1	0	1	1	11
12	1	1	0	0	12
13	1	1	0	1	13
14	1	1	1	0	14
15	1	1	1	1	15
16	0	0	0	0	0

21. 什么是自动辨向计数器？

自动辨向计数器是具有辨向功能的计数器。

如当需要测定通过流水线上某一点的工件数量，前进时自动加数，后退时自动减数时，或需要测定某一工作台的转数，判断是正转，还是反转时，可采用具有自动辨向功能的可逆计数器，电路及波形如图 7-23 所示。

工作原理：由方向检测信号源送来的信号 A 和 B，经倒相后得到 n 和 P。反转时，n 点输出波形经微分后，在 Q 点产生正向尖脉冲，P 点此时处于"1"，于是与非门 4 输出一个负脉冲，将与非门 6、7 组成的 R-S 触发器减法线置为"1"，加法线置为"0"。

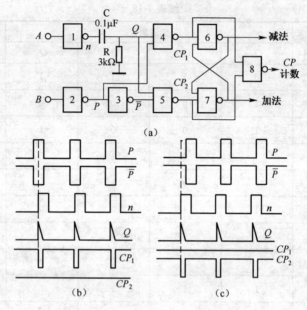

图 7-23　自动辨向计数电路及波形

(a)逻辑电路图　(b)反转波形　(c)正转波形

　　正转时,Q 点产生正向尖脉冲,P 为"0",$\overline{P}$ 为"1",于是与非门 5 输出一个负脉冲,R-S 触发器减法线置为"0",加法线置为"1",与非门 8 输出 CP 计数脉冲,供可逆计数器计数。

22. 什么是通用数字显示计数器?

　　通用数字显示计数器是具有能完成计数、寄存、译码、驱动、LED 数码显示等多种功能,并具有复检送数、控灭、无效零熄灭、BCD 码信息输出等多种功能的组合件,如我国生产的 CMOS-LED 组合件。工厂等使用的计数器,仅需该组合件配用通用光电开关或接近开关进行组装即可。

　　通用数字显示计数器电路如图 7-24 所示。图中 SX-22-S10

为反射式光电开关,也可用投射式的或采用各类接近开关,或简单采用一只机械开关。

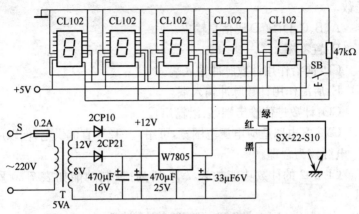

图 7-24 通用数字显示计数器电路

　　CL-102 的内部逻辑图,如图 7-25a 所示,16 个管脚排列如图 7-25b 所示。各符号意义如下。

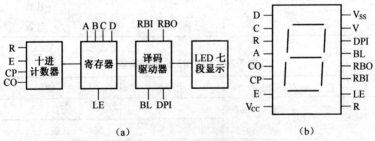

图 7-25 CL-102 内部逻辑图及管脚排列

(a)内部逻辑图　(b)管脚排列

BL:数字管熄灭及显示状态控制端。

RBI:多位数字中无效零值熄灭控制输入端。

RBO:多位数字中无效零值熄灭控制输出端。

DPI：小数点显示熄灭控制端。

LE：BCD 码信息输入控制端，用于控制计数显示器的寄存及送数。

A、B、C、D：BCD 码信息输出。

R：置零端。

CP：前沿作用计数脉冲输入端。

E：后沿作用计数脉冲输入端。

CO：计数进位输出端（后沿输出）。

CMOS 电路适应电压范围宽，可用 4～12V 直流供电，但以用 5V 电源较为合理。

CL-102 的计数功能如表 7-19 所列；控制功能如表 7-20 所列。

表 7-19　CL-102 的计数功能

CP	E	R	功能
X	X	1	全零
⌐	1	0	计数
0	⌐	0	计数

表 7-20　CL-102 的控制功能

输入	状　态	功　能
LE	1	寄存
	0	送数
BL	1	消隐
	0	显示
RBI	0	灭 0
DPI	0	显示
	0	消隐

图 7-24 中 SX-22-S10 光电开关的输出脉冲信号（绿线）输入给 CL-102 的 E 端，该端系下降沿输入端。之所以用 E 端而不用 CP 端，是因为其进位输出端 CO 输出的是下降沿，这样便于各位数的联接。为方便观察数码，对第一位有效数字前面的零要消隐，如 00820，数字 8 前后的两个零要消隐，第一位数的 RBI 端接 0 电位，则当它应显"0"时就会消隐，而对其他数码不起作用。第一位数字的 RBO 端接至第二位数的 RBI 端，当第一位是"0"时，RBO 端输出"0"电位，即若第二位数的 RBI 端为"0"，则当第二位数应显示"0"时也自动熄灭，依次类推；因为最末一位数无论是几都应显示，故将其 RBI 端接高电位，直接接到＋5V 端。

和其他 CMOS 电路一样，CL-102 在储存时应放在金属盒内或用金属纸包装，以防外来感应电势将栅极击穿，各测试仪器、电烙铁都要可靠接地，在通电后不允许拔插组件。此外，组合件的电源极性不可接反，不用的输入端不可悬空，在电源电压没加上时严禁从输入端送信号。

23. 什么是电平驱动显示器？

电平驱动显示器能根据电平输入信号的大小用光亮显示出来。常用的有 SL322C 和 SL323 两种。

（1）SL322C 电平驱动显示电路　该电路内部包含两组独立而性能完全一致的电平驱动指示器，既可各组独立使用，各自推动五只发光二极管；又可彼此串联及交叉串联使用，驱动十只发光二极管。适用于在收录机及家用音响设备中作音量电平指示用，也可在专用仪器及自动控制设备中作指示电压电平用。

主要电气参数：最大工作电压为 18V；静态电源电流≤1mA（无输入）和≤280mA（输入电平为 6V）；点灯电平为第一只灯亮（≤1V）、并联时两组灯全亮（≤4V）。

SL322C 电平驱动显示电路及管脚排列如图 7-26 所示。

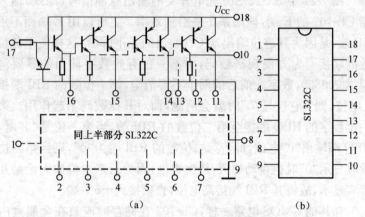

图 7-26　SL322C 电平驱动显示电路及管脚排列

(a)电平驱动显示电路　(b)管脚排列

(2)SL323 电平驱动显示电路　该电路采用荧光指示管显示。其用途同 SL322C 电路。该电路有以下两个特点：一是工作电压范围为 12～20V；二是可直接驱动荧光电平显示管，其驱动电压间隔保持线性(0.7V)。

主要电气参数：最大电源电压为 24V；电源电流≤1mA(输入为零)和≤40mA(输入为 5.5V)；点灯电平≤1V(第一条线亮)和≤5.5V(十条线全亮)；输入阻抗为 20kΩ。

LS323 电平驱动显示电路及管脚排列如图 7-27 所示。

24. 什么是计数显示模块？

计数显示模块广泛用于各种自动控制装置中，作为显示、监视和计数用。常用的有 LCL412、DS-1 等型号四位可逆计数显示模块，为 19 脚单排结构，可方便地与 TJ4、TJ6 等标准插座连接，用 LED 作数码显示。

LCL412 型计数显示模块是由一片 28 脚的 CM7217A 型大

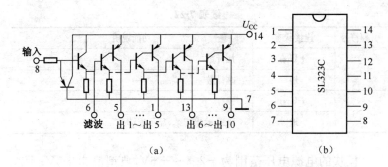

图 7-27 SL323 电平驱动显示电路及管脚排列

(a)电平驱动显示电路 (b)管脚排列

规模 CMOS 集成电路及四只 LED 数码管和其他元件组成的一体化模块。其外型如图 7-28 所示。表 7-21 为各引脚对应符号。表 7-22为引脚符号与对应功能说明。

表 7-21 各引脚对应符号

引脚号	①	②	③	④	⑤	⑥	⑦	⑧	⑨	⑩
符号	$\overline{CR}$	$\overline{D}_1$	$\overline{D}_2$	$\overline{D}_3$	$\overline{D}_4$	LDC	LDR	$+/-$	V_{SS}	S
引脚号	⑪	⑫	⑬	⑭	⑮	⑯	⑰	⑱	⑲	
符号	CP	A	B	C	D	$+V_{DD}$	$\overline{EQU}$	$\overline{ZER}$	CAR/BOR	

表 7-22 引脚符号与对应功能说明

引脚符号	连接状态	功能说明
$\overline{CR}$	$+U_{DD}$悬浮	计数,显示
	地	清除
LDC	$+U_{DD}$	计数停止,预置计数并显示
	悬浮	计数,显示
	地	BCD输出高阻,计数连续,显示连续
LDR	$+U_{DD}$	计数并显示,预置比较数
	悬浮	计数,显示
	地	BCD输出高阻,显示熄灭,扫描停止,计数连续

续表 7-22

引脚符号	连接状态	功能说明
$+/-$	$+U_{DD}$	加计数
	地	减计数
S	$+U_{DD}$	锁存
	地	BCD输出连续,显示连续

模块的电源电压范围为$+2.5\sim+6V$,典型值为$+5V$;动态

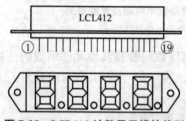

平均电源电流小于40mA,在LED数码管全熄灭时,总电流小于1mA;计数频率最高可达5MHz。计数脉冲信号输入是在脉冲上升沿时动作。它的电压在0～电源电压之间变化。脉冲信号的脉冲电

图 7-28 LCL412 计数显示模块外形

流小于$0.5\mu A$。

25. 使用计数显示模块有哪些注意事项?

如果计数显示模块附近有电焊机工作,或有大功率设备起动与停机以及天车滑线火花等,都有可能使计数显示模块所显数值紊乱。使用时应采取以下几个方面的防干扰措施:

(1)电源是各种干扰进入的大门,一个好的电源应将各种浪涌,杂波拒之门外。可采用电源变压器,将一二次侧静电隔离,并可靠接地,在二次侧还可采用多次滤波及加装抗干扰电容。抗干扰电容一般可采用$0.022\mu F\sim10pF$的电容器,具体数值可由试验决定。

(2)计数显示模块要用单一电源而不能与模块的前置电路或其他部分电路共用,防止互相干扰。

(3)在计数信号输入端(CP)对计数信号进行预处理,可有效地改善计数显示的质量。预处理电路如图 7-29 所示。

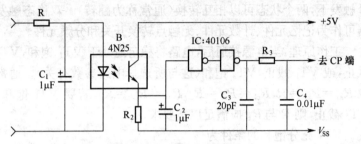

图 7-29　计数信号预处理电路

(4)计数信号(CP)的传输连线要尽量短,或采用带屏蔽的 RVVP 电缆线,其屏蔽层一端接地,另一端悬空。

(5)在②～⑤脚各接一只 20～30kΩ 电阻,电阻的另一端接 V_{SS} 端。这样可有效地解决在数值为 6～9 时进行加减计数转换时出现无规则变化。

(6)在 LDC、LDR 端应加接分压电阻,其电阻值为 10～20kΩ,这种分压不影响 LPC、LRC 的功能。分压电路如图 7-30 所示。

(7)当＋/－、CR 接口端作清除、加/减转换时,端口不做悬浮处理,要分别接到 U_{DD} 和 U_{SS} 端,这样可有效地解决清除不到位现象。

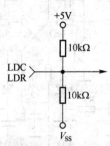

图 7-30　LDC、LDR 端的分压电压

26. 什么是双稳态触发器? 它是怎样工作的?

双稳态触发器有两个稳定状态。它具有记忆脉冲信号的功能。

图 7-31 为双稳态触发器电路,其两个稳定状态是:三极管 VT_1 截止、VT_2 导通;或 VT_1 导通、VT_2 截止。在足够的外加信号触发下,两个状态可以相互转换(通常称为翻转)。双稳态触发器可作为记忆元件、计数元件、无触点转换开关和分频元件。

工作原理:当电源接通后,电路将稳定地处于 VT_1 饱和,VT_2 截止,或 VT_1 截止,VT_2 饱和(这与所选择电路参数有关)。通常取 $R_{k1}=R_{k2}=R$,$R_{c1}=R_{c2}=R_c$,$R_{b1}=R_{b2}=R_b$,若要 VT_1 饱和、VT_2 截止,则 R 与 R_b 应满足以下要求。

VT_1 充分饱和的条件为

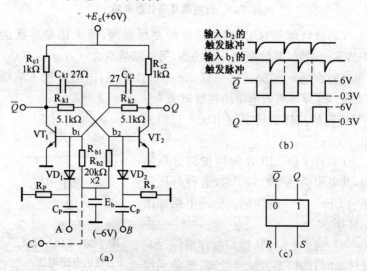

图 7-31　双稳态触发器电路

(a)电路图　(b)波形图　(c)符号

$$R \leqslant \frac{E_c - U_{bes}}{\dfrac{E_b + U_{bes}}{R_b} + \dfrac{I_c}{\beta}} - R_c$$

VT_2 可靠截止的条件为

$$R \geqslant \frac{U_{\text{ber}}}{\dfrac{E_b - U_{\text{ber}}}{R_b} - I_{\text{cbo}}}$$

式中 U_{bes}——三极管饱和导通偏压,对于硅 NPN 管,$U_{\text{bes}} >$
+0.7V;对于锗 PNP 管,$U_{\text{bes}} < -0.2V$。

U_{ber}——三极管截止偏压,对于硅 NPN 管,$U_{\text{ber}} \leqslant +0.5V$;
对于锗 PNP 管,$U_{\text{ber}} > -0.1V$。

假设电路处于 VT_1 截止、VT_2 饱和的稳定状态,当 VT_2 基极
加入一负脉冲时,电路中就发生如下的正反馈过程:

负触发脉冲→U_{b2}→I_{b2}→I_{c2}→ c2 ┐ 经 R_{k2}、R_{b1}
经 R_{k1}、R_{b2} ↑ U_{c1}←I_{c1}←I_{b1}←U_{b1} ┘ 分压到 b_1
分压到 b_2

直到 VT_1 饱和、VT_2 截止,电路翻转到另一稳态为止。同样,当
负脉冲加到 VT_1 基极时,电路立即翻转到原来的 VT_1 截止,VT_2
饱和的稳态。

为了使电路可靠转换,除了输入触发脉冲外,三极管的 β、R
和 R_c 应满足 $\beta > \dfrac{R}{R_c}$。

电路参数对双稳区的影响如表 7-23 所列。

表 7-23 电路参数对双稳区的影响

变化参数	对饱和的影响	对截止的影响
β 增大	有利	无影响
R_c 增大	有利	无影响
E_c 增大	有利	无影响
E_b 增大	不利	有利
R_b 增大	有利	不利
R_K	不利	有利
I_{cbo} 增大	无影响	不利

图 7-31 中,C_k 为加速电容,可以提高翻转的可靠性和翻转的速度,但降低了电路的抗干扰能力。C_k 的大小应通过调试确定;电阻 R_p、电容 C_p 和隔离二极管 VD_p 为触发电路,R_p、C_p 起微分作用,利用这些元件,可以把输入脉冲宽度和脉冲的极性按需要做出选择。

27. 什么是单稳态触发器? 它是怎样工作的?

单稳态触发器只有一个稳定状态和一个暂稳态。在外界触发脉冲的作用下,输出能由稳定状态(简称稳态)翻转到暂稳态。经过一段时间后,能自动返回原来的稳定状态。单稳态触发器主要用于定时、延时和整形。

图 7-32 为单稳态触发器电路。它是由双稳态触发器演变而来,它的一个耦合支路由电阻组成,另一个耦合支路是 RC 定时电路。

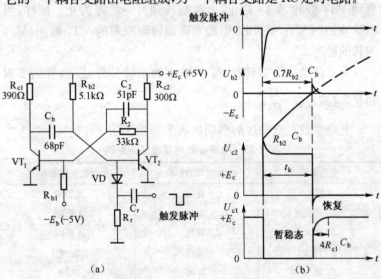

图 7-32   单稳态触发器典型电路

(a)电路图   (b)波形图

工作原理：电路处于稳定状态时，三极管 VT_1 截止、VT_2 饱和导通。在外界触发脉冲作用下，电路从稳态转换为暂稳态（即 VT_1 饱和、VT_2 截止），经过一定时间 t_k 后，又自动返回原状态。暂稳态的维持时间 $t_k \approx 0.7R_{b2}C_b$，就是输出脉冲的宽度。因此可改变 R_{b2} 和 C_b 来调节其宽度。R_{b2} 的大小通常由 VT_2 饱和时所需的基极电流 I_{b2} 确定（$R_{b2} < \beta_2 R_{c2}$），一般不超过几十千欧。C_b 不能太小，否则不利于电路翻转，且 t_k 也不稳定；但也不能太大，否则会使脉冲后沿变坏，恢复时间过长（要求 t_k 小于 20～30s），一般应为 20pF 至几百微法。

电路恢复时间 $t_n = (3\sim5)R_{c1}C_b$。输出脉冲幅度为

$$U_{m2} \approx E_c - \frac{E_c}{R_{c2}+R_2}R_{c2}, U_{m1} \approx E_c$$

28. 什么是多谐振荡器？它是怎样工作的？

多谐振荡器又称无稳态触发器。它的两种状态都是暂稳态，而且不需要外加触发信号，就会自动地从一个暂稳态转入另一个暂稳态，输出高、低电平交替的周期性矩形脉冲。多谐振荡器主要用来产生脉冲（方波）信号，是数字系统中必不可少的时钟脉冲信号源。

（1）RC 耦合自激多谐振荡器　RC 耦合自激多谐振荡器电路如图 7-33 所示。

工作原理：假定在 t_0 前电路处于 VT_1 饱和、VT_2 截止的状态，电容 C_{b1} 左端电位为 0，右端为 $-12V$。若在 t_0 瞬间翻转，则 VT_2 饱和，其集电极电位 U_{c2} 立即由 $-12V$ 上升到 0。由于电容两端电压不能突变，C_{b1} 右端电位（即 U_{c2}）由 $-12V$ 跳到 0V，所以电容 C_{b1} 左端由 0 变为 $+12V$，U_{b1} 也升至 $+12V$。即当 VT_2 饱和瞬间，U_{c2} 从 $-12V$ 升到 0，这个突变通过电容 C_{b1} 耦合到 VT_1 的基极，使 VT_1 基极电位从 0 跳到 $+12V$，于是 VT_1 立即截止。

之后，由于 $U_{b2} \approx 0$，所以 E_c 经 VT_2 基-射结和 R_{c1} 向电容 C_{b2}

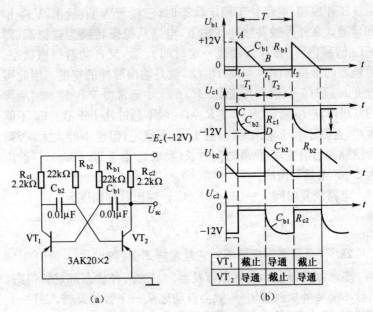

图 7-33　RC 耦合自激多谐振荡器

(a)电路图　(b)波形图

充电。随着充电，U_{c1} 下降到 $-12V$（对应图中 CD 段），其时间常数为 $C_{b2}R_{c1}=0.01\mu F\times2.2k\Omega=22\mu s$。这个充电时间常数决定了矩形波的形状，时间常数 $C_{b2}R_{c1}$ 越小，矩形的圆角则越小。

与此同时，由于 C_{b1} 右端跃变为 $+12V$，它要通过 R_{b1}、VT_2 及电源 E_c 放电，当 C_{b1} 放完电后，E_c 还要向 C_{b1} 反向充电，因此 C_{b1} 左端电位 U_{b1} 将向 $-12V$ 趋近，按图中 AB 段的规律变化，其放电时间常数为 $C_{b1}R_{b1}=0.01\mu F\times22k\Omega=220\mu s$。

在 $t_0\sim t_1$ 时间内，VT_1 的发射结一直处于反向偏置而继续保持截止状态。当 U_{b1} 降到略低于 0 时（即在 t_1 时），VT_1 立即变为饱和，U_{c1} 从 -12 上升到 0，这一突变经电容 C_{b2} 耦合至 VT_2 基极，U_{b2} 便由 0V 上升到 $+12V$，从而使 VT_2 截止，电路翻转。

电路转变到 VT_1 饱和、VT_2 截止后，$t_1 \sim t_2$ 时间内，充电回路是 C_{b1} 和 R_{c2}，放电回路是 C_{b2} 和 R_{b2}。充电时间常数是 $C_{b1}R_{c2}$，放电时间常数是 $C_{b2}R_{b2}$。此过程与 $t_0 \sim t_1$ 阶段相类似。这样周而复始便产生自激振荡，由集电极输出一系列矩形波。它的振荡周期 $T = T_1 + T_2$。T_1 和 T_2 分别是在一个周期内 VT_1 和 VT_2 的截止时间。

电路元件参数可按以下条件选取。

①确定电源电压：通常取 $E_c = (1.1 \sim 1.5) U_m$。

②根据电路工作频率 f，参照表 3-2 选择三极管。

③由集电极饱和电流 $I_{cs} = E_c / R_c < I_{CM}$ 确定 R_c。

④R_b 的选择应满足：$R_b < \beta R_c$；$T_1 = 0.7 R_{b1} C_{b2}$；$T_2 = 0.7 R_{b2} C_{b1}$。

⑤C_{b1}、C_{b2} 的选取应满足：$T = T_1 + T_2$；$R_{b1} C_{b2} \geqslant 5 R_{c1} C_{b1}$；$R_{b1} C_{b1} \geqslant 5 R_{c2} C_{b2}$。

最后，根据输出波形上升沿或下降沿时间为 $2.2 R_{c1} C_{b1}$ 或 $2.2 R_{c2} C_{b2}$，验算是否满足要求。

(2)采用 555 时基集成电路的自激多谐振荡器电路如图 7-34 所示。

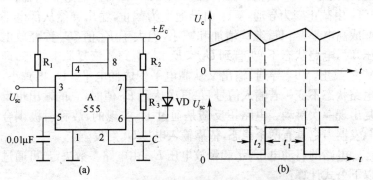

图 7-34 采用 555 时基集成电路的自激多谐振荡器电路
(a)电路图 (b)波形图

工作原理：如图 7-34 所示，接通电源，由于电容 C 两端的电压为零,电源 E_c 在电阻 R_3 上产生的分压使 555 时基集成电路 A 的 3 脚输出高电平。同时 E_c 经电阻 R_2、R_3 向电容 C 充电。随着 C 上电压升高,在 R_3 上的分压也越来越小,当小到一定值时,时基集成电路翻转,3 脚输出低电平。此时 C 通过时基集成电路内部元件对地放电。放电后,C 两端电压又下降,至一定值后,电阻 R_3 上又出现大的分压,于是重复上述过程。

脉宽 $t_1 \approx 0.693(R_2+R_3)C$;间歇 $t_2 \approx 0.693R_3C$;输出方波脉冲的周期 $T=t_1+t_2 \approx 0.693(R_2+2R_3)C$。

若需要的占空因子 $D=t_1/T<40\%$ 时,可并联一只二极管(图中虚线所示),这样,$t_1 \approx 0.693R_2C$;$t_2 \approx 0.693R_3C$;$T=t_1+t_2=0.693(R_2+R_3)C$。

29. 什么是施密特触发器? 它是怎样工作的?

施密特触发器又称射极耦合触发器或整形器,其典型电路如图 7-35 所示。它是由具有正反馈的两极反相器构成的电位触发器。

工作原理:当输入信号 U_{sr} 低于一定值 E_1(E_1 称启动电压)时,三极管 VT_1 截止,VT_2 导通;当 $U_{sr}=E_1$ 时,电路立刻翻转,VT_1 由截止变为导通,VT_2 由导通变为截止,输出突然从低电平变成高电平;当 U_{sr} 继续增加和减小,但大于 E_2 值(E_2 称释放电压)时,电路状态不变,直到 $U_{sr}<E_2$ 时,电路才恢复原来状态,即 VT_1 截止,VT_2 导通,输出又从高电平变成低电平。U_{sr} 再减小,电路状态不变。若输入信号 U_{sr} 再次达到 E_1 值时,它的输出也重复出现一次跳动。电路正反馈是通过 R_e 实现的,故称射极耦合触发器。它具有两个稳态,依靠输入电位 U_{sr} 触发。

电路的启动电压 E_1 和释放电压 E_2,由电路参数决定,可通过以下公式计算:

$$E_1=\frac{U_{bel}+\dfrac{R_eE_c}{R_{c2}}+\dfrac{R_eE_c}{R_{c1}}}{1+\dfrac{R_e}{R_{c2}}+\dfrac{R_e(R_{c1}+R_1+R_2)}{R_2 \cdot R_{c1}}}$$

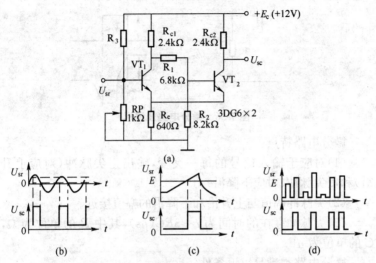

图 7-35　施密特触发器的电路和应用

（a）典型电路　（b）波形变换　（c）电压比较　（d）脉冲幅度鉴别

$$E_2 = U_{be1} + \frac{R_2 \cdot E_c - U_{be2}(R_{c1} + R_1 + R_2)}{R_{c1}R_2 + R_e(R_{c1} + R_1 + R_2)} \cdot R_e$$

30. 施密特触发器有哪些主要用途？

（1）波形的整形及变换　可将输入的三角波、正弦波及其他波形变换成前后沿很陡的方波，如图 7-35b 所示。

（2）电压比较　可鉴别输入电压的幅度，即当输入电压值达到某一值 E（$E = E_1 = E_2$，由电路参数决定）时，输出发生跳变，实现电压比较，如图 7-35c 所示。

（3）幅度鉴别　当鉴别信号幅度超过某一规定值时，输出发生跳变，如图 7-35d 所示。

31. 什么是微分电路？

微分电路及波形如图 7-36 所示。它主要用于波形变换，如将矩形脉冲变换成尖脉冲。

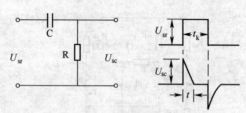

图 7-36 微分电路及波形

微分电路特点：

(1)对应于输入信号的每一突变,输出正尖脉冲(对应上升沿)和负尖脉冲(对应下降沿)。

(2)尖脉冲幅值与上升沿和下降沿的幅值接近。

(3)尖脉冲存在的时间为 $t \approx 3RC(\mu s)$,其中 R 的单位为 Ω, C 的单位为 μF。

微分电路需满足以下条件：

$$\tau = RC(1/3 \sim 1/5)t_k$$

式中 τ——电路时间常数;

t_k——输入矩形脉冲宽度。

通常取 $R = 1 \sim 10 k\Omega$,然后按条件 $t_k > 3RC$ 选择 C。

32. 什么是积分电路?

积分电路及波形如图 7-37 所示。它主要用于波形变换和延时。

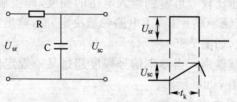

图 7-37 积分电路及波形

积分电路特点：

(1)输入为方波,输出为锯齿波(即斜波)。

(2)电容 C 两端电压 U_{SC} 按指数曲线上升,当 $t_k = (3 \sim 5)\tau$ 时,$U_{SC} = U_{Sr}$。

用于脉冲电路的积分电路要满足以下条件:电路时间常数 $\tau = RC \gg t_k$,即使用电容充电的起始段(接近直线)。但作为延时时,不作此要求。

33. 什么是加速电路?

加速电路及波形如图 7-38 所示。它主要用于开关电路中,以缩短三极管的开关时间,不失真地传递波形。

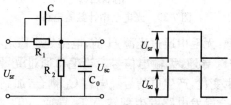

图 7-38　加速电路及波形

加速电路特点:

电容 C 的加速作用和分布电容 C_0 的延迟作用相抵消(不考虑输入信号源的内阻),输出 U_{SC} 与输入 U_{Sr} 几乎同时突变。考虑输入信号源总有一定的内阻,要将电容 C 适当增大。

加速电路要满足以下条件:

$$C = \frac{R_2}{R_1} C_0$$

电容 C 的选取:工作频率小于 100kHz 时,取 300~1 000pF;工作频率为 100kHz~10MHz 时,取 20~300pF;高于 10MHz 时,取 5~100pF。

34. 光电计数器是怎样工作的?

图 7-39 为用于毛巾计数的光电计数器电路。该电路由光电信号脉冲产生电路(带聚光镜的电珠 H 和光敏元件 RG)、射极耦合双稳态电路(VT_1、VT_2)和单稳态延时电路(VT_3、TV_4)等组成。

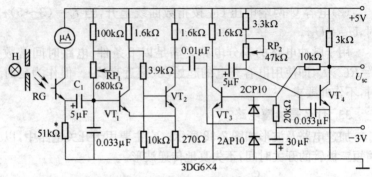

图 7-39　光电毛巾计数器电路

工作原理：无毛巾通过光源 H 前，电路处于稳定状态，三极管 VT_1 截止、VT_2 导通，无输出信号。当毛巾通过光源 H 时，光敏元件阻值发生变化，产生电信号经电容 C_1 耦合，加到三极管 VT_1 基极，射极耦合触发电路发生翻转，VT_1 导通、VT_2 截止，并输出计数信号。当毛巾通过后，仍保持 VT_1 导通、VT_2 截止。当下一条毛巾通过光源时，又一个电信号加于三极管 VT_1 基极，电路再次发生翻转，VT_1 截止、VT_2 导通，并输出计数信号。所以只要输入信号幅度达到一定值，它就输出与信号电压频率有关的方波。

图中，电位器 RP_1 是用来调整射极耦合的转换电位，当有干扰信号输入，如织物有小细缝时，射极双稳电路不致翻转，防止多计数。

加入单稳态延时电路的目的是：调节电位器 RP_2，使暂稳态的时间为半条毛巾通过光敏元件所需的时间，在此时间内，重复输入信号不起作用。这样对于长度小于半条毛巾或整条毛巾断续出现两块平布的疵品不计数，保证计数的正确性。

八、晶闸管及其保护

1. 什么是晶闸管？它有哪几种触发方式？

晶闸管又称可控硅,它包括普通晶闸管(单向晶闸管)、双向晶闸管、可关断晶闸管和逆导晶闸管等电力半导体器件,常用的是前两种晶闸管。通常人们所称的晶闸管是指普通单向晶闸管。

晶闸管外形及管脚标志如图 8-1 所示。

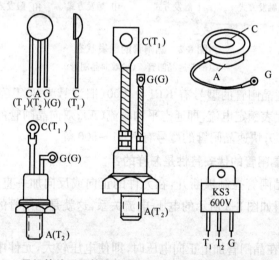

图 8-1　晶闸管外形及管脚标志(括号内为双向晶闸管管脚标志)

普通晶闸管的触发状态见图 8-2a;双向晶闸管的触发状态见图 8-2b。双向晶闸管有四种触发方式,但它们的灵敏度是不同的。I_+和III_-两种灵敏度最高,I_-、III_+两种灵敏度最低,尤其III_+的灵敏度最低。目前国产元件中多不宜采用III_+触发方式。

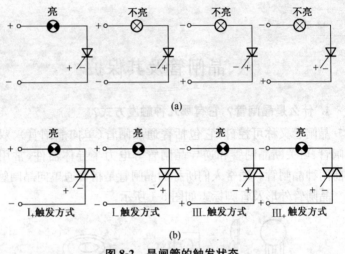

图 8-2　晶闸管的触发状态

(a)普通晶闸管　(b)双向晶闸管

普通晶闸管的型号有 KP1～1000(旧型号为 3CT 系列),后面数字代表额定电流,即通态平均电流(A);双向晶闸管的型号有 KS1～500;快速晶闸管的型号有 KK1～500 等。

2. 晶闸管的伏安特性是怎样的?

把晶闸管控制极断开,在元件的正向或反向加一直流电压,可以测得如图 8-3 所示的电压-电流关系,这就是晶闸管的基本伏安特性。

(1)在晶闸管加上正向电压时,即使电压较大,元件中流过的电流(称正向漏电流)却很小,其阳极与阴极之间电阻极大,处于阻断状态。

(2)当正向电压上升到某一数值时,晶闸管由阻断状态突然转化为导通状态,这时的正向电压值称为正向转折电压。元件导通后,其内部可以通过很大电流,而元件本身却只有 1V 左右的管

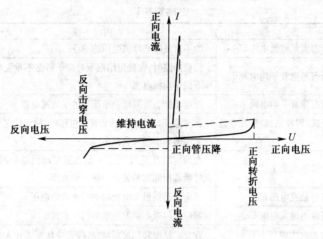

图 8-3　晶闸管的伏安特性

压降。

（3）当减小正向电压时，正向电流就逐渐减小，元件的管压降却逐渐增大。当电流小到某一数值时，晶闸管又从导通状态转化到阻断状态，这时的电流数值称为维持电流。

晶闸管的反向伏安特性与二极管类似。

3. 晶闸管有哪些基本参数？

单向晶闸管的基本参数见表 8-1；双向晶闸管的基本参数见表 8-2；快速晶闸管的基本参数见表 8-3。

表 8-1　单向晶闸管基本参数

参　　数	内　　容
通态平均电流 I_T	在环境温度为＋40℃、标准散热及元件导通条件下，元件可连续通过的工频正弦半波（导通角＞170°）的平均电流
断态不重复峰值电压 U_{DSM}	门极断路时，在正向伏安特性曲线急剧弯曲处的断态峰值电压

续表 8-1

参　数	内　容
断态重复峰值电压 U_{DRM}	为不重复断态峰值电压的 80%
断态不重复平均电流 I_{DS}	门极断路时,在额定结温下对应于断态不重复峰值电压下的平均漏电流
断态重复平均电流 I_{DR}	对应于断态重复峰值电压下的平均漏电流
门极(即控制极)触发电流 I_{GT}	在室温下,主电压为 6V 直流电压时,使元件完全开通所必须的最小门极直流电流
门极不触发 I_{GD}	在额定结温下,主电压为断态重复峰值电压时,保持元件断态所能加的最大门极直流电流
门极触发电压 U_{GT}	对应于门极触发电流时的门极直流电压
门极不触发电压 U_{GD}	对应于门极不触发电流的门极直流电压
断态电压临界上升率 dv/dt	在额定结温和门极断路时,使元件从断态转入通态的最低电压上升率
通态电流临界上升率 di/dt	在规定条件下,元件用门极开通时所能承受而不导致损坏的通态电流的最大上升率
维持电流 I_H	在室温和门极断路时,元件从较大的通态电流降到刚好能保持元件处于通态所必须的最小通态电流

表 8-2　双向晶闸管基本参数

参　数	内　容
通态电流 I_T	在环境温度为 +40℃,标准散热及元件导通条件下,元件可连续通过的工频正弦的电流有效值
换向电流临界下降率 di/dt	元件由一个通态转换到相反方向时,所允许的最大通态电流下降率
门触发电流 I_{GT}	在室温下,主电压为 12V 直流电压时,用门极触发,使元件完全开通所需的最小门极直流电流

表 8-3　快速晶闸管基本参数

参　数	内　容
门极控制开通时间 t_{gt}	在室温下,用规定门极脉冲电流使元件从断态到通态时,从门极脉冲前沿的规定点起到主电压降低到规定的低值所需要的时间

续表 8-3

参　数	内　容
电路换向关断时间 t_g	从通态电流降至零这瞬间起,到元件开始能承受规定的断态,电压瞬间止的时间间隔

4. 选用晶闸管有哪些注意事项?

(1)根据实际使用要求正确选用电流等级、电压等级及其他参数,一定要留有相当的余裕,否则选择不当容易击穿或烧毁。具体选用如下:

①普通晶闸管。

额定电流(即通态平均电流) $I_T \geqslant (1.3 \sim 1.6)I$

额定电压(即断态重复峰值电压,反向重复峰值电压)V_{DRM},$V_{RRM} \geqslant (2 \sim 2.5)U_R$

式中　I——晶闸管中的电流有效值(A),容性负载取上限,感性
　　　　　　负载取下限;

　　　U_R——加在晶闸管上的反向电压峰值(V)。

②双向晶闸管。

额定电流(即通态平均电流) $I_T \geqslant (2 \sim 2.5)I$

额定电压(即断态重复峰值电压) $V_{DRM} \geqslant (1.5 \sim 2)U_R$

式中　I——双向晶闸管中的电流有效值(A);

　　　U_R——加在双向晶闸管上的电压峰值(V)。

(2)注意使用时的环境温度,晶闸管结温不可超过允许值100℃。安装位置应避免周围的热源及可能出现的外来高温影响,以免元件恶化或损坏。控制柜等结构需考虑电源部分的散热或柜内良好的热对流,通常采用顶部多孔板型式或上下开散热孔,并注意防尘,经常清洁外部环境。大功率晶闸管需采取强迫风冷或水冷。

(3)晶闸管过载能力差,应用于大容量设备时,往往需将其串

联或并联使用,为了避免管子击穿或过载烧毁,必须加均压和均流措施。

(4)晶闸管对过电压和过电流的耐受量很小,即使短时间的超过规定值的过电压或过电流都会造成元件损坏,所以必须采取过电压和过电流保护。

(5)晶闸管及其电路的抗干扰和抗静电能力差,容易引起误动作,因此必须采取防干扰、防静电措施。

(6)晶闸管在开闭动作中会产生高次谐波电压、电流,这对电力设备、电子设备及继电保护都会产生干扰,因此必要时应采取相应的防范措施。

(7)晶闸管应拧紧在散热器上,拧得愈紧,散热效果愈好,但也不能拧得过紧,否则会引起硅片损坏。拧紧力矩推荐值见表8-4。

表8-4　拧紧力矩推荐值

螺栓直径(mm)	六角形基座对边距离(mm)	推荐的拧紧力矩(N·cm)
6(5A)	13	340
10(20A)	28	980
12(50A)	32	1470.
16(100A)	36	1960
20(200A)	43	3430

(8)测试或检查晶闸管时,控制极和阴极之间瞬时电压不应超过10V,否则控制极会被击穿。

5. 怎样更换损坏的平板型晶闸管?

(1)应用规格型号及几何尺寸都相同的晶闸管更换。

(2)通态平均电流 I_T 和反向重复峰值电压 U_{RRM} 及断态重复峰压电压 U_{DRM} 应相同;门极触发电流 I_{GT} 和门极触发电压 U_{GT} 应相近。

(3)更换时,在元件与散热器接触面上涂上一薄层导电膏,以利传热、接触良好和防腐。

（4）将元件安放在散热器台面上需对准定位销，使元件处于中心位置。弹簧垫必须有弹性。

（5）在紧固新换的元件时要注意调整散热器的压接面与元件压接面的互相平行，螺母要依次交替紧固。紧固时，最好按晶闸管生产厂提供的压力值在压机上进行；在无压机的情况下，可使用扭力扳手交替紧固；直至达到指定的力矩为止。

（6）对于水冷或风冷的晶闸管，应从水冷或风冷的装置上拆卸后更换，更换后再重新安装在装置中。如果在装置上直接更换，由于受空间位置限制，难于实施平行紧固。

6. 怎样测试单向晶闸管?

（1）用万用表测试　用万用表可判别晶闸管的三个电极及管子的好坏。将万用表打在 $R \times 1 k\Omega$ 挡，测量阳极与阴极间正向与反向电阻，若阻值都很大接近无穷大，则说明阳极、阴极间是正常的；若阻值不大或为零，则说明管子性能不好或内部短路。然后将万用表打到 $R \times 10\Omega$ 或 $R \times 1\Omega$ 挡，测量控制极与阴极间的正向与反向电阻，一般正向电阻值为数十欧以下，反向电阻值为数百欧以上。若阻值为零或无穷大，则说明控制极与阴极内部短路或断路。测量控制极与阴极间的正反向电阻时，不要用 $R \times 1 k\Omega$、$R \times 10 k\Omega$ 挡，否则测试电压过高会将控制极反向击穿。

（2）用灯泡判别　如图 8-4 所示，E 采用 6～24V 直流电源，小功率晶闸管也可采用 3V 直流电源，灯泡 HL 额定电压不小于电源电压，但也不超过电源电压很多。

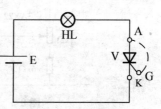

图 8-4　用灯泡判别晶闸管的好坏

如果连接好线路,灯泡即发亮,则说明晶闸管内部已短路;如果灯泡不亮,将控制极 G 与阳极 A 短接一下即断开,灯泡一直发亮,则说明晶闸管是好的;如果 G、A 短接一下后灯泡仍不亮或只有在 G、A 短接时才发亮,G、A 断开后就熄灭,则说明晶闸管是坏的。

(3)晶闸管门极触发电压 U_{GT} 和触发电流 I_{GT} 的测试 试验接线如图 8-5 所示。测试时,调节电位器 RP 以逐渐增大门极触发电流,直至晶闸管导通,记下此时的电压表和电流表的读数,即为门极触发电压 U_{GT} 和触发电流 I_{GT}。

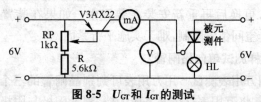

图 8-5 U_{GT} 和 I_{GT} 的测试

(4)晶闸管维持电流 I_H 的测试 试验接线如图 8-6 所示。测试时,按动按钮 SB,使晶闸管触发导通,然后调节电位器 RP,使通过晶闸管的正向电流逐渐减小,直至正向电流突然降至零,记下降至零前的一瞬间的电流值,即为维持电流 I_H。

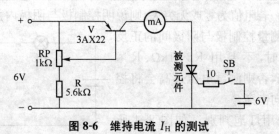

图 8-6 维持电流 I_H 的测试

7. 怎样测试双向晶闸管?

(1)用万用表测试 用万用表可判别双向晶闸管的三个电极及管子的好坏。

①三个电极的判别。大功率双向晶闸管从其外形看,很容易区别三个电极:一般控制极 G 的引出线较细,第一电极 T_1 离 G 极较远,第二电极 T_2 靠近 G 极。

对于小功率双向晶闸管用万用表判别方法如下:将万用表打到 R×100Ω 挡、用黑表笔(即正表笔)和管子的任一极相连,再用红表笔(即负表笔)分别去碰触另外两个电极。如果表针均不动,则黑表笔接的是 T_1 极。如果碰触其中一电极时表针不动,而碰另一电极时表针偏转,则黑表笔接的不是 T_1 极。这时应将黑表笔换接另一极重复上述过程。这样就可测出 T_1 极。T_1 极确定后,再将万用表打在 R×1kΩ 或 R×10kΩ 挡。先把一只 5~20μF 的电解电容的正极接万用表的黑表笔,负极接红表笔给电容充电数秒钟,取下电容作备用。然后将万用表的黑表笔接 T_1 极,红表笔接另一假设的 T_2 极,再将已充电的电解电容作触发电源,其负端对着假定的 T_2 极,正端对着假定的 G 极,碰触一下立即拿开,如果表针大幅度偏转并停留在某一固定位置,则说明上述假定的 T_2、G 两极是正确的;如果表针不动,则红表笔接的是 G 极。此时,可将假设的 T_2 和 G 调换一下再测一遍,作验证(电解电容需重新充电)。

②好坏及性能鉴别 将万用表打到 R×1kΩ 挡,测量 T_1 极和 T_2 极或 G 极与 T_1 极间的正向与反向电阻。如果测得的电阻值均很小或零,则说明管子内部短路(正常时近似无穷大);如果测得 G 极与 T_2 极间正向与反向电阻值非常大(不要用 R×1kΩ、R×10kΩ 挡,以免将控制极反向击穿),则说明管子已断路(正常时不大于几百欧)。

③做性能鉴定。将万用表的黑表笔接双向晶闸管的 T_1 极,红表笔接 T_2 极(设 T_1、T_2 已用上述方法识别),再用充好电的电解电容的正端对 G 极、负端对 T_2 极,碰触一下立即拿开,如果万

用表大幅度偏转且停留在某一固定值位置,则说明晶闸管 T_1 向 T_2 导通方向是好的;然后将万用表正负表笔及电解电容正负极对调,用同样方法测试 T_2 向 T_1 导通方向是否良好。

(2)伏安特性的测试　试验接线如图 8-7 所示。测试时,将开关 SA_2 断开,SA_1 闭合,调节调压器 T_1,使电压逐渐升高至双向晶闸管发生转折(伏安特性曲线急剧弯曲处),读出转折前一瞬间电压表 V_1 的读数(峰值)和电流表 mA_1 的读数(按下按钮 SB),即为断态不重复峰值电压 U_{DSM} 和断态不重复峰值电流 I_{DSM}。然后将电压降至 $80\%U_{DSM}$ 处,读出电压表 V_1 和电流表 mA_1 的读数,即为断态重复峰值电压 U_{DRM} 和断态重复峰值电流 I_{DRM}。

然后将双向晶闸管第一电极 T_1 和第二电极 T_2 对调,重复上述测试,以了解双向晶闸管 I 与 II 的对称性。

(3)门极控制特性的测试　测试接线仍如图 8-7 所示。断开 SA_1,将 T_1、T_2 两极间的电压降至 6~20V,合上 SA_2,调节电位器 RP,逐渐增大触发电压,观察示波器,直至双向晶闸管导通,记下导通一瞬间的电流表 mA_2 和电压表 V_2 的读数,即为门极触发电流 I_{GT} 和门极触发电压 U_{GT}。

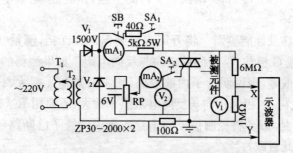

图 8-7　双向晶闸管伏安特性的测试

(4)用灯泡法检测断态电压临界上升率 du/dt　将双向晶闸管,两只 60W、220V(串联)灯泡和开关串联后接在 380V 交流电路中,然后频繁地开合开关,让变化的电压加到电极 T_1 和 T_2 上(G 极空着),此时管子将产生电压上升率,观察灯泡有无发亮情况。如果有过发亮情况,则说明双向晶闸管有失去阻断能力的现象,为不合格品。

8. 怎样测试可关断晶闸管(GTO)?

(1)判定电极　用万用表的 R×1Ω 挡,测量任意两脚间的电阻。当某对脚间电阻呈低电阻,其他脚间电阻为无穷大时,可判定呈低电阻时黑表笔(即正表笔)和红表笔(即负表笔)所接的分别是门极 G 和阴极 K,剩下的就是阳极 A。

(2)检查触发能力　如图 8-8所示,首先将万用表黑表笔接 A极,红表笔接 K 极,电阻应为无穷大。然后用黑表笔笔尖也同时接触 G 极,即加上正触发信号,若万用表指针向右偏转到低阻值,则表明 GTO 已导通。最后脱开 G 极,

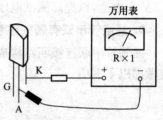

图 8-8　检查触发能力

GTO 仍维持导通状态,则表明 GTO 具有触发能力。

(3)检查关断能力　先用万用表 I 使 GTO 维持通态,再将万用表 II 拨到 R×10Ω 挡,红表笔接 G 极,黑表笔接 K 极,即施以负向触发信号。若万用表 I 的指针向左摆到无穷大,表明 GTO 具有关断能力(图 8-9)。

(4)估测关断增益 B_{off}　B_{off} 是 GTO 一个重要参数,等于阳极电流 I_A 与门极最小反向控制电流 I_G 的比值,即 $B_{off} = I_A/I_G$。

估测时,先只接万用表 I,使 GTO 维持通态,记下 GTO 导通时万用表 I 正向偏转格数 n_1(满格 50);再接上万用表 II,强迫 GTO 关断,记下万用表 II 的正向偏转格数 n_2,则 $B_{off} = 10n_1/n_2$。

测试时应注意万用表 I 和 II 应为同一型号表,测试前应先调

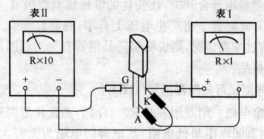

图 8-9　检查关断能力

准零点。测试大功率 GTO 时,可在 R×1Ω 挡外面串接一节
1.5V 干电池,以提高测试电压,使 GTO 能可靠导通。

9. 晶闸管串联有哪些注意事项?

　　晶闸管串联连接回路构成如图 8-10 所示。晶闸管串联主要
应考虑以下事项:

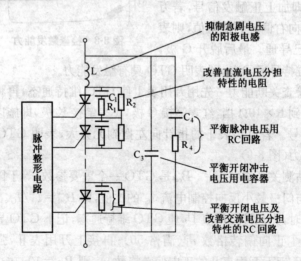

图 8-10　晶闸管串联连接回路的构成

(1)串联元件数由允许额定工作反向峰值电压、开闭可能出现的最大电压、避雷器保护水平(若有的话)、开闭过电压系数、元件间的电压分配率及考虑元件故障的余裕系数等决定。

若按元件耐压确定串联元件数时,可按下式计算:

$$n = \frac{U_{zf}}{0.9V_{RRM}}$$

式中　U_{zf}——元件串联后承受总的反向峰值电压(V);

V_{RRM}——晶闸管反向重复峰值电压(V)。其值与断态重复峰值电压 U_{DRM} 相同。

(2)元件串联时,最需考虑的是均压问题。因为每个元件的参数不尽相同,因此元件分压会不均匀,甚至使元件击穿。要求不仅在正常时,而且在过渡状态时,各元件所分担的电压要均匀。

若所加的电压是一定的或是变化缓慢的电压,则可在元件上并联电阻(图 8-10 中的 R_2),用电阻上的压降使元件分压均匀。R_2 的阻值可由下式计算:

$$R_2 = \frac{V_{RRM} \times 10^3}{K_1 I_R}(\Omega)$$

式中　I_R——元件规格中最大反向漏电流(mA);

K_1——系数,取 $2\sim5$;

V_{RRM}——同前。

一般经验:R_2 取 $2\sim5k\Omega$。

均压电阻功率为

$$P = K_2 \frac{V_{RRM}^2}{R_2}(W)$$

式中　K_2——系数,单相时取 0.25;三相时取 0.4;直流时取 1。

(3)为了抑制元件开闭时的"换相过电压"(因各元件的关断时间不同,其中关断最早的元件要承受危险的全部换相过电压),在元件两端并联阻容回路(图 8-10 中的 R_1、C_1)。

阻尼电阻 R_1，一般取 $5\sim50\Omega$。

电容 C_1 值可按下面经验公式估算：

$$C_1=(2.5\sim5)\times10^{-3}I_T(\mu F)$$

式中　I_T——元件通态平均电流(A)。

C_1 为 $0.1\sim1\mu F$。一般经验：20A 以下晶闸管取 $0.1\mu F$；100A 的取 $0.25\mu F$；200A 的取 $0.5\mu F$。

C_1 的耐压可取晶闸管反向峰值工作电压的 $1.1\sim1.5$ 倍。

10. 晶闸管并联有哪些注意事项？

晶闸管并联时的要求比串联的简单，只要开闭电压降及开闭时间等动态特性一致就可以了。

为了使负载电流均匀地分配到各元件上，通常采用在元件上串联均流电阻(用于小容量设备中)或串联电感(用于大容量设备中)等方法，如图 8-11 所示。

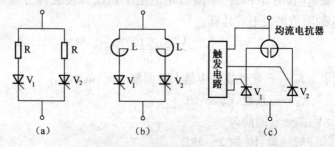

图 8-11　晶闸管并联保护

(1)并联元件数可按下式计算：

$$n=\frac{I}{0.8I_T}$$

式中　I——负载总平均电流(A)；

I_T——每个晶闸管的通态平均电流(A)。

(2)均流电阻 R 可按下式计算：

$$R=(3\sim4)\frac{U_F}{I_T}(\Omega)$$

式中　U_F——晶闸管正向平均压降(V)；

　　　I_T——同前。

（3）电感 L 可按下式计算：

$$L=\frac{\Delta U}{\Delta I}\times\frac{T}{2}(\mu H)$$

式中　ΔU——并联各元件的压降差(V)；

　　　ΔI——并联各元件的电流差(A)；

　　　T——电流周期(s)。

L 的值为 $10\sim100\mu H$。

11. 晶闸管在使用中突然损坏有哪些原因？

晶闸管在使用中突然损坏有以下可能原因：

（1）过电流　过电流有过载过电流和短路过电流之分。当负载电流超过晶闸管的通态平均电流 I_T 时，可能导致晶闸管损坏。短路过电流是由于晶闸管的输出端即直流侧的导线碰连、直流电动机换向器环火、电路中某一晶闸管击穿损坏等原因造成的。

（2）过电压　当加于晶闸管上的电压超过其反向击穿电压时，即使时间极短，也会导致晶闸管损坏。当所加电压超过其正向特性转折电压时，可能造成以下几种后果：①元件损坏；②发生误导通；③未造成元件永久损坏，但使元件特性下降。产生过电压的原因有：①操作过电压；②雷电过电压。所谓操作过电压是拉合电源变压器、切断直流侧回路、元件的工作换向等使回路中的电感因电流突变而产生的过电压。

（3）晶闸管开通时电流的上升率过大　当晶闸管承受正向电压，并在控制极加入足够的触发电流后，晶闸管并不是立即完全开通，晶闸管所承受的电压有一个下降过程，电流有一个上升过程。若在刚一导通时就通过很大的电流，这个电流将集中在控制极附近,因此可能引起局部结面过热而损坏。所以对于刚一开通时电流的上升率 $\mathrm{d}i/\mathrm{d}t$ 必须有所限制。

(4)晶闸管正向电压的上升率过大　如果在晶闸管两端突然加一个正向电压,即使这个电压并未超过转折电压,在控制极未加触发脉冲的情况下,也可能使晶闸管导通。

12. 晶闸管过电流保护有哪些措施?

(1)装设快速熔断器　普通熔断器由于熔断时间长,用来保护晶闸管时,可能在熔断器的熔体还没熔断之前晶闸管就已损坏,因而起不到保护作用。快速熔断器系专门为晶闸管保护用,其熔体熔断速度非常快。快速熔断器有 RS0、RS3 及 RLS 系列。

选用快速熔断器时,应按电路的电流有效值选用,而不是按所用晶闸管的通态平均电流 I_T 选择。例如,对通态平均电流为 20A 的晶闸管,其有效值为 $1.57\times20=31.4(\mathrm{A})$,可选用 RLS-50 型熔断器,其熔体的额定电流可选 30A。

快速熔断器的选用可参照表 8-5。

表 8-5　快速熔断器选用

晶闸管通态平均电流(A)	5	10	20	30	50	100	200	300	500
熔体额定电流(A)	8	15	30	50	80	150	300	500	800

作为应急临时措施,可用普通熔断器降低定额代替快速熔断器保护晶闸管。熔体额定电流可选用 0.8 倍晶闸管通态平均电流。如 30A 的晶闸管可选用 25A 的普通熔断器的熔体。

(2)装设过电流继电器及快速开关　在晶闸管装置的直流侧装设直流过电流继电器或在交流侧经电流互感器接入高灵敏过电流继电器,当发生过电流时动作,使输入端的快速开关跳闸。该保护的缺点是:由于继电器及快速开关动作需要一定时间,当短路电流较大时,保护欠可靠。

(3)过电流截止保护　利用过电流信号,把晶闸管的脉冲后移,使晶闸管的导通角减小或停止触发,这对于过载或短路电流不大的情况下是适宜的。

13. 晶闸管过电压保护有哪些措施?

(1)阻容保护　如图 8-12 所示,由于电容两端的电压不能突变,将阻容元件并联在晶闸管两端,当发生过电压时,电容器先充电,而充电需要一定时间,在电容器两端电压还未充到很高时,短暂的过电压已经消失,从而抑制了过电压的峰值,使晶闸管不致击穿,同时对于限制晶闸管正向电压上升率过大也是有效的。与电容器串联的电阻,用以消除电磁振荡和限制放电电流。阻容保护元件的选择见表 8-6。

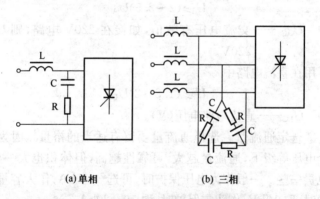

(a) 单相　　　　(b) 三相

图 8-12　限制电压上升率的阻容保护电路

表 8-6　与晶闸管并联的 RC 数值

晶闸管通态平均电流(A)	5	10	20	50	100	200	500
电容 C(μF)	0.1	0.1	0.15	0.2	0.25	0.5	1
电阻 R(Ω)	100	100	80	40	20	10	2

(2)压敏电阻保护　如图 8-13 所示压敏电阻是一种很好的过电压保护元件。压敏电阻有 MY31 系列等,其选择如下:

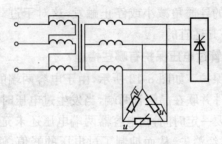

图 8-13　压敏电阻保护接法

①选定 U_{1mA} 值。一般可按下面的经验公式选择。用于交流电路中

$$U \geqslant (2 \sim 2.5)U_{AC}$$

式中　U_{AC}——交流电压有效值,如接在 220V 电路,则 $U_{AC}=$ 220V。

用在直流电路中

$$U \geqslant (1.8 \sim 2)U_{DC}$$

式中　U_{DC}——直流电路电压(V)。

②选定通流量。选择通流量要留有适当的裕量。因为在同一个电压等级下,通流量越大,可靠性越高,但体积也大一点,价格也贵一些。一般作为电压保护时,可选 3～5kA;作大容量设备保护时,取 10kV;作防雷保护时,取 10～20kA。

(3)硒堆保护　如图 8-14 所示硒堆具有较陡的反向非线性特性,当加在硒堆上的电压超过某一数值(即转折电压)后,反向电流增加很快,又因硒片面积较大,可消耗较大的瞬时功率,故可用来吸收瞬时过电压。硒堆保护可接在交流侧或直流侧,用两组串联的硒片对接使用。

用硒堆作保护时,其每组片数可按下式计算:

单相对　$n = KU/U_i$

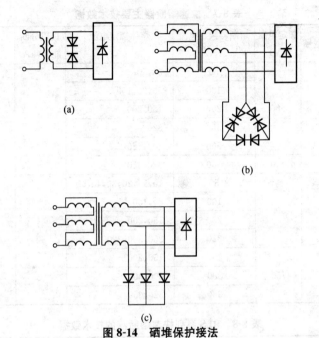

图 8-14　硒堆保护接法

(a)单相　(b)三相△接法　(c)三相 Y 接法

三相时　$n = K\sqrt{3}U/U_i$

式中　U——被保护的交流侧电压(单相时)或相电压(三相时)
　　　　　有效值；

　　　U_i——每片硒片的击穿电压，一般取 $18 \sim 24$V；

　　　K——系数，可取 $1.1 \sim 1.3$。

通常采用 60×60mm 的硒片。

14. 常用快速熔断器有哪些技术数据？

常用的快速熔断器有 RS0、RS3 和 RLS 系列等。

RS0、RS3 系列快速熔断器的主要技术数据见表 8-7；RLS 系列快速熔断器的主要技术数据见表 8-8。

表 8-7　快速熔断器主要技术数据

系列型号	额定电压 (V)	熔断器额定电流 (A)	熔体额定电流 (A)	极限分断 能力(kA)	cosφ
RS0	500	50	30,50	50	0.3
		100	50,80,100		
		200	150,200		
		350	320		
		500	400,480		
	750	350	320,350		
RS3	500	50	10,15,20,30,40,50	50	0.3
		100	80,100		
		250	150,200		
		320	250,300,320		
	750	200	150,200		
		300	200,300		
		350	320,350		

表 8-8　RLS 系列快速熔断器的技术数据

型号	额定电压 (V)	熔断器额定 电流(A)	熔体额定电流 (A)	极限分断 电流有效值	电路功率 因数
RLS-10	500V 以下	10	3、5、10	40kA	≥0.3
RLS-50		50	15、20、25、30、40、50		
RLS-100		100	60、80、100		

保护特性

额定电流倍数	熔断时间
1.1	5h 不断
1.3	1h 不断
1.75	1h 内断
4	<0.2s
6	<0.02s

15. 常用压敏电阻有哪些技术数据？

常用的 MY31 系列压敏电阻的技术数据见表 8-9。

表 8-9　常用的 MY31 系列压敏电阻技术数据

型号规格	标称电压 U_{1mA}(V)	允许偏差	通流容量 (8/20μs) (kA)	残压比		漏电流 (μA)
				$\dfrac{U_{100A}}{U_{1mA}}$	$\dfrac{U_{3kA}}{U_{1mA}}$	
MY31-160/1	160	+15%	1	≤2	≤5	≤100
MY31-160/2			2			
MY31-160/3			3			
MY31-160/5			5			
MY31-220/1	220	+10%	1	≤1.8	≤4	≤100
MY31-220/2			2			
MY31-220/3			3			
MY31-220/5			5			
MY31-220/10			10			
MY31-330/1	330	+10%	1	≤1.8	≤4	≤100
MY31-330/2			2			
MY31-330/3			3			
MY31-330/5			5			
MY31-330/10			10			
MY31-440/1	440	+10%	1	≤1.8	≤3	≤100
MY31-440/3			3			
MY31-440/5			5			
MY31-440/10			10			
MY31-470/1	470	+10%	1	≤1.8	≤3	≤100
MY31-470/3			3			
MY31-470/5			5			
MY31-470/10			10			
MY31-660/1	660	+10%	1	≤1.8	≤3	≤100
MY31-660/3			3			
MY31-660/5			5			
MY31-660/10			10			

16. 怎样选择整流变压器二次侧过电压阻容保护元件?

　　整流变压器本身对于来自电网的过电压有一定的隔离作用,并联在变压器二次侧的阻容保护电路如图 8-15 所示。保护电路中阻容元件的选取可按照变压器切断空载激磁电流时释放能量的大小来计算。经理论推导,对于单相整流变压器,电容的容量 C 可按下式计算:

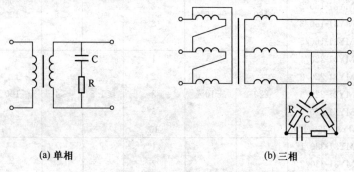

(a) 单相　　　　　　　　　　(b) 三相

图 8-15　整流变压器二次侧的阻容保护电路

　　(1)对于图 8-15a 中的电容器 C,其容量

$$C \geqslant 6I_0\% \frac{S_X}{U_2^2}$$

　　电容 C 的交流耐压值 $\geqslant (1.1\sim1.5)\sqrt{2}U_2$

式中　C——电容的容量(μF);

　　　S_X——变压器每相的平均计算容量(VA);

　　　U_2——变压器次级相电压有效值(V);

　　$I_0\%$——变压器空载电流百分数,对于几百瓦的变压器,取 10;对于几十瓦的,取 $3\%\sim4\%$。

　　电阻 R 可按负载电阻的 2.2 倍选取,一般为几欧到几十欧。其功率可按下式计算:

$$P \geqslant 4I_C^2R = 4(U\omega C \times 10^{-6})^2R$$

式中　P——电阻功率（W）；

　　　I_C——流过电容的电流（A）；

　　　U——整流变压器二次电压（V）；

　　　ω——电源角频率，$\omega = 2\pi f = 314$；

　　　C——电容的容量（μF）；

　　　4——为余裕倍数。

例如，变压器二次电压为 100V，电容 C 的容量为 3μF，则流过电容的电流为

$$I_C = 100 \times 314 \times 3 \times 10^{-6} = 0.094\,2(\text{A})$$

若电阻为 20Ω，则电阻功率为

$$P \geqslant 4 \times 0.094\,2^2 \times 20 = 0.71(\text{W})$$

因此，可选用 1W 的电阻。

(2)对于图 8-15b 中的电容 C 和电阻 R，其电容值和电阻值可先按以上两式计算出 C 和 R，再将电阻、电容值分别换算△接法的值 C' 和 R'，则

$$C' = C/3；R' = 3R$$

17. 电子设备有哪些抗干扰措施？

电子设备的抗干扰和抗静电能力差，容易引起误动作，因此必须认真对待。作为干扰产生源有电磁开关、继电器、接触器、电铃等动作产生的各种瞬变脉冲通过一定途径（如信号传输导线），侵入控制系统引起的；有直流电机、整流子电机、电焊机等产生的电火花空间放射高频电磁干扰引起的；也有由电网电压波动而出现暂态过程通过导线传送到控制系统引起的。

通常防干扰措施有：采用防干扰保护电路，接地，屏蔽，采用抗静电剂等，往往几种措施同时实行。

(1)对于经电源线引入的干扰波，应设法不让它通过设备内

部的电子回路,而将它引到外面去,这是接地技术的要点。

(2)对于沿电源线传播的干扰,可用去耦电容加以抑制。一级不行,用两级。

(3)对于由空间辐射传播的干扰,可采用屏蔽措施,即用金属罩将电子设备罩起,金属罩接地;或使干扰源远离。

(4)对于大量采用数字电路的设备,开关的动作会引起电流的变动,当该电流导入接地系统时,若接地电阻过大,易成为干扰源,为此,关键是降低接地电阻。

(5)对于静电干扰,除采用接地、屏蔽方法外,还可以采用抗静电剂,以及改变环境条件消除或减小静电。

(6)采取措施抑制电网电压的波动。如避免大容量设备投入到电子设备电源线上;采用稳压电源;串接电感以抑制电压高峰;采用无功功率补偿等。

(7)放大器等的输入线、输出线应与电源线、动力线分开,强电与弱电分开,不要平行敷设,两者应尽量远离。当无法远离时,应相互垂直敷设。

(8)对于生产车间的电子设备的电铃干扰,可以在电铃回路中并联一阻容吸收回路即可消除。一般电容器选 $0.22\mu F/400V$,电阻选 20Ω、$1W$。

18. 晶闸管变流装置有哪些抗干扰措施?

第 17 问的抗干扰措施也适用于晶闸管交流装置。另外,晶闸管交流装置还有以下抗干扰措施。

(1)对于高电压和高 du/dt 的线路通过静电寄生电容对低电平线路产生干扰,可采取以下措施:

①静电屏蔽(屏蔽层单端接地)。

②变压器次级并联一个 $0.01\sim0.047\mu F$ 的电容。

(2)对于快速的导通和关断引起电路的暂态过程产生较高的

$\mathrm{d}u/\mathrm{d}t$ 和 $\mathrm{d}i/\mathrm{d}t$，开关作用造成电源的突升和突降以及波形畸变的，可采取以下措施：

①采用隔离变压器或交流进线电抗器。

②晶闸管桥臂串接 $20\sim40\mu\mathrm{H}$ 电抗器。

③电网增设谐波补偿。

（3）对于变压器一、二次或几个二次线圈间形成干扰，可将同步变压器或脉冲变压器一、二次之间加屏蔽接地或二次并联一个 $0.047\sim0.47\mu\mathrm{F}$ 的电容。

（4）在晶闸管变换装置中，运行良好的装置有时会出现突然失控的情况，经检查又无干扰引起的。这往往是晶闸管等元件本身引起或安装不当引起。应采取以下措施：

①晶闸管特性不良、热稳定性差。应更换合格的晶闸管。

②晶闸管维持电流太小，在较大感性负载下易失控。应采用维持电流大于 60mA 的元件。

③续流二极管正向压降太大，在较大感性负载下不能起到续流作用，造成变换装置工作异常。应选用正向压降小于 0.55V 的二极管。

④续流二极管与三相半控桥式等整流电路输出母线间的距离过远，造成续流失效。应将此距离控制在 2m 以内。

⑤晶闸管阴极与控制极间的内阻太小，不易触发。若此电阻仅几十欧，则触发较困难。因此在选用或更换损坏的晶闸管时，应注意这个问题。

⑥从抗干扰的角度来说，晶闸管的触发灵敏度并非越高越好，一般选择触发电压 2V 左右，触发电流小于 50mA。

⑦与单向晶闸管不同，双向晶闸管有时会发生换向失败的问题。具体表现在处于反向阻断状态下的晶闸管在尚未加上触发

电压的情况下,在正向电压作用下自行导通。换向失败的本质是双向晶闸管的换向电压上升率 du/dt 差。换向失败可通过加大触发源的源电阻或串入二极管,以减小或阻挡反向恢复电流的通道,提高换向能力来解决。

⑧对于晶闸管元件的不触发电流(或电压)值太小,易误导通,可采取:

a. 选用不触发电流(电压)值较高的元件。

b. 控制极加 1~2V 负偏压或 20mA 以上的负偏流。

c. 控制极与阴极间并联 0.01~0.22μF 的电容。

d. 触发脉冲输出线和触发器控制极之间的连线采用绞线或同轴电缆。

⑨对于晶闸管承受的反向 du/dt 过大而误导通,可采取晶闸管桥臂串接 20~40μH 的电抗器或套高频磁环的方法。

19. 单相晶闸管交流开关基本电路有哪些? 各有何特点?

单相晶闸管交流开关基本电路及特点见表8-10。

表 8-10　单相晶闸管交流开关基本电路

序号	电　路	特　点
1		适用于半波控制,供给直流电阻负载的交流开关
2		半波控制,适用于电感性负载(电磁铁、离合器等)的交流开关,为避免失控,在负载两端应加接续流二极管 V_2

续表 8-10

序号	电 路	特 点
3		(1)简单经济 (2)只能在全负载的 50%～100%范围内开关
4		(1)晶闸管一只,触发简单,小容量时经济 (2)因一周要加两个脉冲,在电感性负载时易失控
5		(1)元件耐压要求为 $(3\sim4)U_2$ (2)电阻、电感和电容负载都适用
6		(1)因二极管短路作用,晶闸管得不到反向电压,元件耐压要求低,应用较多 (2)各种负载都适用

20. 三相晶闸管交流开关基本电路有哪些? 各有何特点?

三相晶闸管交流开关基本电路及特点见表 8-11。

表 8-11   三相晶闸管交流开关基本电路

名称	电路	特点	说明
三只晶闸管的三相交流开关		(1)仅用三只晶闸管,经济 (2)晶闸管三角形回路中无直流分量 (3)$I_d = 0.68 I_2$ $U_p = 1.41 U_2$ 适用于三个分开的三角形,或可接成中点打开的星形负载	要求移相范围 0~210°
中线接地,用六只晶闸管三相交流开关		(1)中线接地,以通过高次谐波,输出波形好,谐波少 (2)相当于三个相位移 120° 的单相电路 (3)$I_d = 0.45 I_2$ $U_p = 0.82 U_2$	移相范围要求 0~180°触发应采用双脉冲或宽脉冲(脉宽>60°)
六只晶闸管组成的内三角形三相交流开关		(1)晶闸管承受线电压,要求耐压较高,$U_p = 1.41 U_2$ (2)晶闸管通过电流较小,$I_d = 0.255 I_2$ 适用于大电流场合	要求移相范围 0~150°,负载必须可分为单相接线
中线不接地,六只晶闸管组成的 Y 形(△形)三相交流开关		(1)可任意选择负载形式(△形或 Y 形) (2)输出谐波分量小,滤波要求低 (3)线路转换复杂 (4)$I_d = 0.45 I_2$ $U_p = 0.82 U_2 (1.41 U_2$ —— 非对称时)	移相只需 0~150°,要求双脉冲或宽脉冲(脉宽>60°)

续表 8-11

名　称	电　路	特　点	说　明
三只晶闸管、三只整流管的三相交流开关		(1)元件少,控制较简单 (2)电流波形正负不对称,但无直流分量 (3)谐波分量大 (4)$I_d = 0.45I_2$ 　　$U_p = 1.41U_2$ 不适于作变压器网侧调压,但可用于电感性负载	要求移相范围 0～210°,适用于电感性负载(因无直流分量)
四只晶闸管组成的三相交流开关		(1)元件少,控制简单 (2)负载连接形式不受限制 (3)无直流分量,无偶次谐波 (4)在控制角 α 较大时,三相不对称 (5)$I_d = 0.45I_2$ 　　$U_p = 1.4U_2$ 不适于变压器和电感为负载的调压,仅适用于作通断用的开关	A 相移相范围 0～210° B 相移相范围 0～150°

注:I_d——晶闸管工作平均电流;$I_2 - \alpha = 0$ 时的线电流(有效值);U_p——晶闸管工作电压(峰值);U_2——电网线电压(有效值)。

21. 双向晶闸管交流开关基本电路有哪些? 怎样选择电路参数?

双向晶闸管交流开关基本电路及电路参数选择见表 8-12。

表 8-12   双向晶闸管交流开关基本电路

名称	电路	适用对象	电路参数选择
单相电阻性负载		恒温箱、电阻炉、灯泡等电热丝组成的电阻性负载	（1）限流电阻 R_1：在电源电压（相电压）为 220V 时，触发导通双向晶闸管 V，调到能使其两端压降小于 $1\sim5$V 即可，一般 R_1 阻值在 $75\sim5\,000\Omega$ 之间，功率在 2W 以下
单相电感性负载		变压器、交流电弧焊机、电动机等	
三相电阻性负载		三相电热设备	（2）R_2C_2 吸收回路：限制加在双向晶闸管两端的电压上升率，一般 R_2 取 100Ω、10W，电容 C_2 取 0.1μF、400V
三相电感性负载		三相电动机等感性负载	

22. 常用晶闸管整流电路有哪些？各有何特点？

常用单相和三相晶闸管整流电路及特点比较见表 8-13。

表 8-13　常用晶闸管整流电路比较

名称	单相半波	单相全波	二相零式	单相全控桥	三相半波	三相桥式
电路						
U_m/U_{z0}	3.14	3.14	1.68	1.57	2.09	1.05
越小越好	最大	最大	一般	一般	较大	最小
I_a/I_z	1	0.5	0.83	0.5	0.33	0.33
越小越好	最大	一般	较大	一般	一般	一般
变压器初级利用率(%)	28.6	90	一	90	82.7	95.5
越大越好	最小	较大	一	较大	一般	最大
变压器次级利用率(%)	28.6	63.7	一	90	67.5	95.5
越大越好	最小	一般	一	较大	一般	最大

续表 8-13

名称	单相半波	单相全波	二相零式	单相全控桥	三相半波	三相桥式
功率因数	0.405	0.637	—	0.901	0.826	0.955
越大越好	最小	小	小	一般	一般	最大
s	1.21	0.484	较大	0.484	0.187	0.042
越小越好	最大	较大	较大	较大	一般	最小
线路结构	一只晶闸管	二只晶闸管	一只晶闸管 二只二极管	四只晶闸管	三只晶闸管	六只整流元件
越简单越好	最简单	较简单	较简单	较简单	一般	一般

注：U_m——元件最大反向电压（峰值）；U_{zo}——空载直流输出电压；I_a——流过晶闸管的电流（平均值）；I_z——输出直流电流；s——全导通时输出电压脉动系数。

九、触发电路和反馈电路

1. 晶闸管对触发电路有哪些基本要求？

晶闸管由截止到导通需要在控制极上加以一定的触发信号。触发信号可以是直流信号、交流信号或脉冲信号，但通常使用的是脉冲信号。晶闸管对触发电路的基本要求如下：

(1)触发信号应有足够的触发功率(电压和电流)　一般触发电压为 4～10V，触发电流为几十到几百毫安。因此要求脉冲变压器初级直流电源电压不小于 15V 左右(一般为 18～24V)。

(2)控制极平均功率 P_G 不能超过允许值　对于 5A 的晶闸管应小于 0.5W，10～50A 的小于 1W，100～200A 的小于 2W。瞬时峰值电压不大于 10V。

(3)触发脉冲应有足够的宽度　因为晶闸管的开通时间约为 $6\mu s$，故触发脉冲宽度不能小于 $6\mu s$，最好为 $20～50\mu s$。对于电感性负载，脉冲宽度还应加大，否则脉冲消失时，主回路电流还上升不到擎住电流，晶闸管就不能导通。对于小容量变流器在电阻性负载下运行时，也可用较窄的触发脉冲。

(4)在采用强触发时，晶闸管控制极功率可能超过允许平均功率几倍，但允许的峰值功率比平均功率大得多，由于强触发时晶闸管的开通时间很短(只有几微秒)，因此强触发脉冲可以很窄。如果主电路带电感负载需要宽的触发脉冲时，可以用$(1.5～2)I_{GT}$电流维持(其中 I_{GT} 为晶闸管控制极触发电流)。常用的强触发脉冲波形如图 9-1 所示。

(5)为了使触发时间准确，要求触发脉冲上升前沿要陡，最好

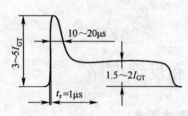

图 9-1　常用的强触发脉冲波形

在 $10\mu s$ 以下。

（6）具有抗干扰能力　不触发时，触发电路的输出电压应小于 $0.15\sim0.2V$；为避免误触发，必要时可在控制极上加 $1\sim2V$ 的负电压。

（7）感性负载应加宽触发脉冲　晶闸管的开通过程虽然只有几微秒，但这并不意味着晶闸管已能维持导通。如果触发脉冲消失时阳极电流值小于晶闸管的擎住电流值，晶闸管就不能维持继续导通而关断。擎住电流值一般为维持电流 I_H 的数倍。在电感负载情况下，晶闸管导通后，由于负载电感的作用，阳极电流上升到擎住电流需要一定的时间。电感越大，电源电压越低，阳极电流上升越慢，因此触发脉冲应维持一段时间，以确保晶闸管可靠导通。

（8）触发脉冲必须与加在晶闸管上的电源电压同步，以保证主电路中的晶闸管在每个周期的导通角相等。而且要求触发脉冲发出的时刻能平稳地前后移动（即移相），同时还要求移相范围足够宽。

（9）一般情况下，触发装置应与处于高电位的主电路互相隔离，以保证人身和设备的安全。

2. 常用触发脉冲形式有哪些？各适用哪些场合？

根据负载性质等不同，可选用以下 6 种触发脉冲形式，如图 9-2 所示。

（1）窄脉冲　其脉冲宽度 $T=30\sim100\mu s$，适用于电阻性负载和小功率晶闸管，如图 9-2a 所示。

（2）宽脉冲　其脉冲宽度 $T=100\mu s\sim5ms$，适用于感性负载，根据电感的强弱选取适当的脉冲宽度，如图 9-2b 所示。弱电感性负载(如带平波电抗器的电动机电枢回路),可取 1ms 以下;强电感性负载(如直流电机的磁场回路),可取 $1\sim5$ms。对于三相全控桥式电路,如果不是采用双脉冲触发,为了使顺序两个晶闸管同时被触发,脉冲宽度必须大于 $60°$ 电角度,一般取 5ms 左右。

(3)连续脉冲　其脉冲宽度 $T=180°-\alpha$(α 为晶闸管导通角),适用于强电感性负载,如图 9-2c 所示。对于感性负载的调压,无论单相或三相都应采用 $180°-\alpha$ 的连续脉冲。

(4)双脉冲　双脉冲主要是为适应三相全控桥式电路要求,使相邻两元件同时得到触发脉冲,如图 9-2d 所示。不带中心点的三相交流调压电路也与此相似,要用双脉冲或大于 $60°$ 的单脉冲。

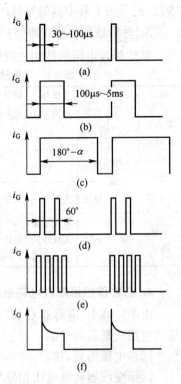

图 9-2　各种不同的触发脉冲形式
(a)窄脉冲　(b)宽脉冲　(c)连续脉冲
(d)双脉冲　(e)脉冲列　(f)组合脉冲

(5)脉冲列　载波频率为 $5\sim20$kHz。任何一种宽度的脉冲都可调制成脉冲列,主要是简化了宽冲的传送,如图 9-2e 所示。

(6)组合脉冲　在触发串联或并联的晶闸管时,要求触发电流有很高的上升率,如($1\sim3$)A/μs。当脉冲宽时,脉冲变压器必然匝数多、漏感大,难以达到很高的电流上升率,如图 9-2f 所示。

为此,需采用上升率高的窄脉冲和宽脉冲组合的方式。

3. 常用触发电路有哪些? 它们的性能如何?

常用触发电路的性能比较见表 9-1。

表 9-1　常用触发电路的性能比较

触发电路	脉冲宽度	脉冲前沿	移相范围	调整难易	可靠性	费用	应用范围
阻容移相电路	宽	极平缓	150°	易	高	最小	适用于简单的、要求不高的晶闸管整流装置
单结晶体管	窄	极陡	160°	易	高	较小	广泛用于各种单相、三相和中小功率的晶闸管整流装置
晶体管	宽	较陡	大于180°	复杂	稍差	最贵	适用于要求宽移相范围的晶闸管整流装置
小晶闸管	宽	较陡	取决于输入脉冲的移相范围	较易	较高	较贵	适用于大功率和多个大功率晶闸管串、并联使用的晶闸管整流装置

4. 阻容移相桥触发电路是怎样工作的?

由电位器 R、电容器 C 和带中心抽头的同步变压器 T 组成的桥式电路就是最简单的一种触发电路,如图 9-3 所示。它本身就包含同步电压形成、移相、脉冲形成与输出三个部分。

同步变压器初级电压相位与晶闸管主电路电压相位相同,其次级有一个中心抽头 O 将次级绕组分成 OA、OB 两组作为桥路的两臂,桥路的另两臂是电阻 R 和电容 C。对角线 OD 为输出端。

工作原理:由电路可知

$$\dot{U}_{AB}=\dot{U}_{AD}+\dot{U}_{DB}=\dot{U}_R+\dot{U}_C$$

它们的矢量关系如图 9-3b 所示,u_{AB}、u_{OD}、u_R、u_C 波形如图 9-3c 所示。从矢量图可以看出,$\dot{U}_{OD}$ 落后于 $\dot{U}_{AB}$ 一个角度 α,当改变电阻 R 阻值时,α 也随之改变。例如,当减小 R 时,因为 $\dot{U}_R$ 与 $\dot{U}_C$ 的相位差始终等于 90°,所以 $\dot{U}_R$、$\dot{U}_C$ 的大小和方向都要随着改变(如

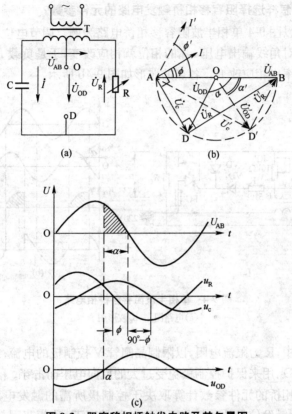

图 9-3 阻容移相桥触发电路及其矢量图

（a）电路原理图 （b）矢量图 （c）电压波形图

图中的 $\dot{U}_R{}'$ 和 $\dot{U}_C{}'$ ），因此电流 $\dot{I}'$ 与电压 $\dot{U}_{AB}$ 的夹角 φ' 变大，于是 α' 就减小。同时可以看出，D 一直在以 AB 为直径的半圆上移动，从而保证了 $\dot{U}_{OD}$ 在数量上永远等于 $\dot{U}_{AB}$ 的一半。如果以 $\dot{U}_{OD}$ 作为触发信号，就可以利用改变电阻 R 的大小，实现对晶闸管的移相控制。

由图 9-3c 的电压波形图可知，在 α 角时晶闸管导通。

5. 怎样选择阻容移相桥触发电路的元件参数?

现以图 9-4 单相半波阻容移相桥电路为例。调节电位器 RP,移相桥对角线输出电压 u_{OD} 的相位就相应改变,于是负载 R_{fz} 得到整流功率也相应改变。各点的波形如图 9-4b 所示。

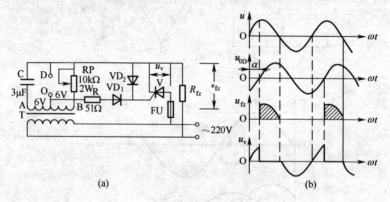

(a)　　　　　　　　　　　　　(b)

图 9-4　单相半波阻容移桥相电路

(a)电路图　(b)波形图

图中,R 为限流电阻,以限制晶闸管 V 控制极的电流;二极管 VD₁、VD₂ 用来保护控制极免受过大的反向电压而击穿。

移相桥的元件参数计算取决于控制极所需的触发电压及电流,以及触发信号的移相范围。在一般情况下,移相范围都较宽。为了获得适当的触发信号幅值和足够的移相范围,在直接触发时必须满足以下要求:同步变压器次级总电压 U_{AB} 应大于 2 倍的控制极最起码的触发电压;移相桥臂上电阻电容的电流应大于控制极最起码的触发电流;电位器阻值应为电容器容抗的数倍以上。

移相桥电阻、电容的经验计算公式如下:

$$C \geqslant \frac{3I_{OD}}{U_{OD}}$$

$$R \geqslant K_R \frac{U_{OD}}{I_{OD}}$$

式中　C——电容(μF)；

　　　R——电阻(kΩ)；

U_{OD}、I_{OD}——移相桥对角线电压和电流(V、mA)；

　　K_R——电阻系数，见表9-2。

表 9-2　电阻系数

输出电压调节倍数	2	2～10	10～50	50 以上
移相范围(°)	90	90～144	144～164	164 以上
电阻系数 K_R	1	2	3～7	7 以上

例　试设计 KP200A 晶闸管的单相半波阻容移相桥触发电路。要求负载电压 30～200V 可调。

解　由手册查得 KP200A 晶闸管的门极(即控制极)触发电压 $U_{GT} \leqslant 4$V、门极触发电流 $I_{GT} = 10 \sim 250$mA。

由于输出电压调节倍数为 200/30＝6.7，查表9-2，取 $K_R = 2$。

根据同步变压器次级总电压 U_{AB} 应大于 2 倍的控制极最起码的触发电压的要求，则 $U_{AB} = U_{OD} = 2U_{GT} = 2 \times 4 = 8$(V)，取 $U_{OD} = $ 10V。

取移相桥对角线电流 $I_{OD} = I_{GT} = 250$mA，则

电容　　$C \geqslant \dfrac{3I_{OD}}{U_{OD}} = \dfrac{3 \times 250}{10} = 75(\mu F)$，取 80$\mu$F

电容 C 选用无极性铝电解电容器，耐压 25V。

电阻 $R \geqslant K_R \dfrac{U_{OD}}{I_{OD}} = 2 \times \dfrac{10}{250} = 0.08$(k$\Omega$)，取 82$\Omega$

电阻功率为

$$P_R \geqslant \frac{1}{2} I_{GT}^2 R = \frac{1}{2} \times 0.25^2 \times 82 = 2.6(W)，取 5W$$

式中系数 1/2，是因为一周内最多只工作半周。

二极管 VD_1、VD_2 可选用 1N4001。

6. 简单的阻容移相触发电路有哪些？各有何特点？

简单的阻容移相触发电路有：可变电阻式移相电路，阻容加二极管或稳压管式移相电路和阻容加双向触发二极管式移相电路等。

(1)可变电阻式移相电路　单向晶闸管可变电阻式移相电路如图 9-5 所示，其波形图如图 9-5b 所示。双向晶闸管可变电阻式移相电路如图 9-6a 所示，其波形图如图 9-6b 所示。

电路特点：简单，移相范围<90°，如图 9-5b 所示，移相范围<180°如图 9-6b 所示；受温度影响大(指移相精度，适用于小功率、要求不高的场合)。

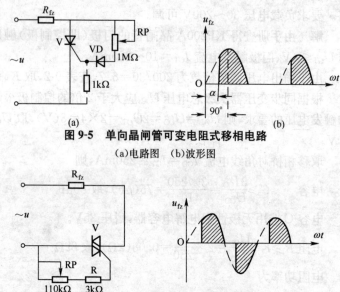

图 9-5　单向晶闸管可变电阻式移相电路
(a)电路图　(b)波形图

图 9-6　双向晶闸管可变电阻式移相电路
(a)电路图　(b)波形图

图 9-6 中,电阻 R、电位器 RP 的阻值可由试验决定,其功率 0.5～1W;二极管 VD 可选用 1N4001。

(2)阻容加二极管或稳压管式移相电路　单向晶闸管阻容加二极管式移相电路如图 9-7a 所示,其波形图如图 9-7b 所示。

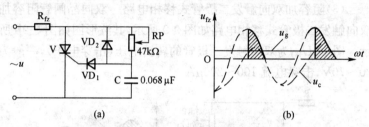

(a)　　　　　　　　　　　　(b)

图 9-7　阻容加二极管式移相电路

(a)电路图　(b)波形图

电路特点:简单,移相范围<180°,实用范围为 170°;受温度影响较大,适用于小功率、要求不高的场合。

单向晶闸管阻容加稳压管式移相电路如图 9-8a 所示,其波形如图 9-8b 所示。图中 U_z 为稳压管 VS 的稳压值。

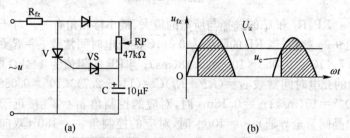

(a)　　　　　　　　　　　　(b)

图 9-8　阻容加稳压管式移相电路

(a)电路图　(b)波形图

电路特点:简单,移相范围<180°;线性度较好,控制准确度较前几种好,适用于低电压,而又要求不高的电镀、电解电源等。

图中,电位器 RP 选用十至数十千欧、0.5～1W;二极管选用

1N4001;稳压管 VS 选用稳压值为十几伏至数十伏、最大反向电流 I_{ZM} 为数十毫安的管子;电容 C 选用 $0.033\sim0.1\mu F$,漏电流小的电容,如 CBB22 型等;电解电容 C 选用 $10\sim100\mu F$,也要求漏电流小。

(3)阻容加双向触发二极管式移相电路　双向晶闸管阻容加双向触发二极管式移相电路如图 9-9 所示,其波形图如图 9-9b 所示。图中,U_{BO} 为双向触发二极管的转折电压(击穿电压),一般为 $20\sim70V$,击穿电流 $100\sim200\mu A$。

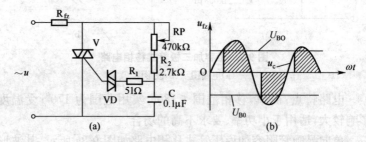

图 9-9　双向晶闸管阻容移相电路
(a)电路图　(b)波形图

RP、R_2 和 C 的选择与所需的最大、最小移相角有关。对于如图 9-9a 参数,当 RP 的阻值为 0 时,C 的充电时间常数 $\tau_1=R_2C=2.7\times10^3\times0.068\times10^{-6}=0.18(ms)$;当 RP 的阻值为 $144k\Omega$ 时,C 的充电时间常数 $\tau_2=(RP+R_2)C=(144+2.7)\times10^3\times0.068\times10^{-6}=10(ms)$;$\tau_1=0.18ms$ 时,对应的控制角 $\alpha_1=3°$(接近于双向晶闸管全导通);$\tau_2=10ms$ 时,对应的控制角 $\alpha_2=180°$(双向晶闸管关断)。可见,RP、R_2、C 的选择由调压范围而定。

图 9-9 中 R_1 为限流电阻,也可不用。

电阻、电位器的功率一般取 $0.5\sim1W$。

7. 单结晶体管触发电路是怎样工作的? 怎样选择元件参数?

由单结晶体管组成的触发电路,又称单结晶体管张弛振荡器。该触发电路简单易调,脉冲前沿陡,抗干扰能力强,但由于脉冲较窄,触发功率小,移相范围小,所以多用于 50A 及以下晶闸管的中、小功率变流装置中,电路如图 9-10 所示。单结晶体管发射极特性曲线如图 9-11 所示。

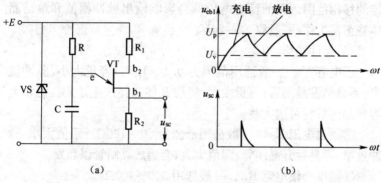

图 9-10　单结晶体管触发电路

(a)基本电路　(b)波形图

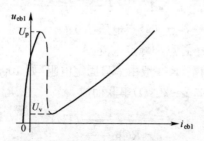

图 9-11　单结晶体管发射极特性曲线

(1)工作原理:接通电源后,电源电压 E 经电阻 R 向电容 C 充电,电容 C 两端电压 u_c 逐渐上升,当 u_c 上升至单结晶体管 VT 峰点电压 U_p 时,如图 9-10b 所示,管子 e-b_1 导通,电容 C 通过 e-b_1 和电阻 R_2 迅速放电,在 R_2 上产生一脉冲输出电压。随着 C 放电，u_c 迅速下降至管子谷点电压 U_V 时，e-b$_1$ 重新截止，电容 C 重新充电，并重复上述过程，于是在 R$_2$ 上产生如图 9-10b 所示的一串周期性的脉冲。

采用稳压管 VS 是为了保证输出脉冲幅值稳定，并可获得一定的移相范围。它的稳定电压值会影响输出脉冲幅值和单结晶体管正常工作，一般取 12～24V。

(2)元件选择

①电容 C。一般选用范围为 0.1～1μF。容量太小，脉冲就窄，不易触发晶闸管；容量太大，将与 R 的选择产生矛盾。触发大容量晶闸管时可选大些。

②放电电阻 R$_2$。一般选用范围为 50～100Ω。阻值太小，脉冲过窄，不易触开晶闸管；阻值太大，会造成晶闸管误触发。

③温度补偿电阻 R$_1$。一般选用 300～400Ω。

④充电电阻 R。为了获得稳定的振荡，R 的阻值应满足：

$$\frac{U_{bb}-U_v}{I_v} < R < \frac{U_{bb}-U_p}{I_p}$$

式中　U_v、U_p——谷点和峰点电压(V)；

　　　I_v、I_p——谷点和峰点电流(A)。

为了便于调整，R 一般由一只固定电阻(如 100Ω～1.5kΩ)和一只电位器(如 2.2～20kΩ)串联而成。

振荡频率：　　　$f = \dfrac{1}{RC\ln\dfrac{1}{1-\eta}}$(Hz)

式中　R、C——电阻和电容(Ω、F)；

　　　η——单结晶体管分压比。

⑤分压比 η 的选择。一般选用 η 为 0.5～0.85 的管子。η 太大，触发时间容易不稳定；η 太小，脉冲幅值又不够高，较难触发晶闸管。

⑥稳压管 VS 的选择。稳压管起同步作用,并能消除电源电压波动的影响。稳压管的工作电压 U_Z 若选得太低,会使输出脉冲幅度减小造成不触发;选得太高(超过单结晶体管的耐压,即 $30\sim60V$,或使触发脉冲幅值超过晶闸管控制极的允许值,即 $10V$),会损坏单结晶体管或晶闸管。一般选用 $18\sim20V$。

8. 晶体管触发电路是怎样工作的?

如图 9-12 所示为常用的一种晶体管触发电路,称作交流正弦同步电压垂直控制触发电路。

工作原理:该触发电路由移相控制环节和输出脉冲形成环节两大部分组成。

(1)移相控制环节　经同步变压器 T_1 次级绕组引入的交流正弦同步电压 u 与直流控制电压 U_k,叠加后加于三极管 VT_1 的基极 b,借助基极 b 电位的变化来控制 VT_1 的导通与截止。当 b 极电位较发射极 e 极电位负时,VT_1 便导通;反之,当 b 极电位为正时,VT_1 截止。因此,改变控制电压 U_k 的大小,就能直接改变 b 极电位的变化,也就改变了三极管 VT_1 的截止时刻,从而达到了移相控制作用。电容 C_1 是用来防止高频干扰。

(2)输出脉冲形成环节　当三极管 VT_1 截止时,其集电极经电容 C_2 输出负尖脉冲电流,使三极管 VT_2 相应导通。由于 VT_2 集电极电流经脉冲变压器 T_2 的初级绕组Ⅰ,于是在次级绕组Ⅱ和Ⅲ中分别产生正反馈电流和输出脉冲。正反馈电流能提高输出脉冲的陡度和加大脉冲的宽度。

该电路理论上移相范围为 $0\sim180°$,实际应用多在 $0\sim150°$。

该电路由于有正反馈,抗干扰能力差。同时交流电源电压的波动,会影响到移相角的变化。

9. 小晶闸管触发电路是怎样工作的?

小晶闸管触发电路的特点是触发功率大,有足够的触发脉冲

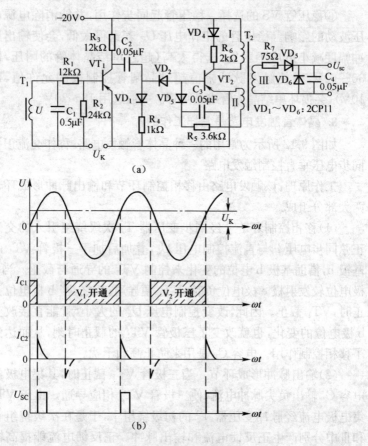

图 9-12 晶体管触发电路

(a)基本电路 (b)波形图

宽度。调节电位器,即可改变移相角。移相范围取决于输入脉冲的移相范围。

经脉冲变压器输出的小晶闸管触发电路如图 9-13 所示。

工作原理:该触发电路由同步电源、脉冲形成和脉冲放大三

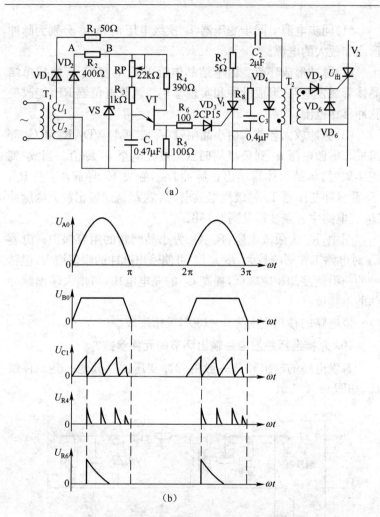

（a）

（b）

图 9-13　经脉冲变压器输出的小晶闸管触发电路

（a）基本电路　（b）各点波形图

部分组成。

（1）同步电源　同步变压器 T_1 次级电压 u_1 和 u_2 分别为脉冲形成和放大的电源。

（2）脉冲形成环节　由单结晶体管 VT、电容 C_1 等组成单结晶体管触发电路,形成脉冲和实现移相。调节电位器 RP,能改变脉冲移相范围。

（3）脉冲放大环节　由小晶闸管 V_1、二极管 VD_3、R_7 和 C_2 等组成。电源电压 u_2 到负半周时,C_2 被充电至 u_2 峰值。当 u_2 到正半周时,单结晶体管输出正脉冲 U_{R5},触发 V_1 导通,C_2 经 R_7、V_1 及脉冲变压器 T_2 初级绕组放电,T_2 次级绕组输出放大的脉冲 $U_{出}$。电路中各点波形见图 9-13b。

图中,R_5 为限流电阻;R_8、C_3 为小晶闸管的阻容保护。电容 C_2 对电路工作影响较大,增大 C_2 可使输出脉冲的幅值增大,但脉冲的前沿陡度却相应减低,提高 C_2 的充电电压,可增大输出脉冲的前沿陡度。

该电路的移相范围为 $0\sim160°$,灵敏度较高。

10. 怎样选择触发电路输出环节的元件参数?

触发电路的输出环节一般由脉冲变压器及其他一些元件组成,如图 9-14 所示。

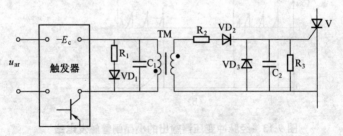

图 9-14　触发电路的输出环节

设计脉冲变压器 TM 时,不仅考虑输出脉冲的幅度和宽度,同时要考虑变压器的内阻。次级输出电压峰值不能超过 10V,一般取 8V 以内。对于窄脉冲(脉冲宽度 $300\sim100\mu s$)的脉冲变压器,可采用铁心截面面积不小于 $0.5cm^2$ 的硅钢片,初、次级绕组匝数相同,可用直径为 $0.15\sim0.25mm$ 漆包线绕制。对于宽脉冲的脉冲变压器,铁心截面面积应取得大些,绕组线径取粗些,初、次级匝数可按公式 $W_2=1.2\dfrac{W_1U_2}{U_1}$ 计算。式中 U_2 为次级电压,U_1 为初级供电电压,W_1、W_2 为初、次级匝数。

根据不同的电路和要求,在脉冲变压器初、次级可加接图9-14中的全部或部分元件。

电阻 R_1、电容 C_1 及二极管 VD_1 的作用是限制输出脉冲结束时,出现于脉冲变压器初级的反向尖峰电压,并加速变压器励磁能量的消减过程,以免触发器末级三极管等因承受高电压而损坏。R_1 越小,三极管承受的过电压越小,但脉冲变压器易饱和,在窄脉冲输出时,C_1、R_1 可以不用。

电阻 R_2 的作用是调节和限制输出触发电流,其数值在 $50\sim1000\Omega$。

二极管 VD_2、VD_3 的作用是短路负脉冲,保证只有正脉冲输入到晶闸管控制极。

电阻 R_3 的作用是调节输入晶闸管控制极的脉冲功率,降低干扰电压幅值,并能提高晶闸管承受 du/dt 的能力,其数值在 $50\sim1000\Omega$。

电容 C_2 的作用是旁路高频干扰信号,防止误触发,并能提高晶闸管承受 du/dt 的能力,但会使脉冲前沿陡度变差,其数值在 $0.01\sim0.1\mu F$,宜用寄生电容较小的云母电容或陶瓷电容。

11. 晶闸管触发电路有哪些常见故障? 怎样处理?

晶闸管触发电路的常见故障及处理方法见表9-3。

表 9-3　　晶闸管触发电路的常见故障及处理

故障现象	可能原因	处理方法
调节单结晶体管触发电路时,晶闸管达到某一导通角后忽然变成全关断	接于单结晶体管发射极上的充电电位器未串接固定电阻,当电位器调小至很小值时,发射极电流超过谷点电流,单结晶体管就关不了,电容充不上电,不能发出触发脉冲,晶闸管就全关了	在充电电位器回路串一只一定阻值的固定电阻
触发不开	(1)控制极断路或短路 (2)触发回路输出功率不够,或晶闸管要求的触发功率较大 (3)脉冲变压器次级极性接反 (4)整流装置输出没有负载	(1)检查控制极线路,若晶闸管内部故障,应予以更换 (2)提高触发回路的输出功率,如提高稳压管稳压值、提高单结晶体管的分压比 η、增大充电电容容量试试 (3)纠正脉冲变压器接线 (4)应加上负载
触发开了又自己关断	(1)晶闸管维持电流太大 (2)负载回路电感太大 (3)负载回路电阻太大(负载太轻) (4)触发回路的充电电容太小,脉冲太窄	(1)更换晶闸管 (2)采用宽脉冲触发电路 (3)增加负载(即减小负载回路电阻) (4)增大充电电容,如不小于 $0.1\mu F$
不触发自己导通	(1)单结晶体管质量不好 (2)晶闸管触发电压电流太小 (3)晶闸管两端无阻容保护,加在晶闸管上的电压上升率太高,造成正向转折 (4)温度过高 (5)晶闸管控制极引线受干扰引起误触发	(1)更换单结晶体管 (2)更换晶闸管 (3)增加阻容保护 (4)改善环境及通风条件,减轻负载 (5)消除误触发(参见第8-18问)

续表 9-3

故障现象	可能原因	处理方法
触发电路移相范围不够	(1)同步电源电压太低,梯形波前沿不陡 (2)充电回路固定电阻太大 (3)充电电容太大 (4)单结晶体管 η 太小	(1)提高同步电源电压,如用 $40\sim50\text{V}$ (2)适当减小固定电阻,如用 $100\Omega\sim1\text{k}\Omega$ (3)如大于 $1\mu\text{F}$ 时应减小 (4)采用 $\eta\geqslant0.65$ 的管子
晶闸管导通角关不到最小	(1)充电电容太小 (2)充电电位器太小 (3)用三极管代替电位器控制电容充电时,三极管漏电流太大,尤其当温度升高时更严重	(1)如小于 $0.1\mu\text{F}$ 时应加大 (2)增大充电电位器阻值 (3)选用漏电流小的三极管或在发射极串一只二极管

12. KJ系列集成触发器有哪些型号?

单立元件触发电路接线较繁琐,调整测试较复杂。随着电子技术的发展,现已制造出集成触发器。这种集成触发器将同步信号、脉冲移相、脉冲形成等触发电路的几个主要环节制作在一个集成块内,外部有适当的引出管脚。使用时,只需接上电源、引入同步电源、控制信号,加上简单的外部辅助电路,就可以得到所需要的触发脉冲。KJ 系列集成触发器就是常用的一种集成触发器。其型号及参数见表 9-4。

13. 单相全控桥、三相半控桥和三相全控桥集成触发器控制电路是怎样的?

KJZ2 型单相全控桥触发控制电路如图 9-15 所示。KJZ3 型三相半控桥触发控制电路如图 9-16 所示。KJZ6 型三相全控桥触发控制电路如图 9-17 所示。

表 9-4　KJ 系列晶闸管集成化触发器型号及参数

电参数＼型号	KJ001 晶闸管移相电路	KJ004 晶闸管移相电路	KJ042 晶闸管脉冲列调制形成器	KJ006 晶闸管移相电路	KJ009 晶闸管移相触发器	KJ041 六路双脉冲形成器
电源电压	直流＋15V，－15V，允许波动±5%（±10%时功能正常）	直流＋15V，允许波动±5%（±10%时功能正常）	直流＋15V，允许波动±5%（±10%时功能正常）	自生直流电源电压12～14V，外接直流电源电压±15V，允许波动±5%（±10%时功能正常）	直流＋15V，－15V，允许波动±5%（±10%时功能正常）	直流＋15V，允许波动±5%（±10%时功能正常）
电源电流	正电流≤15mA 负电流≤10mA	20mA	20mA	12mA	正电流≤15mA 负电流≤8mA	≤20mA
同步电压	交流10V方均根值	—	—	≥10V（有效值）	任意值	—
移相范围	KJ001：≥150°（同步电压10V时）KJ001：210°（两相同步电压10V分别输入时）	—	—	≥170°（同步电压220V，同步输入电阻51kΩ）	170°（同步电压30V，同步输入电阻15kΩ）	—

续表 9-4

型号 电参数	KJ001 晶闸管 移相电路	KJ004 晶闸管 移相电路	KJ042 脉冲列 调制形成器	KJ006 晶闸管 移相电路	KJ009 晶闸管 移相触发器	KJ041 六路双 脉冲形成器
锯齿波幅度	10V(幅度以锯齿波平顶为准)	—	—	7~8.5V	—	—
同步输入端允许最大同步电流	—	—	—	6mA(有效值)	6mA(有效值)	—
输出脉冲	脉冲宽度:100μs~3.3ms(改变脉宽电容达到) 脉冲幅度:13V(输出接1kΩ电阻负载) 最大输出能力(吸收电路):15mA 输出反压:BU_{ceo}18V(测试条件 I_e20μA)	最大输出能力:20mA(流出脉冲电流,幅度:1V)(负载50Ω)	幅度:13V 最大输出能力:12mA	宽度:100μs~2ms(通过改变脉宽阻容元件达到) 幅度≥13V(电流电压15V时) 最大输出能力:200mA(吸收电流) 输出反压:BU_{ceo}18V(测试条件 I_e=100μA)	宽度:100μs~2ms(改变阻容元件达到) 幅度:13V 最大输出能力:100mA(流出脉冲电流) 输出反压:BU_{ceo}≥18V(测试条件 I_e=100μA)	最大输出能力:20mA(流出脉冲电流) 幅度:≥1V (负载50Ω)
移相线性误差	±1%					

续表 9-4

电参数＼型号	KJ001 晶闸管移相电路	KJ004 晶闸管移相电路	KJ042 脉冲列调制形成器	KJ006 晶闸管移相电路	KJ009 晶闸管移相触发器	KJ041 六路双脉冲形成器
同步输入端反压	≥15V	—	—	—	—	—
同步输入端允许最大同步电流	6mA（方均根值）	—	—	—	—	—
输入端二极管反正	—	30V	30V	—	—	30V
控制端正向电流	—	3mA	2mA	—	—	3mA
允许使用环境温度	—	I类 125℃～-55℃ IA类 85℃～-55℃ II类 85℃～-40℃ III类 70℃～-10℃	I类 125℃～-55℃ IA类 85℃～-55℃ II类 85℃～-40℃ III类 70℃～-10℃	I类 -55℃～+125℃ IA类 -55℃～+85℃ II类 -40℃～+85℃ III类 -10℃～+70℃	I类 125℃～-55℃ IA类 85℃～-55℃ II类 85℃～-40℃ III类 70℃～-10℃	I类 125℃～-55℃ IA类 85℃～-55℃ II类 85℃～-40℃ III类 70℃～-10℃

续表 9-4

型号＼电参数	KJ001 晶闸管移相电路	KJ004 晶闸管移相电路	KJ042 脉冲列调制形成器	KJ006 晶闸管移相电路	KJ009 晶闸管移相触发器	KJ041 六路双脉冲形成器
调制脉冲频率	—	—	5～10kHz（通过调节外接 R、C 达到）	—	—	—
晶闸管检测端最大输入电流	—	—	—	6mA	—	—
正负半周脉冲相位不均衡	—	—	—	±3%	±3%	—
输入控制电压灵敏度	—	—	—	—	—	—
零电流检测输出幅度	—	—	—	—	—	100mV、300mV、500mV

注：原航天部 691 厂生产。

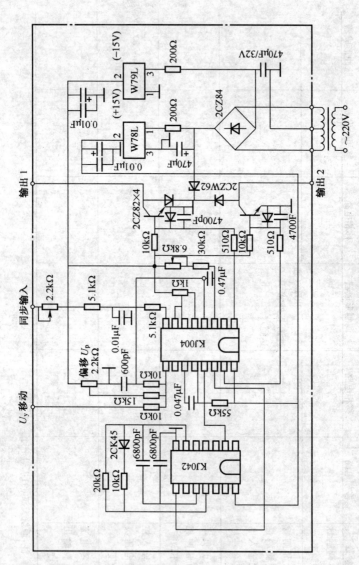

图 9-15　KJZ2 型单相全控桥触发控制电路

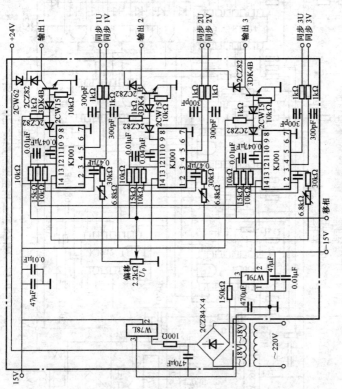

图 9-16 KJZ3 型三相半控桥触发控制电路

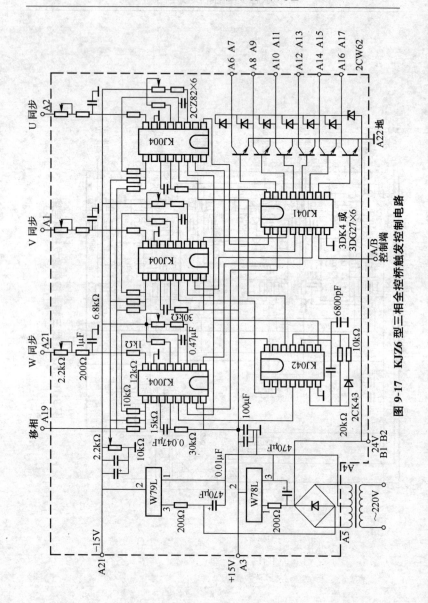

图 9-17 KJZ6 型三相全控桥触发控制电路

14. 什么是零触发型集成触发器？

零触发型触发器是利用晶闸管作为交流开关，在交流电压（或电流）过零时触发导通，通过控制通断比来实现功率调整，负载上得到的电压（电流）总是完整的正弦波，这是它的特点。负载得到的功率 P 取决于晶闸管导通的周波数 n_1 与关闭的周波数 n_2 之比，即

$$P = \frac{n_1}{n_1 + n_2} P_e$$

式中　P_e——晶闸管连续导通的负载所获得的功率。

晶闸管零触发的基本方式有电压零触发和电流零触发两种。电压零触发是在交流电过零时触发晶闸管导通，适用于热惯性时间常数较大的电阻性负载，但不适用于电压、电流不能同时过零的电感性负载。电流零触发适用于电感性负载，即在滞后于电压过零后一个 α 角时将触发脉冲送到晶闸管控制极，只要使 α 角等于负载功率因数角 φ，则晶闸管就在电流过零时导通，这样负载就不会受到大电流冲击。

常用的零触发型集成触发器有 KJ008 型、KJ007 型、KC08 型、GY03 型、TA7606P 型、μPC1701C 型和 M5172L 型等。

15. KJ008 型和 KC08 型零触发型集成触发器是怎样工作的？有哪些技术参数？

（1）集成触发器简介　KJ008 型和 KC08 型两种专用集成触发器是用于双向晶闸管（或两只单向晶闸管反并接）电压过零触发或电流过零触发的单片集成电路，可直接触发 50A 的双向晶闸管。如外加功率扩展，可触发 500A 的双向晶闸管。

零触发集成电路可用移相、零电压触发和零电流触发三种控制方式。三种控制方式的波形图如图 9-18 所示。

集成触发器的内部结构如图 9-19 所示。

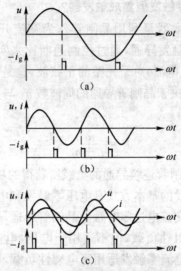

图 9-18　三种控制方式的波形图
(a)移相控制　(b)零电压触发　(c)零电流触发

　　由二极管 $VD_1 \sim VD_4$ 和三极管 VT_1 组成电源电压过零检测；由二极管 $VD_6 \sim VD_9$ 和三极管 VT_6 组成负载电流过零检测。稳压管 VS 和二极管 VD_5 用于自生直流电压，它们与外接元件 R、VD、C 配合，在第 14 和第 7 脚间形成 $12 \sim 14V$ 直流电压供芯片使用。三极管 VT_2、VT_3 组成差分放大器，将第 2 脚输入的控制电压与第 4 脚输入的基准电压进行比较。在零电压工作状态下，当控制电压较基准电压低时，VT_2 截止，VT_3 导通，在电源电压过零点处，VT_1、VT_4 截止，差分放大器的发射极电流注入 VT_5 的基极，使 VT_5 导通，第 5 脚输出负脉冲。反之，当控制电压大于基准电压时，VT_2 恒导通，VT_1 的基极电流流入 VT_2 集电极，VT_1 也恒导通，VT_5 则无脉冲输出。

　　第 3 脚是输出脉冲控制端，当它处于高电平时，VT_4 恒导通，

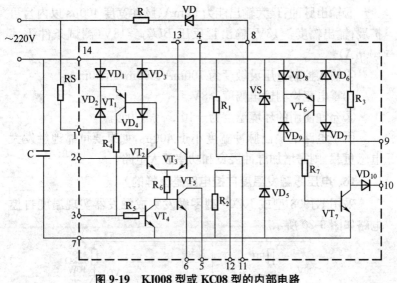

图 9-19　KJ008 型或 KC08 型的内部电路

触发脉冲被旁路,当用于零电流控制时,电压过零部分不用,即第 1 脚悬空,而将第 10 脚与第 13 脚相连,就能用负载电流信号控制输出脉冲。

作为一般使用时,第 6 脚与第 7 脚短接,由第 5 脚输出。此时,它的负载能力为 200mA。当需要扩展输出电流时,可在第 5 脚、6 脚、7 脚外接 NPN 型三极管(分别接基极、集电极、发射极)作电流放大。

(2)主要技术参数

①电源电压:自生直流电源电压为 +12～+14V;外接直流电源电压为 12～16V。

②电源电流≤12mA。

③自生电压电源输入端最大峰值电流为 8mA。

④零检测器输入端最大峰值电流为 8mA。

⑤输出脉冲:最大输出能力 50mA(脉冲宽度 400μs 以内),可扩展;输出幅度≥13V;输出管反压 BU_{ceo}≥18V(测试条件 I_e = 100μA)。

⑥输入控制电压灵敏度为 100mA、300mA、500mA。

⑦零电流检测输出幅度≥8V。

⑧允许使用的环境温度为 −10℃～＋70℃。

由于电路的输出脉冲宽度小于 400μs,如果要可靠地触发大电感负载,则需增加脉冲展宽和功率放大电路。

16. 电压零触发温度自控电路是怎样的?

采用 KJ008 型或 KC08 型零触发集成触发器实现温度自控电路如图 9-20 所示。

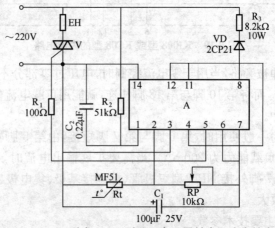

图 9-20　KJ008 型或 KC08 型用于电压零触发温度自控电路

工作原理:集成电路与外接电阻 R_3、二极管 VD 和电容 C_1 配合,在第 14 脚和第 7 脚间形成 12～14V 直流电压供芯片使用。电网电压经电阻 R_2 加到第 1 脚和第 14 脚之间,以检测电源电压过零点。第 4 脚、第 11 脚、第 12 脚相互短接,在第 4 脚得到一个固定的电位。第 2 脚电位取决于负温度系数的热敏电阻 Rt 与电位器 RP 的分压。随着温度升高，Rt 阻值减小，2 脚电位升高。当温度达到设定值(可调节 RP 来改变)时，2 脚电位高于 4 脚电位，过零点触发脉冲消失；反之，当温度下降到设定值以下时，A 的 2 脚电位低于 4 脚电位，双向晶闸管 V 得到零触发脉冲而导通，接通电热器 EH 加热。当温度上升达到设定值时，V 关闭，重复上述过程，从而使被控温度保持在设定值附近。

17. 电流零触发交流调压控制电路是怎样的？

采用 KJ008 型或 KC08 型零触发集成触发器实现无干扰的交流调压控制电路，如图 9-21 所示。

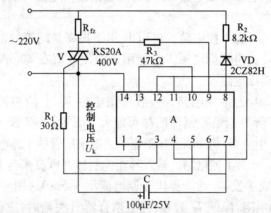

图 9-21 KJ008 型或 KC08 型用于电流零触发交流调压控制电路

工作原理：集成电路与外接电阻 R_2、二极管 VD 和电容 C 配合，在第 14 脚和 7 脚之间形成 12～14V 的直流电压供芯片使用。同步电压取自双向晶闸管 V 第 2 电极。当负载电流为零时，V 关闭，同步电压通过负载 R_{fz}、同步电阻 R_3 加到 9 脚与 14 脚之间，进行电流过零检测。第 4 脚、11 脚、12 脚短接后，4 脚得到一基准电位，2 脚加控制电压，两者通过电路内部的差分放大器进行比较后,由第 5 脚输出触发脉冲。当控制电压高于基准电压(即 2 脚电位高于 4 脚电位)时,5 脚输出为高电平,无脉冲输出;当 2 脚电位低于 4 脚电位时,不论电网电压正半周还是负半周,只要负载电流不过零,5 脚总是呈低电平,仍无脉冲输出。只有当 2 脚电位低于 4 脚电位且负载电流过零瞬间 5 脚才输出正脉冲。因此,在温度控制系统中,当炉温低于设定值时,只要使 2 脚电位低于 4 脚电位,就能在负载电流过零时输出脉冲,触发双向晶闸管导通;否则,双向晶闸管关闭,从而达到交流调压的目的。

18. 光电耦合器触发电路是怎样的?

光电耦合器触发电路(即与晶闸管的接口电路)如图 9-22 所示。

图 9-22a 为半控电路。电阻 R 用于提高晶闸管的电压上升率 du/dt 及正向转折电压。它能用于触发电流在 50mA 以下的小晶闸管调压电路。

图 9-22b 为半控电路。一般希望电阻 R_1 上的功耗尽可能小,而晶闸管导通角控制范围尽可能大。图中,二极管 VD 能使 R_1 功耗减小一半;稳压管 VS 限制了光敏三极管的工作电压。

图 9-22c 为半控电路。输入移相控制脉冲电流来自 KC10 型半控桥集成触发器,约能提供控制电流 $I_F = 5mA$。图 9-22c 中,R_2 为零偏电阻,保证 I_F 为零、光电耦合器 B 关断时,三极管 VT 能可靠截止;R_3 为限流电阻,保护三极管 VT 免受损坏;VS 为保护稳压管,采用 2CW106,稳压值为 $7 \sim 8.8V$,最大稳定电流为 110mA,用来限制晶闸管控制极与阴极之间的电压不超过允许的 10V 以内。VS 也可用 2CW105,稳压值为 $6.2 \sim 7.5V$;电容 C 为抗高频干扰用。

该电路可触发 KP800A 及以下的晶闸管。

为使晶闸管工作时得以可靠触发,应满足以下条件:

$$I_{gmin} < CTR\beta I_K$$

式中　I_{gmin}——晶闸管所需的最小触发电流(mA)；

　　　I_K——KC10 型集成电路提供的控制电流(mA)；

　　CTR——光电耦合器的电流传输比；

　　　β——三极管 VT 的电流放大倍数。

图 9-22d 为宽脉冲触发双向晶闸管电路。通过三极管 VT 的放大，能提供较大的触发电流(最大触发电流为 25mA)。R_1 为限制接通时浪涌电流。

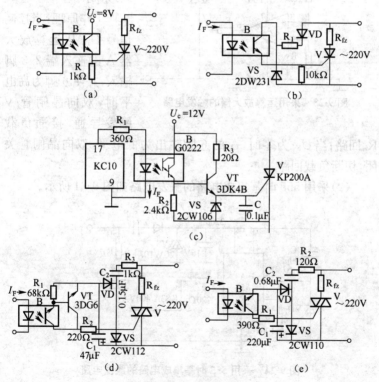

图 9-22　光电耦合器触发电路

图 9-22e 为连续脉冲触发晶闸管电路。对触发电流小于 10mA 的晶闸管,可用光电耦合器直接驱动。该电路用 $t=10$ms 连续脉冲触发。当用窄脉冲($t\leqslant1$ms)时,对于触发电流小于 10mA 的晶闸管,尚需更动 C_1、C_2 和 R_2 的数值。

19. 采用运算放大器和集成电路的触发电路是怎样的?

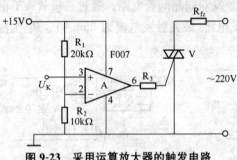

(1)采用运算放大器的触发电路如图 9-23 所示。

工作原理:当控制信号 U_K 从运算放大器 A 的输入端 2、3 脚输入,并使 6 脚为高电平时,双向晶闸管 V 触发导通,接通负载

图 9-23　采用运算放大器的触发电路

R_{fz} 回路;当 U_K 为零时,A 的 6 脚输出为低电平,双向晶闸管关闭,切断负载回路。

(2)采用 555 时基集成电路的触发电路如图 9-24 所示。

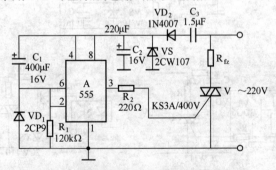

图 9-24　采用 555 时基集成电路的触发电路

该电路为简易电冰箱保护电路。采用 555 时基集成电路为

双向晶闸管 V 提供延时触发信号。

工作原理:当电源中断后又来电时,555 时基集成电路 A 的 2 脚为高电平,A 复位,3 脚输出为低电平,双向晶闸管 V 关闭。电源经电容 C_1、二极管 VD_2 对电容 C_2、C_3 充电,经过一段延时(约 6min,由电容 C_1 和电阻 R_1 数值决定)后,电容 C_2 上的电压超过 $2/3E_C$,2 脚电平低于 $1/3E_C$,A 置位,3 脚输出为高电平,双向晶闸管 V 被触发导通,电冰箱得电启动工作。

(3)采用 TWH7851 开关集成电路的触发电路如图 9-25 所示。

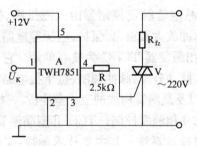

图 9-25 采用 TWH7851 开关集成电路的触发电路

工作原理:当 TWH7851 开关集成电路 A 的输入端 1 脚为高电平时,A 的 4 脚输出为高电平,双向晶闸管 V 触发导通,接通负载回路;当 A 的 1 脚为低电平时,A 的 4 脚输出也为低电平,双向晶闸管关闭,切断负载回路。

(4)采用 MFC8070 型零压集成触发器经三极管放大的触发电路,如图 9-26 所示。

工作原理:当微机有输出信号时,光电耦合器 B 的光敏三极管导通,零压集成触发器 A 的 7 脚输出脉冲信号,并经三极管 VT 放大,使双向晶闸管 V 触发导通,接通负载回路;当微机没有输出信号时,双向晶闸管 V 关闭,切断负载回路。

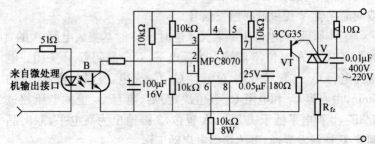

图 9-26　采用 MFC8070 型零压集成触发器的触发电路

20. TCD-Ⅱ型晶闸管触发控制器有哪些特点?

TCD-Ⅱ型晶闸管触发控制器由灭磁投励、投全压、脉冲形成、移相给定、脉冲放大及输出、保护、电源等电路组成,采用单片集成电路,以移相触发器 TC787 为核心单元。它集恒流源、移相逻辑、零点识别、脉冲分配、脉冲调制、抗干扰电路等功能于一体,能对于 1000A 以及晶闸管构成的三相全控桥、三相半控桥的整流电路进行可靠的移相触发控制。TCD-Ⅱ型晶闸管触发控制器可用于同步电动机励磁系统。其主要技术参数:交流同步电源:三相 30~170V、50Hz;控制器工作电源:交流 220V;脉冲最大输出功率:0.8W;保护动作时间:≤5s。其特点如下:

(1)性能可靠、功耗低、使用寿命长、体积小(285mm×280mm×140mm),调试维修方便。

(2)采用顺极性过零投励(电动机异步起动转差率至 0.05 时)和后备时间投励(1~30s 可调)两种方式并用,整个投励过程平稳可靠,对电动机无冲击。

(3)当电网电压波动时,具有电压负反馈,自动保持基本恒定的励磁电流。

(4)灭磁采用启动时低通灭磁,投励运行时高通阻断,可以有效地避免启动时灭磁效果差、运行中滞阻现象。

（5）具有过励、欠励、失励保护和故障记忆显示功能。

21. 什么是电压负反馈？

在晶闸管控制的直流电动机传动系统中，由于电网电压的波动、电动机的温升、负载的大小等都会影响电动机转速的稳定。为此需及时调整晶闸管的导通角，以改变输出电压的大小，从而把转速校正过来。能实现这一目的的是反馈电路。

在稳态要求不高的场合，常采用电动机电枢电压负反馈电路，如图 9-27 所示。

工作原理：直流电动机的电枢电压大小近似地反映电动机转速的高低。从并联在电动机电枢两端的电位器 RP_1 中取出部分电压（如额定转速时从 220V 中取出 9.7V）作为反馈电压 U_f，然后与给定电压 U_G（如额定转速时 U_G 为 10V），反极性串联后加在三极管 VT_1 放大电路的输入端。当 U_G 一定时，电动机运行于某一电枢电压 U_d 和某一转速 n。当负载增

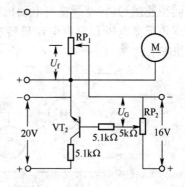

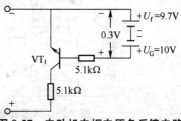

图 9-27　电动机电枢电压负反馈电路

加时，由于电枢电流 I_d 上升，晶闸管整流装置的等效内阻和电枢回路电阻上的压降增大，使电动机电枢电压 U_d 下降，由于系统加有电压负反馈，所以

$$U_d \downarrow \to U_f \downarrow \to (U_G - U_f) \uparrow \to U_d \uparrow$$

即 $(U_G - U_f)$ 增加，增大了晶闸管的导通角，使电动机电枢电压基

本上维持不变,从而达到稳速的目的。

当电动机电枢电压基本不变时,由于电动机电枢回路电阻的影响,当负载增加时电动机的转速仍会有下降,所以电压负反馈系统的机械特性硬度不如速度负反馈系统。

22. 什么是速度负反馈?

速度负反馈即测速发电机电压负反馈。测速发电机与电动机同轴连接,其转速严格与电动机转速同步,发电机输出电压(即速度负反馈电压 U_{fn})由电动机转速决定。速度负反馈电路如图9-28所示。

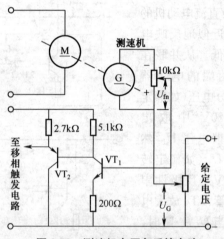

图9-28 测速机电压负反馈电路

工作原理:给定电压 U_G 与速度负反馈电压 U_{fn} 反极性串联后加在三极管 VT_1 放大电路的输入端。正常运行时,U_G 与 U_{fn} 十分接近,并保持一定的差值。假设把 U_G 调整到 10V,U_{fn} 整定到 9.7V,则 $\Delta U = 10 - 9.7 = 0.3(\text{V})$,这个压差可使晶闸管导通角正好产生所需的输出电压。当 U_G 增加时,$\Delta U = U_G - U_{\text{fn}}$ 增大,转速 n 升高,U_{fn} 随着增大,使这时的 ΔU 比转速升高前略有增加;当

U_G 减小时, n 降低, U_{fn} 随着减小,这时 ΔU 比转速降低前稍有减小。当电动机稳定运行于某一转速 n 时,若 U_G 不变,随着负载增大,引起转速下降,由于

$$n\downarrow \to U_{fn}\downarrow \to (U_G-U_{fn})\uparrow \to U_d\uparrow$$

电枢电压 U_d 的增加使转速 n 回升,力图维持原转速不变,从而达到稳速的目的。

其他原因(如温度影响、电网电压波动等)造成转速发生偏离时反馈调节过程与上述相似。

为了达到较好的稳速效果,要求给定电压的电源有较高的稳压精度,同时测速发电机的励磁电流须采取稳流措施或采用永久磁钢测速机。

23. 什么是电压微分负反馈?

加入负反馈电路后,由于调节对象和测量反馈环节有惯性,容易产生振荡。如果放大器放大倍数过大,反馈电压稍有波动就有很强的调整作用,更容易产生振荡。为此采用电压微分或转速微分电路来减小或消除振荡,即起到动态校正的作用。

电压微分负反馈电路如图9-29所示。

工作原理:电枢电压近似地反映电动机的转速,因此电枢电压微分也就近似地反映转速变化的快慢。从并联在电枢两端的电位器

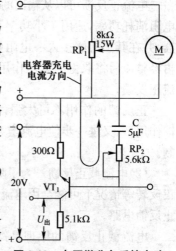

图9-29　电压微分负反馈电路

RP₁ 上取出反映电动机转速变化的电压,把这个电压经电压微分

电路(R、C)送入三极管 VT_1 放大器的输入端(即反馈电压的极性与给定电压相反),这样,当电动机转速忽高忽低地变化时,电压微分负反馈就输出一个反映转速变化趋势的电压到放大器,改变晶闸管导通角,以减小电动机转速的变化。

电阻器 R、电容器 C 参数的选择与电动机惯性大小等有关,通常需通过实验来确定。

24. 什么是电流正反馈和电流截止反馈?

(1)电流正反馈　　以直流电动机调速为例,把正比于晶闸管的输入或输出电流大小的一个电压作用到三极管放大器的输入回路,当负载电流增大时,该反馈回路能使晶闸管导通角加大,使输出电压升高一些,以补偿主电路中阻抗引起的电压降落,提高调节精度。这叫作电流正反馈。

电流正反馈可以从输出的直流回路上串一个小阻值电阻(因电阻消耗功率,适用于小功率系统)或在交流侧串一只电流互感器,并在其二次侧接入一电阻(电阻上的电压正比于一次电流),再经整流后将取得的电压作用到三极管放大器的输入端实现电流正反馈。

正反馈的作用不可太强,否则将引起电流增大过多,在正反馈作用下,又进一步使电流增大,以至于连锁反应,使系统失去控制。

(2)电流截止反馈　　为了防止调速系统中电动机起动、过载、正反转等情况下可能会因电流过大而损坏晶闸管,需引入电流截止反馈电路。

电流截止反馈的原理是:当电枢电流过大超过一定数值时,就把反馈电压加到三极管放大器的输入端,使晶闸管的导通角迅速减小,从而使电流减小,以保护管子。

电流截止反馈电路如图 9-30 所示。该电路适用于 5kW 以下小容量电动机的调速电路。

　　工作原理:在主电路中串入一个小阻值电阻 R_1,它两端的电压就反映电枢电流的大小。然后从电位器 RP_1 上取出一部分电压经稳压管 VS(稳压值约 3.3V)和二极管 VD 加到三极管放大器(VT)的输入端。调节电位器 RP_1 使电枢电流为接近达到规定的限制电流前,稳压管 VS 不击穿,则稳压管中无电流流过,电流截止反馈电路对三极管 VT 没有作用。当电枢电流大过限制电流值时,稳压管 VS 击穿,VS 中流过电流,电阻 R_1 上的负电压就通过稳压管与二极管加在三极管 VT 的输入端,减小 VT 的基极

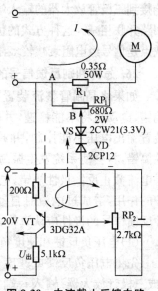

图 9-30　电流截止反馈电路

电流,从而使晶闸管导通角迅速减小,电压下降,电流减小。

　　该电路的不足之处是电阻 R_1 要消耗一定的电能。

25. 给定信号与反馈信号是怎样实现相减的?

　　(1)串联接法　由两个电阻分别反映给定电压和反馈电压的大小,把这两个电压反极性串联后加到三极管放大器的输入(基极)回路。给定电压和反馈电压的绝对值应大于 4~5V,否则会影响调节精度;而两者的数值又应该是接近的,正常工作时给定电压应稍大于反馈电压(不足 1V)。如果此电压差太大,则反馈起不到作用;如果此电压差太小,则晶闸管开不大,输出电压调不上去。

　　(2)并联接法　由两个电阻分别反映给定电压和反馈电压的大小,把给定电阻的负端与反馈信号的正端均接三极管放大器的共

同端,由两个电阻的另一端或是由电位器的滑动头各经一固定电阻均接到三极管放大器的输入端(基极)。形成两个信号电流在基极回路并联相减。这种方式的优点是信号一端接地,可以减少干扰,缺点是信号经电阻衰减较多,需要加大放大器的放大倍数。

26. 怎样判别反馈信号的极性?

如果将晶闸管整流装置中的电压负反馈或速度负反馈极性搞错,电动机将不能稳速,并会失去控制,造成速度异常高、整流装置输出电压不能控制,并趋向最大值;如果电压微分负反馈极性搞错,将会使系统发生振荡,输出电压和电动机转速不稳定;如果电流截止反馈极性搞错,电流截止反馈电路将起不到过电流保护的作用,造成过电流时自动跳闸或损坏整流装置。为此,对各种反馈信号的极性应认真检查,正确接线。

(1)电压负反馈和速度负反馈信号极性的判别

先将电压负反馈或速度负反馈信号输入线的一端与调节器(或三极管放大器)输入一端接死,用另一端去碰触调节器(或三极管放大器)的输入的另一端,并观察碰触时调节器(或三极管放大器)的输出量或系统被调节量(可看整流装置输出电压表)是减小还是增大。如果是增大,则说明是正反馈,应将反馈信号两接线对调;如果是减小,则说明是负反馈,接线正确。

(2)微分负反馈极性的判别

方法同上。只是微分负反馈是动态反馈,只有在整流装置输出(或被控量)发生变化时才有信号,当输出量稳定后,反馈信号又消失。如果在将微分负反馈信号接通的一瞬间,输出量瞬时地减小一下,然后又迅速恢复到原来的稳定值,而当反馈信号断开的一瞬间,输出量瞬时的增大,然后又迅速恢复到原来的稳定值,则说明接线是正确的。如果出现与上述情况相反的现象,则说明为正反馈,应对调接线。

十、晶闸管实用电路

1. 怎样用晶闸管延长白炽灯寿命？

为了防止灯泡受瞬时大电流的冲击,通电时可先给灯泡一个初始电压,对灯丝预热,经过一定时间后再将电压升到额定值。其电路如图 10-1 所示。

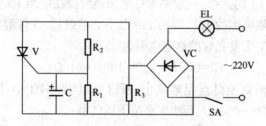

图 10-1　用晶闸管延长白炽灯寿命的电路

(1)工作原理　合上电源开关 SA 瞬间,电容 C 上的电压为 0,晶闸管 V 因无触发电压而关断,220V 交流电压经整流桥 VC 整流后,通过降压电阻 R_3 和白炽灯 EL 构成回路,所以流过灯泡的电流小,从而大大降低了白炽灯启动时的冲击电流。这时灯丝呈暗红色,处于预热状态。另外,在合上开关 SA 的同时,经整流桥 VC 整流后的电压通过电阻 R_2 向电容 C 充电,C 两端的电压逐渐升高,并最终触发导通晶闸管 V,于是 220V 交流电经 VC 整流后,经晶闸管 V 和灯 EL 构成回路,R_3 被短路,白炽灯开始正常发光。

(2)元件选择　电器元件参数见表 10-1。

表 10-1 电器元件参数表

序号	名称	代号	型号规格	数量
1	开关	SA	86 型 250V 10A	1
2	晶闸管	V	KP1A 300V	1
3	整流桥	VC	1N4007	4
4	金属膜电阻	R_1	RJ-2kΩ ½ W	1
5	金属膜电阻	R_2	RJ-51kΩ ½ W	1
6	线绕电阻	R_3	见计算	1
7	电解电容器	C	CD11 470μF 16V	1

电阻 R_3 的选择：一般要求灯泡预热阶段在电阻 R_3 上的电压降约为交流电源的 1/2，即约 110V（不必准确）。设灯泡为 220V、100W，其正常发光时的热态电阻为

$$R = U^2/P = 220^2/100 = 484(\Omega)$$

由于预热时灯泡灯丝呈暗红色，所以电阻较 484Ω 小，因此电阻 R_3 可取 300～400Ω。其功率可按下式估算：

通过 R_3 的电流为（设 $R_3 = 360\Omega$）

$$I = 110/360 \approx 0.3(A)$$

$$P = I^2 R_3 = 0.3^2 \times 360 \approx 32(W)$$

由于通电时间甚短，约零点几秒钟至数秒钟，所以可按 P/10 来选取，即 3～5W。

同样可估算出不同功率灯泡时的 R_3 阻值如下：

15W 用 2～3kΩ；25W 用 1.2～1.5kΩ；400W 用 860Ω～1.2kΩ；60W 用 680～750Ω；100W 用 300～400Ω。

2. 用晶闸管延时熄灭的照明开关电路是怎样的？

用晶闸管延时熄灭的照明开关电路如图 10-2 所示。

加接的开关线路可不改变原电灯的开关接线，而只须将该线路与原电源开关 SA 并接即可。

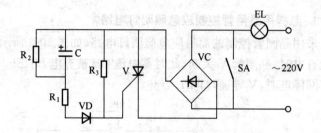

图 10-2　用晶闸管延时熄灭的照明开关电路

（1）工作原理　合上电源开关 SA，电灯 EL 点亮，延时电路不
工作。断开 SA，220V 交流电经灯丝、整流桥 VC 整流后，将脉动
电压加到晶闸管 V 的阳极与阴极之间，同时该电压又经电阻 R_1、
二极管 VD 和 V 的控制极对电容 C 充电。由于开始 C 两端电压
为 0，所以输入到晶闸管 V 的电流较大，V 全导通，电灯 EL 仍然
很亮。随着 C 的充电，V 控制极电流逐渐减小，V 不完全导通，即
晶闸管阳极和阴极之间的电压降逐渐增大，电灯 EL 两端的电压
逐渐减小，EL 逐渐变暗。经过一段延时后，V 关断，EL 熄灭。

（2）元件选择　电器元件参数见表 10-2。

表 10-2　电器元件参数表

序号	名称	代号	型号规格	数量
1	开关	SA	86 型 250V10A	1
2	晶闸管	V	KP1A 600V	1
3	整流桥	VC	1N4004	4
4	金属膜电阻	R_1	RJ-10kΩ ½ W	1
5	金属膜电阻	R_2	RJ-150kΩ ½ W	1
6	金属膜电阻	R_3	RJ-220kΩ ½ W	1
7	电解电容器	C	CD11 50μF 450V	1

在表中晶闸管和整流桥参数下，电灯功率可达 100W。

3. 怎样用晶闸管控制应急照明灯电路?

采用晶闸管控制的简易应急照明灯电路,如图 10-3 所示。当电网有电时,晶闸管 V 关断,此时蓄电池 GB 被充电,灯 EL 不亮;当电网停电时,V 导通,灯 EL 点亮。

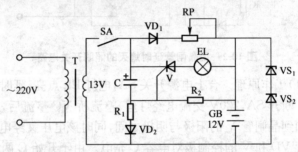

图 10-3　应急照明灯电路

(1)工作原理　电网有电时,220V 交流电经变压器 T 降压,一路经电阻 R_1、二极管 VD_2 向电容 C 充电,电压上正下负,晶闸管 V 因控制极加的是负偏压而关断,灯 EL 不亮;另一路经二极管 VD_1 半波整流、电位器 RP 限流,对蓄电池 GB 充电。

当电网停电时,蓄电池 GB 经 R_2、变压器 T 的二次绕组,对电容 C 充电,C 上的电压为上正下负,晶闸管 V 因控制极得到正偏压而导通,灯 EL 点亮,实现自动照明。

当电网恢复供电时,电容 C 再次充电成电压上正下负,晶闸管 V 控制极再次处于负偏压而关断,恢复对 GB 充电,同时灯 EL 自动熄灭。

图中,电阻 R_1 和二极管 VD_2 为电容 C 充电提供回路;稳压管 VS 用以限制蓄电池 GB 充电最高值。

(2)元件选择　电器元件参数见表 10-3。

表 10-3　电器元件参数表

序号	名称	代号	型号规格	数量
1	变压器	T	25VA 220/13V	1
2	开关	SA	KN5-1	1
3	晶闸管	V	KP5A 100V	1
4	稳压管	VS_1、VS_2	2CW133 U_z=6.2~7.5V	2
5	二极管	VD_1、VD_2	1N4001	2
6	碳膜电阻	R_1	RT-100Ω ½W	1
7	金属膜电阻	R_2	RJ-1kΩ ½W	1
8	瓷盘变阻器	RP	BC1-100Ω 25W	1
9	电解电容器	C	CD11 100μF 16V	1
10	白炽灯	EL	12V 25~40W	1

4. 晶闸管水位控制电路是怎样的?

晶闸管水位控制电路如图 10-4 所示。

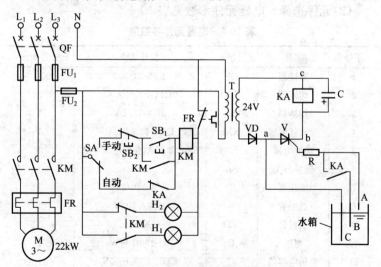

图 10-4　晶闸管水位控制电路

(1)工作原理　合上断路器 QF,将转换开关 SA 置于"自动"位置。220V 交流电经变压器 T 降压、二极管 VD 半波整流后,给晶闸管 V 提供约 12V 脉动的直流电压(加在晶闸管 V 阳极、阴极上),如果 V 导通,加在继电器 KA 线圈上的电压是较恒定的(因为有电容 C 的作用),如果此时容器中无水,晶闸管 V 关闭,继电器 KA 释放,其常闭触点闭合,接触器 KM 得电吸合,水泵启动运行,向容器内灌水,绿色指示灯 H_1 点亮。当水位达到电极 B 时,由于 KA 常开触点是断开的,所以晶闸管 V 仍关闭,水泵继续打水。当水位达到上限位时,水路把电极 A、C 接通,晶闸管 V 控制极获得电压而导通,KA 吸合,其常闭触点断开,KM 失电释放,水泵停止运行,红色指示灯 H_2 点亮。

当水位下降,直至低于下限位时,晶闸管 V 失去控制极电压才关闭,水泵重新启动运行,重复上述过程。

(2)元件选择　电器元件参数见表 10-4。

表 10-4　电器元件参数表

序号	名称	代号	型号规格	数量
1	断路器	QF	DZ5-50/330	1
2	熔断器	FU_1	RL_1-100/100A	3
3	熔断器	FU_2	RL_1-15/2A	1
4	交流接触器	KM	CJ20-63A 220V	1
5	热继电器	FR	JR20-63 63A(整定电流 55A)	1
6	转换开关	SA	LS2-2	1
7	变压器	T	3VA 220/24V	1
8	晶闸管	V	KP1A 100V	1
9	二极管	VD	1N4002	1
10	电阻	R	RJ-100Ω ½W	1
11	电解电容器	C	CD11 220μF 50V	1
12	继电器	KA	522 型 DC24V	1

续表 10-4

序号	名称	代号	型号规格	数量
13	按钮	SB$_1$	LA18-22(绿)	1
14	按钮	SB$_2$	LA18-22(红)	1
15	指示灯	H$_1$	AD11-25/40 220V(绿)	1
16	指示灯	H$_2$	AD11-25/40 220V(红)	1

5. 电极式双向晶闸管水位控制电路是怎样的?

电极式双向晶闸管水位控制电路如图 10-5 所示。它属于抽出式水位自动控制电路。

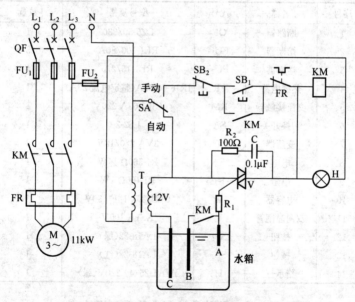

图 10-5 电极式双向晶闸管水位控制电路

(1)工作原理 合上断路器 QF,将转换开关 SA 置于"自动"位置。当水箱内水位上升到电极 A 时,双向晶闸管 V 的控制极得到触发电压而导通,接触器 KM 得电吸合,水泵启动运行,向外抽水,同时指示灯 H 点亮。当水位下降到脱离电极 A 时,由于 KM 常开辅助触点闭合,所以 KM 仍吸合,水泵继续抽水。当水位下降到电极 B 以下时,双向晶闸管 V 失去控制极电压而关闭,停止抽水,同时指示灯 H 熄灭。当水位慢慢上涨,又达到电极 A 时,KM 又吸合,水泵重新启动运行,重复上述过程,从而使水位维持在电极 A 与电极 B 之间。

(2)元件选择　电器元件参数见表 10-5。

表 10-5　电器元件参数表

序号	名称	代号	型号规格	数量
1	断路器	QF	DZ5-50/330	1
2	熔断器	FU₁	RL1-100/80A	3
3	熔断器	FU₂	RL1-15/2A	1
4	热继电器	FR	JR16-60 32A(整定电流 26A)	1
5	交流接触器	KM	CJ20-63A 220V	1
6	转换开关	SA	LS2-2	1
7	变压器	T	3VA 220/12V	1
8	电阻	R₁	RJ-560Ω ½W	1
9	电阻	R₂	RJ-100Ω 1W	1
10	电容器	C	CBB22 0.1μF 630V	1
11	双向晶闸管	V	KS1A 100V	1
12	按钮	SB₁	LA18-22(绿)	1
13	按钮	SB₂	LA18-22(红)	1
14	指示灯	H	AD11-25/40 220V(绿)	1

6. 干簧管双向晶闸管液位控制电路是怎样的?

干簧管双向晶闸管液位控制电路如图 10-6 所示。它属于灌入式液位控制器。它根据液位升降带动磁铁,控制干簧管动作,使双向晶闸管导通与关断,进而控制泵的开、停,使液灌内的液位

维持在一定范围内。可手动和自动控制。主电路和控制电路同
图 10-4。

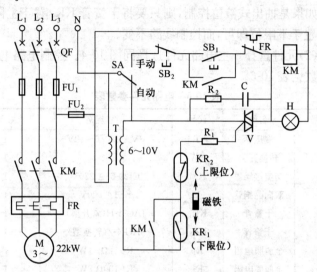

图 10-6　干簧管双向晶闸管液位控制电路

（1）工作原理　合上断路器 QF,将转换开关 SA 置于"自动"
位置。当液罐内液体下降到下限位时,干簧管 KR₁（常开型）被磁
铁感应而吸合,其常开触点闭合,双向晶闸管 V 的控制极得到触
发电压而导通,接触器 KM 得电吸合,泵起动运行,向液罐内灌
液,同时指示灯 H 点亮。当液位上升,磁铁离开干簧管 KR₁ 后,
虽然 KR₁ 触点断开,但由于 KM 常开辅助触点是闭合的,所以
KM 仍吸合,泵继续运行。

当液位上升到上限位时,干簧管 KR₂（转换型）被磁铁感应而
吸合,其常闭触点断开,双向晶闸管 V 失去控制极电压而关断,接
触器 KM 失电释放,泵停止运行,同时指示灯 H 熄灭。

当液位再次下降到下限位时,KR₁ 吸合,重复上述过程。

如果"自动"失灵,可将转换开关 SA 置于"手动"位置,由启动按钮 SB_1 和停止按钮 SB_2 手动控制泵的启、停。

如果是抽出式液位控制,则只要将干簧管 KR_1 置于上限位, KR_2 置于下限位即可,而控制线路不变。

(2)元件选择　主电路元件选择同图 10-4。控制电路电器元件参数见表 10-6。

表 10-6　电器元件参数表

序号	名称	代号	型号规格	数量
1	变压器	T	3VA 220/6~10V	1
2	转换开关	SA	LS2-2	1
3	交流接触器	KM	CJ20-63A 220V	1
4	双向晶闸管	V	KS1A 800V	1
5	干簧管	KR_1	JAG-4-H(常开型)	1
6	干簧管	KR_2	JAG-4-Z(转换型)	1
7	金属膜电阻	R_1	RJ-1kΩ ½ W	1
8	金属膜电阻	R_2	RJ-100Ω 2W	1
9	电容器	C	CBB22 0.01μF 400V	1
10	指示灯	H	AD11-25/40 220V(绿)	1
11	按钮	SB_1	LA18-22(绿)	1
12	按钮	SB_2	LA18-22(红)	1
13	熔断器	FU_2	RL₁-15/2A	1

7. 冷凝塔断水报警电路是怎样的?

冷凝塔断水报警电路如图 10-7 所示。

(1)工作原理　接通电源,220V 交流电经变压器 T 降压,二极管 VD 半波整流,三端固定稳压电源 A 稳压,电容 C_1、C_2 滤波后,给继电器 KA 控制电路提供 12V 直流电压。当水塔有水时,电阻 R_2 被电极 A、B 之间的水电阻并联,由于水电阻较小,因此并联后电阻小,在晶闸管 V 控制极的分压也小,V 关断,中间继电

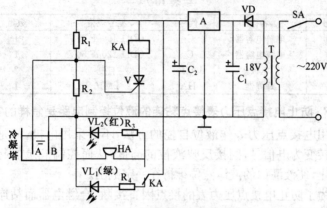

图 10-7　冷凝塔断水报警电路

器 KA 处于释放状态,其常闭触点闭合,表示正常供水的绿色发光二极管 VL$_1$ 点亮。当水塔断水时,R$_2$ 上的分压较大,能可靠触发晶闸管 V,V 导通,KA 得电吸合,其常闭触点断开,VL$_1$ 熄灭,而其常开触点闭合,表示断水的红色发光二极管 VL$_2$ 点亮,同时蜂鸣器 HA 发出报警声。欲解除报警,断开电源开关 SA 即可。

(2)元件选择　电器元件参数见表 10-7。

表 10-7　电器元件参数表

序号	名称	代号	型号规格	数量
1	开关	SA	KN5-1	1
2	变压器	T	5VA 220/18V	1
3	三端固定稳压电源	A	7812	1
4	晶闸管	V	KP1A 100V	1
5	中间继电器	KA	JRX-13F DC12V	1
6	二极管	VD	1N4001	1
7	发光二极管	VL$_1$、VL$_2$	LED702、2EF601、BT201	2
8	金属膜电阻	R$_1$	RJ-20kΩ 1/2W	1
9	金属膜电阻	R$_2$	RJ-10kΩ 1/2W	1
10	碳膜电阻	R$_3$、R$_4$	RT-1.5kΩ 1/2W	2

序号	名称	代号	型号规格	数量
11	电解电容器	C_1	CD11 100μF 25V	1
12	电解电容器	C_2	CD11 220μF 50V	1
13	电极	A、B	自制	2
14	蜂鸣器	HA	FM16	1

8. 防止电接点压力表接点粘连的液位控制电路是怎样的?

用电接点压力表作液位自控的方法,不必采用电极,而是将液压转变为电信号,间接反映液位的高低,从而控制液泵的起动和停止,使液灌内的液体液位维持在一定范围。

为了防止电接点压力表的接点因直接断、合继电器而粘连或烧毛,可采用双向晶闸管无触点开关,其电路如图 10-8 所示。压力表 KP 可安装在靠近液灌(如水箱等)底部的管路上。根据实际需要,事先将压力表的高点(上限)和低点(下限)整定好。

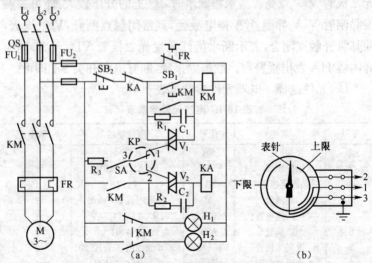

图 10-8　防止电接点压力表接点粘连的液位控制电路
(a)电路图　(b)电接点压力表

(1)工作原理　合上电源开关 QS 和转换开关 SA。如果此时容器内无液体,则电接点压力表 KP 表针与下限接点(即 1 点、3 点)接触,双向晶闸管 V_1 触发导通,接触器 KM 得电吸合并自锁,泵起动运行,向容器内进液。当压力上升到上限整定值时,表针与上限接点(即 2 点、3 点)接触,双向晶闸管 V_2 触发导通。中间继电器 KA 得电吸合,其常闭触点断开,接触器 KM 失电释放,泵停止运行。当液位下降至下限位时,V_1 再次导通,泵再次起动运行,重复上述过程,使容器内的液位维持在上、下限位的范围内。

当自动失灵时,可以把转换开关 SA 打开,由起动按钮 SB_1 和停止按钮 SB_2 控制。

图中,RC 为双向晶闸管阻容保护。也可用 MY31-600 型等压敏电阻。

(2)元件选择　控制电路电器元件参数见表 10-8。

表 10-8　电器元件参数表

序号	名称	代号	型号规格	数量
1	交流接触器	KM	CJ20-100A 380V	1
2	继电器	KA	JZ7-44 380V	1
3	双向晶闸管	V_1、V_2	KS5A 1000V	2
4	转换开关	SA	LS2-2	1
5	熔断器	FU_2	RL1-15/2A	2
6	电接点压力表	KP	YX-150 型/1.5 级 0~0.4MPa	1
7	金属膜电阻	R_1、R_2	RJ-100Ω 2W	2
8	金属膜电阻	R_3	RJ-500Ω ½W	1
9	电容器	C_1、C_2	CBB22 0.01μF 630V	2
10	按钮	SB_1	LA18-22(绿)	1
11	按钮	SB_2	LA18-22(红)	1
12	指示灯	H_1	AD11-25/40 380V(绿)	1
13	指示灯	H_2	AD11-25/40 380V(红)	1

9. 设警戒导线的防盗报警电路是怎样的?

设警戒导线的防盗报警电路如图 10-9 所示。

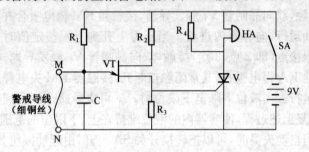

图 10-9　设警戒导线的防盗报警电路

（1）工作原理　接通电源。平时由于 M、N 有警戒导线相连，电容 C 被短路,弛张振荡器（由单结晶体管 VT 及组容组成）不工作,无触发脉冲输出,晶闸管 V 关断,蜂鸣器 HA 不响。当警戒导线被碰断时,直流电压经电阻 R_1 向电容 C 充电,当 C 上的电压达到单结晶体管 VT 的峰值电压 U_p 时,VT 即导通,电容 C 上的电荷经 VT 的 eb_1 结和电阻 R_3 放电;当 C 上的电压降到 VT 的谷点电压 U_v 时,停止放电,VT 截止,直流电压又经 R_1 向电容 C 充电……如此反复进行,于是在 R_3 上产生一系列脉冲,触发晶闸管 V,并使其导通,蜂鸣器 HA 发出报警声。关断开关 SA,报警声才解除。

（2）元件选择　电器元件参数见表 10-9。

表 10-9　电器元件参数表

序号	名称	代号	型号规格	数量
1	钮子开关	SA	KN5-1	1
2	晶闸管	V	KP1A 100V	1
3	单结晶体管	VT	BT 33 $\eta \geqslant 0.6$	1
4	碳膜电阻	R_1	RT-100kΩ ½W	1

续表 10-9

序号	名称	代号	型号规格	数量
5	碳膜电阻	R_2	RT-100Ω ½W	1
6	碳膜电阻	R_3	RT-51Ω ½W	1
7	碳膜电阻	R_4	RT-150Ω ½W	1
8	电容器	C	CL11 0.22μF 63V	1
9	蜂鸣器	HA	FMQ-35 DC9V	1

10. 集中控制呼救报警电路是怎样的?

集中控制呼救报警电路可用于医院病床呼叫,也可用于多层楼房、宿舍、仓库等场所的防盗报警。其电路如图 10-10 所示。该电路中画出 3 路监控位置,实际可以是很多路。电路采用晶闸管控制,模拟声集成电路报警,发光二极管作位置显示。可在不同位置控制报警。

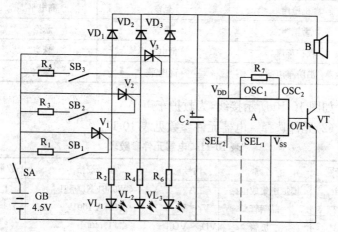

图 10-10 集中控制呼救报警电路

(1)工作原理 接通电源,当某处有人按动按钮(假设 SB₁)

时,晶闸管 V_1 得到控制极触发电流而导通,4.5V 直流电压便经 V_1 和二极管 VD_1 加到四声模拟集成电路 A(CW9561 型),A 获得电源而工作。A 产生的报警音频信号经三极管 VT 放大后推动扬声器 B 发出报警声。同时 4.5V 电源经电阻 R_2 限流使发光二极管 VL_1 点亮,指示出所监控的位置。如果几处都有人按动按钮,电路照样能工作,相应的发光二极管均会点亮。欲解除报警,只要断开一下电源开关 SA,并再合上即可。

CW9561(或 KD9561)集成电路能模拟枪声、警笛声、救护车声、消防车声 4 种声音。模拟声响种类决定于选声端 SEL_1 和 SEL_2 管脚电平的高低,详见表 10-10。

表 10-10　选声端电平与模拟声响

模拟声响种类	选声端电平	
	SEL_1	SEL_2
机枪声	悬空	高电平
警笛声	悬空	悬空
救护车声	低电平	悬空
消防车声	高电平	悬空

如图 10-10 所示接线,为救护车声。

(2)元件选择　电器元件参数见表 10-11。

表 10-11　电器元件参数表

序号	名称	代号	型号规格	数量
1	模拟声集成电路	A	CW9561 KD9561	1
2	晶闸管	$V_1 \sim V_3$	KP1A 100V	3
3	二极管	$VD_1 \sim VD_3$	1N4001	3
4	三极管	VT	9013 B≥50	1
5	发光二极管	$VL_1 \sim VL_3$	LED702、2EF601、BT201	3
6	碳膜电阻	R_1、R_3、R_5	RT-1.5kΩ ½W	3

续表 10-11

序号	名称	代号	型号规格	数量
7	碳膜电阻	R_2、R_4、R_6	RT-360Ω 1/2W	3
8	碳膜电阻	R_7	RT-240kΩ 1/2W	1
9	电解电容器	C	CD11 4.7μF 10V	1
10	扬声器	B	8～16Ω 0.5～1W	1
11	开关	SA	KN5-1	1
12	按钮	SB_1～SB_3	KGA6	3

11. 市电欠电压报警电路是怎样的?

电网欠电压会影响某些电气设备的正常运行,甚至威胁设备的安全。为此需设置欠电压报警装置。图 10-11 所示为采用三极管和晶闸管组成的控制电路的欠电压报警电路。

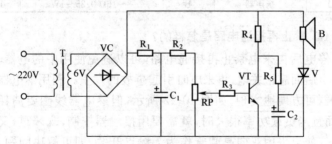

图 10-11　市电欠电压报警电路

(1)工作原理　接通电源,220V 市电经变压器 T 降压、整流桥 VC 整流后,一路作为三极管 VT 及晶闸管 V 的工作电压,一路经电阻 R_1 降压、电容 C_1 滤波、R_2、RP 分压,提供给三极管 VT 的基极偏压。该电压随电网电压波动而变化。当电网电压降低到某设定值(如 180V)时,由于 VT 基极偏压降低,使其集电极电流减小(相当其内阻增大),致使晶闸管 V 得到足够的控制极电压而触发导通,扬声器 B 发出报警声。当电网电压恢复正常后,在电源电压过零时,晶闸管 V 关断,停止报警。

(2)元件选择　电器元件参数见表 10-12。

表 10-12　电器元件参数表

序号	名称	代号	型号规格	数量
1	晶闸管	V	KP1A 100V	1
2	三极管	VT	3DG130 $\beta \geqslant 30$	1
3	整流桥	VC	1N4001	4
4	变压器	T	3VA 220/6V	1
5	金属膜电阻	R_1	RJ-51Ω 1/2W	1
6	金属膜电阻	R_2、R_4	RJ-3.3kΩ 1/2W	1
7	金属膜电阻	R_3	RJ-10kΩ 1/2W	1
8	金属膜电阻	R_5	RJ-2.2kΩ 1/2W	1
9	电解电容器	C_1、C_2	CD11 470μF 16V	2
10	电位器	RP	WS-0.5W 500Ω	1
11	扬声器	B	8~16Ω 0.25~1W	1

12. 禁止再接通电路是怎样的?

停电后再来电禁止再接通电路,可以避免使用中的电器、电网断电后而忘记关电,再来电时引起事故的发生。利用继电器或接触器可方便地实现,如图 10-12 所示,但继电器线圈要消耗电能,而且当负载功率很大时,就需要用接触器控制,既笨重,又有噪声。如果采用双向晶闸管作为无触点开关,即可解决问题,电路如图 10-13 所示。

该电路利用双向晶闸管作无触点开关,并利用电容储能的特性来实现控制目的。

(1)工作原理　接通电源,由于双向晶闸管 V 没有触发电流而关断。当欲使负载 R_{fz} 通电,按下启动按钮 SB_1,电源经电阻 R_1 给 V 提供触发电压,V 导通,松开 SB_1 后,因电容 C 已经 R_4 和二极管 VD 充满了电荷,所以在电流过零时,C 放电维持 V 继续导通。

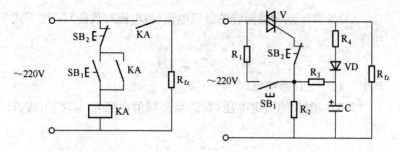

**图 10-12 采用继电器实现的
禁止再接通电路** **图 10-13 采用双向晶闸管实现的
禁止再接通电路**

当欲使负载 R_{fz} 断电,按一下停止按钮 SB_2,则电容 C 上的电荷便经电阻 R_3、R_2 迅速放电,使双向晶闸管 V 失去触发电流而关断。

当电网停电后再来电时,因电容 C 在电网停电时电荷已经 R_3、R_2 迅速放电完,故再来电时双向晶闸管 V 得不到触发电流而关断,从而实现禁止再接通的目的。

(2)元件选择　电器元件参数见表 10-13。

表 10-13　电器元件参数

序号	名称	代号	型号规格	数量
1	双向晶闸管	V	见计算	1
2	二极管	VD	1N4007	1
3	碳膜电阻	R_1	RT-100kΩ 1W	1
4	碳膜电阻	R_2	RT-4.70kΩ 1/2W	1
5	碳膜电阻	R_3	RT-100kΩ 2W	1
6	碳膜电阻	R_4	RT-15kΩ 1W	1
7	电解电容器	C	CD11 1μF 400V	1
8	按钮	SB_1	KGA6(绿)	1
9	按钮	SB_2	KGA6(红)	1

(3)计算　双向晶闸管的额定电流(指电流有效值)I_{T1}按下式选择：

$$I_{T1} \geqslant (2 \sim 2.5)I_{fz}$$

式中　I_{fz}——负载电流(A)。

双向晶闸管的额定电压(断态重复峰值电压)U_{DRM}按下式选择：

$$U_{DRM} \geqslant (1.5 \sim 2)U_R$$

式中　U_R——加在双向晶闸管上的电压峰值(V)，对于该电路为

$$U_R = \sqrt{2} \times 220 = 311(V)。$$

由于双向晶闸管 V 未设阻容保护，为保险起见，元件额定电压宜选高些，如选用 800V。

13. 晶闸管交流稳压电路是怎样的?

晶闸管交流稳压电路如图 10-14 所示。它能使交流电压自动维持在恒定值，如维持在 220V。

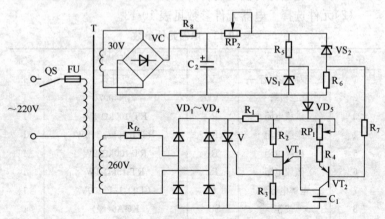

图 10-14　晶闸管交流稳压电路

（1）工作原理　接通电源，220V 交流电经变压器 T 的 260V 绕组升压，经负载 R_{fz}、二极管 $VD_1 \sim VD_4$ 整流后加在晶闸管 V 的阳阴极之间，该脉动直流电压经电阻 R_1 降压后供触发电路。在电网电压的每个半周内，电容 C_1 被充电（三极管 VT_2 作为可变电阻用，其工作情况由电压取样比较电路的桥臂两端输出电压决定），当 C_1 上的电压达到单结晶体管 VT_1 峰点电压 U_p 时，VT_1 导通，C_1 上的电压经 VT_1 的 eb_1 结和电阻 R_3 放电并在 R_3 两端形成一个正向脉冲，晶闸管 V 被触发导通，这样就有电流流过晶闸管及负载。晶闸管导通后，由于其阳极与阴极之间的电压降大大减小，使触发电路不能工作。电网电压过零点时晶闸管关断，等到下一个半周时，电容 C_1 又重新被充电，重复上述过程。

改变三极管 VT_2 的导通内阻，可以改变 C_1 的充电速度，进而可改变晶闸管的导通角的大小，从而自动调整电压的变化。电压取样比较电路是这样工作的：220V 交流电经变压器 T 的 30V 绕组降压，整流桥 VC 整流、电阻 R_8 限流、电容 C_2 滤波后，在 C_2 上形成一个与电网电压成正比变化的直流电压。当电网电压为 220V 时，电桥平衡，桥臂两端无输出电压，取样比较电路对三极管 VT_2 无影响；当电网电压升高时，取样比较电路为 VT_2 基极提供的偏压使其内阻变大，电容 C_1 充电速率变慢，晶闸管 V 导通角变小，输出电压减小；相反，当电网电压降低时，取样比较电路为 VT_2 基极提供的偏压又使其内阻变小，C_2 充电速率变快，V 导通角变大，输出电压增大。于是使负载 R_{fz} 两端的电压维持稳定。负载两端的电压并非完全正弦波。

（2）元件选择　电器元件参数见表 10-14。

表 10-14　电器元件参数表

序号	名称	代号	型号规格	数量
1	开关	QS	DZ12-60/1 50A	1
2	熔断器	FU	RL1-60/50A	1
3	晶闸管	V	KP30A 600V	1
4	二极管	$VD_1 \sim VD_4$	ZP30A 600V	4
5	三极管	VT_2	3CG130 $\beta \geqslant 50$	1
6	单结晶体管	VT_1	BT33 $\eta \geqslant 0.6$	1
7	稳压管	VS_1、VS_2	2DW231 $U_z=5.8 \sim 6.6V$	2
8	二极管	VD_5	1N4001	1
9	整流桥	VC	QL1A/100V	1
10	金属膜电阻	R_1	RJ-51kΩ 1/2W	1
11	金属膜电阻	R_2	RJ-300Ω 1/2W	1
12	金属膜电阻	R_3	RJ-120Ω 1/2W	1
13	金属膜电阻	R_4	RJ-2.2kΩ 1/2W	1
14	金属膜电阻	R_5、R_6	RJ-510Ω 1/2W	2
15	金属膜电阻	R_7	RJ-1kΩ 1/2W	1
16	碳膜电阻	R_8	RT-1kΩ 2W	1
17	电位器	RP_1	WH118 型 150kΩ 1W	1
18	电位器	RP_2	WH118 型 1.5kΩ 2W	1
19	电容器	C_1	CBB22 0.22μF 63V	1
20	电解电容器	C_2	CD11 100μF 50V	1
21	变压器	T	1kVA 220/260V、30V	1

14. 晶闸管手动调温电路是怎样的?

晶闸管手动调温电路如图 10-15 所示。通过手动调节电位器 RP,可改变电热器 EH 两端电压,达到调温的目的。

(1)工作原理　合上电源开关 QS,220V 交流电通过电位器 RP、电阻 R 对电容 C 充电。当 C 两端的充电电压达到双向触发

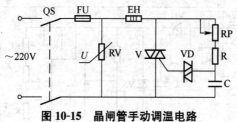

图 10-15　晶闸管手动调温电路

二极管 VD 的转折电压时，VD 导通，电容 C 上的电荷经 VD 和双向晶闸管 V 的控制极-主电极迅速放电，双向晶闸管 V 触发导通，电热器 EH 得电加热。调节电位器 RP，可改变 C 的充电快慢，即可改变 V 的导通角，也可改变加在电热器 EH 两端的电压，达到调温的目的。

　　(2)元件选择　电器元件参数见表 10-15。

表 10-15　电器元件表

序号	名称	代号	型号规格	数量
1	开关	QS	DZ12-60/2　10A	1
2	熔断器	FU	RT14-20/6A	1
3	双向晶闸管	V	KS10A　600V	1
4	双向触发二极管	VD	2CTS	1
5	金属膜电阻	R	RJ-47kΩ　1/2W	1
6	电位器	RP	WX3-680Ω　3W	1
7	电容器	C	CBB22　0.1μF　63V	1
8	压敏电阻	Rv	MY31-440V　0.5kA	1

15. 晶闸管自动调温电路是怎样的？

　　晶闸管自动调温电路如图 10-16 所示。它采用负温度系数的热敏电阻 Rt 作探温元件，用 555 时基集成电路进行控制，使温箱内的温度保持在设定值。

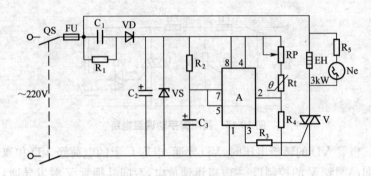

图 10-16　晶闸管自动调温电路

（1）工作原理　接通电源，220V 交流电经电容 C_1 降压、二极管 VD 半波整流、电容 C_2 滤波和稳压管 VS 稳压后，给 555 时基集成电路 A 提供 12V 直流电压。同时由 555 时基集成电路 A 组成的延时电路开始计时。如果温箱内的温度已降至设定值以下时，负温度系数热敏电阻 Rt 阻值较大，A 的 2 脚电位经 RP、Rt 和 R_4 分压，低于 $1/3E_c$（4V）（E_c 为直流电源电压 12V），A 的 3 脚输出高电平（约 11V），双向晶闸管 V 触发导通，电热器 EH 得电加热，同时氖泡 Ne 点亮，表示正在加热。由于这时的单稳态电路进入暂态，A 内部放电管截止，其放电端 7 脚被悬空，电源通过电阻 R_2 向电容 C_3 充电，阈值端 6 脚电位不断升高，经过时间 $t \approx 1.1R_2C_3$，6 脚电平可上升到 $2/3E_c$（8V）。如果这时温箱内温度仍然较低，即触发端 2 脚电平仍低于 $1/3E_c$，电路则保持置位状态不变，电热器 EH 继续通电加热；如果温度已上升达到设定值，因负温度系数热敏电阻 Rt 阻值随温度升高而减小，这时 2 脚电平已高于 $1/3E_c$，555 时基电路复位，单稳态触发器翻转进入稳定态，3 脚输出低电平（约 0V），双向晶闸管 V 关断，电热器 EH 停止加热，氖泡 Ne 熄灭。这时，555 时基集成电路内部放电管导通，7 脚对地短接，所以电容 C_3 储存的电荷通过 7 脚泄放，为下一次加热做延迟准备。当温箱内的温度随时间慢慢下降，并降至设定温度以下时，Rt 阻值又变大，A 的 2 脚电平又降至 $1/3E_c$ 以下，555 时基集成电路再次置位，电路翻转进入暂态，其 3 脚输出高电平，双向晶闸管 V 导通，电热器 EH 又开始加热，如此重复循环，从而维持温箱内的温度恒定。

图中电阻 R_1 为安全保护元件，即为电容 C_1 的放电电阻。当切断 220V 电源时，若无 R_1，则 C_1 上将较长时间带电，人体一旦触及会受电击。有了 R_1，则 C_1 上的电荷通过它迅速消失。其阻值可选 510kΩ～1.5MΩ。

（2）元件选择　电器元件参数见表 10-16。

表 10-16　电器元件参数表

序号	名称	代号	型号规格	数量
1	开关	QS	DZ12-60/2　30A	1
2	熔断器	FU	RT14-20/16A	1
3	双向晶闸管	V	KS30A　600V	1
4	时基集成电路	A	NE555、μA555、SL555	1
5	稳压管	VS	2CW60　U_z=11.5～12.5V	1
6	二极管	VD	1N4007	1
7	碳膜电阻	R_1	RT-510kΩ　1/2W	1
8	金属膜电阻	R_2	RJ-1MΩ　1/2W	1
9	碳膜电阻	R_3	RT-200Ω　1/2W	1
10	金属膜电阻	R_4	RJ-15kΩ　1/2W	1
11	碳膜电阻	R_5	RT-100kΩ　1/2W	1
12	电位器	RP	WS-0.5W　680kΩ	1
13	负温度系数热敏电阻	Rt	MF12 型　25kΩ	1
14	电容器	C_1	CBB22　0.47μF　630V	1
15	电解电容器	C_2	CD11　220μF　25V	1
16	电解电容器	C_3	CD11　100μF　25V	1
17	氖泡	Ne	启辉电压不大于 100V	1

16. 晶闸管快速充电机电路是怎样的?

晶闸管快速充电机电路如图 10-17 所示。其充电电流 0～50A 连续可调。

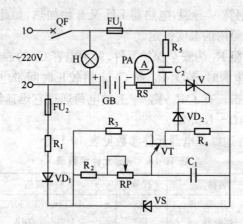

图 10-17　晶闸管快速充电机电路

(1)工作原理　接通电源,220V 交流电经电阻 R_1 降压、二极管 VD_1 半波整流、稳压管 VS 削波,为触发电路(由单结晶体管 VT 及阻容元件组成)提供直流同步电压。该电压经电阻 R_2、电位器 RP 对电容 C_1 充电。当 C_1 两端的电压达到单结晶体管 VT 的峰值电压 U_p 时,VT 导通,C_1 通过 VT 的 eb_1 结及电阻 R_4 放电;于是 C_1 两端电压迅速下降,当降到单结晶体管 VT 的谷点电压 U_v 时,VT 关断。然后 RC 电路再次充电重复上述过程。于是在电阻 R_4 两端输出一系列脉冲,使晶闸管 V 在电源 2 端为正时导通。调节电位器 RP,可以改变电容 C_1 的充电时间,从而控制晶闸管导通角的大小,即控制直流输出电压的大小。

(2)元件选择　电器元件参数见表 10-17。

表 10-17　　电器元件参数表

序号	名称	代号	型号规格	数量
1	断路器	QF	DZ15-63　63A(单极)	1
2	快速熔断器	FU$_1$	RS3　60A	1
3	熔断器	FU$_2$	50T　1A	1
4	晶闸管	V	KP100A　800V	1
5	单结晶体管	VT	BT33　$\eta \geqslant 0.6$	1
6	稳压管	VS	2CW64　U_z=18～21V	1
7	二极管	VD$_1$、VD$_2$	1N4004	2
8	线绕电阻	R$_1$	RX1-3kΩ　10W	1
9	金属膜电阻	R$_2$	RJ-10kΩ　1W	1
10	金属膜电阻	R$_3$	RJ-400Ω　1/2W	1
11	金属膜电阻	R$_4$	RJ-100Ω　1/2W	1
12	金属膜电阻	R$_5$	RJ-100Ω　2W	1
13	电容器	C$_1$	CBB22　0.47μF　160V	1
14	电容器	C$_2$	CBB22　0.22μF　630V	1
15	直流电流表	PA	59C2　75A	1

17. 电动机自动间歇运行电路是怎样的?

串激式小型电动机自动间歇运行电路如图 10-18 所示。它采用 555 时基集成电路和双向晶闸管控制实现。由 555 时基集成电路 A、二极管 VD$_1$、VD$_2$、电阻 R$_1$、R$_2$ 和电容 C$_1$、C$_2$ 组成无稳压电路。

(1)工作原理　接通电源,220V 交流电经电容 C$_4$ 降压、二极管 VD$_3$ 半波整流、稳压管 VS 稳压、电容 C$_3$ 滤波后,提供给电器 12V 直流电源 E_c。二极管 VD$_4$ 的作用是为电源负半波提供一条通路(经电容 C$_4$),由于电容两端电压不能突变,A 的 2 脚为低电平,3 脚输出为高电平,发光二极管 VL 点亮,双向晶闸管 V 触发导通,电动机起动运行。同时 C$_1$ 通过 R$_1$ 和二极管 VD$_2$ 被充电。

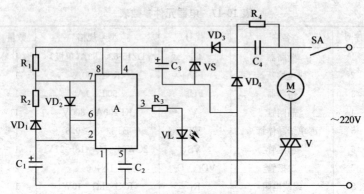

图 10-18　电动机自动间歇运行电路

当 C_1 上的电压达到 $2E_c/3$（约 8V）时，A 的 3 脚输出低电平，发光二极管 VL 熄灭，双向晶闸管 V 关闭，电动机停止运行。同时 C_1 通过 R_2、二极管 VD_1 和时基集成电路 A 的 7 脚经内部放电管放电。当 C_1 上的电压降到 $E_c/3$（4V）时，A 又置位，3 脚输出高电平，触发双向晶闸管导通，电动机又运行。随后 C_1 又充电，重复上述过程。

（2）元件选择　电器元件参数见表 10-18。

表 10-18　电器元件参数表

序号	名称	代号	型号规格	数量
1	开关	SA	KN5-1	1
2	双向晶闸管	V	KS2A　600V	1
3	时基集成电路	A	NE555、MA555、SL555	1
4	稳压管	VS	2CW110　$U_z=11\sim12.5V$	1
5	二极管	VD_1、VD_2	1N4148	2
6	二极管	VD_3、VD_4	1N4004	2
7	发光二极管	VL	LED702、2EF601、BT201	1
8	金属膜电阻	R_1	RJ-300kΩ　1/2W	1

续表 10-18

序号	名称	代号	型号规格	数量
9	金属膜电阻	R_2	RJ-200kΩ 1/2W	1
10	金属膜电阻	R_3	RJ-470kΩ 1/2W	1
11	碳膜电阻	R_4	RT-510kΩ 1/2W	1
12	电解电容器	C_1	CD11 100μF 25V	1
13	电容器	C_2	CL11 0.01μF 63V	1
14	电解电容器	C_3	CD11 220μF 25V	1
15	电容器	C_4	CBB22 0.68μF 630V	1

18. 搅拌机定时、调速控制电路是怎样的?

搅拌机定时、调速控制电路如图 10-19 所示。它是一种经过一定时间间隔时,自动关断电动机并可调速的电路。

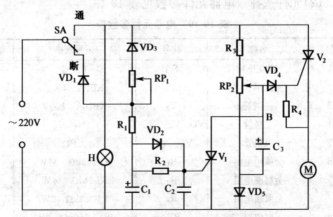

图 10-19 搅拌机定时、调速控制电路

(1)工作原理 当开关 SA 打到断开的位置时,220V 交流电源经二极管 VD_1 半波整流、电阻 R_1 对电容 C_1 反向充电,使晶闸管 V_1 控制极反偏而关闭,晶闸管 V_2 回路不通,电动机 M 不工作。当开关 SA 打到"通"的位置时,晶闸管 V_2 得到触发电压而导通,搅拌机电动机 M 起动运行。同时电源经二极管 VD_5 半波整流、R_3 和 RP_2 向电容 C_3 充电。V_1 控制极因已受反偏压而处于关闭状态。电容 C_1 通过 R_2、V_1 控制极反偏电阻缓慢放电。经过一段延时后,电容放电完毕。此时电源经 VD_3、RP_1、R_1 和 VD_2 向电容 C_2 正向充电,充电电压导致晶闸管 V_1 导通,C_3 通过 V_1 放电,于是 B 点电位下降,晶闸管 V_2 由导通转为关闭,搅拌机电动机停止转动。

调节电位器 RP_1,可改变延时时间,最长延时达 30s;调节电位器 RP_2,可改变晶闸管 V_2 导通角的大小,从而改变电动机的转速。

(2)元件选择　电器元件参数见表 10-19。

表 10-19　电器元件参数表

序号	名称	代号	型号规格	数量
1	转换开关	SA	LS2-2	1
2	晶闸管	V_1	KP1A　400V	1
3	晶闸管	V_2	KP10A　800V	1
4	二极管	VD_1、VD_3、VD_5	1N4007	3
5	二极管	VD_2、VD_4	2CP12	2
6	金属膜电阻	R_1	RJ-3.3kΩ　½W	1
7	金属膜电阻	R_2	RJ-1MΩ　½W	1
8	金属膜电阻	R_3	RJ-3.3kΩ　2W	1
9	电位器	RP_1	WX3-150kΩ　3W	1
10	电位器	RP_2	WX3-1kΩ　3W	1
11	电解电容器	C_1	CD11　100μF　16V	1
12	电容器	C_2	CBB22　0.1μF　63V	1
13	指示灯	H	AD11-25/40　220V(绿)	1

19. 时间累计计时器电路是怎样的?

时间累计计时器电路如图 10-20 所示。它可按设定计数,如 1min 计 1 个数,则最大计数可达 16666.65h,即 694 天。它采用 555 时基集成电路组成的自激多谐振荡器,来触发双向晶闸管,带动计数器进行计数。

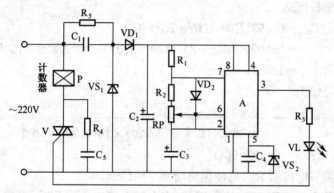

图 10-20　时间累计计时器电路

(1)工作原理　直流电源采用半波型电容降压整流电路,其中稳压管 VS_1 有双重作用,正半周时起稳压作用,负半周时为电容 C_1 提供放电回路。接通电源,220V 交流电经电容 C_1 降压、稳压管 VS_1 稳压、二极管 VD_1 半波整流、电容 C_2 滤波后,给自激多谐振荡器提供约 12V 直流电压 E_c。该电压 E_c 通过电阻 R_1 和二极管 VD_2 向电容 C_3 充电。当 C_3 刚充电时,时基集成电路 A 的 2 脚为低电平(约 0V),A 的 3 脚输出高电平(约 11V),这一电压维持时间很短,随着 C_3 的充电,当 C_3 上的电压达到 $2E_c/3$ 时,A 的 3 脚变为低电平,于是集成电路内部放电管导通,C_3 经电位器 RP 和电阻 R_2 和 A 的 7 脚经内部放电管放电,直到电容 C_3 两端电压达到 $E_c/3$ 时,A 的 3 脚又变为高电平,如此重复循环。电容 C_3 的

充电时间(即为双向晶闸管 V 触发导通、计数器 P 动作及发光二极管 VL 点亮的时间)为

$$t_1 = 0.693 R_1 C_3 = 0.693 \times 6.8 \times 10^3 \times 220 \times 10^{-6} \approx 1(\text{s})$$

自激多谐振荡器总的振荡周期为

$$T = 0.693 [R_1 + 2(R_2 + RP')] C_3$$

最长可达

$$\begin{aligned}
T_{\max} &= 0.693 [R_1 + 2(R_2 + RP)] C_3 \\
&= 0.693 \times [6.8 + 2 \times (120 + 270)] \times 10^3 \times 220 \times 10^{-6} \\
&= 120(\text{s}) = 2(\text{min})
\end{aligned}$$

最短为

$$\begin{aligned}
T_{\min} &= 0.693 (R_1 + 2R_2) C_3 \\
&= 0.693 \times (6.8 + 2 \times 120) \times 10^3 \times 220 \times 10^{-6} \\
&= 37.6(\text{s})
\end{aligned}$$

调节电位器 RP,可使振荡周期 $T = 1\text{min}$。

图中稳压管 VS_2 的作用是,当电源电压发生变化时,可保护阈值电压稳定,从而提高精度。

(2)元件选择　电器元件参数见表 10-20。

表 10-20　电器元件参数表

序号	名 称	代号	型 号 规 格	数量
1	时基集成电路	A	NE555、μA555、SL555	1
2	双向晶闸管	V	KP1A600V	1
3	稳压管	VS_1	2CW110　$U_z = 11 \sim 12.5\text{V}$	1
4	稳压管	VS_2	2CW54　$5.5 \sim 6.5\text{V}$	1
5	二极管	VD_1	1N4007	1
6	二极管	VD_2	1N4001	1
7	发光二极管	VL	LE0702、2EF601、BT201	1
8	计数器	P	JFM5-61S(设有手动复位清零)	1
9	金属膜电阻	R_1	RJ-6.8kΩ　1/2W	1

续表 10-20

序号	名称	代号	型号规格	数量
10	金属膜电阻	R_2	RJ-330kΩ 1/2W	1
11	金属膜电阻	R_3	RJ-560Ω 1/2W	1
12	金属膜电阻	R_4	RJ-100Ω 2W	1
13	碳膜电阻	R_5	RT-510kΩ 1/2W	1
14	电位器	RP	WS-0.5W 270kΩ	1
15	电容器	C_1	CBB22 0.68μF 630V	1
16	电解电容器	C_2	CD11 220μF 25V	1
17	电解电容器	C_3	CD11 220μF 16V	1
18	电容器	C_4	CBB22 0.01μF 63V	1
19	电容器	C_5	CBB22 0.1μF 400V	

为了保证时间累计时的准确性,除电容 C_3 必须选用漏电电流很小的优质电容外,应用示波器测量脉宽(1s)和振荡周期(1min),可配合高精度秒表进行测量。

20. 单相晶闸管直流电动机调速电路是怎样的?

单相晶闸管直流电动机调速系统方框图如图 10-21 所示,其电气原理如图 10-22 所示。该电路调速范围约 10:1,所带电动机功率在 0.8~13kW 之间,适用于对精度要求不高、负载变化不大的场合。

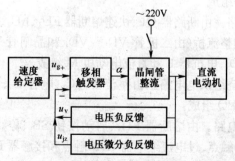

图 10-21 单相晶闸管直流电动机调速系统方框图

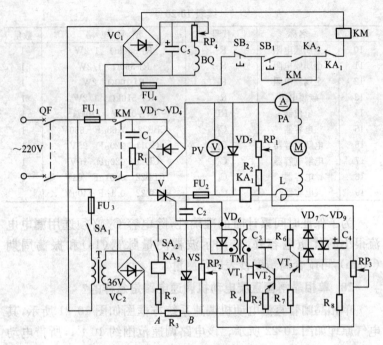

图 10-22 单相晶闸管直流电动机调速电路

（1）电路组成

①主电路。由断路器 QF、快速熔断器 FU_1、FU_2、接触器 KM 主触点，单相整流桥（由二极管 $VD_1 \sim VD_4$ 和晶闸管 V 组成）、续流二极管 VD_5、电抗器 L 和直流电动机 M 组成。

②励磁绕组供电电路。由整流桥 VC_1、电容 C_5、电位器 RP_4 和励磁绕组 BQ 组成。

③控制电路。由熔断器 FU_4、启动按钮 SB_1、停止按钮 SB_2、继电器 KA_2 触点、过电流继电器 KA_1 触点和接触器 KM 组成。

④触发电路（单结晶体管弛张振荡器）。由三极管 VT_3、VT_2 和单结晶体管 VT_1、电阻 $R_4 \sim R_8$、电容 $C_2 \sim C_4$、二极管 $VD_6 \sim$

VD_9、脉冲变压器 TM 组成,另外,还有主令电位器 RP_2、电压负反馈回路 R_2、RP_1 和 RP_3。

⑤直流同步电源。由熔断器 FU_3、开关 SA_1、变压器 T、整流桥 VC_2、电阻 R_3 和稳压管 VS 组成。

⑥指示仪表。PA——指示电动机定子直流电流;PV——指示电动机定子直流电压。

(2)工作原理　接通电源,合上开关 SA_1,220V 交流电经整流桥 VC_1 整流、电容 C_5 滤波、电位器 RP_4(调节它可改变励磁电流)降压后,将直流电压加在电动机的励磁绕组 BQ 上。

220V 交流电又经变压器 T 降压、整流桥 VC_2 整流、电阻 R_3 降压、稳压管 VS 削波后,给触发电路提供约 24V 直流同步电压。

起动时,将主令电位器 RP_2 调至 0 位(这时与 RP_2 有机械连系的微动开关 SA_2 闭合,继电器 KA_2 吸合,其常开触点闭合),按下起动按钮 SB_1,接触器 KM 得电吸合并自锁,其主触点闭合,接通主电路电源。调节 RP_2(这时 SA_2 即断开,KA 即释放)即有主令电压送出,而负反馈电压从并联在电枢两端的电位器 RP_1 上取得。这两个电压相比较所得的差值电压经电阻 R_8 与电容 C_4 滤波后,加到三极管 VT_3 基极进行放大,并控制三极管 VT_2 的导通程度,以改变弛张振荡器的频率,改变晶闸管 V 的导通角,从而改变电枢电压的大小,达到调节电动机转速的目的。

停机时,按下停止按钮 SB_2 即可。

图中,电容 C_4 是用来对输入脉动电压滤波及吸收输入信号的突变,可使调速过程比较平稳;二极管 VD_6 起检波作用,只允许正脉冲信号送入控制极;C_2 是防干扰电容,防止干扰信号混入控制极引起晶闸管误触发;续流二极管 VD_5 防止晶闸管失控;电抗器 L 能使晶闸管的导通时间延长,降低电流峰值,并减小电流的脉动程度,改善直流电动机的运行条件。

当电动机过载时,过电流继电器 KA₁ 吸合,其常闭触点断开,接触器 KM 失电释放,切断主电路电源,达到保护的目的。

(3)元件选择　电器元件参数见表 10-21。

表 10-21　电器元件参数表

序号	名称	代号	型号规格	数量
1	断路器	QF	DZ10-100A	1
2	快速熔断器	FU₁、FU₂	RS3　60A　500V	2
3	熔断器	FU₃、FU₄	RL1-15/6A	2
4	控制变压器	T	KC-50VA　220/36V、6.3V	1
5	电抗器	L	5kVA	1
6	微动开关	SA₂	改装在 RP₁ 上	1
7	拨动开关	SA₁	KN5-1	1
8	晶闸管	V	KP50A　600V	1
9	三极管	VT₂	3CG130　$\beta \geqslant 30$	1
10	三极管	VT₃	3DG6　$\beta \geqslant 50$	1
11	单结晶体管	VT₁	BT33　$\eta \geqslant 0.6$	1
12	稳压管	VS	2CW113　$U_z = 16 \sim 19V$	1
13	整流桥	VC₁、VC₂	1N4007	8
14	二极管	VD₁～VD₅	ZP30A　600V	5
15	二极管	VD₆～VD₉	1N4001	4
16	接触器	KM	CJ20-60A　380V	1
17	继电器	KA₂	JQX-4F　DC36V	1
18	直流过电流继电器	KA₁	JL3-11　50A	
19	线绕电阻	R₁	RX1-10Ω　50W	1
20	线绕电阻	R₂	RX1-2kΩ　15W	1
21	金属膜电阻	R₃	RJ-1.1kΩ　2W	1
22	金属膜电阻	R₄	RJ-360Ω　1/2W	1
23	金属膜电阻	R₅、R₆	RJ-1kΩ　1/2W	2
24	金属膜电阻	R₇	RJ-10kΩ　1W	1
25	金属膜电阻	R₈	RJ-2kΩ　1W	1

续表 10-21

序号	名称	代号	型号规格	数量
26	可调式线绕电阻	RP_1	GF-1.5kΩ 30W	1
27	电位器	RP_2	WX-2.7kΩ 2W	1
28	可调式线绕电阻	RP_3	GF-1.5kΩ 10W	1
29	电容器	C_1	CZJD-2 10μF 500V	1
30	电容器	C_2	CBB22 0.1μF 400V	1
31	电容器	C_3	CBB22 0.47μF 63V	1
32	电解电容器	C_4	CD11 100μF 50V	1
33	电解电容器	C_5	CD11 220μF 450V	1
34	脉冲变压器	TM	用半导体输出变压器	1
35	直流电流表	PA	42C_3-A 75A 带分流器	1
36	电流电压表	PV	42C_3-V 300V	1
37	按钮	SB_1	LA18-22(绿)	1
38	按钮	SB_2	LA18-22(红)	1

21. 怎样调试单相晶闸管直流电动机调速装置？

单相晶闸管直流电动机调速电路如图 10-22 所示。装置的调试步骤如下：

(1)暂不接直流电动机，在整流装置输出端接一假负载电阻(如 100W 220V 灯泡)。

(2)接通控制电路电源(暂不接主电路)，用示波器观察稳压管 VS 两端有无连续的梯形波。尚可用万用表测量，应约有 24V 的直流电压。

(3)然后用示波器观察电容 C_3 两端有无锯齿波。调节主令电位器 RP_2，锯齿波的数目应均匀地变化。正常情况，应能调到最少只出半个锯齿波，最多可出 6～8 个锯齿波，且连续均匀地变化。如果调至最多个锯齿波后，继续调节 RP_2，锯齿波突然消失，则说明 R_5 阻值太小，应增大其阻值，使 RP_2 调到最大值时，锯齿波都不会消失。

(4)同时接通主电路和控制电路电源,观察有无输出电压和输出电流,并用示波器观察输出端的电压波形是否正常,调节主令电位器 RP_2,波形变化是否符合要求如图 10-23,输出电压能否从零至最大值均匀地调节,有无振荡现象。

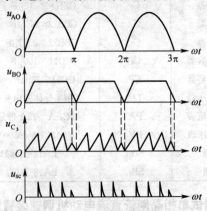

图 10-23 单结晶体管触发电路的各点波形

(5)调节电压负反馈电位器 RP_1,输出电压应能变化。

(6)以上试验正常后,撤掉假负载电阻,接入直流电动机,作正式调试。调试方法同前。调节电压负反馈量:当负反馈量过大时,输出电压可能会发生振荡,这时调节 RP_1 适当减小负反馈量。另外,需改变电动机的励磁电压(调节瓷盘变阻器 RP_4),看电动机转速是否能相应地发生变化。同时要观察电动机运行状况,有无异常声响、过热或电刷火花过大等情况,以及检查整流装置柜内的晶闸管、整流二极管及其他电气电子元器件是否有过热或其他异常情况。

(7)输出电压最大值的确定:一般不应超过直流电动机额定电压的 5%。逐渐增大主令电压(调节 RP_2),同时观察输出电压,并适时调节负反馈量(调节 RP_1),使 RP_2 达到极限时,输出电压符合规定要求。

(8)调试结束,装置已达到生产工艺的技术要求时,便可将各调节电位器锁定,以免运行时松动,而改变装置的技术性能。

(9)过电流继电器 KA_1 动作值一般可按电动机额定电流的 $1.1\sim1.2$ 倍来整定。

如果在调节主令电位器 RP_2 时无直流电压输出,很可能是同步变压器 T 或脉冲变压器 TM 极性接反了,只要将其一次侧(或二次侧)二接线头对调一下便可。

如果在调节主令电位器 RP_2 时直流电压输出突然增大及不稳定,很可能是在柜内接线时将电压负反馈接成正反馈,即将触发电路与主电路的一根短接导线(本应接在主电路负极)错接在主电路的正极上,改正即可。

22. 滑差电动机晶闸管调速电路是怎样的?

滑差电动机即交流电磁调速异步电动机,是一种交流无级调速电机。它具有机械特性硬度较高、结构简单、工作可靠及调速范围广的特点。滑差电动机晶闸管调速电路如图 10-24 所示。

(1)电路组成

①主电路。由开关 QS、熔断器 FU、晶闸管 V(兼作控制元件)、续流二极管 VD_1 和励磁绕组 BQ 组成。

②触发电路。由单结晶体管 VT_1、三极管 VT_2、脉冲变压器 TM、二极管 VD_3、VD_4,及电阻 R_2、$R_4\sim R_6$、电容 C_2 组成。

③触发电路的同步电源。由变压器 T 的 40V 次级绕组、二极管 VD_2、稳压管 VS_1 和电阻 R_3 组成。

④主令电压电路。由变压器 T 的 38V 次级绕组、整流桥 VC_1、电容 C_3、C_4、电阻 R_8、稳压管 VS_2 和主令电位器 RP_1 组成。

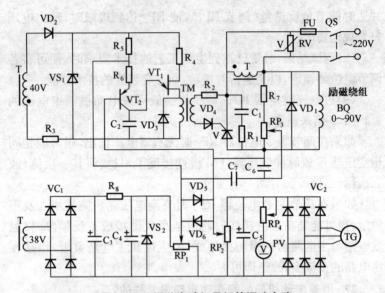

图 10-24　滑差电动机晶闸管调速电路

⑤测速负反馈电路。由测速发电机(它反应负载侧即电磁耦合器的转速)、整流桥 VC_2、电位器 RP_2 和电容 C_5 组成。

⑥电压微分负反馈电路。由电阻 R_7、电位器 RP_3 和电容 C_6、C_7 组成。

直流电压表 PV(表盘刻度为转速)指示测速发电机转速。

(2)工作原理　主电路采用单相半控整流电路,续流二极管 VD_1 为励磁绕组提供放电回路,使励磁电流连续。

接通电源,220V 交流电经变压器 T 降压,一组 38V 绕组电源经整流桥 VC_1 整流、电阻 R_8 及电容 C_3、C_4 滤波(π 型滤波器)、稳压管 VS_2 稳压后,将约 18V 直流电压加在主令电位器 RP_1 上,以提供主令电压;另一组 40V 电源经二极管 VD_2 半波整流、电阻 R_3 降压、稳压管 VS_1 削波后,给触发电路提供约 18V 直流同步电压。

速度负反馈电压在电位器 RP_2 上取得。给定电压(由 RP_1 调节)与速度负反馈电压及电压微分负反馈电压比较后,输入三极管放大器 VT_2 的基极,当 VT_2 基极偏压改变时,弛张振荡器的振荡频率随之改变,也就改变了晶闸管 V 的导通角,从而使励磁绕组中的电流得以改变,使电动机转速相应改变。采用电压微分负反馈电路的目的,是防止系统产生振荡。

(3)元件选择 电器元件参数见表 10-22。

表 10-22 电器元件参数表

序号	名称	代号	型 号 规 格	数量
1	开关	QS	DZ12-60/2 10A	1
2	熔断器	FU	RL1-25/5A	1
3	变压器	T	50VA 220/40V、38V	1
4	交流测速发电机	TG	滑差电机自带	1
5	压敏电阻	RV	MY31-470V 5kA	1
6	晶闸管	V	KP5A 600V	1
7	三极管	VT_2	3CG130 $\beta \geqslant 50$	1
8	单结晶体管	VT_1	BT33 $\eta \geqslant 0.6$	1
9	二极管	VD_1	ZP5A 600V	1
10	二极管 整流桥	$VD_2 \sim VD_6$ VC_1、VC_2	1N4004	15
11	稳压管	VS_1、VS_2	2CW113 $U_z = 16 \sim 19V$	2
12	金属膜电阻	R_1	RJ-100Ω 2W	1
13	碳膜电阻	R_2	RT-30Ω 1/2W	1
14	碳膜电阻	R_3、R_8	RT-1kΩ 2W	2
15	金属膜电阻	R_4	RJ-430Ω 1/2W	1
16	金属膜电阻	R_5	RJ-4.7kΩ 1/2W	1
17	金属膜电阻	R_6	RJ-510Ω 1/2W	1
18	金属膜电阻	R_7	RJ-10kΩ 2W	1
19	电容器	C_2	CBB22 0.22μF 63V	1

续表 10-22

序号	名称	代号	型 号 规 格	数量
20	电容器	C_1	CBB22　0.1μF　500V	1
21	电解电容器	C_3、C_5	CD11　50μF　50V	2
22	电解电容器	C_4	CD11　50μF　25V	1
23	电解电容器	C_6	CD11　10μF　50V	1
24	电容器	C_7	CBB22　1μF　160V	1
25	电位器	RP_1	WH118　1.5kΩ　2W	1
26	电位器	RP_2	WH118　1kΩ　2W	1
27	电位器	RP_3	WH118　68kΩ　2W	1
28	电位器	RP_4	WX14-11　10kΩ　1W	1
29	脉冲变压器	TM	铁心 $6\times10mm^2$,300:300	1

23. 怎样调试滑差电动机晶闸管调速装置?

滑差电动机晶闸管调速电路如图 10-24 所示。装置的调试步骤如下:

(1)暂不接入励磁绕组 BQ,而改接 100W、110V 的灯泡,把电位器 RP_2 滑臂调至最下端,这样暂不试验测速负反馈和电压微分负反馈电路,而先试验触发电路。

(2)合上开关 QS,用万用表测量变压器两组次级电压,应分别为 40V 和 38V。再测量稳压管 VS_1、VS_2 的电压,应约有 18V 直流电压。

(3)用示波器观察稳压管 VS_1 两端的电压波形,应为间隔的梯形波。调节主令电位器 RP_1,用示波器观察电容 C_2 两端的脉冲波形为锯齿波,调节 RP_1,锯齿波可由半个(或没有)至 6~8 个变化,这时灯泡应从熄灭至最亮变化。

如果电容 C_2 上有锯齿波而灯泡不亮,可用万用表测量 RP_1 滑臂与固定端电压,能否有 0~18V 直流电压。若有此变化范围,则故障很可能是同步变压器 40V 绕组或脉冲变压器 TM 绕组极性反了,调换两接线头即可。

(4)以上试验正常后,撤掉灯泡,接入滑差电机(包括励磁绕组),作正式调试。先将主令电位器 RP_1 调至零值,合上开关 QS,慢慢调节 RP_1 使主令电压升高,耦合器将逐渐升速,当转速达到电动机额定转速时,再将 RP_2 慢慢调小,转速也将逐渐减小,直至停转。

(5)速度反馈电位器 RP_2 的整定。耦合器转速一般不应超过电动机额定转速5%。逐渐增大主令电压(调节 RP_1),同时观察耦合器转速,并适时调节负反馈量(调节 RP_2),使 RP_1 达到最大值时,耦合器转速符合规定要求。

(6)电压微分负反馈电位器 RP_3 的整定。如果在调试中(滑差电机空载及带额定负载时)发现有振荡现象(表现为耦合器转速不稳定、电动机定子电流不断摆动),可适当调节 RP_3,使其稳定下来,必要时需调整电容 C_6、C_7 的容量。

如果在调节 RP_1 时,耦合器不断升速,励磁电流不断增大,可能是测速负反馈错接成正反馈了,只要将 RP_3 的接线纠正即可。

需指出,实际线路中,为保证耦合器从零开始升速,主令电位器 RP_1 在耦合器启动时应在零位(即无主令电压),因此有一个与 RP_1 在机械上有系统的微动开关 S,此开关的触点与控制电路中的接触器(图中未画出)线圈串联一起,只有 S 闭合后接触器才能吸合并自锁,主触点闭合(代替图中的开关 QS),JZT-1 控制装置才能投入运行。

24. TLG1-33 型发电机晶闸管自动励磁电路是怎样的?

TLG1-33 型发电机晶闸管自动励磁电路如图 10-25 中虚框部分所示。它适用于机端电压为 400V、容量为 500kW 及以下的同步发电机作自动调节励磁用。它的最大输出电压为 70V,最大输出电流为16A。

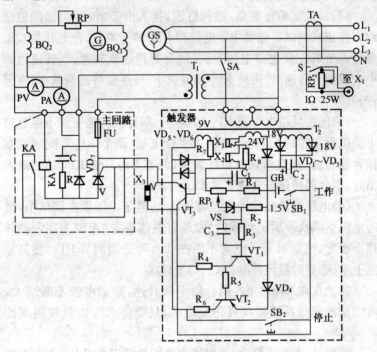

图 10-25 TLG1-33 型晶闸管自动励磁电路

(1)电路组成

①主电路(不属励磁调节器)。采用一只晶闸管 V 的单相半波整流电路。它由晶闸管 V(兼作控制元件)、续流二极管 VD$_7$、整流变压器 T$_1$ 和熔断器 FU 组成。R、C 为晶闸管阻容保护。

②移相触发电路。它由测量电路、相位调制电路和同步开关及直流工作电源组成。

a. 电压测量电路:由测量及同步变压器 T$_2$ 的 24V 绕组、二

极管 VD_1 和锯齿波发生器(由电容 C_1、电阻 R_1 和电位器 RP_1 组成)组成。

　　b. 相位调制电路:由三极管 VT_1 和 VT_2 组成。

　　c. 同步开关:由变压器 T_2 的 9V 绕组、二极管 VD_5、VD_6 和三极管 VT_3 组成。

　　d. 三极管直流工作电源:由变压器 T_2 的 2 组 18V 绕组、二极管 VD_2、VD_3 和电容 C_2 组成。

　　③起励、灭磁电路。起励电路由干电池 GB 和起励按钮 SB_1 组成;灭磁用灭磁按钮 SB_2。

　　④调差电路。由电流互感器 TA、电位器 RP_2 和开关 S(S 闭合时为单机运行;S 打开时为并联运行,调差接入)组成。

　　⑤消振电路。由电阻 R_3 和电容 C_3 组成。

　　(2)工作原理　发电机起励建压后,机端电压经变压器 T_2 降压、二极管 VD_1 整流后送至 C_1 和 R_1、RP_1 组成的充放电回路,并转换成一系列锯齿波电压,加在稳压管 VS 和电阻 R_2 串联回路上。当锯齿波电压低于 VS 的击穿电压时,回路中没有电流,R_2 上无压降;当锯齿波电压高于 VS 的击穿电压时,回路导通,R_2 上有压降。

　　当 R_2 上没有压降时,三极管 VT_1 截止,VT_2 得到基极偏压而导通;当 R_2 上有压降时,VT_1 导通,VT_2 截止。于是在电阻 R_6 上输出一条列矩形脉冲。该矩形脉冲加在同步开关 VT_3 的集电极-发射极上。另外,在发电机电压每周期内,二极管 VD_5、VD_6 交替导通,利用二极管的正向压降将交流同步电压限幅,转换成矩形波,加在 VT_3 基极上。只有当 VD_5 导通的半周内 VT_3 基极得到负偏压,并在 R_6 上输出矩形脉冲时才导通,从而输出脉冲 i_G (即晶闸管 V 的控制极电流)去触发晶闸管 V。保证在晶闸管处于逆向电压时没有触发脉冲输出。

　　当发电机电压升高或降低时,锯齿波电压将向上或向下平移,相位调制器的输出脉冲将向后或向前移动,从而使晶闸管的导通角减小或增大,使励磁电流的平均值相应减小或增大,使发电机端电压维持到规定值。

　　电路中各部位波形如图 10-26 所示。图中 u_1 为整流输出电压(即励磁电压)。

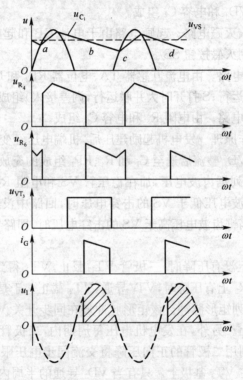

图 10-26　电路中各部位波形

　　(3)元件选择　电器元件参数见表 10-23。

表 10-23　电器元件参数表

序号	名称	代号	型号规格	数量
1	测量及同步变压器	T_2	50VA　400/9V、24V、18V、18V	1
2	三极管	VT_1	3CG130　$\beta \leqslant 30$	1
3	三极管	VT_2、VT_3	3CG130　$\beta \geqslant 50$	2
4	稳压管	VS	2CW75　$U_z = 10 \sim 12V$	1
5	二极管	$VD_1 \sim VD_6$	1N4001	6
6	金属膜电阻	R_1	RJ-1.5kΩ　2W	1
7	金属膜电阻	R_2	RJ-390Ω　1/2W	1
8	金属膜电阻	R_3、R_4、R_7	RJ-1.5kΩ　1/2W	3
9	金属膜电阻	R_5	RJ-100Ω　1/2W	1
10	金属膜电阻	R_6	RJ-62Ω　1W	1
11	金属膜电阻	R_8	RJ-1kΩ　2W	1
12	多圈电位器	RP_1	WXD4-23-47kΩ　3W	1
13	瓷盘变阻器	RP_2	CB-1Ω　25W	1
14	电解电容器	C_1	CD11　100μF　50V	1
15	电解电容器	C_2	CD11　100μF　25V	1
16	按钮	SB_1	LA18-22(绿)	1
17	按钮	SB_2	LA18-22(红)	1

25. 怎样调试 TLG1-33 型发电机晶闸管自动励磁装置？

TLG1-33 型发电机晶闸管自动励磁电路如图 10-25 所示。调试方法有两种：一种用万用表，一种用示波器，但通常两种方法结合使用较好。

（1）用万用表测量各部分的电压并调整

①首先在主回路中暂接一只 110～220V、100W 的白炽灯代替励磁绕组。将变压器 T_1 和 T_2 的 400V 的两端接入 380V 交流电源。测量二次各绕组的电压是否正常。如不正常，应检查接线有无松脱，变压器内部有无故障。

②用万用表的 100mA 挡串接在触发脉冲输出端三极管 VT_3 的集电极 c 回路内,再将电压调整电位器 RP_1 顺时针旋到底。正常情况下,输出电流 $55\sim85mA$,且随 RP_1 旋动连续可调。然后按表 10-24 所示的数值用万用表进行逐点测量,测到哪点异常,说明该部位有问题,应查明原因并加以消除。

表 10-24　RP_1 顺时针旋向,输出电流为 55mA 时

元件代号	测 量 值	测 量 部 位
VS	11V	两端
	0.5mA	串入稳压管
VT_1	2.9V	e 极、c 极
VT_2	0.1V	e 极、c 极
VT_3	−12V	地、c 极
	−20V	地、e 极
	−20V	地、b 极
R_2	0.25V	
R_3	0.2V	两端
R_4	20V	
R_5	1.5V	

③用万用表 100mA 挡串入三极管 VT_3 的集电极 c 回路内,将电位器 RP_1 逆时针旋转到底,电流指示应小于零。然后按表 10-25 所列的数值(正常时的数值)进行逐点测量,便可迅速找出故障部位。

表 10-25　RP_1 逆时针旋向,输出电流为零时

元 件 代 号	测 量 值	测 量 部 位
VS	11V	两端
	10mA	串入稳压管
VT_1	0.1V	e 极、c 极
VT_2	0.1V	e 极、c 极
VT_3	−0.1V	地、c 极
	−0.1V	地、e 极
	−0.1V	地、b 极

续表 10-25

元 件 代 号	测 量 值	测 量 部 位
R_2	3.5V	
R_3	3.3V	两端
R_4	22V	
R_5	0V	

调节电位器 RP_1 时,灯泡应能从熄灭慢慢变为很亮。

(2)用示波器观察各部分波形并调整 电路中各部分波形如图 10-26 所示。当测试到那部分波形不正常时,调试也无效,则说明该部分有问题,查明原因并排除故障后,继续进行调试,直到基本符合要求。

上述调试正常后,将励磁调节器按图示接线接到发电机上,进行正式试车。打开导水叶,将水轮发电机组升至额定转速,按下起励按钮 SB_1,发电机应起励建压。如果不能升压,应检查励磁回路有无问题,如接线是否松脱,电刷接触是否良好等,另外,电位器 RP_1 置于 0 圈位置,也可能升不起电压,可将 RP_1 旋至数圈后再起励试试。发电机起励升压后,调节 RP_1 励磁电压上升,机端电压升高。若将 RP_1 旋至 10 圈,机端电压应升至至少 480V;RP_1 旋至 0 圈,机端电压应不大于 320V。如果调压范围不够或调不到上限或下限,则应调整 R_1、R_2 的阻值。

如果发现励磁电流发生振荡,可调整 R_3 及 C_3 的数值。

按下灭磁按钮 SB_2,励磁电流逐渐减小至零,机端电压也降至零。由于是续流灭磁,励磁电流不可能立刻降到零,因此应长按 SB_2 4~5s 后再松开。

26. TWL-Ⅱ型发电机无刷励磁调节器电路是怎样的?

TWL-Ⅱ型发电机无刷励磁调节器电路如图 10-27 所示。它适用于机端电压为 400V、容量为 1 000kW 及以下的无刷励磁同步发电机作为自动调节励磁用。

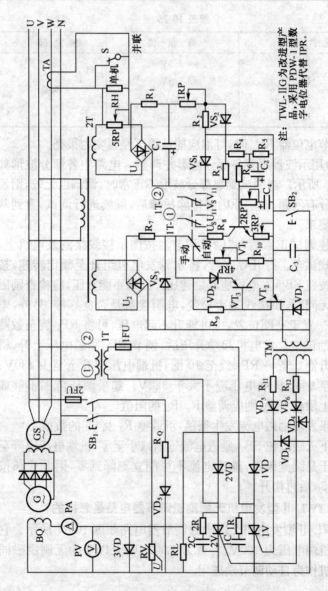

图 10-27 TWL-Ⅱ型发电机无刷励磁调节器电路

注：TWL-ⅡG为改进型产品，采用PDW-1型数字电位器代替 IPR。

(1)电路组成及工作原理　励磁调节器由主回路、移相触发器、检测比较器、校正环节、调差和起励、灭磁电路等组成。

①主回路。由二极管 1VD、2VD 和晶闸管 1V、2V 等组单相半控桥式整流电路。1V、2V 的导通角由移相触发器产生的触发脉冲控制。3VD 为续流二极管。阻容 1R、2R、1C、2C 及压敏电阻 RV 和电阻 RL 为元件的过压保护;快速熔断器 2FU 为元件的过流保护。

②移相触发器。由三极管 VT_1(作电阻用)、VT_3 和单结晶体管 VT_2 等组成单结晶体管触发器(工作原理请见第九章第 7 问)。移相触发脉冲的前移或后移,主要由 C_3、R_8、电位器 3RP 和三极管 VT_1 决定。改变控制信号(由检测比较器来)的大小,便可改变 VT_1 的内阻,从而达到改变移相角的目的。

③检测比较器。由变压器 2T 的一组绕组、整流器 U_1 和滤波器 R_1、C_1 三部分组成检测单元。经检测单元输出的直流电压与发电机端电压成正比变化。

比较单元采用由稳压管 VS_1、VS_2 和电阻 R_2、R_3 组成的双稳压管比较桥。

④校正环节(即消振电路)。为防止系统产生振荡,采用由电阻 R_6、电容 C_2 组成的微分电路和由电位器 2RP、电容 C_4 组成的积分电路。适当调节 2RP(必要时调整一下 R_6、C_2、C_4),就可抑制系统的振荡。

⑤调差。由电流互感器 TA(接 W 相)、电阻 RH 和电位器 5RP 等组成。调节 5RP 便可改变该机的调差系统,即调整无功调差电流信号的强弱,在一定范围内改变发电机无功负荷的大小。

⑥起励和灭磁电路。采用机端残压起励。按下起励按钮 SB_1,由剩磁引起的机端电压,经二极管 VD_5 和电阻 R_Q 起励。一般当机端电压升至 130V 时,松开起励按钮 SB_1,励磁调节器就自

动投入工作。

灭磁时,只要按下灭磁按钮 SB₂ 即可。由于采用续流灭磁,所以需按压数秒钟(当机端电压降至 0V 时)后方可松开 SB₂。

(2)元件选择 电器元件参数见表10-26。

表 10-26 电器元件参数表

序号	名称	代号	型号规格	数量
1	晶闸管	1V、2V	KP20A 800V	2
2	二极管	1VD～3VD	ZP20A 800V	3
3	二极管	VD₃	ZP10A 600V	1
4	被釉电阻	R_L	ZG11-510Ω 16W	1
5	被釉电阻	R_Q	ZG11-30Ω 16W	1
6	直流电流表	PA	44C₂-15A	1
7	直流电压表	PV	44C₂-150V	1
8	压敏电阻	RV	MY31-330V 10kA	1
9	快速熔断器	1FU	RLS 30A 500V	1
10	熔断器	2FU	RT14-20/6A	1
11	整流变压器	1T	600VA 400/100V	1
12	脉冲变压器	TM	MB-2	1
13	电流互感器	TA	LQG-□/5A	1
14	按钮	SB₁、SB₂	LA18-22	2
15	整流桥	U₁、U₂	QL1A/200V	2
16	主令开关	SA	LS2-2	1
17	拨动开关	S	KN5-1	1
18	三极管	VT₁	3DG6 β≤40	1
19	三极管	VT₂	3CG22 β≥50	1
20	单结晶体管	VT₃	BT33 η≥0.6	1
21	稳压管	VS₁、VS₂	1N4740A	2
22	稳压管	VS₃	2CW113	1
23	二极管	VD₁～VD₆	1N4001	6
24	多圈电位器	1RP	WXD4-23-3W 1kΩ	1

序号	名称	代号	型 号 规 格	数量
25	多圈电位器	4RP	WXD4-23-3W 47kΩ	1
26	电位器	3RP	J7-3.3kΩ	1
27	电位器	2RP	WS-0.5W 5.6kΩ	1
28	瓷盘变阻器	5RP	BC1-39Ω 5W	1
29	线绕电阻	RH	RX1-39Ω 10W	1
30	金属膜电阻	1R、2R	RJ-100Ω 2W	2
31	金属膜电阻	R_1	RJ-1kΩ 2W	1
32	金属膜电阻	R_2、R_3	RJ-1kΩ 1/2W	2
33	金属膜电阻	R_4	RJ-1.5kΩ 1/2W	1
34	金属膜电阻	R_5	RJ-510Ω 1/2W	1
35	金属膜电阻	R_6、R_8	RJ-5.1kΩ 1/2W	2
36	金属膜电阻	R_7	RJ-1kΩ 2W	1
37	金属膜电阻	R_9	RJ-360Ω 1/2W	1
38	金属膜电阻	R_{10}	RJ-5.6kΩ 1/2W	1
39	碳膜电阻	R_{11}、R_{12}	RT-51Ω 1/2W	2
40	电容器	1C、2C	CBB22 0.1μF 630V	2
41	电解电容器	C_1	CD11 100μF 50V	1
42	电解电容器	C_2	CD11 4.7μF 16V	1
43	电容器	C_3	CBB22 0.22μF 63V	1
44	电解电容器	C_4	CD11 100μF 16V	1

27. 怎样调试 TWL-Ⅱ型发电机无刷励磁调节器？

TWL-Ⅱ型发电机无刷励磁调节器电路如图 10-27 所示,其电气接线图如图 10-28 所示。

(1)调节器本身调试　暂不接发电机,在接励磁绕组 BQ 的端子排上(X16 和 X17)接一只 60～100W、220V 灯泡,将电网的 U 相、V 相和零线 N 分别接在端子排 X25、X26 和 X27 上,将开关 S 置于"单机"位置。接通电网电源,用万用表测量变压器 2T 的两

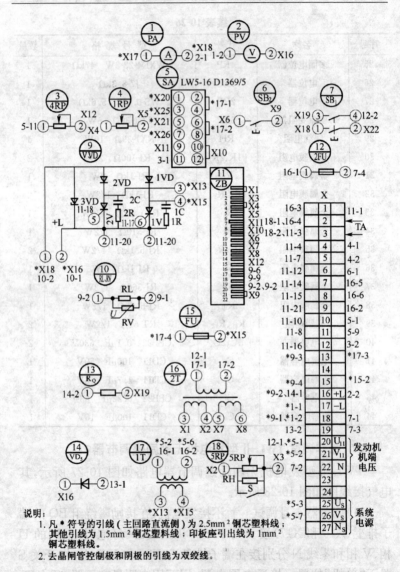

说明:

1. 凡 * 符号的引线(主回路直流侧)为 2.5mm² 铜芯塑料线;
   其他引线为 1.5mm² 铜芯塑料线;印板座引出线为 1mm²
   铜芯塑料线。

2. 去晶闸管控制极和阴极的引线为双绞线。

图 10-28　TWL-II 型无刷励磁调节器电气接线图

二次电压,应分别为 32V 和 50V 交流电压;测量稳压管 VS$_3$ 两端电压,应约有 20V 直流电压;测量电容 C$_1$ 两端电压,应约有 20V 直流电压(此电压随电位器 1RP 的调节会有所变化)。测量整流变压器 1T 次级电压为 100V。

将转换开关 SA 置于"手动"位置,调节手动调压电位器 4RP,输出电压(PV)应由 0～130V 变化,灯泡也由熄灭到较亮变化。

然后将 SA 置于"自动"位置,调节自动调压电位器 1RP,输出电压应由 0～120V 变化,灯泡由熄灭至较亮变化。

按下灭磁按钮 SB$_2$,输出电压即变为 0V。将 1RP 或 4RP 调至使输出电压为零,按下起励按钮,输出电压马上升高。

可用示波器观察电路各点的波形,应符合图 10-29 所示的形状。图 10-29a 为同步变压器 2T 的次级电压;图 10-29b 为整流桥 U$_2$ 输出、稳压管 VS$_3$ 和电容 C$_3$ 的电压;图 10-29c 为脉冲变压器 TM 次级输出脉冲电压(即晶闸管触发电压);图 10-29d 为整流输出电压(即励磁电压)。

(2)接入发电机进行现场调试

①检查水轮发电机组、励磁调节器、并网柜、计量柜等,确实无问题,接线无误后,可进行试机。

②开动水轮机使发电机升至额定转速附近,将电压调整电位器 1RP 旋至中间位置,将开关 SA 置于"自动"位置。

③按下起励按钮,发电机起励建压,励磁调节器自动投入工作。这时机端电压升至 1RP 所整定的电压值,调节 1RP 使机端达到与系统电网电压相同。同时,调节导水叶,使发电机频率达到规定值(50Hz)。

如果发现发电机励磁电流指示有振荡,可调节电位器 2RP,使振荡消失。

接着就可启动并网断路器将发电机并入电网。并网后,注意

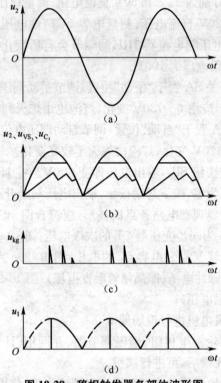

图 10-29　移相触发器各部位波形图

调节导水叶和电位器 1RP,使发电机的功率因数符合规定要求
(一般为 0.8)。

　　④停机,再将开关 SA 置于"手动"位置,再开机,调节电位器
4RP(由最大值至零),机端电压应能在 0~130％额定电压范围变
化。

　　⑤调差整定,调差极性判别方式如下:先将调差电位器 5RP
置于"0"位置,将开关 S 置于"并联"位置,让发电机并联并带上
适量的无功负荷(为额定无功的 1/4~1/3),尽量少带有功负

荷,然后顺时针调节 5RP,若无功负荷相应减少,则为正调差;若无功负荷反而上升,则为负调差。负调差会使机组运行不稳定。这时应停机更改电流互感器 TA 的极性。

确认为正调差后,在发电机并联并带上无功负荷后,若该发电机的无功表、功率因数表、定子电流表比其他并联机组摆动幅度大,摆动频繁,应顺时针调节 5RP,以适当增大该发电机的正调差系数。

28. 单相并联逆变器是怎样工作的?

逆变器是一种能把直流变成频率可变或某一固定频率的交流电的变流装置,在工业上常用于中频感应加热、电动机变频调速等设备。

单相桥式并联逆变器电路如图 10-30 所示。采用桥式接线可以使处在对角位置的晶闸管触发时间错开,使输出电压的方波宽度可调,经滤波后可得到大小可调的正弦波电压。

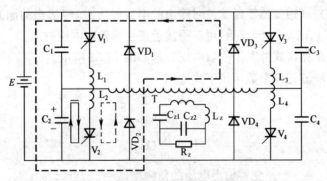

图 10-30　单相桥式并联逆变器电路

图 10-30 中,E 为直流输入电源,R_z 为单相负载阻抗。晶闸管 $V_1 \sim V_4$ 作开关作用,换向电感 $L_1 \sim L_4$ 和换向电容 $C_1 \sim C_4$ 组成晶闸管关闭电路,反馈二极管 $VD_1 \sim VD_4$ 构成感性负载电流流

向电源的通路,滤波元件 C_{z1}、C_{z2}、L_z 能将逆变器输出的方块变成接近正弦的电压正弦波。

工作原理:当晶闸管 V_1 触发导通时,电容 C_1 上没有电压,C_2 上则充有电源电压 E,当触发晶闸管 V_2 时,C_2 上的电压经 L_2、V_2 放电,因 L_1 与 L_2 是一个互感线圈,故 L_2 承受 C_2 的电压时,L_1 上也感应这一电压,该电压反向加在 V_1 上,使 V_1 关闭。V_1 关闭后,C_1 经 L_2 充电,形成振荡电路,当此回路电流达到最大以后,电流开始下降,电感 L_2 上的自感电势变成下正上负,电流经二极管 VD_2 成回路,由于自耦变压器作用,把一部分电感上的能量反馈到电源去。电流通路如图中虚线所示。

若触发 V_1 并使 V_2 关闭后,晶闸管 V_4 经 φ 角以后再触发;V_2 导通后,V_3 也经 φ 角后再触发,则在变压器 T 初级承受的电压成为间断的方块波,改变 φ 的大小,就可改变电压的平均值大小,即可调整输出电压的大小。

并联逆变器不经滤波时输出的电压是方波,经适当的滤波电路(C_{z1}、C_{z2}、L_z)滤波后,可获得接近正弦的输出电压波形。

单相桥式并联逆变器电压波形如图 10-31 所示。

滤波元件参数可按下式选用

$$C_{z1} = C_{z2} \approx \frac{1}{\omega R_z}(\text{F})$$

$$L_z \approx \frac{R_z}{\omega}(\text{H})$$

式中 ω——逆变器输出电压的角频率,$\omega = 2\pi f(\text{rad/s})$;

  R_z——逆变器输出所接负载电阻(Ω)。

换向元件参数选择请见第 10 章 29 问表 10-27。

29. 单相并联逆变器有哪些实用电路? 各有何特点?

单相并联逆变器实用电路及特点见表 10-27。

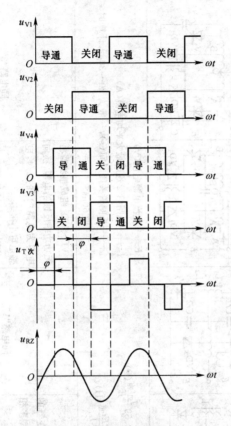

图 10-31　开关顺序及输出电压波形

30. 单相串联逆变器是怎样工作的?

逆变器的换向电容与输出负载串联的接线称为串联逆变器。这种接线的特点是利用 LC 的谐振特性来获得输出电压接近正弦波,而负载电阻串联在 LC 谐振电路中,相当一个阻尼电阻。

单相串联逆变器的基本电路及负载上电压波形如图 10-32 所示。

表10-27 单相并联逆变器实用电路

序号	1	2	3	4
电路	（电路图）	（电路图）	（电路图）	（电路图）
换向参数	换向电容 $C \approx 0.59 \dfrac{I_m t_{off}}{E}$（F） 换向电感 $L \approx \dfrac{2E t_{off}}{I_m}$（H）		E——直流电源电压（V） I_m——晶闸管导通时最大平均电流（A） t_{off}——晶闸管关闭时间（s），一般为 20～30μs，计算时取 50μs	
特点	为改进型并联逆变器的基本电路，可作改进型逆变器的构成单元 晶闸管 V 承受反压达 2E，耐压要求为(3～5)E	同电路"1"	VD_1、VD_2 组成整流器将换向无功功率反馈给电源，换向电路为电路"1"的 1/4，电感也可小很多 BB'（AA'）抽头匝数为 BO(AO)的 5%～10%，变压器初级两绕组各工作半周，利用率较低	同电路"3"

续表 10-27

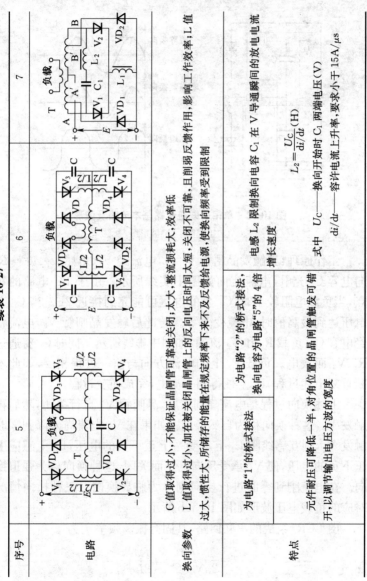

序号	5	6	7
电路			
换向参数	C值取得过小,不能保证晶闸管可靠地关闭,太大。整流损耗大,效率低 L值取得过小,加在被关闭晶闸管上的反向电压时间太短,关闭不可靠,且削弱反馈作用,影响工作效率;L值过大,惯性大,所储存的能量重在规定频率下来不及反馈给电源,使换向频率受到限制		电感 L_2 限制换向电容 C_1 在 V 号通瞬间的放电电流增长速度 $$L_2=\frac{U_C}{di/dt}\ (\mathrm{H})$$ 式中　U_C——换向开始时 C_1 两端电压 (V) 　　　di/dt——容许电流上升率,要求小于 15A/μs
特点	为电路"1"的桥式接法	为电路"2"的桥式接法,换向电容为电路"5"的 4 倍	无件耐压可降低一半,对角位置的晶闸管触发可错开,以调节输出电压方波的宽度

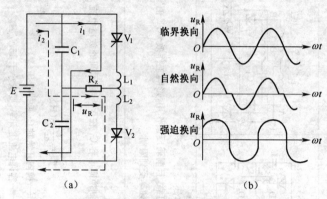

图 10-32　单相串联逆变器基本电路及波形

(a)接线图　(b)波形图

工作原理:当触发晶闸管 V_1 时,电流经 V_1、电感 L_1、负载 R_z 向电容 C_2 充电,电流流向如图中实线所示。由于 LC 电路的特点,当负载电阻较小时,C_2 上的电压可能充到接近 $2E$。当 C_2 上电压达到最高值时,电流变为零。若此后触发晶闸管 V_2,电流将经电容 C_1、负载 R_z 和 V_2 流通,如图中虚线所示。同时 C_2 将通过 R_z、V_2 而放电。负载 R_z 上的电流方向与前一过程相反,如此不断重复上述过程,R_z 上便得到交流电,完成逆变过程。

上述换向过程是电流降到零后,晶闸管 V_1 自行关闭,然后再触发 V_2,这种换向称为自然换向。如果在 V_1 电流尚未降到零时触发 V_2,则互感线圈 L_2 上承受一上正下负的电压,L_1 上感应上正下负的电压,使 V_1 承受反向电压而关闭,这种换向称为强迫换向。在电流刚到零时进行换向则称为临界换向。三种换向情况对应的负载电压波形如图 10-32b 所示。

由 LCR_z 组成的串联回路,其固有振荡频率 f 为

$$f = \frac{1}{2\pi} \sqrt{\frac{1}{LC} - \left(\frac{R_z}{2L}\right)^2}$$

$$L=L_1+L_2, \quad C=C_1+C_2$$

可见，f 受负载 R_z 的大小影响，当负载变化时，将影响输出电压波形，这是串联逆变器的基本特点。

串联逆变器的优点是：①换向容易、可靠，换向损耗小，效率较高；②输出电压接近正弦波；③高频时，L、C 的数值增加不显著。

缺点是：①低频时，要求 L、C 数值较大。②工作频率和负载均不能变化很大，否则，输出波形受负载变化影响大。工作频率为 200Hz～20kHz 之间。③晶闸管耐压要求较高。

31. 单相串联逆变器有哪些实用电路？各有何特点？

单相串联逆变器实用电路及特点见表 10-28。

表 10-28 单相串联逆变器实用电路

序号	电　路	特　点
1		为改进型串联逆变器，适用于电感性、轻负载时工作电容 C_3 为保证换向可靠及改善输出波形用 变压器 T 上的第三个绕组及所接二极管 VD_2、VD_3 的作用是，当电压升高时，输出电流经它们反馈回电源，防止短路或过载时损坏晶闸管
2		接入电容 C_1、C_2（$C_1=C_2$）后，电路成为单相全波电路。 在 L、C 固定的情况下，回路固有振荡频率 f 与负载 R_z 有关；波形受 R_z 大小影响
3		直流电源 E 左右平分，电容 C 上的电流、电压正负相等，因而负载 R_z 上的直流分量为零

续表 10-28

序号	电　路	特　点
4	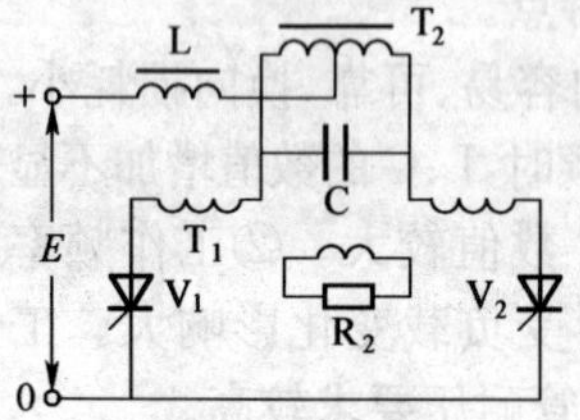	变压器 T_2 中间抽头的设置,可使电容 C 电压增加一倍,而容量减少一半。适合于直流电源电压较低的场合
5	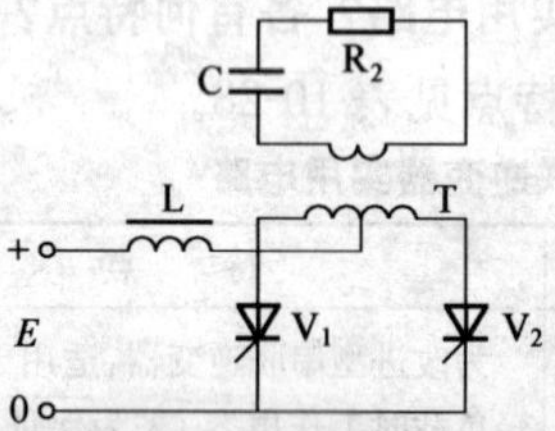	在交流输出端串联有换向电容,其电容电压可任意选择

32. 三相并联逆变器逆变过程是怎样的?

三相并联逆变器多采用自励式。晶闸管强迫换向,电路参数与负载功率因数无关,具有较好的负载特性。

三相并联逆变器电路如图 10-33 所示。它由三个同样的单相逆变电路组成。图中,$2E$ 为输入直流电源,$R_1 \sim R_3$ 为反馈电阻,Z_U、Z_V、Z_W 为三相负载阻抗,其余元件及作用与图 10-30 相同。

工作原理:六只晶闸管分别由间隔为 $60°$ 的触发脉冲来控制,按 $V_1 \sim V_6$ 顺序来导通,每个臂晶闸管导通的时间为 $180°$ 电角度,任一瞬间,有三只晶闸管处于导通状态,而且总是正半侧二只,负半侧一只,或反之,负载上得到的是对称的三相电压。电路的逆变过程如下:

晶闸管 V_1 被触发导通,U 点电位便由零升为 E;隔 $60°$ 后,V_2 导通,W 点电位由零降为 $-E$;隔 $180°$ 后,V_4 导通,同时 V_1 立即关闭，U 点电位由 E 变为 $-E$。同理，当 V_5 和 V_6 间隔 $60°$ 相继导通后，W 点和 V 点的电位也发生变化。U、V、W 三点的电压波形如图 10-34 所示。

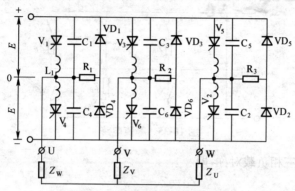

图 10-33　三相并联逆变器基本电路

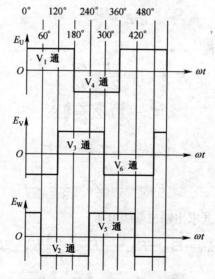

图 10-34　U、V、W 三点电压波形

为了绘出输出端的电压波形图,需逐个时刻用等值电路进行分析。例如在 $60°$ 时,V_1、V_5、V_6 导通,而 V_2、V_4、V_3 关闭,则逆变器的等值电路可绘成图 10-35 的形式。

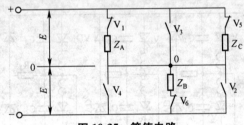

图 10-35　等值电路

设三相负载对称,即

$$Z_U = Z_V = Z_W = Z$$

可见回路总阻抗

$$Z_O = \frac{3}{2} Z$$

回路总电流

$$I_O = \frac{2E}{Z_O} = \frac{4E}{3Z}$$

故

$$E_{UO} = \frac{1}{2} I_O Z_U = \frac{2}{3} E$$

$$E_{VO} = -I_O Z_V = -\frac{4}{3} E$$

$$E_{WO} = \frac{1}{2} I_O Z_W = \frac{2}{3} E$$

然后按下式求出输出端线电压

$$E_{UV} = E_{UO} - E_{VO} = \frac{2}{3} E - \left(-\frac{4}{3} E\right) = 2E$$

$$E_{VW} = E_{VO} - E_{WO} = -\frac{4}{3} E - \frac{2}{3} E = -2E$$

$$E_{WU}=E_{WO}-E_{UO}=\frac{2}{3}E-\frac{2}{3}E=0$$

同理,可求出其他区间(如 120°、180°等)的电压值如图 10-36
所示。

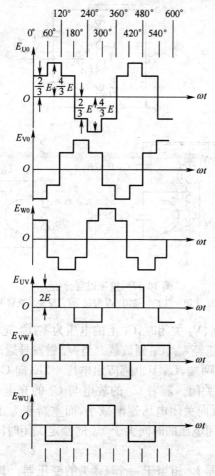

图 10-36　逆变器输出电压波形

33. 三相并联逆变器换流过程是怎样的?

参见图 10-33。三相并联逆变器换流过程如下(以晶闸管 V_1 和 V_4 为例,见图 10-37):

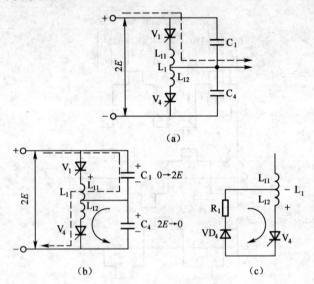

图 10-37　换流过程分析

(a)V_1 导通、V_4 关闭　(b)V_1 关闭、V_4 导通　(c)反馈二极管 VD_4 的作用

当 V_1 导通、V_4 关闭时,C_1 上的电压为零,C_4 充电到$+2E$,负载电流由电源正经 V_1、L_{11} 到负载。当 V_4 触发导通时,C_4 上的电压 $2E$ 加在 L_{12} 两端,L_{11} 上也感应出电压$+2E$,向 C_1 充电,V_1 流过反向电流而关闭。随着 C_4 的放电与 C_1 的充电($U_{C4}+U_{C1}=2E$),V_1 上的反向关闭电压逐渐减小,而重新变为正向电压。只要加上反向关闭电压的时间大于 V_1 的额定关闭时间,V_1 即能可靠地关闭。

此时电抗器 L_1 相当于一个 $1:1$ 的变压器。其反向电流大小决定于 L_1 的漏感。漏感大小应满足反向电流约等于最大负载电流的二倍的要求(具体制作时采用双线并绕的方法使耦合系数趋近于1来满足上述要求)。

当 V_1 关闭后,电源 $2E$ 向 C_1 充电,其等效电路如图 10-37b 所示。

反馈二极管(以 VD_4 为例)的作用是用以流过滞后的无功电流。电动机为感性负载,在逆变电路换向时,负载电流基本保持原来的数值和方向不变(换向时间很短)。当 V_1 关闭后,由于负载电流方向不变,开始时 C_4 作为电源向负载供电,当 C_4 放电完后,因负载反电势方向的改变,所以电流按原来方向流过 VD_4 ,逐步衰减到零。然后电流通过 V_4 并变为负值。

反馈二极管的另一个作用是通过环流。在 V_1 和 V_4 换流过程中,当 C_4 放电结束时,L_{12} 将流过最大的放电电流,此电流通过 V_4 和 VD_4 及 R_1 而衰减。其等效电路如图 10-37c 所示。

34. 怎样选择三相并联逆变器元件参数?

三相并联逆变器基本电路如图 10-33 所示。主要元件选择如下:

(1)晶闸管

通态平均电流　　$I_T = (1.5 \sim 2) I_{pj}$

耐压　　　　　　$U_{DRM} = (1.5 \sim 2) \times 2E$

式中　I_{pj}——负载电流通过晶闸管的平均电流(H);

　　　E——直流电源电压(V)。

(2)换向元件　　换向电容应具有足够的能量,使在需要关闭的晶闸管上所加反向电压的时间大于晶闸管的关闭时间 t_{off} ,保证晶闸管能可靠地关闭;换向电感起限制电源向换向电容充电电流的作用。电感太小,则充电电流过大,电容充电时间过短,晶闸管承受反向电压时间就过短,晶闸管不能可靠地关闭;电感越大,则负载时的换向功率损耗越小。但电感太大,则电感回路的衰减电流的衰减时间过长,限制了逆变器的最高工作频率。能满足可靠换向要求的电容和电感组合有多种,这里介绍一种按换向损耗最小为原则来选取的公式如下：

$$C = \frac{I_m t_{off}}{0.425 U_z} \quad \text{(F)}$$

$$L = \frac{U_z t_{off}}{0.425 I_m} \quad \text{(H)}$$

式中　U_z——直流电源电压，即电路中的 $2E$(V)；

　　　I_m——晶闸管导通时最大平均电流(A)；

　　　t_{off}——晶闸管关闭时间(s)；一般为 $20 \sim 30 \mu s$，计算时取
　　　　　　$50 \mu s$。

电容 C 的耐压值应不小于 U_z。

对于大功率逆变器，C 宜选得比上述计算值大些。

换向电感耦合系统数接近 1 时，虽对晶闸管的可靠关闭有利，但也带来副作用，即管子刚刚导通瞬间，负载电流要立刻全部通过它，使电流上升率很大，可能会损坏管子。另外，设计制作时要注意，在流过最大电流时，换向电抗器仍应保持线性关系，使换向可靠，并且不发生饱和现象。

换向电容和换向电感值在调试时需根据具体情况作适当调整。

(3)反馈二极管　反馈二极管 $VD_1 \sim VD_6$ 的电流等级可按晶闸管的电流等级选择；电压等级可按直流电源电压 U_z(此电路为 $2E$)选择。

(4)反馈电阻　反馈电阻 $R_1 \sim R_3$ 起限流和衰减电流作用。阻值过小，则衰减很慢，且环流很大，会增加管耗；同时会使晶闸管的正向电压峰值增高，电感储存的能量消耗很快，有可能造成换向失败，因此阻值必须选择适当。一般可按下式估算：

$$0.1 \sqrt{\frac{2L}{C}} \geqslant R \geqslant 4.6 L f_m$$

式中　R——反馈电阻(Ω)；

　　　L——换向电感(H)；

　　　C——换向电容(F)；

f_m——逆变器最高工作频率(Hz)。

35. 三相并联逆变器有哪些实用电路？各有何特点？

三相并联逆变器实用电路及特点见表 10-29。

表 10-29   三相并联逆变器实用电路

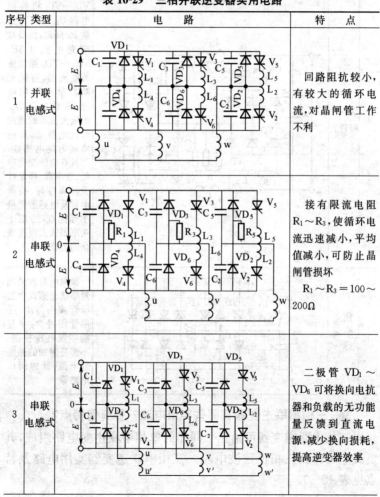

序号	类型	电路	特点
1	并联电感式		回路阻抗较小，有较大的循环电流，对晶闸管工作不利
2	串联电感式		接有限流电阻 $R_1 \sim R_3$，使循环电流迅速减小，平均值减小，可防止晶闸管损坏 $R_1 \sim R_3 = 100 \sim 200\Omega$
3	串联电感式		二极管 $VD_1 \sim VD_6$ 可将换向电抗器和负载的无功能量反馈到直流电源，减少换向损耗，提高逆变器效率

续表 10-29

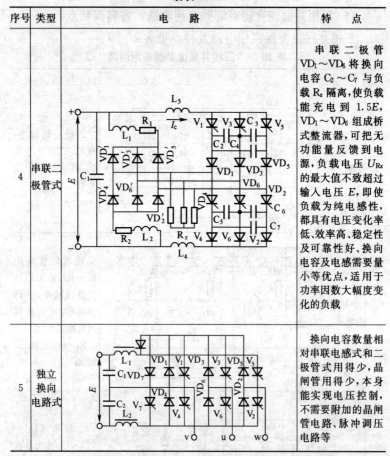

序号	类型	电 路	特 点
4	串联二极管式		串联二极管 $VD_1 \sim VD_6$ 将换向电容 $C_2 \sim C_7$ 与负载 R_z 隔离,使负载能充电到 $1.5E$, $VD_1 \sim VD_6$ 组成桥式整流器,可把无功能量反馈到电源,负载电压 U_{Rz} 的最大值不致超过输入电压 E,即使负载为纯电感性,都具有电压变化率低、效率高、稳定性及可靠性好、换向电容及电感需要量小等优点,适用于功率因数大幅度变化的负载
5	独立换向电路式		换向电容数量相对串联电感式和二极管式用得少,晶闸管用得少,本身能实现电压控制,不需要附加的晶闸管电路、脉冲调压电路等

36. 三相串联逆变器有哪些实用电路? 各有何特点?

三相串联逆变器可由三个同样的单相串联逆变电路组成,其负载上可得到三相正弦波电压。三相串联逆变器实用电路及特点见表 10-30。

表 10-30　三相串联逆变器实用电路

序号	电　路	特　点
1	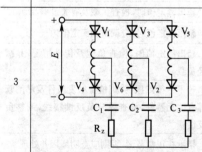	在高频下(2.5kHz 左右),晶闸管都有足够的关闭时间,逆变器能稳定工作,利用 LC 振荡电路过零来关闭晶闸管,换流损耗极小,适用于作负载变动不大的高频电源
2		C_{1S}、C_{2S} 将直流电源电压 E 分成两部分,晶闸管耐压可要求低一些
3		省去电路"2"中的大电容 C_{1S}、C_{2S},但晶闸管耐压要求较高

37. 怎样维护保养晶闸管变流装置?

(1)日常巡视检查　目的是检查装置的运行状态是否正常。

检查以目察为主,按表 10-31 项目进行。对于仪表指示,至少一日检查一次。用于重要场合的装置,最好将这些数据记录。其他项目,一般每日至少进行一次。但随着温度、湿度的增大,或环境较恶劣(应尽量避免),检查周期应相应缩短。

表 10-31　晶闸管变流装置的日常巡视检查

内容	项　目	处　理
周围环境	水及其他液体滴落,水蒸气及有害气体	消除滴落和产生源,加强防护
	灰尘	周围环境应清洁,灰尘要少
	温度	改善环境,使周围空气温度为 $-10℃\sim +40℃$
	湿度	周围空气相对湿度不大于 85%
振动、声响	变压器、电抗器、接触器、继电器、冷却风机、接头或紧固件	若有异常振动和声响,则应打开柜门,检查这些元器件状况。对松动的接头或螺栓等加以紧固
异常发热或冒烟	同上、电阻、电子元件	打开柜门,检查这些元器件的状况,检查通风冷却装置的运行情况
柜面指示仪表	输入电压	控制在电网额定电压的 $\pm10\%$ 以内
	整流变压器一次侧电流	超出额定值时,检查负载及有关设备
	输出电压	超出额定值时,应调整到额定值内
	输出总负载电流	超出额定值时,检查负载及传动情况,并减轻负载
	直流输出每相电流	若不平衡或振荡,则检查触发板件及晶闸管等有关元器件,检查微分负反馈接线,调整负反馈量
	其他各类仪表	指示在正常范围,否则应查明原因并处理
指示灯	运行状态指示灯	若装置运转正常而指示灯不亮,应更换指示灯
	故障指示灯	记录故障内容,并进行检修

　　(2)定期维护检修　一般情况下每年进行一次,并将有限寿命的部件在达到寿命故障区间之前及时加以更换。定期检修按表 10-32 项目进行。表中的检修周期是对普通环境而言,倘若环境恶劣,检修周期应缩短。

　　据统计,晶闸管整流装置的元件故障占总故障的 70% 左右。主要表现在晶闸管、三极管、二极管、运算放大器、集成电路保护硒堆或压敏电阻击穿或烧坏;电阻、电容损坏及放大器系统的温度漂移、泄漏引起控制参数变化等。其次表现在继电器、接触器、电位器、插座等接触不良或损坏。因此应对上述元器件作重点检查与维护。

表 10-32　晶闸管整流装置的定期检修

项　目		周期	标　准
外部状况	柜内(包括元器件)	1 年	没有污脏、灰尘及损伤
	环境影响		各部件没有变色、腐蚀,尤其对有腐蚀性气体及潮湿场所更应注意
	接地(接零)保护		接地(接零)装置符合要求,连接牢固
各元器件	变压器、电抗器 外观、温度	1 年	没有因过热变色、焦臭
	振动声		没有异常振动声
	电阻器		没有变色、变形,引线未腐蚀
	电解电容器	1 年	更换变色、变形、漏液的电解电容器
	晶闸管	2 年	用万用表测定,更换不良元件,拧紧散热片
	电子元器件	1 年	没有变色、引线未腐蚀,更换不良元器件
	电源开关 变色、变形、操作迟钝	1 年	没有不良情况
	接触电阻	3 年	拆开检查,并砂磨烧毛的触头
	继电器、接触器等 触点		没有损坏、磨损等情况
	线圈		不应有变色、响声
	印制电路板 基板	1 年	没有变色、变形、污脏,无锈及无镀层脱落现象
	电阻、电容器		没有变色、变形,引线未腐蚀
	焊锡		不应有虚焊、污损、腐蚀等

续表 10-32

项　目		周期	标　准
各元器件	熔断器	1 年	无变色,接触紧密,熔断器座不松动
	冷却风机		运转正常,无噪声,轴承油良好,轴承 5 年更换一次(视具体情况定)
	配线		没有热变色及腐蚀,固定牢固、整齐,连接可靠
	紧固部件		螺钉、螺栓、螺母类紧固件不能有松动现象
	保护硒堆、压敏电阻		没有变色、变形、断线、炸裂;击穿者应更换
	柜面指示仪表		没有损伤
特性试验	电子回路及控制回路试验		相序正确;测试各点的电压及波形正常;对各断电器、接触器按使用说明书或工艺要求顺序进行试验,动作及延时应正确
	保护系统试验		按使用说明书的故障顺序处理,显示、报警及保护系统元件应能正常动作
	触发回路		用示波器看,各测试点的脉冲幅度及波形正常
	输出		用示波器看,波形应与标准波形基本相同
备件	数量		对照备件清单检查
	质量		在试验台上或装置上测试,应符合要求

十一、变　频　器

1. 什么是变频器？其基本构成是怎样的？

变频器是利用电力半导体器件的快速通断作用将电压和频率固定不变的交流电（工频 50Hz 或 60Hz）变换成电压及频率可变的交流电源的电能控制装置。通俗地说，它是一种能改变施加于交流电动机的电源频率值和电压值的调整装置。

变频器由电力电子半导体器件（如整流模块、绝缘栅双极晶体管 IGBT）、电子器件（集成电路、开关电源、电阻、电容等）和微处理器（CPU）等组成。为了产生可变的电压和频率，变频器（如交-直-交型）首先要把电网的交流电源（AC，50Hz 或 60Hz）变换成直流电 (DC)，也称 AC/DC 变换，这需通过整流器来实现；然后再将直流电（DC）变换成电压及频率可变的交流电（AC）输出，也称 DC/AC 变换，这需通过逆变器来实现。

变频器由主电路、控制电路、操作显示电路和保护电路 4 部分组成。

（1）主电路　给异步电动机提供调频调压电源的电力变换部分称为主电路。主电路包括整流器、直流中间电路和逆变器，如图 11-1 所示。

（2）控制电路（主控制电路 CPU）　控制电路由运算放大电路，检测电路，控制信号的输入、输出电路，驱动电路等构成，一般采用微机进行全数字控制，主要靠软件完成各种功能。

（3）操作显示电路　这部分电路用于运行操作、参数设置、运行状态显示和故障显示。

(4)保护电路　这部分电路用于变频器本身保护及电动机保护等。

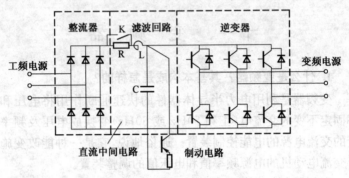

图 11-1　变频器主电路示意图

变频器的基本结构原理框图如图 11-2 所示。

滤波电路的作用:交流工频电源经整流器整流后,其直流电压中含有电源 6 倍频率脉动电压,而逆变器产生的脉动电流也可使直流电压波动。为了抑制电压波动采用电感和电容吸收脉动电压(电流),通用变频器一般采用电容滤波电路。

制动回路的作用:异步电动机负载在再生制动区域使用时(转差率为负),再生能量存储在滤波回路电容器中,使直流电路电压升高。为以消耗直流电路中的能量,制动回路也可采用可逆整流器把再生能量向工频电网反馈。抑制直流电路电压升高,对于提升负载、频繁起停及快速制动的场合,需要配置制动电阻。

2. 变频器有哪些不同控制方式? 各有何特点?

变频器有以下四种控制方式。

(1)V/f 恒定控制　是在改变频率的同时控制变频器输出电压,使电动机磁通保持一定,在较宽的调速范围内,电动机的功率因数、效率不下降,V/f 控制比较简单。优点是可以进行电动机

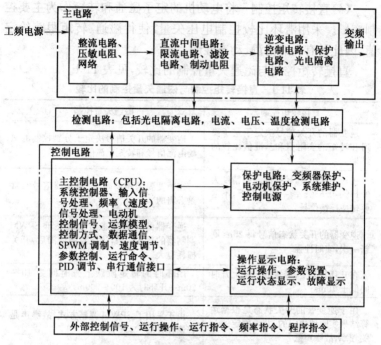

图 11-2　变频器的基本结构原理框图

的开环速度控制;缺点是低速性能差。

(2)转差频率控制　是以电动机速度与转差频率之和作为变频器的给定输出频率,通过控制转差频率来控制转矩和电流,与 V/f 控制相比其加速特性和限制过电流的能力得到提高。通过速度调节器,利用速度反馈进行速度闭环控制,精度高。但需要检出电动机的转速。

(3)矢量控制　是一种高性能异步电动机控制方式,它基于电动机的动态数学模型,分别控制电动机的磁场电流和转矩电流,具有直流电动机相类似的控制性能。

(4)直接转矩控制　　将电动机的定子磁通和转矩作为主要控制变量。采用滞环比较控制电压矢量,使得磁通、转矩跟踪给定值,因此具有良好的静、动态性能。

直接转矩控制与磁通矢量控制的比较,见表 11-1。

表 11-1　直接转矩控制与磁通矢量控制的比较

直接转矩控制	磁通矢量控制
逆变器的开关信号决定于定子磁通和转矩的实附值和基准值比较的结果	逆变器的开关信号决定于分别控制的磁场电流信号和转矩电流信号
在开环状态下,转速的静态精度为 0.1%～0.5%。故一般情况下,不需要转速反馈信号	在精度要求稍高时,转速反馈信号常常是必需的
逆变器的开关状态信号每 $25\mu s$ 刷新一次,实时性强	逆变器的开关状态信号取决于 SPWM 调制器的运算结果,这导致响应滞后,开关损耗也大
在开环状态下,转矩的阶跃上升时间低于 10ms	闭环时的转矩阶跃上升时间为 10～20ms;开环时为 100～200ms
由于逆变管的开关状态是根据运算结果实时地决定的,并无固定的开关频率,故噪声低	由于采用了 SPWM 调制方式,故噪声是普遍存在的

由表 11-1 可见,直接转矩控制是更为高级的控制方式。

3. 变频器有哪些额定参数?

(1)输入侧的额定参数

①额定电压。低压变频器的额定电压有单相 220～240V,三相 220V 或 380～460V。我国低压变频器的额定电压多为三相 380V。中高压变频器的额定电压有 3kV、6kV 和 10kV。

②额定频率。一般规定为工频 50Hz 或 60Hz,我国为 50Hz。

(2)输出侧的额定参数

①额定输出电压。由于变频器的输出电压是随频率变化的,所以其额定输出电压只能规定为输出电压中的最大值,通常它总

是和输入侧的额定电压相等。

②额定输出电流。额定输出电流指允许长时间输出的最大电流,是用户选择变频器的主要依据。

③额定输出容量。额定输出容量由额定输出电压和额定输出电流的乘积决定:

$$S_e = \sqrt{3} U_e I_e \times 10^{-3}$$

式中　S_e——额定输出容量(kVA);

　　　U_e——额定输出电压(V);

　　　I_e——额定输出电流(A)。

变频器的额定容量有以额定输出电流(A)表示的,有以额定有功功率(kW)表示的,也有以额定视在功率(kVA)表示的。

④配用电动机容量。变频器说明书中规定的配用电动机容量,是指在带动连续不变负载的情况下可配用的最大电动机容量。当变频器的额定容量以额定视在功率表示时,应使电动机算出的所需视在功率小于变频器所能提供的视在功率。

⑤过载能力。变频器的过载能力是指允许其输出电流超过额定电流的能力,一般规定为 $150\%I_e$、1min 或 $120\%I_e$、1min。

⑥输出频率范围。即输出频率的最大调节范围,通常以最大输出频率 f_{max} 和最小输出频率 f_{min} 来表示。各种变频器的频率范围不尽相同,通常最大输出频率为 200～500Hz,最小输出频率为 0.1～1Hz。

⑦0.5Hz 时的起动转矩。这是变频器重要的性能指标。优良的变频器在 0.5Hz 时能输出 180%～200%的高起动转矩。这种变频器可根据负载要求实现短时间平稳加、减速,快速响应急变负载。

4. 国产通用变频器 JP6C-T 的规格性能如何?

国产(包括我国台湾、香港)生产的变频器有森兰 BT40、

SB61,康沃 CVF,安邦信 AMB,英威腾 INVT,台达 VFD,佳灵 JP6C,三垦 SAMCO 等。其中佳灵公司生产的全数字通用型变频器 JP6C-T 的规格性能见表 11-2。

表 11-2　JP6C-T 型变频器规格性能

容量(kVA)	2	4	6	10	15	25	35	50	60	100	150	200	230
输出电流(A)	3	6	9	15	23	38	53	76	91	152	228	304	350
适用电动机(kW)	0.75	2.2	3.7	5.5	7.5	15	18.5	30	37	55	90	132	160
输入电源	三相 380V(+10%～-15%),50/60Hz												
输出频率(Hz)	0.5～60,0.5～50,1～120,3～240,最高 400												
输出电压(V)	380												
控制方式	磁通控制正弦波 PWM												
频率精度	最高频率的±0.1%(20℃±10℃)												
过载能力	电流为额定值的 1.5 倍时为 1min(50kVA 以下),电流为额定值的 1.3 倍时为 30s(50kVA 以上)												
变换效率	额定负载时约为 95%												
保护功能	过流、过载、过压、失速、缺相												
显示	51 种显示功能												
外端子功能	转速、电压、力矩、闭环、正转、反转、起动、停止、故障信号、转速预置												
设置场所	室内(无尘埃、无腐蚀性气体)												
环境温度	-10℃～+40℃												
相对湿度	90% 以下(无凝露)												
振动加速度	0.5g 以下												

5. 国产通用型变频器 JP6C-T9 和节能型变频器 JP6C-J9 有哪些主要技术指标?

国产通用型变频器 JP6C-T9 和节能型变频器 JP6C-J9 的主要技术指示,见表 11-3。

表 11-3　JP6C-T9 型和 J9 型变频器技术指标

型号 JP6C-	T9/J9-0.75	T9/J9-1.5	T9/J9-2.2	T9/J9-5.5	T9/J9-7.5	T9/J9-11	T9/J9-15	T9/J9-18.5	T9/J9-22	T9/J9-30	T9/J9-37	T9/J9-45	T9/J9-55	T9/J9-75	T9/J9-90	T9/J9-110	T9/J9-132	T9/J9-160	T9/J9-200	T9/J9-220	T9/J9-280
适用电动机功率(kW)	0.75	1.5	2.2	5.5	7.5	11	15	18.5	22	30	37	45	55	75	90	110	132	160	200	220	280
额定输出 额定容量(kVA)(注1)	2.0	3.0	4.2	10	14	18	23	30	34	46	57	69	85	114	134	160	193	232	287	316	400
额定电流(A)	2.5	3.7	5.5	13	18	24	30	39	45	60	75	91	112	150	176	210	253	304	377	415	520
额定过载电流	T9 系列:额定电流的 1.5 倍 1min，J9 系列:额定电流的 1.2 倍 1min																				
电压	三相 380~440V																				
输入电源 相数、电压、频率	三相 380~440V，50/60Hz																				
允许波动	电压:+10%~-15%，频率:±5%																				
抗瞬时电压降低	310V 以上可以继续运行，电压从额定值降到 310V 以下时，继续运行 15ms																				
输出频率 设定 最高频率	T9 系列:50~400Hz 可变设定;T9 系列:50~120Hz 可变设定																				
设定 基本频率	T9 系列:50~400Hz 可变设定;T9 系列:50~120Hz 可变设定																				
设定 起动频率	0.5~60Hz 可变设定																				
设定 载波频率	2~6kHz 可变设定																2~4Hz 可变设定				
精度	模拟设定:最高频率设定值的±0.3%(25℃±10℃)以下;数字设定值的±0.01%(-10℃~+50℃)																				
分辨率	模拟设定:最高频率设定值的二千分之一;数字设定:0.01Hz(99.99Hz 以下)，0.1Hz(100Hz 以上)																				

续表 11-3

型号 JP6C-	T9-0.75	T9-1.5	T9-2.2	T9-5.5	T9/7.5	T9/11	T9/15	T9/18.5	T9/22	T9/30	T9/37	T9/45	T9/55	T9/75	T9/90	T9/110	T9/132	T9/160	T9/200	T9/220	T9/280

控制

项目	内容
电压/频率特性	用基本频率可设定 320~440V
转矩提升	自动:根据负载转矩调整到最佳值;手动:0.1~20.0 编码设定
起动转矩	T9系列:1.5倍以上(转矩矢量控制时);J9系列:0.5倍以上(转矩矢量控制时)
加、减速时间	0.1~3600s,对加减速时间可单独设定 4种,可选择线性加速减速特性曲线
附属功能	上、下限频率控制、偏置频率、频率设定增益、瞬时停电再起动(转速跟踪再起动)、电流限制

运转

项目	内容
运转操作	触摸面板:RUN键,STOP键,远距离操作;端子输入:正转指令、反转指令、自动运转指令等
频率设定	触摸面板:∧键、∨键;端子输入:多段频率选择;模拟信号:频率设定器 DC0~10V或 DC4~20mA
运转状态输出	集中报警输出;开路集电极:能选择运转中、频率到达、频率等级、检测 9 种或单独报警;模拟信号:能选择输出频率、输出电流、转矩、负载率(0~1mA)

显示

项目	内容
数字显示器(LED)	输出频率、输出电流、输出电压、转速等 8 种运行数据、设定数据、故障信息等
液晶显示器(LCD)	运转信息、操作指令、功能码名称、设定数据、故障信息等
灯指示(LED)	充电(有电压)、显示数据单位、触摸面板操作批示、运行指示

续表 11-3

型号 JP6C-	T9-0.75	T9-1.5	T9-2.2	T9-5.5	T9-7.5	T9/J9-11	T9/J9-15	T9/J9-18.5	T9/J9-22	T9/J9-30	T9/J9-37	T9/J9-45	T9/J9-55	T9/J9-75	T9/J9-90	T9/J9-110	T9/J9-132	T9/J9-160	T9/J9-200	T9/J9-220	T9/J9-280
制动转矩（注2）	100%以上									电容充电制动 20%以上					电容充电制动 10%～15%						
制动选择（注3）	内设制动电阻									外接制动电阻 100%					外接制动单元和制动电阻 70%						
直流制动设定	制动开始频率（0～60Hz），制动时间（0～30s），制动力（0～200%可变设定）																				
保护功能	过电流、短路、接地、欠压、过压、过载、电动机过热、电涌保护、外部报警、主器件自保护																				
外壳防护等级	IP40									IP00（IP20 为选用）											
使用场所	屋内，海拔 1000m 以下，没有腐蚀性气体、灰尘、直射阳光																				
环境温度/湿度	−10℃～+50℃/20%～90%RH 不结露（220kW 以下规格在超过 40℃时，要卸下通风盖）																				
振动	5.9M/s²（0.6g）以下																				
保存温度	−20℃～+65℃（适用运输等短时间的保存）																				
冷却方式	强制风冷																				

（制动 / 环境）

注：1. 按电源电压 440V 时计算值。

2. 对于 J9 系列，7.5～22kW 为 20%以上，30～280kW 为 10%～15%。

3. 对于 J9 系列，7.5～22kW 为 100%以上，30～280kW 为 75%以上（使用制动电阻时）。

6. 国产森兰 BT40 变频器的规格性能如何?

森兰 BT40 系列高性能数字式变频器是成都希望森兰变频器制造有限公司的产品。它采用 IGBT 元件和 IPM 智能模块,具有开关速度快,驱动电流小,控制驱动简单,可以高效迅速地检测出过电流和短路电流,保护性能好,故障大幅度降低,功能齐全,操作简便等优点,适用于对普通三相异步电动机变频调速控制。

BT40 系列分有 400V 系列和 200V 系列。其规格性能见表 11-4~表 11-6。

表 11-4　BT40 变频器 400V 系列规格

	型号	0.75	1.5	2.2	3.7	5.5	7.5	11	15	18.5	22	30	37
BT40S□□KWT		45	55	75	90	110	132	160	200	220	280	315	
适用电动机功率		0.75	1.5	2.2	3.7	5.5	7.5	11	15	18.5	22	30	37
(kW)		45	55	75	90	110	132	160	200	220	280	315	
额定输出	额定容量	1.6	2.4	3.6	5.9	8.5	12	16	20	25	30	40	49
	(kVA)	60	74	99	116	138	167	200	248	273	342	389	
	额定电流(A)	2.5	3.7	5.5	9.0	13	18	24	30	38	45	60	75
		91	112	150	176	210	253	304	377	415	520	590	
	额定过载电流	额定电流的 150%,1min											
	电压(V)	3 相 0~380V											
输入	电源	3 相 380V　50/60Hz											
	容许波动	电压:+10%~−15%(短暂波动±15%),频率:±5%											
制动	制动选择	0.75~7.5kW:外接制动电阻　11~315kW:外接制动单元											
	直流制动	DC 制动起始频率、DC 制动量、DC 制动时间											

表 11-5　BT40 变频器 220V 系列规格

		0.4	0.75	1.5	2.2	3.7
型号:BT40D□□KWT		0.4	0.75	1.5	2.2	3.7
型号:BT40S□□KWTD		0.4	0.75	1.5	2.2	3.7
适用电机功率(kW)		0.4	0.75	1.5	2.2	3.7
额定输出	额定容量(kVA)	1.2	2	3.2	4.4	6.8
	额定电流(A)	3	5	8	11	17
	额定过载电流	额定电流的 150%,1min				
	电压(V)	3 相 0~220V				

续表 11-5

型号:BT40D□□□KWT		0.4	0.75	1.5	2.2	3.7
电源	电源	单相 220V,50/60Hz				
		3 相 220V,50/60Hz				
	容许波动	电压:+10%～－15%(短暂波动+15%～－15%),频率:±5%				
制动	制动选择	0.4～2.2kW;外接制动单元　3.7kW;外接制动电阻				
	直流制动	DC 制动起始频率、DC 制动量、DC 制动时间				

表 11-6　BT40 系列变频器的主要技术性能

项目		技术性能
控制	电压/频率特性	V/F 曲线控制
	转矩提升	0:自动,根据负载转矩调整到最佳值;1～50:手动
	加减速时间	0.1～3600s,4 种加、减速时间,对加速时间、减速时间可单独设定
	程序运行	7 段频率速度,4 种程序运行模式
	附属功能	上限频率、下限频率、回避频率、电流限制、偏置频率、频率增益、失速控制、自动复位、S线加减速曲线、点动控制、自动稳压 AVR、自动节能
	基本频率	50～400Hz
	最大电压频率	10～400Hz
输出	频率设定	触摸面板:∧键∨键 外控端子:X4、X5 模拟信号:VRF 端子 DC0～5V(0～10V),IRF 端子 DC4～20mA
	运转操作	触摸面板:RUN 键　STOP 键 外控端子:FWD、REV
	运转输出	故障集中报警输出:30A　30B　30C 开路集电极输出:Y1、Y2、Y3 模拟信号 FMA

续表 11-6

项目		技术性能
显示	LED 显示器	频率、输出电流、输出电压、转速、线速度、负载率
	灯指示	充电(有电压)、显示数据单位、触摸面板操作指示、运行指示
环境	使用场所	室内海拔 1000m 以下
	环境温度/湿度	−10℃～40℃/20%～90%RH 不结露
	振动	5.9m/s(0.6g)以下
	保存温度	−20℃～65℃
保护功能		过电流、短路、接地、过电压、欠电压、过载、过热、电动机过载、外部报警
防护等级		IP10
冷却方式		强制风冷

7. 西门子 MM440 矢量型通用变频器有哪些主要技术指标?

MM440 矢量型通用变频器是一种无速度传感器磁通电流矢量控制方式的多功能标准变频器,具有低速高转矩输出、良好的动态特性和过载能力强等优点。其主要技术指标见表 11-7。

表 11-7 MM440 矢量型通用变频器的主要技术指标

	输入电压	恒转矩	平方转矩
输入电压和功率范围	1 相 AC200～240(1±10%)V	0.12～3kW	0.12～4.0kW
	3 相 AC200～240(1±10%)V	0.12～45kW	0.24～45kW
	3 相 AC380～480(1±10%)V	0.37～75kW	0.55～90kW
	3 相 AC500～600(1±10%)V	0.75～75kW	1.5～90kW
输入频率	47～63Hz		
输出频率	0～650Hz		
功率因数	≥0.7		
变频器效率	96%～97%		

续表 11-7

过载能力(恒转矩)	150％负载过载能力,5min 内持续时间 60s;200％过载,1min 内持续 3s
起动冲击电流	小于额定输入电流
控制方式	矢量控制,力矩控制、线性 U/f;二次方 U/f(风机曲线);可编程 U/f;磁通电流控制(FCC)、低功率模式
PWM 频率	2～16kHz(每级改变量为 2kHz)
固定频率	15 个,可编程
跳转频率	4 个,可编程
频率设定值的分辨率	0.01Hz,数字设定;0.01Hz,串行通信设定;10 位模拟设定
数字输入	3 个完全可编程的带隔离的数字输入;可切换为 PNP/NPN
模拟输入	2 个,0～10V、0～20mA、-10～+10V;0～10V,0～20mA
继电器输出	3 个可组态为 DC30V/5A(电阻性负载),250V AC/2A(感性负载)
模拟输出	2 个,可编程(0/4～20mA)
串行接口	RS485,RS232
电磁兼容性	可选用 EMC 滤波器,符合 EN55011A 级或 B 级标准变频器内置 A 级滤波器
制动	直流制动、复合制动、动力制动、集成制动器
保护等级	IP20
温度范围	CT-10℃～+50℃;VT-10℃～+40℃

续表 11-7

存放温度	$-40℃\sim+70℃$
湿度	相对湿度 95%，无结露
海拔高度	海拔 1000m 以下使用时不降低额定参数
保护功能	欠电压、过电压、过载、接地故障、短路、电动机失速、闭锁电动机、电动机过热，PTC 变频器过热、参数 PIN 编号
标准	UL、CUL、CE、C-tick
标志	符合 EC 低电压规范 72/73/EEC 和电磁兼容规范 89/336/EEC

8. 西门子 E$_{co}$ 节能型通用变频器有哪些主要技术指标？

E$_{co}$ 节能型通用变频器是一种适用于风机、水泵、空调设备等负载变频调速控制的经济型通用变频器。它通过输入电动机的铭牌数据自动测定和设置电动机的参数，运行中能精确跟随设定点，并自动搜寻电动机的最小运行功率，对其进行调节和控制，从而达到节能运行的目的。其主要技术指标见表 11-8。

表 11-8 E$_{co}$ 通用变频器的主要技术指标

输入电压	$208\sim240(1\pm10\%)$V、单相/三相；$380\sim500(1\pm10\%)$V、三相；$575(1\pm15\%)$V、三相
输入频率	50/60Hz
起动电流	小于满载电流
功率因数	常规 0.9

续表 11-8

输出电压	0 到额定电压之间可调。自动补偿输入电压的波动
功率范围	0.75～315kW
显示/控制	4 位 7 段数码显示频率、电动机电流、电动机转速、电动机转矩、直流电压、压力和温度给定值或串行口状态。文本显示操作面板具有 4 行 LCD 字符显示,带 6 种语言参数说明
模拟量控制	2 路输入,0～10V、0～20mA、4～20mA 可选,10 位分辨率。1 路电流输出 0～20mA,可选择显示频率、给定值、电动机转速、电动机电流或电动机转矩(MD ECO 为 2 路电流输出)
开关量控制	6 路开关量输入,每路可单独设定为起/停、自由停车、外部跳闸、故障复位、本地/远程操作、选择固定频率、模拟量/数字量给定切换、禁止修改参数、从文本显示操作面板下载参数等功能;2 路无触点继电器输出(230V、1A),可设定为变频器运行、变频器输出频率为零、变频器输出频率低于最小频率、故障显示、变频器达到(高于)给定值、电动机电流超出可调范围、PID 控制超限(高于或低于)等功能
串行通信口	RS485,2 线制,波特率 19200bit/s,遵循 USS 协议

9. VaCOn 通用变频器有哪些主要技术指标?

VaCOn 系列通用变频器是芬兰瓦萨 Vaasa 集团公司的产品,主要有 CXS、CXL、CX、CXC 和 CXI 五种类型。它采用基于转化的电动机模型和快速 ASIC 电路的无速度传感器矢量控制方式和采用定子磁通矢量控制方式,时刻对电动机运行状态进行监控。此系列变频器可广泛用于风机、水泵、压缩机、传送带、搅拌机、起重机、电梯、粉碎机等设备。其主要技术指标见表 11-9。

表 11-9　VaCOn 通用变频器的主要技术指标

项目	VaCOn CX	VaCOn CXL	VaCOn CXS
功率(kW)	1.5～500	0.75～500	0.55～30

续表 11-9

项目	VaCOn CX	VaCOn CXL	VaCOn CXS
供电及电机电压三相(V)	230～690	230～500	230～500
防护等级	IP00、IP20	IP21、IP54	IP20
EMC 等级(内置)	N	N、I、C	N、I、C
交流电抗(内置)	全系列	全系列	4CXS～22CXS
输出电压	$0～U_{in}$		
连续输出	I_{ct}：最高环境温度＋50℃，过载最大电流 $1.5I_{ct}$ (1min/10min) I_{vt}：最高环境温度＋40℃，不允许过载		
起动转矩	200%		
起动电流	$2.5×I_{ct}$，2s/20s(输出频率小于 30Hz，散热器温度小于＋60℃)		
输出频率	0～500Hz，分辨率 0.01Hz		
控制方法	U/f 控制、开环无传感矢量控制、闭环矢量控制		
开关频率	1～16kHz(小于 90kW/400/500V 系列)、1～6kHz (110～1500kW/600V 系列)		
频率参考	模拟输入分辨率 12bit，精度±1%，操作面板参考分辨率 0.01Hz		
弱磁点	30～500Hz		
加速时间	0.1～3000s		
减速时间	0.1～3000s		
制动转矩	直流制动，30% T_n(不含制动电阻)		
模拟电压	0～＋10V，R_i＝200kΩ(－10～＋10V 摇杆控制)，分辨率 12bit，精度±1%		
模拟电流	0(4)～20mA，R_i＝250Ω，差动方式		
数字输入	正或负逻辑		

续表 11-9

项目	VaCOn CX	VaCOn CXL	VaCOn CXS
辅助电压	+24(1±20%),最大 100mA		
电位器参考电压	+10V,最大 10mA		
模拟输出	0(4)~20mA,R_L<500Ω,分辨率 10bit,精度±3%		
数字输出	开集电极输出,50mA/48V		
继电器输出	最大容许电压 DC 30V,AC 250V,电流 2A 有效值		
过电流保护	跳闸极限 $4I_{ct}$		
过电压保护	输入电压 220V/380V 时,跳闸极限 $1.47U_n$		
欠电压保护	跳闸极限 $0.65U_n$		
接地故障保护	当电动机或电线接地短路时的保护		
电源监视	电源缺相时变频器跳闸		
输出监视	电动机缺相时变频器跳闸		
其他保护	过热、电动机过载、失速、短路保护、+24V 及 +10V 参考电压短路		

10. 台安 N2 系列和 V2 系列通用变频器有哪些主要技术指标?

台安 N2 系列和 V2 系列通用变频器是台安电机股份有限公司的产品。

(1)N2 系列通用变频器 N2 系列通用变频器采用 IGBT 元件、SMD 技术组装,SPWM 控制方式,具有自动电压调整和滑差补偿功能。其主要技术指标见表 11-10。

表 11-10 台安 N2 系列通用型通用变频器主要技术指标

控制方式		近似正弦波 PWM 控制方式
频率控制	范围	0.1～400Hz
	设定频率精度	数字式：0.01%（－10℃～40℃）；模拟式：0.4%（15℃～35℃）
		数字式：0.01Hz；模拟式：0.06Hz/60Hz
	输出频率精度	0.01Hz
	键盘频率设定方式	可以直接∧∨设定或以键盘上的旋钮（VR）设定
	外部信号设定方式	（1）外接可变电阻/0～10V/0～20mA/10～0V/20～0mA （2）以端子台（TM2）的多功能接点作上升/下降控制或多段速控制或程序自动控制
	其他功能	频率上/下限，起动频率，三段跳跃频率可个别设定
一般控制	载波频率	1～12kHz
	加减速控制	2 段加减速时间（0.1～3600s）及 2 段 S 曲线
	电压/频率曲线	可编程曲线 1 条，固定曲线 18 条
	转矩控制	可设定转矩提升
	多功能输入	有 16 种功能，32 种选择
	多功能输出	有 6 种功能，12 种选择
	其他功能	自动电压调整（AVR），滑差补偿，减速停止或自然停止，自动恢复再起动，制动频率/电压/时间可由参数个别设定
保护功能		过载，过电压，欠电压，瞬间停电再起动，加速/减速/运转中失速防止，变频器输出短路，初期接地＋零相 CT，散热片过热，过转矩检测，故障接点控制，反转限制，开机后直接起动及故障恢复限制，参数锁定
四位数七段显示器及状态指示灯		可显示频率/转速/线速度/直流电压/输出电压/输出电流/变频器转向/变频器参数/故障记录/程序版本

续表 11-10

通信控制	(1)可以 RS232 或 RS485 控制(附件)
	(2)可作 1 对 1 或 1 对多(RS485)

(2)V2 系列无速度传感器矢量控制通用变频器　V2 系列无速度传感器矢量控制通用变频器采用 IGBT 元件、SMD 技术组装,采用 U/f 控制方式和无速度传感器矢量控制方式,1Hz 时具有 200% 的起动转矩,具有自动电压调整功能、PID 控制与自动节能功能、PNP 与 NPN 数字输入信号切换功能。其主要技术指标见表 11-11。

表 11-11　台安 V2 系列无速度传感器矢量控制通用变频器主要技术指标

控制方式		U/f 或无速度传感器矢量控制
频率控制	输出频率	0~400Hz
	设定频率精度	数字式:0.01%(−10℃~14℃);模拟式:0.4%(15℃~35℃)
	键盘频率设定方式	可直接以∧∨设定或以键盘上的旋钮(VR)设定
	显示功能	四位数七段显示器及状态指示灯,可显示频率/转速/线速度/直流电压/输出电压/输出电流/变频器转向/变频器参数/故障记录/程序版本
	外部信号设定方式	1. 外接可变电阻/0~10V/0~20mA/10~0V/20~0mA　2. 以端子台(TM2)的多功能接点作 U_p/D_{own} 控制或多段速控制或程序自动控制
	频率限制功能	频率上/下限,三段跳跃频率可个别设定
一般控制	载波频率	2~16kHz
	加减速控制	2 段加减速时间(0.1~3600s)及 2 段 S 曲线
	转矩控制	可设定转矩提升
	多功能输入	15 种功能

续表 11-11

一般控制	多功能输出	7 种功能
	多功能类比输出	5 种功能
	其他功能	自动电压调整(AVR),自动滑差补偿,自动恢复再起动,SPIN START 或一般方式起动,减速停止或自然停止或 SPIN STOP,3 线式运转控制,PID 功能
保护功能	瞬时过电流	约 200%额定电流
	过载保护	电子热保护电动机(曲线可设定)及变频器(150%/1min)
	过电压	200V 级:直流电压＞420V 400V 级:直流电压＞840V
	欠电压	200V 级:直流电压＜200V 400V 级:直流电压＜400V
	瞬间停电再起动	瞬停后(时间可设定至 2s)可以 SPIN START 方式再起动
	失速防止	加速/减速/运转中失速防止
	其他功能	散热片过热保护,过转矩检测,故障接点控制,反转限制,开机后直接起动及故障恢复限制,FUSE 熔断保护,输出端短路保护,接地故障保护,参数锁定
	通信控制	可以 RS232(1 对 1)或 RS485(1 对多)控制

11. 日立 L100 系列小型通用变频器有哪些主要技术指标？

日立 L100 系列小型通用变频器是日本株式会社的产品。它具有超小型机身，内置 PID 控制功能、16 段加/减速功能、瞬时停电再起动功能、智能输入/输出端子功能等。其主要技术指标见表 11-12。

表 11-12　L100 系列小型通用变频器主要技术数据

项目	200V 级						
型号(L100-)	002NFE 002NFU	004NFE 002NFU	005NFC	007NFE 007NFU	011NFE	015NFE 015NFU	022NFE 022NFU
防护等级	IP20						
适用电机功率(kW)	0.2	0.4	0.55	0.75	1.1	1.5	2.2
适用电机容量	0.6	1.0	1.2	1.6	1.9	3	4.2
额定输入电压	单相 200~240V,50/60Hz,±5% 3 相:220~230V,50/60Hz,±5%(037LFR 只有三相)						
额定输出电压	三相 200~240V						
额定输出电流(A)	1.6	2.6	3.0	4.0	5.0	8.0	11
质量(kg)	0.7	0.8	0.8	1.3	1.3	2.3	2.8
深度 D(mm)	107	107	129	129	153	153	164
阔度 W(mm)	84	84	110	110	140	140	140
高度 H(mm)	120	120	130	130	180	180	180
项目	400V 级						
型号(L100-)	004NFE 004HFU	007HFE 007HFU	015HFE 015HFU	022HFE 022HFU	040HFE 040HFU	055HFE 055HFU	075HFE 075HFU
防护等级	IP20						
适用电机功率(kW)	0.4	0.75	1.5	2.2	4.0	5.5	7.5
适用电机容量	1.1	1.9	2.9	4.2	6.6	10.3	12.7
额定输入电压	三相 380~460(1±10%)V						

续表 11-12

项目	400V 级						
额定输出电压	三相 380~460V(取决于输入电压)						
额定输出电流(A)	15	2.5	3.8	5.5	8.6	13	16
质量(kg)	1.3	1.7	1.7	2.8	2.8	5.5	5.7
深度 D(mm)	129	156	156	164	164	170	170
阔度 W(mm)	110	110	110	140	140	182	182
高度 H(mm)	130	130	130	180	180	257	257
控制方法	SPWM 控制						
输出频率范围	0.5~360Hz						
频率设定分辨率	数字设定:0.1Hz 模拟设定:最大频率/1000						
电压/频率特性	可选择恒转矩、变转矩特性,无速度传感器矢量控制						
过载电流额定值	150%,持续时间 60s						
加/减速时间	0.1~3000s,可设定直线或曲线加/减速、第二加/减速						

| 起动转矩 | 200%以上 | 200%以上(0.4~2.2kW) |
| | | 180%以上(3.0~7.5kW) |

制动转矩	再生制动(不用外部制动电阻)	约100%(0.2~0.75kW)	约100%(0.4~0.75kW)
		约70%(1.1~1.5kW)	约70%(1.5~2.2kW)
		约20%(2.2kW)	约20%(3.0~7.5kW)

| 保护功能 | 过电流,过电压,欠电压,过载,温度过高/温度过低,CPU错误,起动时接地故障诊测,通信错误 |

环境条件	环境/储存温度/湿度	-10℃~50℃/-10℃~70℃/20%~90%(无结露)
	振动	5.9m/s²(0.6g),10~55Hz
	安装地点	海拔1000m以下,室内(无腐蚀性气体和灰尘),装饰色

12. 三垦 SAMCO-IHF/IPF 系列通用变频器有哪些主要技术指标?

三垦 SAMCO-IHF/IPF 系列通用变频器是香港三垦力达有限公司的产品。它采用 U/f 控制和无速度传感器矢量控制方式,除了具有一般通用变频器所具有的功能外,还具有无速度传感器控制方式节能、U/f 恒定控制方式节能和简易节能 3 种节能方式和 PID 控制、瞬时停电补偿功能、瞬时欠电压补偿功能、恒压供水控制等功能。其主要技术指标见表 11-13。

表 11-13 SAMCO-IHF/IPF 系列通用变频器的主要技术指标

输出	过负载承受能力	150%,1min(IHF);120%,1min(IPF)
	额定电压/频率	三相:380V/50Hz,400V/50Hz,460V/160Hz
输入	额定电压/频率	三相:380~460V,50Hz/60Hz,允许波动范围:电压:−15%,+10%频率:±5%
	瞬时欠电压能力	320V 以上可维持运转(短时间额定值),320V 以下时可持续运转 15m/s
控制功能	外形结构	封闭型(IP20),强制风冷
	控制方式	可选 U/f 控制或无速度传感器控制
	调制方式	正弦波 PWM
	设定频率范围	0.05~120Hz(起动频率 0.05~20Hz 可调)。无速度传感器控制模式下的设定频率范围:1~120Hz
	频率设定分辨率 — 数字	0.01Hz(0.05~120Hz)
	频率设定分辨率 — 模拟	0.1%(10 位 0~10V,4~20mA),0.2%(9 位,0~5V)对最高输出频率。最高输出频率是指在 5V、10V 和 20mA 下的频率
	频率精度 — 数字	输出频率的±0.01%(−10℃~+50℃)
	频率精度 — 模拟	最高输出频率±0.2%(15℃~35℃)
	电压/频率比	在基准频率 30~120Hz 之间任意设定(可选择恒转矩、降低转矩特性曲线)

续表 11-13

控制功能	转矩补偿		0～10%
	加减速特性		0～6500s(加速、减速可独立设定)、可选直线和S形
	直流特性		开始频率(0.5～20Hz)、动作时间(0.1～10s)、制动力(1～10级)
	附属功能		转速跟踪、防失速、瞬时欠电压补偿、多档速度运转、跳跃频率、瞬时停电再起动、警报自动解除、节能运转、图形运转、PID控制、转矩限制(仅在无PG下)等
运行功能	频率设定	数字	操作面板
		模拟	0～5V、0～10V、4～20mA、电位器(5kΩ)
	输入信号		频率指令、正转指令、反转指令、频率设定、加减速时间、空转停止/警报解除、紧急停止、多档速度、点动、频率步进设定、运转信号保持、转矩限制(仅在无PG下)等
	输出信号	继电器接点	报警信号(IC接点、AC250V、0.3V)
		开路集电极	运转中、频率一致、过载警告、欠电压、频率到达等
LED显示			频率、输出电流、同步转速、线速度(无单位)、警报、电容器充电状态
保护功能			电流限制、过电流、电动机过载、热敏电阻、欠电压、过电压、散热片过热、缺相
环境	周围温度		-10℃～+50℃
	周围相对湿度		90%以下(无水珠凝结现象)
	使用环境		海拔1000m以下、室内(无阳光直射、无腐蚀性和易燃气体、无油雾和灰尘)

可选件

名称	功能
存储器IMO	具有自动控制用图形运转功能、扰动运转功能、PID控制功能和3种节能模式

名称	功能
继电器电路板 IRU	12 位频率输入（Binary 或 BCD）；模拟信号输出（12 位 D/A、绝缘输出）
输入电路板 IDI	继电器输出、模拟信号输出（12 位 D/A、绝缘输出）
PG 反馈电路板 IPG	PG 输入或 TTL 输入（线路激励器或开路集电极）、模拟输入（±10V 或 ±24V 或 4~20mA）、数字输出（绝缘）、数字输入（绝缘）、模拟输出（非绝缘）
串行通信电路板 ISI	RS485 或 RS232C（可通过计算机控制 32 台 SAMCO-IHF/IPF 系列产品）
恒压供水电路板 IWS	用于恒压供水系统，设置 8 个继电器触点输出，可控制 AC250V 电路通断，最多可控制 7 台电动机（水泵）
操作面板电缆 ICD	有 1m(ICD-1M)、3m(ICD-3M)、5m(ICD-5M)3 种
远距离操作面板 IRD	可将操作面板移到远处，最远可达 100m

13. 什么是高压变频器？它有哪些特点？

通常把电压等级为 3kV、6kV 和 10kV 的变频器称为高压变频器，又称高压(中压)变频器。高压变频器的容量有几百到几千伏安。

高压变频器早期采用 GTO(可关断晶闸管)作为逆变用功率模块，后发展到 IGBT(绝缘栅双极晶体管)及目前的 HVIGBT(高压绝缘栅双极晶体管)，以及既具有 IGBT 的快速开关特性又具有 GTO 的高可靠性的 IGCT(集成门极换流晶闸管)等器件。

高压变频器具有以下特点：

(1)对器件要求高　这些器件包括逆变器开关器件、整流二极管、钳位用快恢复二极管、滤波电容等，以及高压电器(如高压断路器、高压熔断器及保护电器)。

(2)有很高的绝缘要求　能抗强电场、强磁场的干扰。

(3)电磁兼容性要求高　一是不受外界的电磁干扰，二是不构成对外界的干扰。由于电网对高压变频器限制的总谐波含量值比低压变频器更为严格，因此高压变频器通常采用多脉波(如

12、18、24 及 36 脉波等)整流的方式来减少输入电流的谐波值。

另外,对高压变频器的输出谐波也有严格限制,以减小 du/dt 的值,防止电动机及电缆绝缘的损坏。

(4)设备费用较高　高压变频器相对低压变频器而言设备费用高得多。这是因为大多数高压变频器都采用输入变压器;而对于高-低-高方案,即降压变压器—低压变频器—升压变压器组合方案,它必须采用降压变压器,先把高压降低至低压,再通过低压变频器将输出由升压变压器升至高压。以上两种方案的设备费用都很高。

然而高压电动机容量都很大,耗能大。高压风机和水泵等采用变频调整,节能效果十分显著,尽管一次投资较大,但一般情况下,2~3 年就可以收回成本。

14. 高压变频器主要应用在哪些领域?有哪些技术参数?

3kV、6kV 和 10kV 高压变频器主要用于容量从几百到几千千瓦的高压异步电动机。应用领域主要有:

(1)火力发电　送风机、引风机、排粉风机、循环水泵、给水泵、凝结水泵、热网供水泵、热网回水泵、磨煤机等。

(2)城市供水　送水泵、取水泵等。

(3)石油　注水泵、原油泵等。

(4)化工　压缩机、风机、循环水泵、冰机等。

(5)矿山　渣浆泵、介质泵、通风机、提升机等。

(6)冶金　给水泵、除尘风机、引风机、制氧机、除垢泵等。

(7)水泥　水泵、引风机、窑炉供气风机、冷却器排风机、分选器风机、生料碾磨机、除尘风机等。

(8)其他　制药、造纸、污水处理、风动试验等行业的风机、打浆机、泵类负载等。

部分国内外高压变频器的技术参数见表 11-14。

表 11-14　部分国内外高压变频器技术参数

型号	罗宾康 HARMONY 系列	ABB ACS5000 系列	北京利德华福 HARSVERT-A/D	上海艾帕 INNOVERT 系列
电压等级范围(kV)	2.3~13.8	—	—	—
功率或容量	400~30000kW	2000~7000kVA(空冷) 5200~24000kVA(水冷)	250~6250kVA	300~5000kVA
功率单元	单元串联多电平	9电平	单元串联多电平	单元串联多电平
适配电动机功率(kW)	—	1710~6800(空冷) 4400~20500(水冷)	200~5000	225~3800
控制方式	多重化脉宽调制方式(矢量控制可选)	直接转矩控制	无速度传感器矢量控制	$U/f=C$ 无速度传感器矢量控制
整流方式	30脉波整流	36脉波整流	30脉整流	18,30,42脉波整流
输入电压范围	额定电压-5%~+10%	额定电压±10% (-25%时-输出降额)	—	额定电压±10%(-10%~-30%时输出降额)
额定输入电压(kV)	3,3.3,4.16,6,6.6	6,6,6.9	3,6,10	3,6,10
输入频率(Hz)	50/60	50/60	45~55	45~55
输入功率因数	20%~100%额定负载不小于0.95	>0.95(基波>0.96)	0.95(>20%负载)	0.95(>20%负载)
输出电压(kV)	0~7.2,脉宽调制正弦波输出	6,6,6.9	3,6,10	3,6,10

续表 11-14

输出频率范围(Hz)	0～50/60(最大120可选)	0～75(更高可选)	0.5～120	0.5～120
过载能力	标准110%/1min,150%可选	—	120%/1min,150%立即保护动作	120%/1min,150%/5s,200%立即保护动作
变频调速系统效率(%)	≥96%	>98.5	额定负载下>96	97(额定负载下,包括输入变压器)
输入频率分辨率(Hz)	—	—	0.01	0.01
加减速时间(s)	0.1～3200可调	—	0.1～3000	—
使用环境温度(℃)	0～40,有更高温度要求可与厂方接洽	1～40	0～40	0～40
海拔高度(m)	1000m以下,再高可与厂方接洽	—	<1000	<1000
防护等级	空冷为NEMA-1,水冷为NEMA-12	IP21,IP42(可选)	IP20	IP31
冷却方式	空冷,水冷	空冷,水冷	风冷	—
备注	—	4.16kV可选	HARSVERT-A用于异步电动机,HARSVERT-D用于同步电动机	功率单元自动旁路,工频/变频切换,编码等为选件

15. ACS1000 型高压变频器有哪些性能特点？

ACS1000 型高压变频器为 ABB 公司的产品，额定功率为 1800kW，额定电压为 6kV。它有以下主要的性能特点：

（1）直接转矩控制（DTC） 在交流传动中 DTC 控制是一种性能很好的控制方式，可以对电动机的转矩和磁通进行直接控制。DTC 能在几毫秒内检测出电动机的状态，在所有的条件下都能迅速起动，具有既可控制又平稳的最大起动转矩。

（2）静态性能好 静态速度控制精度通常为正确转速的 0.1%～0.5%，能满足大多数工业领域对速度精度的要求。在速度调节精度要求更高的场合，可选用脉冲编码器。ACS1000 型变频器开环控制转矩的阶跃上升时间小于 10ms，而采用磁通矢量控制方式的变频器，其阶跃上升时间则超过 100ms。这种特有的转矩阶跃快速响应意味着对电网侧和负载侧的变化具有极快的反应，用于控制失电、负载突变和过电压状态都会有良好的表现。

16. VS-686HV5 系列高压变频器有哪些性能特点和主要技术指标？

VS-686HV5 系列高压变频器为日本安川公司的产品。它有以下主要的性能特点：

（1）结构新颖 该系列变频器采用几个 PWM（脉冲宽度调制），控制由低压 IGBT（绝缘栅极晶体管）功率单元串联组成，由一体化多绕组的干式隔离变压器供电，并用运算速度很高的微处理器和光导纤维控制和通信。在设计绕组时，给功率单元供电的变压器二次线圈相互之间存在一个小的相位差，用于消除各单元产生的大多数谐波电流。因此，该系列变频器，不但不需要附加输入、输出滤波电抗器，基波电流仍能基本上保持正弦波形，还减少了谐波对电网的冲击，也不会产生对电动机有害的谐波电压，对电动机无特殊要求。

(2)运行和维修方便　该系列变频器可提供功率单元旁路(cell bypass)功能选件,当一个功率单元发生故障时,该单元就被自动旁路掉,而不需要马上停机,只有当电动机转速降到额定转速的90%左右时,用户方可在方便时停机,更换故障功率单元。

(3)节能　该系列产品具有完备的节能控制软件,能使电动机在任何时候都运行在最佳状态,以达到最佳节能效果。

(4)具有卓越的自诊断功能　它能对电源单元跟踪检查,当电路发生某种异常情况时,还可从接口很容易地输出操作信息及自诊断数据等。通过较完善的保护功能,使其系统更安全、可靠地运行。

现以 VS-686HVS 系列 CIMR-HVD63630 型高压变频器为例,其主要技术指标见表 11-15。

表 11-15　CIMR-HVD63630 型高压变频器主要技术性能

型号		VS-686HV5(CIMR-HVD63630)
输出特性	最大适用电动机功率(kW)	630
	额定输出电流(A)	150
	额定输出电压(V)	三相 3000/3300、±10%
	最大输出频率(Hz)	50/60
电源	主回路	6000/6600V、±10%,50/60Hz、±5%
	控制回路	三相 400/440V、±10%,50/60Hz、±5%
效率(%)		98
$COs\varphi$		0.95
控制特性	控制方式	U/f 控制(可选矢量控制)
	主回路	电压型直列多重 PWM 控制
	频率控制范围(Hz)	0~120
	频率控制精度(%)	±0.5
	输出频率分辨率(Hz)	0.061/50,0.072/60

续表 11-15

控制特性	过载能力	150%额定输出电流 1min
	加减时间(s)	0.5～3200
	控制功能	节能、力矩限制、瞬时断电起动、加/减速失速预防、速度自动寻找等
环境	场所	海拔 1000m 以下
	环境温度(℃)	0～40
保护功能		过电流、过电压、欠电压、接地、高压电源缺相等

17. 选择变频器应注意哪些问题？

变频器的种类很多,不同类型、不同品牌的变频器有不同的标准规格和技术数据,价格相差也很大,选用时应注意以下问题:

(1)变频器的选择要根据驱动电动机容量、负载特性等来选择。一般通用变频器是根据 4 极电动机来设定驱动电动机容量的。因此,电动机极数不同、负载特性不同,选择的变频器型号和容量也不同。不是 4 极的电动机,应按电流来校验所选变频器是否合适。变频器容量选择得过小,则电动机的潜力就不能充分发挥;相反,变频器容量选择过大,变频器的余量就显得没有意义,且增加了不必要的投资。

(2)变频调速的主要目的是用于电动机调速,但并不是所有设备使用变频调速都可以取得节电效果。生产机械负载一般分为三种负载特性:恒转矩负载、恒功率负载、通风机类负载。电动机功率与转矩和转速的乘积成正比,只有在恒转矩负载和通风机类负载上使用变频器才会节能。负载类型与节能的关系见表 11-16。

表 11-16　负载类型与节能关系

负载类型	恒转矩 $M=C$	平方转矩 $M \propto n^2$	恒功率 $P=C$
主要设备	输送带、起重机、挤压机、压缩机	各类风机、泵类	卷扬机、轧机、机床主轴
功率与转速的关系	$P \propto n$	$P \propto n^3$	$P=C$
使用变频器的目的	以节能为主	以节能为主	以调速为主
使用变频器的节电效果	一般	显著	较小(指降压方式)

须指出,即使风机、泵类负载,当设备满负荷工作(风门开度最大)时,如仅仅是为了节能的需要,是没有必要采用变频调速节能改造的。

(3)变频器按用途分,大致可分为 3 类:通用型变频器、高性能变频器和专用变频器。专用变频器是针对某种类型的机械而设计的变频器,如风机、泵类变频器等。用户应根据生产机械的具体情况进行选择。

(4)正确选择变频器的工作制。变频器由半导体器件等组成。半导体器件的发热时间常数小(通常以分钟计),而且过载超温对它们影响严重,所以通常都为半导体电力电子装置规定了严格的负载条件——基本负载电流、过负载电流及持续时间和频率(允许过电流再现的间隔时间)。

变频器的工作制等级根据运行状况和负载条件的不同分为 6级:

第 1 级:100%额定输出电流,没有过负载的可能性。

第 2 级:允许输出基本负载电流,并在此基础上可有 150%的短时过负载运行。

需要说明的是,由于有了短时的 150%过负载,所以在较长时间内的基本负载就只有额定输出电流的 91%。150%过负载是对基本负载电流而言的,对额定电流而言,过负载的相对值为$150\% \times 91\% = 136\%$。

第3~6级的过负载更大或时间更长,目前市场出售的标准型或通用型变频器,其工作制等级一般只涉及第2级。

(5)性能价格比的评估。选用变频器时不要认为档次越高越好,而应按拖动负载的特性选择合适的变频器,满足使用要求即可,以便做到量才使用、经济实惠。采用通用变频器即可满足使用要求的,就不必采用高性能变频器。但对于一些十分重要、不允许停机的场合,即使价格高一些,也应选择性能好、可靠性高、不易发生故障的变频器。

(6)正确选择变频器的箱体结构。为了使变频器安全、可靠地运行,应根据使用环境条件的要求正确选择变频器箱体的结构。变频器箱体结构有以下几种类型:

①敞开型IP00——本身无机箱,适用装在电控箱内或电气室内的屏、盘、架上,对环境条件要求较高。

②封闭型IP20——适用于一般用途,可有小量粉尘或温度、湿度不那么高的场合。

③密封型IP54——适用于工业现场条件较差的环境。

④密封型IP65——适用于环境条件差,有水、尘及一定腐蚀性气体的场合。

(7)看售后服务。尽可能购买零部件易配、售后服务好的厂家的产品,以便给日后使用、维修带来便利。

18. 怎样根据负载转矩特性选择变频器?

如果用户的负载性质和参数清楚、明确(例如有确定的速度图和转矩图等),则很容易从变频器的产品性能参数(如电流、过负载电流、持续时间和过负载频度等)中选择合适的变频器。选择变频器时涉及的主要负载类型及注意事项有以下几个方面:

(1)负载的起动转矩和加速转矩　选择变频器时需要了解负载的起动转矩和加速转矩等特性。

① 起动转矩。大多数给料机、物料输送机、混料机、搅拌机等机械,起动转矩可能达到额定转矩的150%～170%,泥浆泵、往复式柱塞泵等机械的起动转矩,可能达到额定转矩的150%～175%,这就要选择能适应较大起动转矩的变频器;但许多通用机械(如离心式风机和水泵等)的起动转矩小于100%额定转矩,有些可能小至25%额定转矩,对于这些机械只要选择能满足额定转矩的变频器即可。

②加速转矩。加速转矩是指使机械从刚开始转动直至加速到额定转速所需要的转矩,其值为机械静阻转矩与动转矩之和。一般风机、水泵的加速转矩不超过额定转矩的100%。但大功率风机由于飞轮的转动惯量 GD^2 很大,加速转矩就很大;离心式水泵开阀门时加速转矩可达100%,而其他形式的泵可能达到150%或更大;轧钢机等在要求尽量缩短加速时间时,要求加速转矩愈大愈好。

(2)变转矩负载　风机、水泵的转矩近似地与速度平方成正比。除离心式水泵和离心式风机不需考虑过负载能力外,对其他形式的泵和风机都要分析其实际过负载的可能性。

对于没有过负载的设备,可以用设备的额定功率 P 来选择变频器的容量,这时变频器的电流限幅应为100%。如采用有15%、1min过载能力的变频器,则电流限幅也可以放宽到115%。

对于转动惯量 GD^2 比较大的离心式风机,可能有较大的加速转矩,应选择有不小于15%、1min过载能力的变频器。离心式水泵和离心式风机在低速运行时功率较小,要求调速范围不大,对变频器的性能要求不高。

(3)恒转矩负载　恒转矩负载的阻力矩与转速无关。但实际上"恒定"是少见的。因为设备在运行中有起动、加减速运转和等速运转等多种状态,负载大小也在变化。如果过负载大小和持续时间及频度超过变频器相应的允许值,则应按过负载时的尖峰电流并考虑一定的裕量系数来选择变频器的额定输出电流。如果过负载的大小、持续时间和频度都在变频器过载能力的范围内,则应该充分利用变频器的过载能力。

传动牵引负载可分为轻型、中型和重型三类。即使轻型牵引,在选择变频器时也要有 150% 过载运行、持续时间 2min 或 200% 过载运行、持续时间 110s 的要求。

19. 怎样根据不同生产机械选择变频器?

可参照表 11-17,根据不同生产机械选配变频器的容量。

表 11-17　不同生产机械选配变频器容量参考表

生产机械	传动负载类别	M_z/M_e			S_f/S_e
		起动	加速	最大负载	
风机、泵类	离心式、轴流式	40%	70%	100%	100%
喂料机	皮带输送、空载起动	100%	100%	100%	100%
	皮带输送、有载起动	150%	100%	100%	150%
	螺杆输出	150%	100%	100%	150%
输送机	皮带输送、有载起动	150%	125%	100%	150%
	螺杆式	200%	100%	100%	200%
	振动式	150%	150%	100%	150%
搅拌机	干物料	150%~200%	125%	100%	150%
	液体	100%	100%	100%	100%
	稀黏液	150%~200%	100%	100%	150%
压缩机	叶片轴流式	40%	70%	100%	100%
	活塞式、有载起动	200%	150%	100%	200%
	离心式	40%	70%	100%	100%

续表 11-17

生产机械	传动负载类别	M_z/M_e			S_f/S_e
		起动	加速	最大负载	
张力机械	恒定	100%	100%	100%	100%
纺织机	纺纱	100%	100%	100%	100%

注：M_z、M_e—电动机的负载转矩、额定转矩；S_f—变频器的容量；S_e—电动机的容量。

日本 ZL 系列变频器的适用范围见表 11-18。

表 11-18　ZL 系列变频器适用范围

型号	ZL981G 单相 220V 电动机变频调速器	ZL982G 单相 220V 输入，三相输出高性能变频调速器	ZL983G 三相 380V 电动机高性能变频调速器	ZL991 变频电源（220V、110V 等，波形好）	ZL9501B 直流电动机无级调速器
简介	5～60Hz 输出，PWM 正弦波	高性能、低噪声、高可靠性、调速精度高，PWM 正弦波、保护系统完善、数显	50Hz 转换为 60Hz，无干扰	调速精度高，软起动	
电动机	单相电容运转式电动机	三相 220V 电动机，三相 380V 电动机（△接）	三相 380V 电动机（Y 接）	适配电阻、电感、电动机负载	直流它励式电动机等
适用范围	风机、水泵、小机械、家电等	风机、水泵、传输机械、加工机械、机床设备及其他通用机械设备无级调速	不同频率的电源转换	通用机械无级调速	

雷诺尔 RNB3000 系列变频器的选择参见表 11-19。

表 11-19　RNB3000 系列变频器的选择

序号	型号	额定交流电压(V)	风机泵类 额定电流(A)	风机泵类 适配电动机功率(kW)	一般应用 额定电流(A)	一般应用 适配电动机功率(kW)	重载应用 额定电流(A)	重载应用 适配电动机功率(kW)
1	RNB3001		41	1.5	3.2	1.1		
2	RNB3002		5.6	2.2	4.1	1.5	3.2	1.1
3	RNB3003		7.2	3.0	5.6	2.2	4.1	1.5
4	RNB3004		10.0	4.0	7.2	3.0	5.6	2.2
5	RNB3005		13.0	5.5	10.0	4.0	7.2	3.0
6	RNB3007		16	7.5	13.0	5.5	10.0	4.0
7	RNB3017		24	11	16	7.5	13.0	5.5
8	RNB3015		32	15	24	11	16	7.5
9	RNB3018		37.5	18.5	32	15	24	11
10	RNB3022		44	22	37.5	18.5	32	15
11	RNB3030	380	61	30	44	22	37.5	18.5
12	RNB3037		73	37	61	30	44	22
13	RNB3045		90	45	73	37	61	30
14	RNB3055		106	55	90	45	73	37
15	RNB3075		147	75	106	55	90	45
16	RNB3090		177	90	147	75	106	55
17	RNB3110		212	110	177	90	147	75
18	RNB3122		260	132	212	110	177	90
19	RNB3160		315	160	260	132	212	110
20	RNB3200		368	200	315	160	260	132
21	RNB3250		480	250	368	200	315	160
22	RNB3315		600	315	480	250	368	200

20. 变频器与电动机合理配套应注意哪些问题?

为了实现变频器与电动机合理配套,达到理想的调速与节能运行,在两者的配置上应注意以下问题:

(1)由于变频器输出的电源往往带有高次谐波,从而会增加电动机的总损耗,即使在额定频率下运行,电动机输出转矩也会有所降低。如在额定频率以上或以下调速时,电动机额定输出转矩都不可能用足。要是不论转速高低,都始终需要额定转矩输出,则应采用容量较大的电动机降容使用才行。

(2)从效率(即节能)角度出发,应注意以下几点:

①变频器功率值与电动机功率值相当时最合适,以利变频器在较高的效率下运行。

②在变频器功率分级与电动机功率分级不相同时,则变频器的功率要尽可能接近电动机的功率,但应略大于电动机的功率。

③当电动机频繁起动、制动工作或重载起动且较频繁工作时,可选用大一级的变频器,以利于变频器长期、安全地运行。

④当电动机实际功率有富余时,可以考虑选用功率小于电动机功率的变频器,但要注意瞬时峰值电流是否会造成过电流保护动作。

⑤当变频器与电动机功率不相同时,则必须相应调整节能程序的设置,以达到较高的节能效果。

(3)在 U/f 为常数的工作方式下,电动机起动转矩与频率成正比,所以在低频起动时,起动转矩极小。例如,10 Hz 时某 Y 系列电动机输出转矩约为额定转矩的 50%,所以在选择电动机类型时,要特别注意低频起动转矩的变化。

重载起动时,应考虑静摩擦转矩的问题,电动机必须有足够大的起动转矩来确保重载起动。国产 YZ、YZR 系列异步电动机,其起动转矩接近最大转矩,低频起动转矩也较大,适合于重载起动。

(4)电动机不是4极时变频器容量的选择如下:一般通用变频器是按4极电动机的电流值来设计的,若电动机不是4极,而是8极、10极等,就不能仅以电动机容量来选择变频器的容量,必须用电流来校核。

(5)对于变频器的容量,不同的公司有不同的表示方法,一般有以下三种:一是额定电流(A);二是适配电动机的额定功率(kW);三是额定视在功率(kVA)。若以视在功率(kVA)表示,应使电动机算出的所需视在功率小于变频器所能提供的视在功率。使用变频器时,电动机的视在功率按下式计算:

$$S = \frac{P}{\eta \mathrm{COs}\varphi}$$

式中　P——电动机额定功率(kW);

$\mathrm{COs}\varphi$——电动机功率因数,此值因高次谐波的影响比工频电压下低一些,可根据各种变频器性能予以修正;

η——电动机效率,如上所述,也比工频电压下低一些。

(6)多台电动机共用一台变频器时变频器容量的计算。除(1)~(5)点外,还要按各电动机的电流总值来选择变频器的容量。设所有电动机的容量等均相等,如有部分电动机直接起动时,可按下式计算变频器的容量:

$$I_{\mathrm{fe}} \geqslant \frac{N_2 I_{\mathrm{q}} + (N_1 - N_2) I_{\mathrm{e}}}{k_{\mathrm{f}}}$$

式中　I_{fe}——变频器的额定输出电流(A);

I_{q}——电动机直接起动电流(A);

I_{e}——电动机额定电流(A);

k_{f}——变频器的允许过载倍数,可由变频器产品说明书查得,一般可取1.5;

N_1——电动机总台数;

N_2——直接起动的电动机台数。

21. 怎样选择用于机床的变频器？

机床种类很多,但最基本、最常用的机床有两大类:一类是以车床为代表的加工对象旋转类机床;另一类是以钻床、铣床、磨床为代表的加工工具旋转类机床。

(1)车床　从调整范围、加减速性能及速度精度等几方面看,在车床上应用变频器有一定难度。如:车床主轴的调速范围约为1:100,加减速时间要求小于2s等,这些指标变频器很难达到。只有对低转速时转矩不足、调速范围不足等负面影响采取对策后,变频器在车床主轴调速中才能发挥较好的作用。这些对策包括:采用矢量型变频器;变频器采用闭环控制;选用与变频器配套的专用电动机等。

(2)与车床相近的工件旋转类机床　同车床一样,在调速范围、加减速性能及速度精度方面难以应用通用变频器,需要采用专用变频器。专用变频器的技术要求为:加工中心调速范围一般为1:200以上;需采用矢量控制;需用光电编码盘作为速度和位置传感器,与变频器实行闭环控制;最低速和最高速之间变换时间小于1s;需要用专用电动机。

(3)加工工具旋转类机床　如铣床、钻床等。这类机床应用变频器的难度小于车床。在要求调速范围的场合,需要同机械变速机构配合,但从加减速特性、速度精度方面来看,可采用通用V/f变频器。调速范围约为1:10;可采用通用交流电动机;整个控制系统可以采取开环使用。

(4)磨床　磨床调速范围较窄(1:2),对于其加减速特性和速度精度等要求,通用变频器都能充分满足。在内圆磨床中可应用中频变频器控制磨头电动机。中频变频器频率调节范围达0~2 000Hz,且连续可调。应用中频变频器需注意:起动最低频率应在 50~100Hz 之间,力矩提升曲线最高点应在中频电动机额定工作频率处。

22. 在机床上应用变频器应注意哪些问题?

机床上应用变频器较为困难。这是因为机床上的变速机构具有"恒功率"特性,即转速低时力矩大,转速高时力矩小。而机床调速范围又很宽,例如,车床为 1∶100,加工中心为 1∶200 以上。但变频器的特性不同,变频器在 50Hz 以下为"恒力矩区",50Hz 以上为"恒功率区"。因此,机床和变频器很难配套使用:若在机床上采用"恒力矩区",则机床力矩不够;若采用"恒功率区",通用电动机最高工作频率只有 120Hz。这样就带来了要么"调速比不足",要么"力矩不足"的两难问题。为此,在机床上应用变频器应注意以下问题:

(1)为了弥补变频器"调速比不足"的问题,可适当保留部分机械变速机构,以满足调速范围的要求。

(2)应选用高性能大调速范围的变频器或专用变频器。最好应用矢量型变频器,在电动机上配测速传感器,实现变频器的闭环调速。

(3)为了解决"力矩不足"的问题,选用适合变频器的专用电动机,增强低频率力矩特性和提高最高工作频率的范围。

(4)根据"调速比不足"和"力矩不足"的数量级关系,适当增加电动机功率和变频器功率以弥补不足。

23. 选用高压变频器应注意哪些问题?

高压变频器价格昂贵,选用时必须注意以下问题:

(1)高压电动机使用中普遍存在功率过剩问题,即"大马拉小车"。如电厂辅机的送、引风机的电动机额定功率往往高出实际所需轴功率的 40%~50%。在变频节能改造中,若按电动机额定功率来选取变频器,将造成很大的浪费。这时应按实际功率考虑变频器的容量。

(2)为了降低变频器的容量减少投资,对于大容量高压电动机(如风机),可采用变频调速和入口导叶联合调节的方式,如在30%～80%额定风量范围内采用变频调速,在80%～100%额定风量范围内采用入口导叶调节。

(3)对于高压电动机,当起动转矩大于50%额定转矩时,如往复式空压机、离心分离机、带负载的输送机、破碎机、飞轮冲压机等,可以考虑采用变频器作软起动用。如果变频器仅作为软起动用时,宜采用降压变压器-低压变频器-升压变压器组合的方案。此方案较直接采用高压变频器价廉40%左右。

(4)从经济性考虑,对于800～1000kW以上的风机、水泵,宜直接采用6kV或10kV高压变频器及6kV或10kV高压电动机;对于400～800kV的风机、水泵、宜采用6kW/660V进线降压变压器、660V变频器及660V电动机;对于400kW以下的风机、水泵,宜采用6kV/380V进线降压变压器、380V变频器及380V电动机。

24. 变频器对工作环境有什么要求?

变频器只有在规定的环境中才能安全可靠地工作。若环境条件中有不满足其要求的,则应采用相应的改善措施。变频器的运行环境条件规定如下:

(1)环境温度为-10℃～+50℃。超过此温度范围时,电子元器件容易损坏,功能易失灵。应注意通风散热。

变频器正常使用的环境温度范围为-10℃～+50℃。对恒转矩负载,最高环境温度不得超过50℃;对变转矩负载,不得超过40℃。为了安全起见,实际使用中,一般强调变频器安装使用场所的环境温度不要超过40℃。

当环境温度不大于40℃时,变频器可连续输出100%I_e(I_e为额定电流）；当环境温度为 45℃时,变频器可连续输出电流 80％I_e；当环境温度为 50℃时,变频器的连续输出电流只有 60％I_e。

可见,运行环境温度超标时对变频器可连续输出电流额定值的影响很大。

因此,必须注意变频器安装场所的通风散热,当变频器的环境温度高达 40℃以上时,必须采取强制通风措施将室内温度降下来。

(2)相对湿度为 20％～90％,不结露,无冰冻,否则容易破坏电气绝缘或腐蚀线路板,击穿电子元器件,我国南方沿海地区的相对湿度经常大于 90％,在这种条件下使用变频器应采取防潮措施。

(3)没有灰尘、腐蚀性气体、可燃性气体或油雾,不受日光直晒,否则会腐蚀电路板及电子元器件,并有可能引起火灾事故。

(4)海拔高度在 1 000m 以下。海拔过高时,气压下降,容易破坏电气绝缘,在 1 500m 时耐压降低 5％,3 000m 时耐压降低 20％。另外,海拔超高,额定电流值将减小,1 500m 时减小为 99％,3 000m 时减小为 96％。从 1 000m 开始,每超过 100m,允许温度就下降 1％。

(5)振动加速度应小于 $0.6g$。振动过大会使变频器紧固件松动,继电器、接触器等器件误动作,损坏电子元器件。

振动加速度 G 可实测。测出振幅 A(mm)和频率 f(Hz),然后按下式求出振动加速度 G:

$$G=(2\pi f)^2 \times \frac{A}{9800}(g)$$

如果在振动加速度 G 超过允许值处安装变频器,应采取防振措施,如加装隔振器,采用防振橡胶垫等。

(6)变频器必须固定在耐热、耐振动的坚固物体上,包括金属物和耐热、阻燃的非金属物;变频器必须垂直安装,留足安装空间,一般上下空间>120mm,左右空间应>50mm。

25. 变频器对供电电源有什么要求?

(1)对交流输入电源的要求　要求交流输入电压持续波动不超过±10%,短暂波动不超过-10%~+15%;频率波动不超过±2%,频率的变化速度每秒钟不超过±1%;三相电源的负序分量不超过正序分量的5%。

变频器通常允许在±15%额定电压下工作。在这个电压范围内,电路中的欠电压和过电压保护装置不会动作。但当电压超过额定电压时,变频器的输出电流会减小,超出越多,减小越多。输入电压与输出电流的关系如图11-3所示。

对于额定电压为400V的变频器,输入电压每高出额定值1V,输出电流约下降0.22%。变频器输入电压最高不应超过480V。

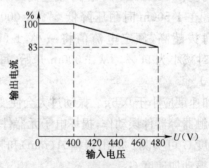

图11-3　变频器交流输入
电压与输出电流的关系

(2)对直流输入电源的要求　要求直流输入电压波动范围为额定值的-7.5%~+5%,蓄电池组供电时的电压波动范围为额定值的±15%;直流电压纹波(峰—谷值)不超过额定电压值的15%。

26. 怎样选择变频器的三相进线电抗器？

变频器的交流三相进线电抗器用于改善功率因数，降低高次谐波及抑制电源浪涌。

例如，雷诺尔 RNB3000 系列变频器的三相进线电抗器的选择见表 11-20。

表 11-20　三相进线电抗器的选择

电动机功率 (kW)	定货号	额定交流 电源电压(V)	输出电流 (A)	电感量 (mH)	重量 (kg)
1.5	RL1-1		3.7	3.68	1.5
2.2	RL1-2		5.5	2.71	1.5
3	RL1-3		6.8	2.23	1.5
4	RL1-4		9	1.63	1.5
5.5	RL1-5		13	1.11	2.0
7.5	RL1-7		18	0.814	2.0
11	RL1-11		24	0.581	3.0
15	RL1-15		30	0.443	4.5
18.5	RL1-18		39	0.368	6.0
22	RL1-22		44	0.305	6.0
30	RL1-30	380	100	0.133	10
37	RL1-37		100	0.133	10
45	RL1-45		135	0.098	11.5
55	RL1-55		135	0.098	11.5
75	RL1-75		160	0.082	22
90	RL1-90		250	0.0531	26
110	RL1-110		250	0.0531	26
132	RL1-132		270	0.0948	50
160	RL1-160		581	0.0318	80
200	RL1-200		581	0.0318	80
250	RL1-250		581	0.0318	80
315	RL1-315		825	0.0212	110

27. 怎样选择变频器的输出电抗器?

变频器的交流输出电抗器用于抑制变频器的发射干扰和感应干扰,抑制电动机电压的振动(突变)。

例如,雷诺尔 RNB3000 系列变频器的交流输出电抗器的选择见表 11-21。

表 11-21　交流输出电抗器的选择

电动机额定功率(kW)	定货号	额定交流电源电压(V)	输出电流(A)	电感量(mH)	重量(kg)
30	RL3-30		60	0.26	21
37	RL3-37		75	0.237	25
45	RL3-45		91	0.194	27
55	RL3-55		112	0.16	29
75	RL3-75		150	0.122	39
90	RL3-90	380	176	0.104	49
110	RL3-110		210	0.097	51
132	RL3-132		253	0.079	53
160	RL3-160		304	0.068	76
200	RL3-200		377	0.057	78
275	RL3-275		415	0.053	80
315	RL3-315		525	0.039	110

28. 怎样选择变频器的直流电抗器?

变频器的直流电抗器用于改善功率因数,抑制电流尖峰。改善后的功率因数可达 $0.94 \sim 0.95$。直流电抗器接在变频器主电路的 P_- 和 P_+ 端子上。直流电抗器的选择见表 11-22。

29. 在变频器输出侧怎样使用接触器?

(1)工频电源和变频器交替供电的场合,接线如图 11-4 所示。接线时要注意两点:其一是两者供电的相序要一致,以确保电动机转向不变;其二是接触器 KM_2 和 KM_3 要互锁。

表 11-22　直流电抗器的选择

电动机额定功率(kW)	定货号	额定交流电源电压(V)	输出电流(A)	电感量(mH)	重量(kg)
15	RL2-15		34	1.8	3.2
18.5	RL2-18		41	1.4	4.0
22	RL2-22		49	1.2	5.0
30	RL2-30		80	0.86	7.0
37	RL2-37		100	0.7	8.0
45	RL2-45		120	0.58	14
55	RL2-55		146	0.47	14
75	RL2-75	380	200	0.35	16
90	RL2-90		238	0.29	19
110	RL2-110		291	0.24	24
132	RL2-132		326	0.22	27
160	RL2-160		395	0.18	34
200	RL2-200		494	0.14	34
250	RL2-250		557	0.13	44
315	RL2-315		700	0.1	44

(2)一台变频器控制多台电动机的场合需接接触器。

(3)变频器输出侧 U、V、W 端禁止与电网连接,否则会造成电网能量倒灌入变频器内而损坏变频器。

另外,由于变频器输出电压中含有大量谐波分量,其输出侧 U、V、W 端不能接电容,否则会损坏变频器。

30. 在变频器电路中怎样使用热继电器?

(1)当用一台变频器控制一台电动机时,可以取消电动机过载保护用的热继电器。这时因为变频器内部有电子热保护装置,它能很好地保护电动机过载,而普通的热继电器在非额定频率下其保护功能不理想。

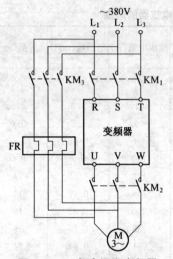

图 11-4　工频电源和变频器交替供电的主电路

（2）在以下场合仍需保留热继电器：

①电子热保护功能是根据通用标准电动机的参数进行运算的，当变频器与特殊专用电动机配套时，应在变频器与电动机之间接入普通热继电器。

②一台变频器控制多台电动机的场合。这是由于变频器容量大，其内部的热保护装置不可能对单台电动机进行过载保护。一台变频器控制多台电动机时的热继电器保护接线可参见图11-5。

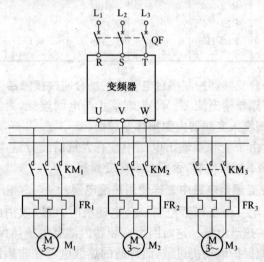

图 11-5　一台变频器控制多台电动机的主电路

③电子热保护功能的准确度与工作频率的范围有关,当调速系统经常在规定频率范围外工作时,其准确度就差些,此时应配用普通热继电器。

④工频电源和变频器交替供电时的过载保护。当电动机在工频电源下运行时,需由外加热继电器进行过载保护,其保护热继电器接线参见图11-4。

⑤当普通热继电器用于变频调速电路时,由于变频器的输出电流中含有大量谐波电流,可能引起热继电器误动作,故一般应将热继电器的动作电流调大10%左右。

⑥当变频器与电动机之间的连线过长时,由于高次谐波的作用,热继电器可能误动作。这时需在变频器和电动机之间串接交流电抗器抑制谐波或用电流传感器代替热继电器。

31. 怎样确定变频器与电动机连线的长度和截面面积?

在使用手册中,变频器生产厂家一般都规定了配用电缆的建议长度和截面面积。例如 DanfossV-LT5000 系列变频器规定:可使用长度为 300m 的无屏蔽电缆或长度为 150m 的屏蔽电缆;VACON 系列变频器则规定:0.75~1.1CXS 等级所接电缆的最大长度为 50m,1.5CXS 等级所接电缆的最大长度为 100m,其余功率等级的最大长度均为 200m。

在安装时,变频器到电动机的连线通常不可过长,尽量小于100m。否则电缆寄生电容过大,容易导致变频器的功率开关器件开断瞬间产生过大的尖峰电流,可能损坏功率逆变模块。在特殊条件下,如果连线较长,可以在变频器输出侧加装电抗器给予补偿,用于解决连线过长而引起的尖峰电流过大的问题。

特别应该注意的是,电动机电缆的截面面积不能选得太大,否则电缆的电容和漏电流都会因之增加。一般情况下,电缆截面面积每增大一个等级,将使变频器输出电流相应降低5%。

电缆选用示例见表 11-23。

表 11-23　电缆选用示例(敷设距离 30m)

| 通用电动机 4极 (kW) | 适用变频器 JP6C-T 系列 | | | 变频器输出电压 | | 标准适用电线 | | 30m 的线间电压降 | | |
	电压 (V)	容量 (kW)	电流 (A)	60Hz (V)	6Hz (V)	截面积 (mm²)	电阻 (20℃) (Ω/km)	电压降 (V)	60Hz	6Hz
0.4		0.4	3	220	40	2	9.24	1.44	0.65%	3.6%
0.75		0.75	5	220	40	2	9.24	2.40	1.09%	6.0%
1.5		1.5	8	220	40	2	9.24	3.84	1.75%	9.6%
2.2	220	2.2	11	220	40	3.5	5.20	2.97	1.35%	7.4%
3.7		3.7	17	220	40	3.5	5.20	4.60	2.09%	11.5%
5.5		5.5	24	220	40	5.5	3.33	4.15	1.89%	10.4%
7.5		7.5	33	220	40	8	2.31	3.96	1.80%	9.9%
11		11	46	220	40	14	1.30	3.10	1.41%	7.8%
15		15	61	220	40	22	0.824	2.61	1.19%	6.5%
22		22	90	220	40	30	0.624	2.91	1.32%	7.3%
30		30	115	220	40	50	0.378	2.26	1.03%	5.7%
37	400/ 440	37	145	220	40	80	0.229	1.73	0.78%	4.3%
45		45	175	220	40	100	0.180	1.64	0.75%	4.1%
55		55	215	220	40	125	0.144	1.61	0.73%	4.0%
75		75	144	440	45	80	0.229	1.71	0.39%	3.9%
110		110	217	440	45	125	0.144	1.62	0.37%	3.7%
150		150	283	440	45	150	0.124	1.82	0.42%	4.2%
220		220	433	440	45	250	0.075	1.69	0.38%	3.8%

32. 变频器怎样正确接地?

变频器正确接地是提高控制系统灵敏度、抑制噪声的重要手段,也是保障人身安全的需要。变频器接地时应注意以下几个问题：

（1）接地端 PE（有的标为 E 或 G）的接地电阻应不大于 4Ω，且越小越好。PE 端可以与外壳连接后接地。

（2）接地导线的截面面积应不小于 $2.5mm^2$，长度应控制在 20m 以内。接地必须牢固。

（3）变频器的接地装置必须与建筑物防雷接地装置分开（5m 以上），不能共用，以免雷击过电压损坏变频器；也应尽量不与动力设备的接地装置共用，以免引起干扰。

（4）变频器的信号输入线的屏蔽层应接至 PE 上。

（5）变频器与控制柜之间的接地应连通，如果实际安装有困难，可用铜芯导线跨接。

（6）接地线应当接于独立端子上，不要用螺钉压在外壳或底板上，接地点尽量靠近变频器，接地线越短越好。

33. 变频器怎样防尘?

（1）经常检查并定期维护保养变频器柜顶的风机，保证其正常运行，做到变频器柜通风散热良好。

（2）变频器柜的下部需设置进风过滤网，并定期清除过滤网上的积尘。

（3）正确设计变频器室的通风道，以保持室内空气的正常流通，使室内温度保持在 40℃以下。

（4）为了避免变频器产生的热量相互影响，在同一柜中安装两台或多台变频器时，应该并列安装。如果必须上下安装时，则应在它们之间加装分隔导流板，防止下面变频器产生的热量影响上面的变频器。两台变频器装于同一柜内的安装方式如图 11-6 所示。

（5）减少变频器的"空载"运行时间，以减小粉尘对变频器的影响。

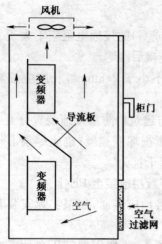

图 11-6　两台变频器安装于
同一柜内的安装方式

(6)做好定期除尘工作。除尘可采用电动吸尘器吸尘或用压缩空气吹扫。

(7)采取隔尘措施,切断灰尘来源。如设计专门的变频器室,堵塞电缆穿墙孔等。但在隔尘的同时必须注意通风散热。

(8)选用防尘能力较强的变频器。在选用变频器时必须注意变频器对环境的适应性,要根据本地区的气候条件和大气环境等进行选择。

34. 防爆电动机使用变频器应注意哪些问题?

防爆电动机的密封性和坚固性比普通电动机要高,但散热性不及普通电动机。因此,当变频器用于防爆电动机时必须注意这一问题。

(1)对于隔爆型电动机　如果电动机温度升高使其外壳表面温度超过规定值时,电动机本身就会成为引爆源。为此在使用变频器时必须根据实际情况,经过严格鉴定和试验后方可投入运行。在某些情况下,还可降低温度组别或电动机容量,以满足电动机外壳表面温度不超过规定值的要求。

(2)对于增安型电动机　其主要问题与隔爆型电动机类似。但增安型电动机使用变频器调速必须考虑减小损耗,提高冷却效果,以满足在允许的使用条件范围内,将电动机所有发热部件的温度限制在现场环境中爆炸性气体的热引燃温度之内。因此在没有通过严格鉴定和实际试验的情况下,增安型电动机不可随意改用变频器调速驱动。也就是说,增安型电动机要求比隔爆型电动机条件更为苛刻。如果增安型电动机配置了温度保护元件的话,温度保护元件切不可弃之不用,目前,从国外引进的采用变频器驱动的增安型电动机都是专用电动机,且都采用专用通风机进行冷却,以达到使温度不超过允许的使用范围的目的。

(3)无论是经过鉴定允许采用变频器驱动的防爆电动机,还是原本一直采用变频器驱动的防爆电动机,均不可以随意更换变频器的类型。否则,会因变频器类型不同,其输出电压中所含谐波不同,有可能使电动机运行温度超过允许的使用范围,造成破坏性事故。

35. 采用变频器调速的起重机怎样防止溜钩现象发生?

起重机的主电路如图 11-7 所示。图中,Y 是电磁制动器,其状态由接触器 KM_2 控制,断电时,电磁制动器处于抱住状态;通电时,电磁制动器释放。电磁制动器从通电到释放(或从断电到抱住)的过程虽然时间很短,但极易发生重物下滑的现象。这种现象俗称"溜钩"。在采用变频调速的系统中,防止溜钩必须解决好两个问题:

第一,在电磁制动器尚未将轴抱住之前,防止变频器过早地停止输出;同时也要防止电磁制动器开始释放,而变频器尚未有足够的输出。

第二,变频器必须避免在电磁制动器抱住的情况下输出较高电压,以免发生因"过流"而跳闸的误动作。

为此,起重机用的变频器应具备以下功能:

(1)零速全转矩功能　变频调速系统可以在速度为 0 的状态下,保持电动机有足够大的转矩,且不需要速度反馈装置。这一功能保证了吊钩由升降状态降速为 0 时,电动机能够使重物在空

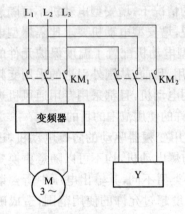

图 11-7　起重机的主电路

中停住,直到电磁制动器将轴抱住为止。

(2)起动前的直流强励磁功能　变频调速系统可以在起动之前自动进行直流强励磁,使电动机有足够大的转矩(达 $200\%M_e$)维持重物在空中的停住状态,以保证电磁制动器在释放过程中不会溜钩。

例如 ABB 公司生产的 ACS600 系列变频器就具有上述功能。

36. 变频器受负载"冲击"有哪些原因?

当变频器所带的负载是机械设备时,若使用不当,不但会使机械设备产生机械冲击,破坏机械设备的正常功能和参数,使它不能正常工作,而且还会使变频器受到电冲击,造成大功率半导体器件击穿或过流损坏。变频器使用(设定)不当,同样会使其受到电冲击。

变频器输出的是按正弦波规律排列的等电压方波串,称为 PWM 正弦波。调整每个波的宽度,可以调整输出电压的高低,变频器处于开关状态,每个波的产生都会带来一定的感应电动势。由于电动机为感性负载,在开机、关机等状态时,会产生很大的冲击电压,称为"泵电压"或"泵电流"。虽然变频器内部装有吸收保护回路和制动吸收系统,用于克服泵电压和泵电流,但若泵电压或泵电流超过大功率半导体器件的耐压值或最大工作电流值,则大功率半导体器件将会被击穿。其中,泵电压的危害更为常见。

变频器受负载设备"冲击"的常见原因有：

(1)开机、关机时间过短或升速、减速时间过短。

(2)机械设备为冲击性负载或为大惯量负载。

(3)电动机制动方式不当。

(4)变频器在运行中，而负载在电源输出线上切断或接通。

(5)电网电压过高等。

37. 怎样避免变频器受负载"冲击"？

为了保障变频器的安全运行，避免变频器受负载"冲击"，必须处理好以下问题：

(1)保证变频器有充足的加减速时间。变频器在开机或升速时，都有软起动功能；在关机或减速时，都有软关断功能。在机械设备允许的范围内尽量增加加减速时间。

加减速时间由变频器的容量和机械设备的负荷来决定。一般地说，机械负载越重、变频器的容量越小，设定的加减速时间则越长。

(2)最短的加减速时间是由变频器容量决定的。若"泵电流"太大(用普通交流电流表测量的 PWM 电流值不准，偏大，但可作参考)，超过变频器的额定工作电流，则应考虑增加变频器的容量。

(3)当变频器拖动的机械设备为冲击性负载或大惯量负载时，除了要正确设定升、减速时间外，还要处理好冲击性负载的问题。解决的办法一般有两个：一个是增加变频器的容量；另一个是增设强磁制动功能，通过增强电动机定子的磁场强度，化解冲击负载在强减速时产生的"泵电压"或"泵电流"，将冲击带来的功率余量释放掉。

(4)当加减速时间很短(如 1s 以下)时，应考虑在变频器上增加制动功能。一般较大功率的变频器都配有制动功能。

(5)在应用变频器的机械设备中，严禁使用机械制动或其他外加的"电制动",否则会损坏变频器。

（6）严禁在运行中断开或接通输出线，否则会给变频器带来严重的"泵电压"和"泵电流"，损坏变频器。

（7）当变频器输出线在运行中必须接通或断开开关（如接触器）时，必须严格按以下步骤操作：先通过控制系统使变频器暂停，即使电动机停止运行，再切换变频器输出线上的开关，待输出线上的开关重新接通后，方可重新起动运行按键，使变频器投入正常运行。

（8）在开机升速与关机减速时，通常人们比较注意开机升速中存在的问题，而忽视关机与减速中存在的问题。其实关机与减速太快，很容易损坏变频器。变频器在关机与减速时损坏往往不易及时发现，在下次开机时，发现变频器损坏而误以为是开机造成的。这点应特别注意。

38. 变频器持续低频运行对电动机有何影响？

所谓持续低频运行，一般是指电动机在低于 1/2 额定频率的状态下运行，即在 25Hz 以下运行。这时电动机的转速大幅降低，电动机冷却风扇风量不足，电动机温度将升高。如果采用普通电动机（而非专用的变频电动机），则电动机就不能承受额定负载，而必须减轻负载。如果负载不能减轻，就得更换更大容量的电动机，变频器的容量也要随之换大。

转速降低对电动机的输出转矩影响如下：1/2 转速时，输出转矩约降低 10%；1/3 转速时，输出转矩约降低 20%。

另外，低频运行时，变频器的输出波形中高次谐波含量将会变大，会明显增加输出导线和电动机的温升，并对周围用电设备产生电子干扰。干扰严重时，还有可能造成变频器的控制信号失常，甚至停机。

低频运行时，还会大大增加电动机的电磁噪声。

39. 变频器的操作键盘面板上有哪些操作键?

各类变频器的操作键盘面板大同小异,都具有丰富的功能,诸如键盘面板运行(频率设定、运行/停止命令)、功能代码数据确认和变更以及各种确认功能等。现以安川 VS-676GL5 系列变频器为例说明如下(见图11-8):

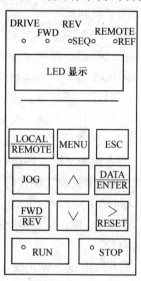

(1)显示器

①LED 显示屏。四位 LED 显示器,在运行模式下,显示电动机各种运行参数,如设定频率、输出频率、输出电流、输出电压、同步转速等;在编程模式下,显示因保护动作而停止的原因(故障代码),显示程序设定时的各种功能代码和数据代码等。

图 11-8   VS-676GL5 变频器操作键盘面板图

②指示灯。在显示屏上方有 5 个状态指示灯:

DRIVE——运行模式显示;

FWD——正转运行;

REV——反转运行;

SEQ——外接开关量输入端子控制运行;

REF——外接模拟量输入端子速度控制。

此外,还有 2 个状态指示灯:

RUN——表示运行;

STOP——表示停止。

(2)键盘

键盘中各键盘的功能如下：

①LOCAL/REMOTE 键。用于切换控制方式（面板控制或外接端子控制）。

②MENU 键。模式切换键（运行模式或编程模式）。

③ESC 键。返回键，返回至前一种状态。

④JOG 键。点动运行键。

⑤FWD/REV 键。正、反转切换键。

⑥＞/RESET 键。在编程模式下用于移动数据代码的更改位；当变频器发生故障并修复后，用于复位。

⑦∧键和∨键。在运行模式时，用于增、减给定频率；在编程模式下，用于更改功能代码或数据代码。

⑧DATA/ENTER 键。读出/写入键。

⑨RUN 键。运行键，变频器发出运行指令，仅在键盘运行方式时有效。

⑩STOP 键。停止键，向变频器发出停止指令，仅在键盘运行方式时有效。

40. 怎样对变频器参数进行设定？

变频器的品种不同，参数量也不同，少则有几十个参数值，多则有上百个参数值。但变频器绝大多数参数不需用户设定，可按出厂时的设定值。对于使用时与出厂值不合适的参数进行重新设定。参数设定含基本参数设定和保护参数设定。基本参数设定包括基本频率、最高频率、上限频率、下限频率、起动方式及时间、制动方式及时间等设定。此外还包括外部端子操作、模拟量操作等。电动机的基本信息如电压、电流、容量、极数、加减速时间等准确录入，是保证变频器稳定运行的前提。例如，电动机极数设定不准确，则变频器显示转速不准确，将影响操作人员的操作。保护参数设定是电动机发生故障时报警还是跳闸，为变频器的安全运行提供了故障。保护参数设定包括热电子保护、过电流保护、载波保护、过电压保护和失速保护等设定。如果变频器保护定值设定过小,将会造成变频器频繁误动作影响电动机运行。另外,如果加、减速时间设定不当,则会造成变频器在加、减速时发生过电压保护动作。

变频器参数初步设定后,还要根据系统实际运行情况,对不合适的部分参数进行调整。

变频器的参数设定均有一定的选择范围,设定前,应详细阅读产品说明书,掌握变频器的技术性能和设定方法。不同品牌的变频器,其参数设定方法是不同的,即使是同一品牌,其参数设定方法也不尽相同。

41. 什么是基本频率和基本 U/f 线?

和变频器的最大输出电压对应的频率称为基本频率,用 f_{BA} 表示。变频器的最大输出电压必须小于或等于电动机的额定电压,通常是等于电动机的额定电压。

如果变频器的基本频率设定不当,有可能出现相同负载下,电动机电流值比工频运行时的电流大;在低频情况下,电流值偏大现象更为严重。例如将 380V、50Hz 的电动机用的变频器的基本频率设定为 20.5Hz 时就会出现上述情况。

所谓变频器的基本 U/f 线,是指在变频器的输出频率从 0Hz 上升到基本频率 f_{BA}(一般等于电动机的额定频率 f_e,即 50Hz)的过程中,输出电压从 0V 成正比地上升到最大输出电压(如 380V)的 U/f 线,如图 11-9 所示。

由图 11-9 可见,基本 U/f 线有以下特征:

$$k_U = k_f$$

式中　k_U——电压调节比,$k_U = U_x/U_e$;

　　　k_f——频率调节比,$k_f = f_x/f_e$;

f_x——变频器的输出频率（Hz）；

U_x——当变频器输出频率为 f_x 时的输出电压（V）；

f_e、U_e——电动机的额定频率（Hz）和额定电压（V）。

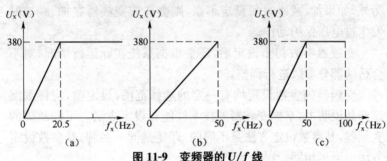

图 11-9　变频器的 U/f 线

(a)频率设定 20.5Hz　(b)频率设定 50Hz　(c)频率设定 100Hz

U/f 的大小与电动机磁路内磁通 Φ 的大小密切相关。当电动机的运行频率 f_x 高于额定频率 f_e 时,变频器的输出电压不能随频率的上升而升高,即仍为 380V。此时,随 f 上升,U/f 将下降,有：

$$f\uparrow \to U/f\downarrow \to k_U<k_f\to \Phi\downarrow \to P_{1x}\downarrow$$

P_{1x} 为频率为 f_x 时电动机的输入功率。

当电动机的运行频率 f_x 在额定频率 f_e 以下改变时,f 与 U 成正比例变化,有：

$$U/f\uparrow \to k_U>k_f\to \Phi\uparrow \to P_{1x}\uparrow$$
$$U/f\downarrow \to k_U<k_f\to \Phi\downarrow \to P_{1x}\downarrow$$

电动机磁通与电压、频率有如下关系：

$$\Phi\propto U/f$$

可见,在相同电压下,频率降低（低于 50Hz）则电动机磁通过大,造成磁饱和,同时励磁电流增大,变频器输出电流也增大,电动机因磁饱和会引起发热严重。

当频率增大（大于 50Hz）,则因变频器的输出电压仍为

380V,所以电动机磁通减小,负载转矩将增大(尤其是平方转矩负载),这将使电动机过载。

总之,变频器的U/f线设定应根据不同的负载情况正确选择。

42. 怎样设定 U/f 线?

不同的负载在低速运行时的阻转矩大小是不一样的,所以对U/f的要求也不同。

(1)对于恒转矩负载,不论是高速还是低速,负载转矩都不变,要求电动机在低频运行时也能产生较大的转矩,因此U/f应大一些,即在低频时把电压U提高些。

(2)对于分段负载,负载有重有轻,阻转矩也有大有小,因此要求U/f也有变化。

(3)对于平方转矩负载,低速运行时,负载的阻转矩很小。电动机在低频下运行时所需的转矩很小,因此U/f应更小一些,即在低频时,把电压U降低些。

正是由于负载不同,要求转矩大小不同,变频器为用户提供了(设置了)许多种(条)U/f线,如图 11-10 所示。用户可根据负载的具体要求进行预置。

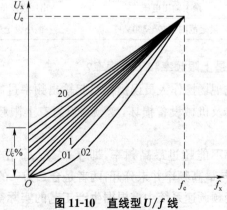

图 11-10　直线型 U/f 线

图中,曲线 1 为基本 U/f 线(其电压与频率成正比例变化)。1～20 号线为全频补偿,即从 0Hz 至额定频率 f_e 均得到补偿。由 1 号线至 20 号线,U/f 逐渐增大,电动机的转矩 T 也逐渐加大,低频时带负载能力也逐渐增大。01 号和 02 号曲线为负补偿,是专门为平方转矩负载设置的。

预置 U/f 线时,应根据不同性质的负载选用。原则是:电动机在低频运行时既要满足重载下能产生足够大的电磁转矩来带动负载,又要满足轻载下不会因磁通饱和而过流跳闸。

具体设置时,可先用 U/f 较小的线,然后逐渐加大 U/f 值,并观察电动机在最低频率下能否带动重负载,观察空载时是否会跳闸,直到在最低频率下运行时既能带动重负载,又不会空载过流跳闸为止。

例如,森兰 BT40 变频器基本 U/f 线的选择功能见表 11-24。

表 11-24　基本 U/f 线的选择功能

功能码	功能内容及设定范围	设定值
F05	基本频率	出厂设定值:50.00Hz
	设定范围:10～400Hz	最小设定量:0.01Hz
F06	最大输出电压	出厂设定值:380V
	设定范围:220～380V	最小设定量:1V

43. 什么是上限频率和下限频率?

为了防止现场操作人员误操作引起输出频率过高或过低,造成电动机过热及机械设备损坏,变频器设置有上限频率 f_H 和下限频率 f_L。

上限频率不能超过最高频率,即 $f_H \leqslant f_{max}$。在部分变频器中,上限频率与最高频率并未分开,两者是合二为一的。

由于在变频调速系统中需根据生产工艺的实际需要,对转速范围进行限制,即有最高转速和最低转速的要求,因此对变频器输出频率有上限频率和下限频率的要求。这可以根据系统所要求的最高与最低转速以及电动机与生产机械之间的传动比,来计算出相对应的变频器输出上限频率和下限频率,如图 11-11 所示。

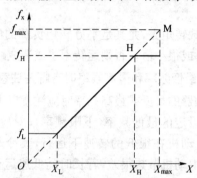

图 11-11　上限频率和下限频率

　　如上限频率设定为 50Hz,当设定频率大于 50Hz 时,则输出最高频率仍为 50Hz。如下限频率设定为 10Hz,当设定频率小于 10Hz 时,则以 10Hz 运行频率运行。

　　例如,森兰 BT40 变频器的上、下限频率选择功能见表 11-25。

表 11-25　上、下限频率选择功能

功能码	功能内容及设定范围	设定值
F21	上限频率	出厂设定值:60.00Hz
	设定范围:0.50~400.0Hz	最小设定量:0.01Hz
F22	下限频率	出厂设定值:0.50Hz
	设定范围:0.10~400.0Hz	最小设定量:0.01Hz

44. 在设定上、下限频率时有哪些注意事项?

　　在设定变频器的上限频率和下限频率时应注意以下事项:

（1）对于负载转矩较小的电动机，可以选择上限频率大于电动机的额定频率。对于负载转矩大，尤其是平方转矩负载的电动机，因受高速过载电流的限制，或者转子直径大的电动机，因受转子耐受离心力的限制，不要选择上限频率大于电动机的额定频率。

（2）对于负载转矩大，尤其是平方转矩负载的电动机，不要选择下限频率为 0 或很小值。否则运转不了或造成跳闸故障。

45. 在设定最低频率和最高频率时有哪些注意事项？

在设定变频器的最低或最高频率时应注意以下事项。

（1）变频器设定的最低频率（下限频率），对应于电动机的最小转速。普通电动机在很低的转速下运行，其冷却风扇转速低，冷却效果很差，电动机散热很差，若长时间低速运行，电动机将会过热，可能引起故障跳闸等事故。通用变频器长期在低频区域运行时，其系统性能将下降。

（2）最高频率是指变频器允许输出的最高频率，用 f_{max} 表示。通用变频器的最高频率为 50/60Hz，有的可达 400Hz。高频率将使电动机高速运转，这对普通电动机来说是不能承受的，在设定最高频率时，应根据电动机的机械参数能否承受得了来决定。在大多数情况下，最高频率设定为与基本频率相等。

例如，森兰 BT40 变频器的最高频率选择功能见表 11-26。

表 11-26　最高频率选择功能

功能码	功能内容及设定范围	设定值
F04	最高频率	出厂设定值：50.00Hz
	设定范围：50.00～400.0Hz	最小设定量：0.01Hz

46. 怎样设定起动频率？

变频器输出频率为 0 时，电动机并不能起动，这是因为电动机没有足够的起动转矩,只有当变频器的输出频率达到某一值时,电动机才开始起动加速,电动机在开始加速瞬间,变频器的输出频率便是起动频率(f_s)。这时,起动电流较大,起动转矩也较大。

设定起动频率 f_s 是部分生产机械的实际需要,例如:

(1)在静止状态下静摩擦力较大,如果从 0Hz 开始起动,由于起动电流和起动转矩很小,无法起动,因此需从某频率开始起动才行。

(2)对于多台水泵同时供水的系统,由于管路内存在水压,若频率很低,电动机也旋转不起来。

(3)对于起重用锤形电动机,起动时需保持定子与转子之间有一定的空气隙,电动机才能旋转,如果从 0Hz 开始起动,则定子与转子因磁通不足而碰连摩擦,不能起动。

起动频率的设定是为了电动机在起动时有足够的起动转矩,避免电动机无法起动或造成起动过程中过流跳闸。在一般情况下,起动频率应根据变频器所驱动负载的特性进行设定,一方面要避开低频欠激磁区域,保证电动机有足够的起动转矩,另一方面又不能将起动频率设定太高,否则有可能在电动机起动时造成较大的电流冲击甚至过流跳闸。起动频率 f_s 的大小,需根据具体负载情况而定。

(1)恒转矩负载。一般以起动时电动机的同步转速不超过额定转差为宜,即起动频率 f_s 不大于额定转差对应的频率 Δf,按 $f_s \leqslant \Delta f$ 设定。

Δf 按下式计算:

$$\Delta f = \frac{p \cdot \Delta n}{60}$$

式中　p——电动机极对数;

Δn——额定转差，$\Delta n = n_1 - n_e$；

n_1——同步转速(r/min)；

n_e——额定转速(r/min)。

(2)平方转矩负载。由于平方转矩负载在低速时阻转矩很小，故起动频率可适当升高：

$$f_s \leqslant 10\text{Hz}$$

实际调试时，应针对电动机难起动和过流跳闸问题，合理设定起动频率来解决。对于起动转矩大的电动机，应首先考虑设定合适的起动频率参数，然后再根据负载实际情况设定合理的转矩提升曲线。如果起动过程中变频器电流偏大，甚至发生过流跳闸时，可采用延长升速时间的方法来解决。但一般只要不过流，升速时间应尽量短以提高效率。

例如，森兰 BT40 变频器的 F30、F31 功能见表 11-27。

表 11-27　起动频率及持续时间选择功能

功能码	功能内容及设定范围	设定值
F30	起动频率	出厂设定值：1.00Hz
	设定范围：0.10～50.00Hz	最小设定量：0.01Hz
F31	起动频率持续时间	出厂设定值：0.5s
	设定范围：0.0～20.0s	最小设定量：0.1s

起动频率持续时间是指起动时以起动频率持续运行的时间，这个时间不包含在加速时间内，如图 11-12 所示。

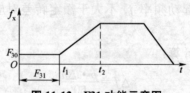

图 11-12　F31 功能示意图

47. 怎样设定回避频率?

每台机械设备都有其固有振荡频率,当电动机在某一频率下运行时,若其振动频率和机械的固有振荡频率相等或接近,则将发生谐振而引起设备损坏。该频率需加以回避。变频器需回避的这一工作频率称为回避频率,又称跳跃频率。回避频率用 f_J 表示。

回避频率的设置,是禁止变频器在此频率点运行。预置回避频率时,除预置回避频率所在位置外,还必须预置回避区域(或回避宽度)Δf_J。一台变频器通常可预置 3 处回避频率,如图 11-13 所示。

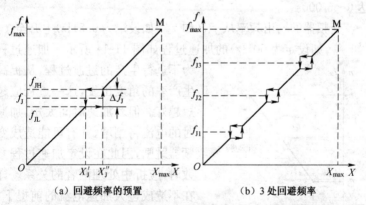

(a) 回避频率的预置　　　　　(b) 3 处回避频率

图 11-13　回避频率

例如,森兰 BT40 变频器的回避频率选择功能见表 11-28。

表 11-28　回避频率选择功能

功能码	功能内容及设定范围	设定值
F23	回避频率 1	出厂设定值:0.00
F24	回避频率 2	出厂设定值:0.00
F25	回避频率 3	出厂设定值:0.00

功能码	功能内容及设定范围	设定值
F23~F25	设定范围:0.00~400.0Hz	最小设定量:0.01Hz
F26	回避频率宽度	出厂设定值:0.50Hz
	设定范围:0.00~10.00Hz	最小设定量:0.01Hz

48. 怎样设定加速时间?

加速时间(或叫升速时间)是指变频器的工作频率从 0Hz 上升到基本频率 f_{BA}(50Hz)所需的时间。各种型号的变频器的加速时间设定范围不尽相同,最短的设定范围为 0~120s,最长的可达 0~6 000s。

变频器的输出频率从 f_{x1}(如 f_{30},如设定为 0.5Hz)上升至 f_{x2}(如 f_{z1},如设定为 50Hz)的加速过程如图 11-14 所示。加速过程

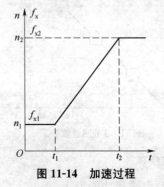

图 11-14　加速过程

为不进行生产的过渡过程,从提高生产率的角度出发,这一过程应越短越好。但若加速时间太短,加速时的电流将剧增,并有可能造成变频器跳闸,因此在设定加速过程参数时,应折中处理两者的关系。即在不造成过大加速电流的前提下,尽量缩短加速时间。

设定加速时间的原则是:

(1)加速过程需要时间,时间过长会影响工作效率,尤其是比较频繁起停的机械。因此,为提高生产效率,在电动机起动电流不超过允许值的前提下,加速时间越短越好。

(2)对于惯性较大的负载设备,加速时间应适当长一些;对于惯性较小的负载设备,加速时间可以适当缩短一些。这也是从电

动机起动电流不超过允许值这点考虑的。

(3)有的生产机械对加速或减速过渡过程有要求,希望尽量减小速度的变化。这时应将加速、减速时间设定得长一些。

某些生产机械设备出于生产工艺的需要,要求加速时间越短越好。对此有的变频器设置了最佳加速功能,选择此功能后,变频器可以在自动加速电流不超过允许值的情况下,得到最短的加速时间。其基本含义如下:

(1)最快加速方式 在加速过程中,使变频器输出电流保持在其允许的极限状态($I_A \leqslant 150\% I_e$,I_A是加速电流,I_e是变频器的额定电流)下,从而使加速过程最小化。

(2)最优加速方式 在加速过程中,使变频器输出电流保持在变频器额定电流的120%($I_A \leqslant 120\% I_e$),使加速过程最优化。

例如,森兰 BT40 变频器的 F08~F15 功能见表 11-29。

表 11-29 加速和减速时间的选择功能

功能码	功能内容及设定范围	设定值(s)
F08	第1加速时间	出厂设定值:10.0
F09	第1减速时间	出厂设定值:10.0
F10	第2加速时间	出厂设定值:10.0
F11	第2减速时间	出厂设定值:10.0
F12	第3加速时间	出厂设定值:10.0
F13	第3减速时间	出厂设定值:10.0
F14	第4加速时间	出厂设定值:10.0
F15	第4减速时间	出厂设定值:10.0
F08~F15	设定范围:0.1~3600s	最小设定量:0.1s

49. 怎样设定减速时间?

减速时间(或叫降速时间)是指变频器的工作频率从基本频

率 f_{BA}(50Hz)降低到 0Hz 所需的时间,其设定范围和加速时间的设定范围相同。

设定减速时间的原则类同于设定加速时间。但对于水泵负载,由于管道中水的阻尼作用,停机时电动机转速能很快下降。但如果转速降得太快,会导致管道中出现"空化现象",造成管道损坏。为此,应设定足够长的减速时间,使转速缓慢降下来,以保护管道。

针对某些生产机械设备要求减速时间越短越好的需要,有的变频器设置了最佳减速功能。其基本含义如下:

(1)最快减速方式　　在减速过程中,使变频器直流回路的电压保持在其允许的极限状态($U_D \leqslant 95\% U_{DH}$,$U_D$ 是减速过程中的直流电压,U_{DH} 是直流电压的上限值)下,从而使减速过程最小化。

(2)最优减速方式　　在减速过程中,使变频器直流回路的电压保持在上限值的 93%($U_D \leqslant 93\% U_{DH}$),使减速过程最优化。

50. 怎样选择变频器的加减速方式?

加减速方式(模式)的选择又叫加减速曲线的选择。根据被控负载设备对加减速过程要求的不同,变频器提供了多种加减速方式,主要有线性方式、S 形方式和半 S 形方式 3 种。其曲线如图 11-15 所示。

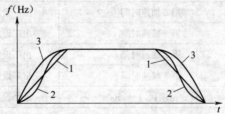

图 11-15　变频器几种加减速方式(曲线)

1. 线性方式　2.S 形方式　3. 指数方式(半 S 形方式之一)

（1）加速方式

①线性方式。在起动加速过程中，变频器的输出频率随时间成正比地上升，如图 11-16a 所示。大多数负载都可以选用线性方式。

②S 形方式。在加速的起始阶段和终止阶段，变频器输出频率的上升较缓，加速过程呈 S 形，如图 11-16b 所示。在起、停阶段需要减缓速度变化，减小振动和冲击的负载设备可以选用 S 形方式。

③半 S 形方式。在加速的初始阶段或终止阶段按线性方式加速，而在终止阶段或初始阶段按 S 形方式加速，如图 11-16c 和 1-16d 所示。对于诸如风机类平方转矩负载，由于低速时负载较

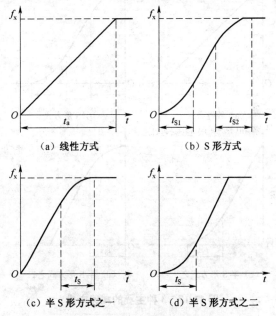

（a）线性方式　　（b）S 形方式

（c）半 S 形方式之一　　（d）半 S 形方式之二

图 11-16　3 种主要的加速方式

轻,故可按线性方式加速,以缩短加速过程;高速时负载较重,加速过程应减缓,以减小加速时的电流,因此可选用图 11-16c 所示方式。对于惯性较大的负载,则可选用图 11-16d 方式。

在以上 3 种方式中,S 形和半 S 形的具体形状由变频器决定,用户不能更改。但变频器为用户提供了若干种 S 区(非线性区)的大小(如 0.2s、0.5s、1.0s),用户可以任意设定非线性时间 t_S 的大小。

(2)减速方式 和加速方式类似,变频器的减速方式也主要有线性方式、S 形方式和半 S 形方式 3 种,如图 11-17 所示。

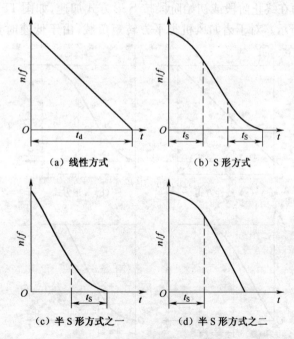

(a) 线性方式   (b) S 形方式

(c) 半 S 形方式之一   (d) 半 S 形方式之二

图 11-17 3 种主要的减速方式

①线性方式。在减速停止过程中,变频器的输出频率随时间

成正比地下降,如图 11-17a 所示。大多数负载都可以选用线性方式。

②S形方式。在减速的起始阶段和终止阶段,变频器输出频率的下降缓慢,减速过程呈 S 形,如图 11-17b 所示。

③半 S 形方式。在减速的初始阶段或终止阶段按线性方式减速,而在终止阶段或初始阶段按 S 形方式减速,如图 11-17c 和图 11-17d 所示。

减速时 S 形方式和半 S 形方式的应用场合和加速相同。

51. 怎样设定瞬停再起动?

电源电压因某种原因突然下降为 0V,但很快又恢复,停电的时间很短,称之为瞬时停电。另外,当变频器因某些原因而跳闸(误动作)时,变频器的逆变管被迅速封锁。变频器停止输出,电动机处于自由制动状态。

如果变频器因上述故障而停止工作,将会使生产停止,造成很大的经济损失。为了防止这类事故的发生,变频器设有瞬停再起动功能(重合闸功能)。图 11-18 为其功能示意图。

停电时间 t_{sp},即为跳闸时间,也就是逆变管封锁时间。用户若按 t_{sp} 预置每两次合闸之间的间隔时间,则当变频器跳闸(误动作)后,经过 t_{sp} 时间,将自动重新合闸(自动投入运行)。

变频器自动投入运行时,其输出频率可以从 0Hz 或起动频率开始上升,也可以进行自动搜索(检测电流大小)。即变频器将输出频率恢复至跳闸前的频率,如电流超过限值,则再降低频率再试,直至电流在正常范围以内后,再将频率(即电动机转速)上升至跳闸前的状态,如图 11-18b 所示。

例如,森兰 BT40 变频器的瞬时停电再起动功能见表 11-30。可设定的工作方式有 0、1、2 三种。

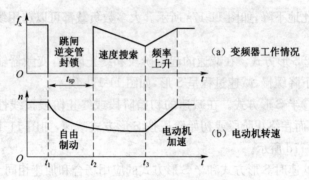

图 11-18 瞬停再起动功能

表 11-30 瞬时停电再起动功能

功能码	功能内容及设定范围	设定值
	瞬时停电再起动	出厂设定值:0
F18	设定范围(工作方式) 0:瞬时停电恢复后再继续运转,欠压保护动作 1:瞬时停电恢复后继续运转,变频器由起动频率往上追踪 2:瞬时停电恢复后继续运转,变频器由停电前的频率(转速)往上追踪	

52. 怎样设定变频器的睡眠功能?

变频器的睡眠功能一般需设定睡眠值、睡眠确认时间、唤醒值三个参数。

(1)睡眠值 n_{SL}(SLEEP LEV,在 ACF601 系列变频器中,功能码为 26.19)。设定该参数,实际就是设定变频器输出的下限频率。对于 ABB 公司生产的变频器,要求预置的是下限转速。

(2)睡眠确认时间 t_d(SLEEP LEV,功能码为 26.20)。如果水泵的实际转速低于睡眠值的时间 t_L 很短,小于睡眠确认时间 t_d(即 $t_L < t_d$),则认为无进入睡眠状态的必要,将继续运行。这是因为,在自动控制过程中,短时间超越某一限极的情形时有发生,因

而是允许的。而当 $t_L \geqslant t_d$ 时,则可以确认该水泵应该进入睡眠(即停机)状态了。

(3)唤醒值 $X_W(\%)$(WAKE LEV,功能码 26.21)。该参数实际是设定允许供水压力的下限。即当供水压力低于此值时,应将变频器唤醒,使电动机重新起动运行。X_W 的预置值应比目标值 X_T 低一些,即 $X_W < X_T$。

例 某厂的水泵房共有 3 台水泵(一台为备用泵),为了节能,其中一台采用变频调速,该水泵的电动机功率为 75kW,额定转速为 1 460r/min,所用压力变送器的量程为 0~980kPa,要求供水压力为 588kPa($X_T = 60\%$)。

对该变频器的睡眠功能预置如下:

睡眠值(SLEEP LEV)n_{SL}:预置为 1000r/min;

睡眠确认时间(SLEEP LEV)t_d:预置为 60s;

唤醒值(WAKE LEV)X_W:预置为 50%($X_W = 50\%$)。

53. 怎样设定直流制动?

惯性较大的负载机械,常常会出现停机停不住,即停机后有"蠕动"(或称爬行)现象,有可能对传动设备或生产工艺造成严重后果。为此,变频器设置直流制动功能,以克服这种现象的产生。直流制动时,向电动机定子绕组内通入直流电流,使异步电动机处于能耗制动状态,电动机迅速停机。

直流制动功能主要设定以下 3 个参数:

(1)直流制动起始频率 f_{DB} 在多数情况下,直流制动都是和再生制动配合使用的。首先用再生制动方式将电动机转速降至较低值,然后再转换成直流制动,使电动机迅速停止。电动机由再生制动转为直流制动的这个转折频率即为直流制动的起始频率 f_{DB}。

设置 f_{DB} 的大小主要根据负载对制动时间的要求来进行,要求制动时间越短,则起始频率 f_{DB} 应越大。

(2)直流制动量　直流制动量即加在电动机定子绕组上的直流电压 U_{DB} 的大小。U_{DB} 越大,产生的制动转矩也越大,电动机停转得越快。设定时,应由小慢慢设置 U_{DB} 的大小,主要根据负载惯性的大小来设定,负载惯性越大,U_{DB} 的设定值也越大。

(3)直流制动时间 t_{DB}　施加直流电压 U_{DB} 的时间长短称为直流制动时间。

t_{DB} 的大小主要根据负载"蠕动"(爬行)的严重程度来设定。对克服"蠕动"要求较高者,t_{DB} 应适当大些,以便有足够的直流电流来制动。

例如,森兰 BT40 变频器的 F33、F34、F35 功能见表 11-31。

表 11-31　直流制动起始频率、制动量和制动时间的选择功能

功能码	功能内容及设定范围	设定值
F33	直流制动起始频率	出厂设定值:5.00Hz
	设定范围:0.00～60.00Hz	最小设定量:0.01Hz
F34	直流制动量	出厂设定值:25%
	设定范围:0～100%	最小设定量:1%
F35	直流制动时间	出厂设定值:0
	设定范围:0.0～20.0s	最小设定量:0.1s

54. 什么是变频器的强磁制动功能?

当需要在规定的时间内降速时,利用"强磁制动功能",增强电动机定子的磁场强度,以加大降速过程中的制动转矩,加快降速过程。强磁制动功能与变频器通常的直流制动功能相比,具有以下优点:

(1)直流制动功能只能将转速制动为 0,而强磁制动功能则既可使转速制动为0,也可使转速从某一转速下降至另一转速。

（2）直流制动功能在接到指令后必须延时0.5s,待原有的三相旋转磁场完全消失后方可执行;而强磁制动功能则可在接到指令后立即执行。

（3）直流制动功能将使电动机的转子电流增大,其热量不易散发;而强磁制动功能则主要是增大电动机的定子电流,其热量容易散发。

55. 什么是变频器的直流保持功能?

某些机械在操作使用过程中,有时需要在零速下维持一段时间,为此有的变频器（如 ACS600 系列）在程序控制中设置了"直流保持功能"。当电动机转速低于某预置值 n_H 时,即开始执行直流保持功能,使电动机的转速保持为0,直至变频器在给定频率下使转速重新上升为止,如图11-19 所示,图中 t_H 是直流保持时间。

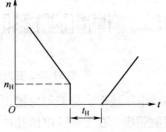

图11-19　直流保持功能

56. 怎样设定变频器的载波频率?

中小型变频器的变频电路几乎都采用 PWM 技术。根据正弦波频率、幅值和半周期脉冲数,准确计算 PWM 波各脉冲宽度和间隔,以此控制变频电路开关器件的通断,即可得到所需的 PWM 的波形。通常采用等腰三角波作为载波,其频率称为载波频率,用 f_c 表示,正弦波称为调制波。这样,变频器输出电压的波形实际上是经过脉宽调制后的系列脉冲波,如图11-20 所示。

图中,u_U、u_V、u_W 为各相的相电压波形,u_{UV} 为 U 相和 V 相间

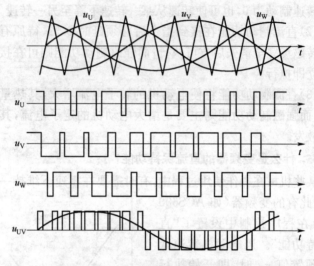

图 11-20　变频器输出电压波的形成

的线电压波形。变频器的输出电压是一系列脉冲,脉冲频率等于载波频率。在 PWM 电压脉冲序列的作用下,变频器输出电流波形是脉动的,脉动频率与载波频率一致。脉动电流将使电动机铁心的硅钢片之间产生电磁力并引起振动,产生电磁噪声。如果噪声频率和电动机铁心的固有频率相等,将引起谐振,噪声将更大。改变载波频率,电磁噪声的音调、音量也将发生改变。为此,变频器为用户提供了可以在一定范围内调整载波频率的功能,以降低噪声,避免噪声谐振的发生。

载波频率设置得越高,其高次谐波分量越大,越容易导致电动机、电缆和变频器发热。

变频器运行频率越低,则电压波的平均占空比越小,电流高次谐波分量越大,这时应适当提高载波频率。

例如,森兰 BT40 变频器的载波频率选择功能见表 11-32。

表 11-32 载波频率选择功能

功能码	功能内容及设定范围	设定值
F79	载波设定	出厂设定值：2
	设定范围：0~7	

设定变频器的载波频率时，如果需要静音运行，应设置 F79≥5。载波频率越高，电流波形的平滑性越好，但逆变过程中的开关损耗也将增大，变频器所产生的干扰也越强。为了减小变频器对其他电子设备的干扰，应适当降低载波频率。

57. 载波频率对变频器及电缆、电动机运行有何影响？

(1)载波频率对变频器输出电流的影响

①运行频率越高，则电压波的占空比越大，电流高次谐波成分越小，载波频率越高，电流波形的平滑性越好。

②载波频率越高，变频器的允许输出电流越小，如图 11-21 所示。当载波频率从 2kHz 提高到 16kHz 时，IGBT(绝缘栅双极晶体管)的功耗增加 1~1.5 倍，发热增大。为了保证变频器在较高载波频率下正常运行，需降低输出电流值。如上情况，输出电流值宜下降到 150%I_e(I_e 为频率 2kHz 时变频器的额定电流)。

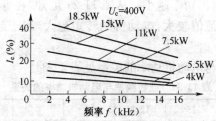

图 11-21 载波频率对输出电流的影响

(2)载波频率对变频器自身的影响 载波频率越高，变频器的损耗越大,输出功率越小。如果环境温度高。逆变桥中上、下两个逆变管在交替导通过程中的死区将变窄,严重时可导致桥臂短路而损坏变频器。

所谓死区,是指变频器逆变桥同一桥臂的上、下两个开关管是在不停地交替导通的,在交替导通过程中,必须保证当一个开关管完全截止后,另一个开关管才开始导通,为此在两个开关管交替导通过程中必须设有一个死区时间,以防止两个开关管同时导通引起短路。

(3)载波频率对电缆的影响 载波频率越高,由变频器至电动机的电缆布线电容的容抗越小(因为 $X_c=1/2\pi f_c$),由高频脉冲电压引起的漏电流也越大,电缆发热加重。载波频率与变频器出线长度的关系见表 11-33。

表 11-33 载波频率与变频器出线长度的关系

载波频率(kHz)	15	10	5	1
线路长度(m)	≤15	>15≤100	>100≤150	>150≤200

(4)载波频率对电动机的影响 载波频率越高,电动机的振动越小,运行噪声越小,电动机发热也少些,但载波频率越高,谐波电流的频率也越高,电动机定子绕组的集肤效应越严重,电动机损耗越大,输出功率越小。从图 11-21 可知,在低载波频率下,变频器输出电流值较大,电动机的转矩也大,利于起动及带动负载。

载波频率与电动机功率的关系见表 11-34。

表 11-34 载波频率与电动机功率的关系

载波频率(kHz)	15	12.5	10	6	5	3
电动机功率(kW)	≤5.5	≤18.5	≤37	≤75	≤160	≤280

载波频率对变频器、电动机运行的影响,见表 11-35。

表 11-35 载波频率对变频器及电动机运行的影响

载波频率	高	低	载波频率	高	低
输出电流波形	好	差	振动	小	大
漏电流	大	小	电动机发热	小些	大些
干扰	大	较小	电动机噪声	小	大
dU/dt	大	小	变频器功耗	大些	小些

（5）载波频率对其他设备的影响　载波频率越高,高频电压通过静电感应、电磁感应、电磁辐射等对电子设备的干扰也越严重。

58. 怎样设定转矩提升功能?

低频定子电压补偿功能,通常称为电动机转矩提升功能。多条不同状态下的转矩提升曲线,以提高低频段转矩提升量。

正确选择转矩提升曲线十分重要,要在实际调试中反复试验比较,使电压提升不可过高（过补偿）或过低（欠补偿）,否则都会使电流增大而超值。

例如,森兰 BT40 变频器的转矩提升功能见表 11-36。

表 11-36 转矩提升功能

功能码	功能内容及设定范围	设定值
F07	转矩提升	出厂设定值:10
	设定范围:0~50	

F07 设定用于提高低频转矩,0:为自动提升,变频器根据负载情况将输出转矩调到最佳值;1~50:为手动提升,如图 11-22 所示。

图中,F06 为最高输出电压;F03 为起动频率;F05 为基本频率;F04 为最高频率。

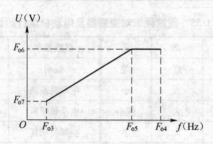

图 11-22　F07 功能示意图

59. 怎样将变频器的 0～20mA 模拟量输入、输出信号与 PLC 的 4～20mA 对应？

变频器模拟电流信号输入与输出信号，因产品不同有 DC4～20mA 和 DC0～20mA 等规格。4（或 0）和 20mA 分别对应变频器运行的最低频率（0Hz）和最高频率（一般设定与基本频率相等）（50Hz）。而绝大多数的 PLC 模拟量输入、输出为 4～20mA。要将变频器的 0～20mA 模拟量信号与 PLC 的 4～20mA 对应起来使用（见图 11-23），可采取以下方法：

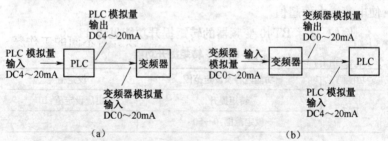

(a) (b)

图 11-23　变频器与 PLC 的接线

（1）要使 PLC 输入、输出 4mA 对应变频器的输入电流 0mA，如图 11-23a 所示，可将变频器的模拟量输入低点（ANALOG IN LO）设定为 20%，这样在 PLC 信号电流输入（输出）为

4mA 时,变频器将保持 0Hz;而高点(ANALOG IN HI)设定为 100%,这样 PLC 信号电流输入(输出)20mA 时,变频器将保持在 50Hz。

(2)要使变频器的输出电流 0mA 与 PLC 的 4mA 对应,如图 11-23b 所示,可将变频器的模拟量输出低点(ANALOG OUT LO)设定为 -20%,这样变频器在 0Hz 时,将输出 4mA 到 PLC;而高点(ANALOG OUT HI)设定为 100%,这样变频器在 50Hz 时,将输出 20mA 到 PLC。

60. 怎样设定变频器电子热保护?

变频器内设置的电子热保护(电子热继电器)是用来保护电动机和变频器免受过大电流而损坏的。当电动机发生过载时,根据电子热保护装置的不同设定值(代号),可以做出以下反应:不动作,电子热保护继电器不动作而只作过载预报,或均动作。电子热继电器与普通热继电器相同点是其保护功能具有反时限特性,即电动机定子电流越大,电子热继电器的保护时间就越短。但两者不同之处在于:变频器的电子热继电器保护动作值的准确度比普通热继电器高许多;另外,变频器可以针对不同的工作频率、电动机的参数和特性,经微处理器进行计算,自动调整保护曲线,智能地切断变频器的输出电压实现保护,而普通热继电器则不能自动调整。

电子热继电器的门限最大值一般不会超过变频器的最大允许输出电流,不会超出 IGBT(绝缘栅双极晶体管)模块的安全电流范围。电子热继电器的保护值可在变频器额定电流的 25%~105% 范围内设定。过载预报输出以此值为准,一旦超过设定值即发出报警信号。

电子热继电器的保护值设定原则如下:

(1)当变频器容量相对电动机容量较大时,为保护电动机不受过大电流而损坏,应设定较小值,如按变频器额定电流的25%～50%设定。

(2)当变频器和电动机容量匹配时,可按变频器额定电流的80%左右设定。

(3)当电动机负载较重或运行频率较其额定频率低许多时,应在不超过电动机最大允许电流的前提下,将电子热继电器的保护值按变频器额定电流的100%设定,以减少电动机运行中因过流跳闸现象。必要时,可在变频器输出端外接普通热继电器。

例如,森兰 BT40 变频器的电子热保护选择功能见表 11-37。

表 11-37　电子热保护选择功能

功能码	功能内容及设定范围	设定值
F16	电子热保护继电器 设定范围:0,均不动作;1,电子热保护继电器不动作,过载预报动作;2,均动作	出厂设定值:0
F17	电子热保护电平	出厂设定值:100
	设定范围:25%～105%	最小设定量:1%

61. 变频器主电路端子和控制电路端子的功能是怎样的?

变频器的生产厂家不同,其主电路端子和控制电路的端子符号标志也可能不同,但基本功能大致类似。

一般变频器主电路端子、接地端子的符号标志及功能见表 11-38。

表 11-38　变频器主电路端子、接地端子的功能

端子符号	端子名称	功能说明
R,S,T	主电路电源端子	连接三相电源

续表 11-38

端子符号	端子名称	功能说明
U、V、W	变频器输出端子	连接三相电动机
P₁、P(+)	直流电抗器连接用端子	改善功率因数的电抗器(选用件)
P(+)、DB	外部制动电阻连接用端子	连接外部制动电阻(选用件)
P(+)、N(−)	制动单元连接端子	连接外部制动单元
PE	变频器接地用端子	变频器外壳接地端子

62. 国产 JP6C 系列变频器控制电路端子的功能是怎样的?

国产 JP6C 系列变频器控制电路端子的符号标志及功能见表 11-39。

表 11-39　JP6C 系列变频器控制电路端子的功能

分类	端子符号	端子名称	功能说明	
频率设定	13	可调电阻器用电源	作为频率设定器(可调电阻:1～5kΩ)用电源	DC+10V,10mA(最大)
	12	设定用电压输入	DC0～+10V,以+10V 输出最高频率,输入电阻为 22kΩ	
	CI	设定用电流输入	DC4～20mA,以 20mA 输出最高频率,输入电阻为 250Ω	
	11	频率设定公用端	频率设定信号(12、13、CI)的公用端子	

续表 11-39

分类	端子符号	端子名称	功能说明	
控制输入	FWD	正转运转停止指令	FWD-CM 之间接通，正转运转，断开后，则减速停止	FWD-CD 与 REV-CM 同时接通时，减速后停止（有运转指令，而且频率设定为 0Hz）。但是在选择模式运转（功能/数据码：33/1~33/3）中，则成为暂停
	REV	反转运转停止指令	REV-CM 之间接通，正转运转，断开后，则减速停止	
	BX	自由运转指令	BX-CM 之间接通，立即切断变频器输出，电动机自由运转后停止，不输出报警信号	BX 信号不能自保持在运转指令（FWD 或 REV）接通的状态中，若断开 BX-CM，则从 0Hz 起动
	THR	外部报警输入	在运转中若 THR-CM 之间断开，变频器的输出切断（电动机自由运转），则输出报警　这个信号在内部自保持，RST 输入就被复位，可用于制动电阻过热保护等	出厂时，RST-CM 之间用短路片连接，因而在使用时要取出短路片，平常连接常闭的接点
	RST	复位	RST-CM 之间接通，解除变频器跳闸后的保持状态	没有消除故障原因时，不能解除跳闸状态

续表 11-39

分类	端子符号	端子名称	功能说明
控制输入	X1, X2, X3	多段频率选择	通过 X1-CM、X2-CM、X3-CM 之间的接通/断开的组合,多段频率设定 1～7 段(1 速～7 速,功能码:34～40)是有效的

键操作/外部设定	1速	2速	3速	4速	5速	6速	7速
X1-CM	—	●	—	●	—	●	—	●
X2-CM	—	—	●	●	—	—	●	●
X2-CM	—	—	—	—	●	●	●	●

(注 1)●表示接通,—表示断开。
(注 2)所谓外部设定,指的是用模拟或数字(任选)的外部信号来设定

分类	端子符号	端子名称	功能说明
控制输入	X4, X5	加速时间的选择	通过 X4-CM、X5-CM 之间的接通/断开的组合,能选择最多 4 种加速时间(加速 1～加速 4/减速 1～减速 4,功能码:05,06,49～54)

	加速 1/减速 1	加速 2/减速 2	加速 3/减速 3	加速 4/减速 4
X4-CM	—	●	—	●
X5-CM	—	—	●	●

(注)●表示接通,—表示断开

分类	端子符号	端子名称	功能说明	
控制输入	CM	接点输入公用端	接点输入信号的公用端子	
仪表用	FMA, 11	模拟量输出	从下面选择(功能码 59)一个项目,用直流电流输出: ●频率(0～最高频率)输出电流(0～200%电流) ●负载率(0～200%负载)转矩(0～200%转矩)	最多能连接两个 DC 0～1mA(能根据功能码 58 调整)

63. 森兰 BT40 系列变频器控制电路端子的功能是怎样的?

森兰 BT40 系列变频器控制电路端子的符号标志及功能见表 11-40。

表 11-40　森兰 BT40 系列变频器控制电路端子的功能

符号	名称	端子功能说明
5V	5V 电源	作为频率给定器(可调电阻:1~5kΩ)用电源
GND	5V 地	为 VRF、IRF、FMA 的公共端
VRF	给定电压输入	模拟电压信号输入端(CD0~5V 或 0~10V),输入电阻为 10kΩ
IRF	给定电流输入	模拟电流信号输入端(DC4~20mA),输入电阻为 240Ω
PO	频率脉冲输出	频率信号脉冲输出端,PO-GND 之间接数字频率计显示运行频率
PI	保留	保留
FMA	模拟信号输出	频率/电流/负载率模拟 1mA 信号输出,直接在 FMA-GND 之间接 DC 1mA 的电流表,可显示输出电流、负载率、频率
X1~X3	可编程输入端子	(1)当 F51=0 和 F69=0 时,作多段频率输入:X1、X2、X3 与 CM 接通/断开,选择多段频率 1~7 段(功能码:F44~F50) {表见下} (2)当 F69=0 且 F51≠0 时: 接通 X3 与 CM,变频器按 F51 方式运行 断开 X3 与 CM,变频器程序运行停止 接通 X2 与 CM,变频器程序运行暂停 接通 X1 与 CM 且 F51=4 时,变频器以 F00 所设置的频率正转运行

	F44	F45	F46	F47	F48	F49	F50
X1-CM	ON	OFF	ON	OFF	ON	OFF	ON
X2-CM	OFF	ON	ON	OFF	OFF	ON	ON
X3-CM	OFF	OFF	OFF	ON	ON	ON	ON

续表 11-40

符号	名称	端子功能说明				
X4、X5	加、减速时间或频率外控	(1)当 F69＝0 时,X4、X5 与 CM 的接通/断开,选择 4 种加、减速时间(功能码:F08～F15)				
			加、减速 1	加、减速 2	加、减速 3	加、减速 4
		X4-CM	OFF	ON	OFF	ON
		X5-CM	OFF	OFF	ON	ON
		(2)当 F69＝1 时保留。 F01＝3 时,X4、X5 作外控加、减频率用,加、减速时间固定为第一加、减速时间,X4 为递减,X5 为递增				
RESET	复位	短接 RESET 与 CM 一次复位一次				
JOG	点动输入端	当变频器处于停止状态时,短接 JOG 与 CM,再短接 FWD 和 CM 或 REV 和 CM,变频器点动正、反转、F03 停车方式有效				
THR	外部报警	断开 THR 与 CM,产生外部报警(oLE),变频器立即关断输出				
REV	反转运行端	当 F02 为 1 或 2 时,有效。接通 REV 与 CM,变频器反转,断开后则减速停止。REV、FWD 同时接通 CM 时,变频器停止				
FWD	正转运行端	当 F02 为 1 或 2 时,有效。接通 FWD 与 CM,变频器正转,断开后则减速停止,当触摸面板控制运行时 FWD 作控制转向用。短接 FWD 与 CM 为反转,断开为正转				
CM	公共端	控制输入端及运行状态输出端的公共地				
30A 30B 30C	故障继电器输出	30A、30B 为常开触点,30B、30C 为常闭触点 当面板故障代码为 ouu(过电压)、Lou(欠电压)、oLE(外部报警)、FL(短路、过热)、oL(过载)时有效				
Y1～Y3	多功能输出端子	集电极开路输出				

64. 雷诺尔 RNB3000 系列变频器控制电路端子的功能是怎样的?

上海雷诺尔 RNB3000 系列变频器控制电路端子的符号标志及功能见表 11-41。

表 11-41　雷诺尔 RNB3000 系列变频器控制电路端子的功能

端子编号	符号	名称	端子功能说明
4	VREF	电位器用电源	频率设定电位器(5~10kΩ)用电源(+10VDC)
5	VG	频率设定电压输入	(1)按外部模拟输入电压命令值设定频率 0~10VDC/0~100% 分辨率10bit 输入精度1% (2)输入 PID 控制的反馈信号(输入电阻 10kΩ)
24	5V	5V 电源输出	5V 电源输出,电流<200mA
7	1G	频率设定电压输入	(1)外接输入电流设定频率 4~20mA(0~10mA)对应 0~100% (2)输入 PID 控制的反馈信号(输入电阻 250Ω)分辨率10bit 输入精度1%
6	GND	模拟信号公共端	模拟输入信号的公共端子
12 13 14	X1 X2 X3	外部多段频率信号输入	由 12、13、14 与 20 相短接的组合构成外部 7 段设定频率,电平 24VDC
15	RST	复位	15 与 20 短接可复位变频器
17	EMG	急停	17 与 20 短接,电动机立即断电停车,电平 24VDC
18	REV	反转	18 与 20 短接,电动机反转运行;开路,电动机停止运行,电平 24VDC

续表 11-41

端子编号	符号	名称	端子功能说明
19	FWD	正转	19 与 20 短接,电动机正转运行;开路,电动机停止运行,电平 24VDC
20	COM	数字信号公共端	
10	24V	数字信号电源	可提供外部电源(24VDC),电流<200mA
8	AM1	模拟输出	电压输出,可对外输出电流、电压、功率、频率等信号(GND 为公共端)端子 输出电平 0~10V,端子输出电流<20mA,输入分辨率 80bit
9	AM2		电压输出,功能同上,输出电流 4~20mA(0~10mA),输出分辨率 80bit
11 21	OT1 OT2	可编程数字输出	可对外输出启动/停止、达到给定频率(开环)、超过预定频率、低于预定频率等信号,继电器输出接点,接点容量:AC250V3A
16	D01		可对外输出启动/停止、达到给定频率(开环)、超过预定频率、低于预定频率等信号,集电极开路输出,电平 24VDC,电流<200mA,耐压 50V
22 23	A B	RS485 信号输出	RS485 通信
1 2 3	FA FB FC	故障继电器输出	变频器由于过流、过压、欠压、过热、短路等报警停止时,故障继电器输出接点(1、2、3)输出报警信号。产生报警后,需手动复位。接点容量:AC250V3A

65. 变频器的外部接线是怎样的?

以雷诺尔 RNB3000 系列变频器为例,其外部接线如图 11-24 所示。

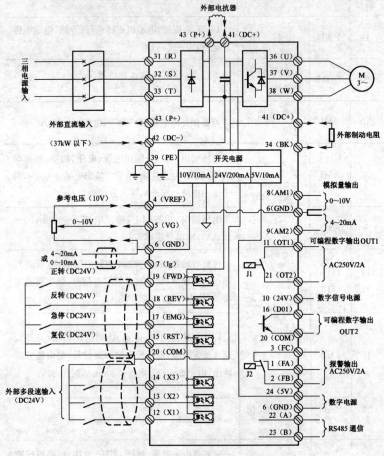

图 11-24　变频器的外部接线

其中系统控制功能:

模拟输入:2 路　　电压输入:0～10V　　　1 路

电流输入:4～20mA　　1 路

数字输入:共 6 路

正转 1 路,反转 1 路,急停 1 路,可编程点 3 路

模拟输出:共 2 路(可编程输出)

1 路　0～10V 输出

1 路　4～20mA 输出

2 路均可编程输出电压、电流、功率、频率等。

数字输出:共 3 路

故障输出继电器:1 路

可编程数字输出:2 路

66. 变频器正转运行线路是怎样的?

线路如图 11-25 所示。图中 FR 为正转运行、停止指令端子,COM 为接点输入公用端;30B、30C 为总报警输出继电器常闭触点,当变频器出现过电压、欠电压、短路、过热、过载等故障时,此触点断开,控制电路失电,起动保护作用。

工作原理:调节频率给定电位器 RP,设定电动机运行转速。

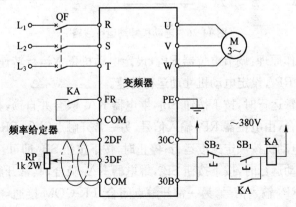

图 11-25　电动机正转运行线路

按下运行按钮 SB_1,继电器 KA 得电吸合并自锁,其常开触点闭合,FR-COM 连接,电动机按照预先设定的转速运行;停止时,按下停止按钮 SB_2,KA 失电,FR-COM 断开,电动机停止。

67. 变频器寸动运行线路是怎样的?

线路如图 11-26 所示。图中 FR 为正转运行、停止指令端子;30B、30C 端子同图 11-25。

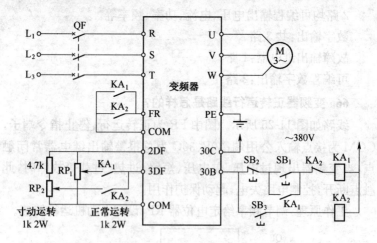

图 11-26   电动机寸动运行线路

工作原理:调节电位器 RP_1,设定电动机正常运行转速;调节电位器 RP_2,设定电动机寸动运行转速。

正常运行时,按下按钮 SB_1,继电器 KA_1 吸合并自锁,其常开触点闭合,由电位器 RP_1 输入信号,另一常开触点闭合,FR-COM 接通,电动机按额定速度运行;停止时,按下按钮 SB_2 即可。

寸动运行时,按下按钮 SB_3,继电器 KA_2 吸合,其常开触点闭合,由 RP_2 输入信号,另一常开触点闭合,FR-COM 接通,电动机按寸动转速运行;松开 SB_3,电动机停止。

68. 无反转功能的变频器控制电动机正反转运行线路是怎样的?

线路如图 11-27 所示,图中 FR 为正转运行、停止指令端子;
30B、30C 端子同图 11-25。

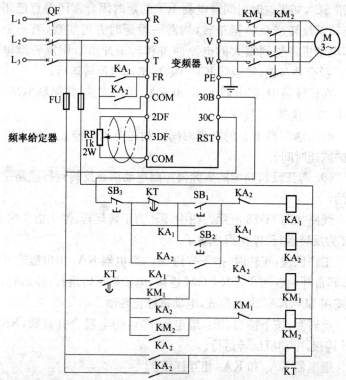

图 11-27　无反转功能的变频器控制电动机正反转运行线路

工作原理:调节电位器 RP,设定电动机运行转速(正、反转速
度相同)。

正转时,按下按钮 SB₁,继电器 KA₁ 得电吸合并自锁,其两对
常开触点闭合,FR-COM 接通,同时时间继电器 KT 得电,其延时
闭合常闭触点瞬时断开,延时断开常开触点闭合;KA₁ 的另一对

常开触点闭合,接触器 KM_1 得电吸合并自锁,其主触点闭合,电动机正转运行。

欲反转,应先使电动机停止,断开断路器 QF 即可。然后按下按钮 SB_2,如果这时时间继电器 KT 的延时闭合常闭触点已闭合(正转至反转或反转至正转,均需一段延时方可实现,若不经延时,电动机将受到很大的电流冲击和转矩冲击),则反转继电器 KA_2 吸合并自锁,接触器 KM_2 吸合,电动机反转运行。

在该线路中,继电器 KA_1 和 KA_2 相互连锁,接触器 KM_1 和 KM_2 相互连锁,以确保安全。

时间继电器 KT 的整定时间要超过电动机停止时间或变频器的减速时间。

69. 有正反转功能的变频器控制电动机正反转运行线路是怎样的?

线路如图 11-28 所示。图中,FR 为正转运行、停止指令端子,RR 为反转运行、停止指令端子。

工作原理:正转时,按下按钮 SB_1,继电器 KA_1 得电吸合并自锁,其常开触点闭合,FR-COM 连接,电动机正转运行;停止时,按下按钮 SB_3,KA_1 失电释放,电动机停止转动。

反转时,按下按钮 SB_2,继电器 KA_2 得电吸合并自锁,RR-COM 连接,电动机反转运行。

继电器 KA_1 和 KA_2 相互连锁。

事故停机或正常停机时,复位端子 RST-COM 断开,发出报警信号;按下按钮 SB_4,报警解除。

70. 变频器步进运行及点动运行线路是怎样的?

线路如图 11-29 所示。图中,REV 为反转运行、停止指令端子,FWD 为正转运行、停止指令端子,JOG 为点动端子,CM 为接点输入公用端,X4、X5 为加/减速时间选择端子。通过开关 S_1、

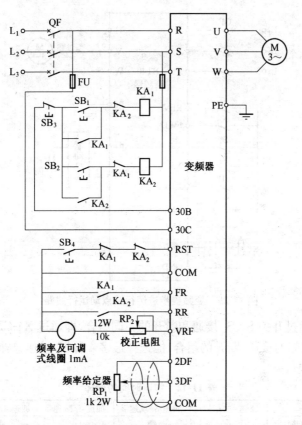

图 11-28 有正反转功能的变频器控制电动机正反转运行线路

S_2,能选择 4 种加/减速时间。

工作原理:合上 K_2,FWD-CM 连接,电动机正转运行;断开 K_2,电动机停止。合上 K_1,REV-CM 连接,电动机反转运行;断开 K_1,电动机停止。当 K_1、K_2 同时闭合时,无效。

当变频器处于停止状态时,按下按钮 SB,再合上 K_2(或 K_1),则电动机点动正转(或反转)运行。

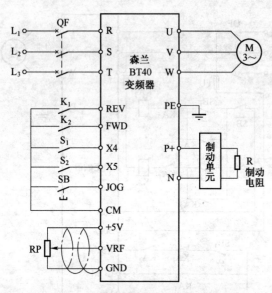

图11-29　变频器步进运行及点动运行线路

通过开关 S_1、S_2 接通和断开的不同组合,即通过 X4-CM、X5-CM 之间的接通/断开的组合,能选择最多4种加/减速选择时间。详见表11-42。

表 11-42　加速时间的选择

	加速1/减速1	加速2/减速2	加速3/减速3	加速4/减速4
X4-CM	—	●	—	●
X5-CM	—	—	●	●

注:●表示接通,—表示断开。

71. 一台变频器控制多台电动机并联运行的线路是怎样的?

(1)线路一　电路如图 11-30 所示。对于该控制线路,不能使用变频器内的电子热保护功能,而是每台电动机外加热继电器,用热继电器的常闭触点串联去控制保护单元。用一台变频器控制多台电动机时,变频器的容量选择见本章第 20 问。

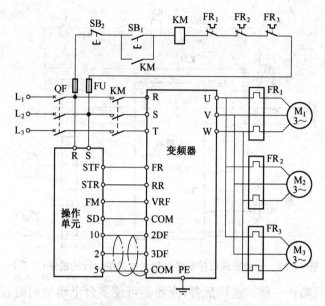

图 11-30 一台变频器控制多台电动机并联运行的线路(之一)

工作原理:调节操作单元的电位器 RP(图中未标出),设定电动机正、反转速度。按下按钮 SB$_1$,接触器 KM 得电吸合并自锁。正转时,操作单元信号从 STF 端输出,变频器的端子 FR、COM 相接,各电动机按同一转速正转;反转时,操作单元信号从 STR 端输出,变频器的端子 RR、COM 相接,各电动机按同一转速反转。停机时,按下按钮 SB$_2$,接触器 KM 失电释放,电动机停止。

(2)线路二 电路如图 11-31 所示。

如果这些电动机极数相同,则它们将以同一转速运行(由变频器外接的电位器 RP 设定);如果这些电动机极数不一样,则它们将以不同的转速运行。

变频器的加、减速时间应根据最大功率电动机在最大负载时所需的加、减速时间设定。若变频器的性能允许,加、减速时间可

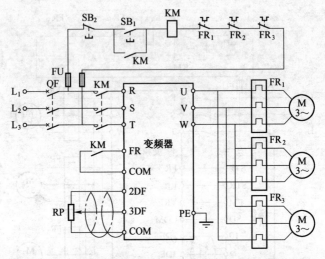

图 11-31　一台变频器控制多台电动机并联运行的线路(之二)

设定得略长一些。这样配备,变频器可使多台电动机同时起动,
同频率稳速运行,同时减速停机。

(3)线路三　用一台频率给定器控制多台电动机并联运行的
线路如图 11-32 所示。

每台电动机配以独立的变频器,而频率给定器仅用一个,即
用同一个电位器实现多台电动机并联运行。

72. 电磁制动电动机变频调速运行线路是怎样的?

电磁制动电动机由普通电动机和电磁制动器 NB 组成。电动
机工作时,网电加于电磁制动器的励磁绕组上,电磁铁的衔铁即
被吸上,使电动机转子上的制动盘与后端盖的制动面脱开,转子
可自由转动。停机时,切断电源,电磁制动器失电,衔铁复位,使
转子的制动盘与后端盖的制动面贴合,电动机迅速停转。

电磁制动电动机变频调速时,应将电磁制动器 NB 通过接触
器的触点接网电(变频器的输入侧)。如果 NB 接在电动机侧,则

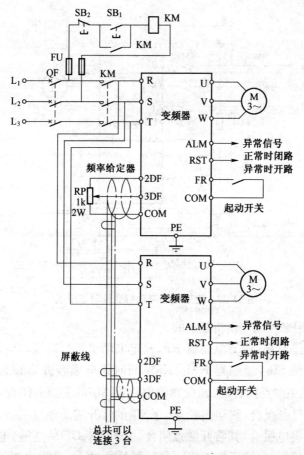

图 11-32 一台频率给定器控制多台电动机并联运行的线路

当电动机在低频下运行时,由于电动机的电压也较低,制动器的励磁电流太小,衔铁吸不起来,将导致转子转不动而产生过电流。具体接线如图 11-33 所示。图中,FR 为正转运行、停止指令。

注意:制动器 NB 必须和电动机同时通电。图中,中间继电器

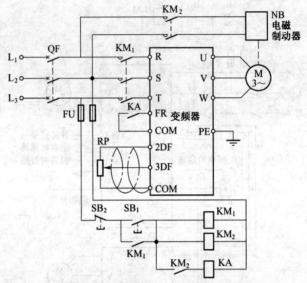

图 11-33　电磁制动电动机变频调速接线

KA 是用来控制电动机起动的。

工作原理：调节电位器 RP，设定电动机运行速度。运行时，按下按钮 SB$_1$，接触器 KM$_1$、KM$_2$ 同时得电吸合并自锁。这时 KM$_1$ 的主触点闭合，接通变频器电源；KM$_2$ 的主触点闭合，制动器 NB 得电吸合，制动面脱开。KM$_2$ 的常开辅助触点闭合，继电器 KA 得电吸合，其常开触点闭合，端子 FR、COM 连通，电动机运行。停机时，按下按钮 SB$_2$，接触器 KM$_1$、KM$_2$ 和继电器 KA 均失电释放，制动器 NB 失电释放，电动机被迅速制动停转。

73. 变频器带制动单元、电动机带制动器的运行线路是怎样的？

线路如图 11-34 所示，电动机带有 NB 制动器，变频器带有制动单元选件。图中，VRF 为设定用电压输入端子。

工作原理：调节电位器 RP，设定电动机的运行速度。运行

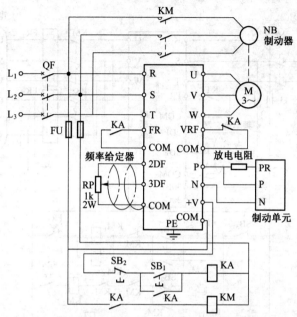

图 11-34　变频器带制动单元、电动机带制动器的运行线路

时,按下按钮 SB₁,继电器 KA 得电吸合并自锁,其常开触点闭合,端子 FR、COM 连通,KA 的常开触点闭合,接触器 KM 得电吸合,NB 制动器吸合,电动机运行。停止时,按下按钮 SB₂,继电器 KA 失电释放,端子 FR、COM 断开,而 VRF、COM 闭合,频率设定输入电压为零,制动单元投入工作,将逆变返回变频器直流侧的电能安全消耗在放电电阻上。与此同时,继电器 KA 的常开触点断开,接触器 KM 失电释放,其主触点断开,NB 制动器失电释放,电动机急速停止。

74. 变极电动机变频控制线路是怎样的?

线路如图 11-35 所示。图中,FR 为运行、停止指令端子。

工作原理:调节电位器 RP,设定电动机的基本转速。

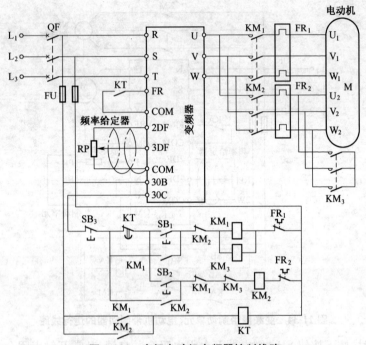

图 11-35　变极电动机变频器控制线路

当接触器 KM₁、KM₃ 的主触点闭合时,电动机为 Y 形接法,电动机低速运行;当接触器 KM₂ 的主触点闭合时,电动机为△形接法,电动机高速运行。KM₁、KM₃ 与 KM₂ 相互连锁。两种转速转换时,均经过时间继电器 KT 延时,并通过 KT 的常开触点使端子 FR、COM 连通,输入运转信号后才允许运行(即电动机停止后再进行)。

时间继电器 KT 的整定时间应超过从高速运行到自由停止的时间。

75. 一控一风机或水泵变频调速控制线路是怎样的?

雷诺尔 RNB3000 系列变频器一控一(即一台变频器控制一台电动机)风机或水泵变频调速控制线路如图 11-36 所示。

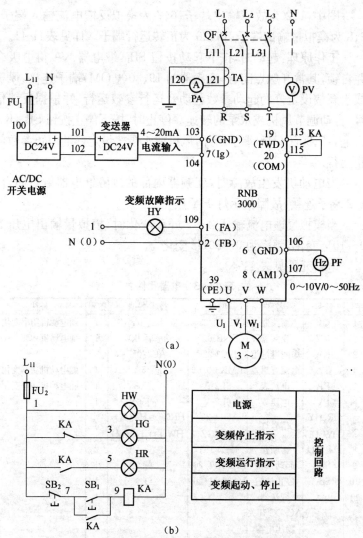

图 11-36　一控一风机、水泵变频调速控制线路
(a)一次回路　(b)控制回路

图中,1、2 为故障输出端子;6、7 为模拟反馈电流输入端子;6、8 为模拟量输出端子;19、20 为正转运行端子。详见表11-41。

工作原理:起动时,按下起动按钮 SB₁,继电器 KA 得电吸合并自锁,其常开触点闭合,变频器的 19、20(COM)端子连接,风机或水泵按设定好的起动参数起动及运行参数运行,并根据反馈信号,自动调节风机或水泵的转速。停止时,按下停止按钮 SB₂,KA 失电,19、20(COM)端子断开,风机或水泵按设定好的停止参数停止运行。

当电动机发生故障时,变频器内部的故障继电器触点闭合,1、2 端子连接,故障指示灯 HY 点亮。

当模拟反馈电流输入 4～20mA 变化时,模拟量输出电压为0～10V 变化,频率为 0～50Hz 变化。

电器元件见表 11-43。

表 11-43　电器元件表

序号	符号	名称	型号	技术数据	数量	备注
1	QF	断路器	CM1-□/3300	I_e:□A	1	随电动机功率变化
2	RN	变频器	RNB3000	功率:□kW	1	随电动机功率变化
3	KA	中间继电器	JZC3-22d	AC220V	1	
4	TA	电流互感器	LMK3-0.66	□/5A	1	随电动机功率变化
5	PA	电流表	6L2-A	□/5A	1	随电动机功率变化
6	PV	电压表	6L2-V	0～450V	1	
7	HR、HY、HW、HG	信号灯	AD11-22/21-7GZ	HR(红)、HY(黄)HW(白)、HG(绿)	4	
8	FU₁、FU₂	熔断器	JF-2.5RD	熔芯:4A	2	
9	SB₁	起动按钮	LA38-11/209	绿	1	
10	SB₂	停止按钮	LA38-11/209	红	1	
11		变送器			1	
12		AC/DC 开关稳压电源			1	
13	PF	频率表			1	

二次回路导线采用 BVR-1.5mm²，互感器回路导线采用 BVR-2.5mm²。

76. 一控一风机变频调速控制线路是怎样的？

变频器一控一风机变频调速控制线路如图 11-37 所示。

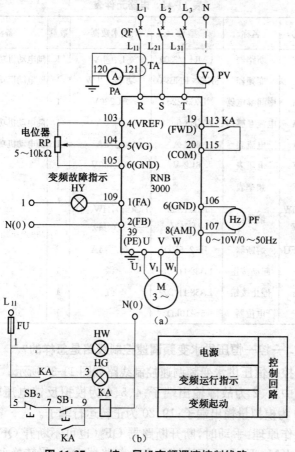

图 11-37 一控一风机变频调速控制线路

(a)一次回路　(b)控制回路

图中,1、2 为故障输出端子;4、5、6 为模拟量电压输入端子;6、8 为模拟量输出端子;19、20 为正转运行端子。

按动起动按钮 SB$_1$,风机开始以电位器 RP 设定的频率运行。电器元件见表 11-44。

表 11-44　电器元件表

序号	符号	名称	型号	技术数据	数量	备注
1	QF	断路器	CM1-□/3300	I$_e$:□A	1	随电动机功率变化
2	RN	变频器	雷诺尔 RNB3000	功率:□kW	1	随电动机功率变化
3	KA	中间继电器	JZC3-22d	AC220V	1	
4	TA	电流互感器	LMK3-0.66	□/5A	1	随电动机功率变化
5	PA	电流表	6L2-A	□/5A	1	随电动机功率变化
6	PV	电压表	6L2-V	0~450V	1	
7	PF	频率表				
8	HG、HW、HY	信号灯	AD11-22/21-7GZ	HG(绿),HW(白),HY(黄)	3	
9	FU$_1$、FU$_2$	熔断器	JF-2.5RD	熔芯:4A	2	
10	SB$_1$	起动按钮	LA38-11/209	绿	1	
11	SB$_2$	停止按钮	LA38-11/209	红	1	
12	RP	电位器	5~10kΩ		1	

77. 一控一恒压供水变频调速控制线路是怎样的?

一控一恒压供水变频调速控制线路如图 11-38 所示。

图中,1、2 为故障输出端子;4、5、6 为模拟反馈电压输入端子;6、8 为模拟量输出端子;19、20 为正转运行端子。

工作原理:手动时,断开断路器 QF$_2$(也可不断开 QF$_2$,因为接触器 KM$_1$、KM$_2$Z$_2$ 相连锁),合上断路器 QF$_1$,将转换开关 SA 置于手动位置,水泵的起动与停止由起动按钮 SB$_1$ 和 SB$_2$ 控制,直接用工频 380V 电源供电,电动机过载由热继电器 FR 保护。浮球开关 SL 防止水泵无水时空转:无水时,SL 常开触点闭合,中间继电器 KA 得电吸合,其常闭触点断开,切断接触器 KM$_2$(手动)、KM$_1$(自动)电源,水泵不能起动。

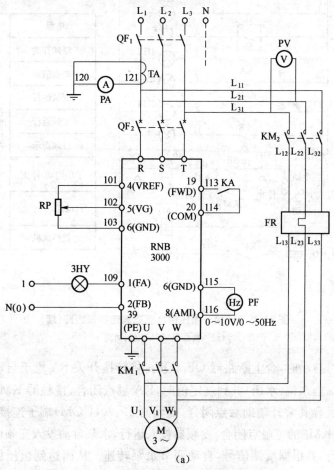

图 11-38　一控一恒压供水变频调速控制线路

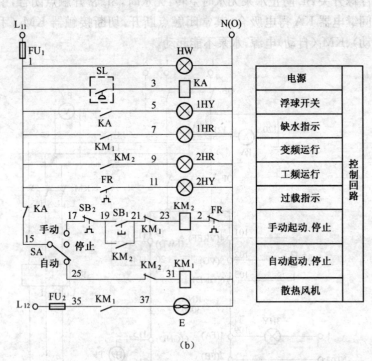

图 11-38 一控一恒压供水变频调速控制线路(续)

(a)一次回路 (b)控制回路

　　自动时,合上断路器 QF₁,QF₂,将转换开关 SA 置于自动位置。当水位(水压)低到规定值时,KA 触点闭合,接触器 KM₁ 得电吸合其常开辅助触点闭合,变频器 19、20(COM)端子连接,同时,KM₁ 的主触点闭合,变频器投入运行,水泵自动投入变频调速运行,并根据反馈信号,自动调节水泵转速。从而达到恒压供水的目的。

电器元件见表11-45。

表 11-45　电器元件表

序号	符号	名称	型号	技术数据	数量	备注
1	QF₁、QF₂	断路器	CM1-□/3300	I_e：□A	2	随电动机功率变化
2	RN	变频器	RNB3000	功率：□kW	1	随电动机功率变化
3	KM₁、KM₂	交流接触器	CJ20-□	AC220V	2	随电动机功率变化
4	KA	中间继电器	JZC3-22d	AC220V	1	
5	FR	热继电器	JRS2-□F	热整定：□A	1	随电动机功率变化
6	TA	电流互感器	LMK3-0.66	□/5A	1	随电动机功率变化
7	PA	电流表	6L2-A	□/5A	1	随电动机功率变化
8	PV	电压表	6L2-V	0～450V	1	
9	SA	转换开关	LW16/2		1	
10	SB₁、SB₂	按钮	LA38-11/209	运行(绿),停止(红)	2	
11	HR、HY、HW	信号灯	AD11-22/21-7GZ	HR(红)、HY(黄)、HW(白)	6	
12	FU	熔断器	JF-2.5RD	熔芯：4A	1	
13	SP	远传压力表	YTZ-150	1MPa 或 1.6MPa	2	
14	PF	频率表			1	
15	E	风机			1	

78. 一控二恒压供水变频调速控制线路是怎样的?

一控二(即一台变频器控制二台电动机)恒压供水变频调速控制线路如图11-39所示。

图中,1,2为故障输出端子;6,7为模拟反馈电流输入端子;6,8为模拟量输出端子;19,20为正转运行端子;11,20为可编程数字输出端子。

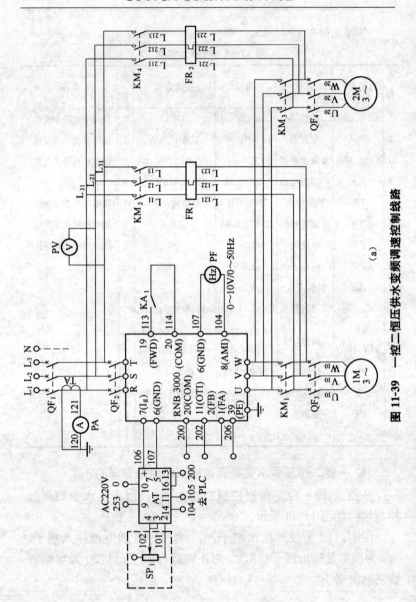

图 11-39 一控二恒压水变频调速控制线路

(a)

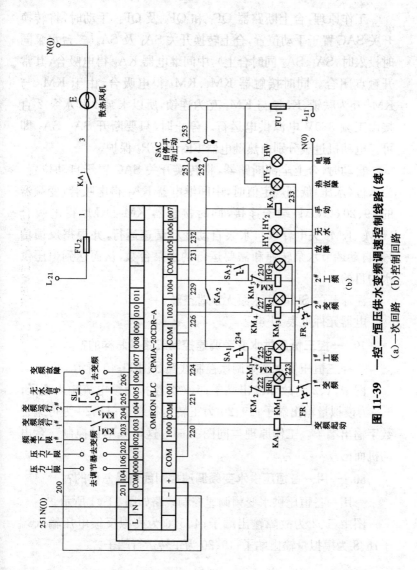

图 11-39 一控二恒压供水变频调速控制线路（续）

(a)一次回路 (b)控制回路

工作原理：合上断路器 QF_1 和 QF_3 及 QF_4，手动时，将转换开关 SAC 置于手动位置，合上转换开关 SA_1 及 SA_2（二台水泵同时投入时，SA_1、SA_2 同时合上），中间继电器 KA_2 得电吸合，其常开触点闭合。同时接触器 KM_3、KM_4 得电吸合，由于 KM_1 与 KM_2 互为联锁、KM_3 与 KM_4 互为连锁，所以水泵 1 和水泵 2 直接由工频 380V 电源供电运行。停止时，只要断开 SA_1、SA_2 即可。电动机过载分别由热继电器 FR_1 和 FR_2 保护。

自动时，合上全部断路器，将转换开关 SAC 置于自动位置。当水位（水压）低到规定值时，中间继电器 KA_1 得电吸合，变频器的 19、20（COM）端子连接，同时接触器 KM_1、KM_3 得电吸合（KM_2、KM_3 失电释放），水泵自动变频调速运行，并根据反馈信号，自动调节水泵转速和需要运行的水泵台数，从而达到恒压供水的目的。

浮球开关 SL 防止水泵无水时空转。

电器元件见表 11-46。

79. 一控三恒压供水变频调速控制线路是怎样的？

一控三恒压供水变频调速控制线路如图 11-40 所示。

图中，1、2 为故障输出端子；6、7 为模拟反馈电流输入端子；6、8 为模拟量输出端子；19、20 为正转运行端子；11、20 为可编程数字输出端子。工作原理类同图 11-39，这里只不过控制三台电动机而已。

80. 一用一备恒压供水变频调速控制线路是怎样的？

一用一备恒压供水变频调速控制线路如图 11-41 所示。

图中，1、2 为故障输出端子；4、5、6 为模拟反馈电压输入端子；6、8 为模拟量输出端子；19、20 为正转运行端子。

表 11-46　电器元件表

序号	符号	名称	型号	技术数据	数量	备注
1	QF₁、QF₂～QF₄	断路器	CM1-□/3300	I_e：□A	4	随电动机功率变化
2	RN	变频器	RNB3000	功率：□kW	1	随电动机功率变化
3	KM₁～KM₄	交流接触器	CJ20-□	AC220V	4	随电动机功率变化
4	KA₁、KA₂	中间继电器	JZC3-22d	AC220V	2	
5	FR₁、FR₂	热继电器	JRS2-□F	热整定：□A	2	随电动机功率变化
6	TA	电流互感器	LMK3-0.66	□/5A	1	随电动机功率变化
7	PA	电流表	6L2-A	□/5A	1	随电动机功率变化
8	PV	电压表	6L2-V	0～450V	1	
9	SAC	转换开关	LW5-16/1		1	
10	SA₁、SA₂	转换开关	LW5-16/1		2	
11	HR、HY、HG、HW	信号灯	AD11-22/21-7GZ	HR(红)、HY(黄)、HG(绿)、HW(白)	5	
12	FU₁、FU₂	熔断器	JF-2.5RD	熔芯：4A	2	
13	SP	远传压力表	YTZ-150	1MPa 或 1.6MPa	1	
14	AT	工人智能工业调节器	AI-708E		1	
15	SL	浮球开关			1	
16	PLC (OMRON)	可编程控制器	CPW1A-20CDR-A		1	
17	PF	频率表				
18	E	散热风机			1	

工作原理：合上断路器 QF_1 和 QF_2，将转换开关 SAC 置于 1# 用 2# 备位置，触点①、②接通，③、④接通。中间继电器 KA_3 得电吸合，其常开触点闭合，1# 变频器的 19、20(COM)端子连通，1# 水泵变频运行。由于 KA_3 与 KA_4 互相联锁，所以 2# 水泵停止运行。当 1# 水泵发生故障时，变频器内部故障继电器吸合，1、2 端子短接，即 FB 和 FA 连通，时间继电器 KT_1 线圈得电自锁，经过一段时间延时(为确保两台水泵切换的安全)，其瞬时常闭触点断开，KA_3 失电释放，1# 水泵退出运行，而 KT_1 的延时闭合常开

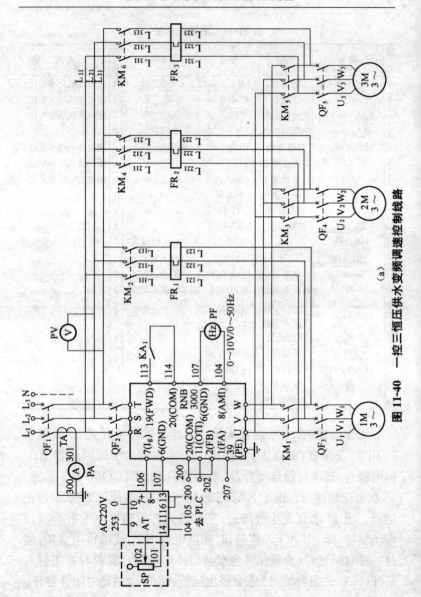

图 11-40　一控三恒压供水变频调速控制线路

(a)

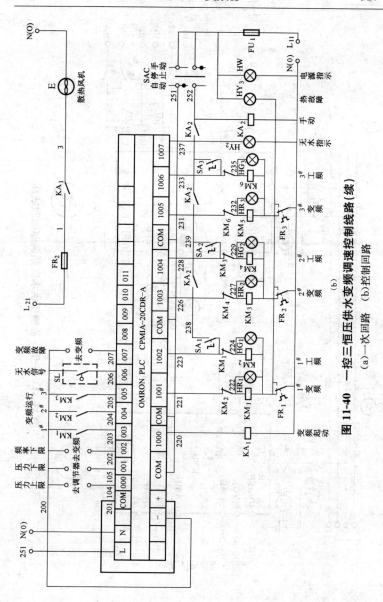

图 11-40 一控三恒压供水变频调速控制线路（续）

(a)一次回路 (b)控制回路

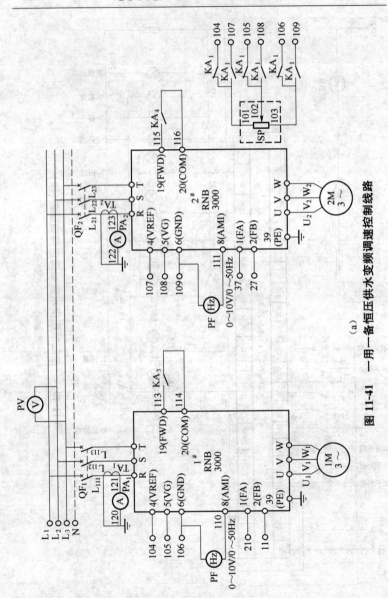

图 11-41　一用一备恒压供水变频调速控制线路

(a)

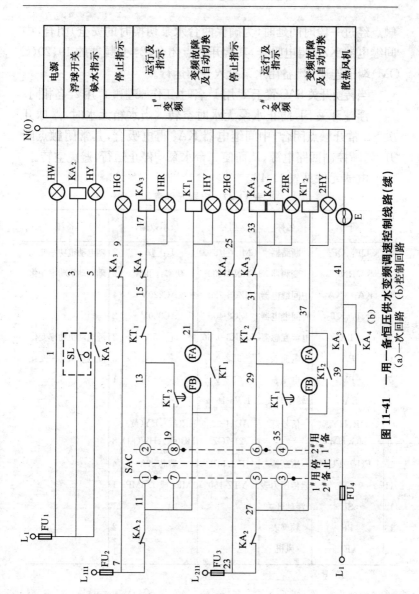

图 11-41 一用一备恒压供水变频调速控制线路（续）
(a)—次回路　(b)控制回路

触点经过一段时间延时(为确保两台水泵切换时的安全)闭合,中间继电器 KA₄ 得电吸合,其常开触点闭合,2# 变频器的 19、20(COM)端子连通,2# 备用水泵投入变频运行。

当转换开关 SAC 置于 2# 用 1# 备时,工作原理和 1# 用 2# 备相同。

浮球开关 SL 防止水泵无水时空转。当水箱无水时,浮球开关 SL 常开触点闭合,中间继电器 KA₂ 得电吸合,其常闭触点断开,切断控制回路电源,从而使二台水泵均停止运行,避免空转。

电器元件见表 11-47。

表 11-47 电器元件表

序号	符号	名称	型号	技术数据	数量	备注
1	QF₁、QF₂	断路器	CM1/□/3300	I_e:□A	2	随电动机功率变化
2	RN	变频器	RNB3000	功率:□kW	2	随电动机功率变化
3	KA₁～KA₄	中间继电器	JZC3-22d	AC220V	4	
4	KT₁、KT₂	时间继电器	JZC3-40d	AC220V	2	
5	TA	电流互感器	LMK3-0.66	□/5A	2	随电动机功率变化
6	PA	电流表	6L2-A	□/5A	2	随电动机功率变化
7	PV	电压表	6L2-V	0～450V	1	
8	SAC	转换开关	LW5-16/1		2	
9	HR、HY、HG、HW	信号灯	AD11-22/21-7GZ	HR(红)、HY(黄)、HG(绿)、HW(白)	8	
10	FU₁～FU₄	熔断器	JF-2.5RD	熔芯:4A	4	
11	SP	远传压力表	YTZ-150	1MPa 或 1.6MPa	1	
12	SL	浮球开关			1	
13	PF	频率表			2	
14	E	风机			1	

十二、软起动器

1. 什么是软起动器？它有哪些特性？

软起动器是一种集电动机软起动、软停车、轻载节能和多种保护功能于一体的新颖鼠笼型异步电动机控制装置。软起动器具有无冲击电流、恒流起动、可自由地无级调压至最佳起动电流及节能等优点。

（1）软起动器与传统减压起动方式的不同点

传统鼠笼型异步电动机的起动方式有星-三角起动、自耦减压起动、电抗器减压起动、延边三角形减压起动等。这些起动方式都属于有级减压起动，存在着以下缺点：即起动转矩基本固定、不可调，起动过程中会出现二次冲击电流，对负载机械有冲击转矩，且受电网电压波动的影响。软起动器可以克服上述缺点。软起动器具有无冲击电流、恒流起动、可自由地无级调压至最佳起动电流及轻载时节能等优点。

（2）软起动器的工作原理

在软起动器中三相交流电源与被控电动机之间串有三相反并联晶闸管及其电子控制电路，通过移相触发电路，起动时，使晶闸管的导通角从 0°开始，逐渐增大，电动机的端电压便从零电压开始逐渐上升，直至达到克服阻力矩，保证起动成功。

可见，软起动器实际上是个调压器，输出只改变电压，并没有改变频率。这一点与变频器不同。

软起动器本身设有多种保护功能，如限制起动次数和时间，过电流保护，电动机过载、失压、过压保护，断相、接地故障保护等。

2. 软起动器有哪些产品种类?

(1)国产软起动器　有 JKR 系列、WJR 系列、JLC 系列、CR1 系列、JJR 系列软起动器,JQ、JQZ 型交流电动机固态节能起动器等。JQ、JQZ 型分别用于起动轻负载和重负载,最大电动机功率可达 800kW。

(2)瑞典 ABB 公司的 PSA、PSD 和 PSDH 型软起动器　其中 PSDH 型用于起动重负载,常用电动机功率为 7.5~450kW,最大功率达 800kW。

(3)美国 GE 公司的 ASTAT 系列软起动器　电动机功率可达 850kW,额定电压为 500V,额定电流为 1 180A,最大起动电流为 5 900A。

(4)美国罗克韦尔公司的 AB 品牌软起动器　有 STC、SMC-2、SMCPLUS 和 SMC Dialeg PLUS 四个系列,额定电压为 200~600V,额定电流为 24~1 000A。还有 BENSHAM 公司的 RSD6 型软起动器等。

(5)法国施耐德电气公司的 Altistart 46 型软起动器　有标准负载和重负载应用两大类,额定电流在 17~1 200A,共有 21 种额定值,电动机功率为 2.2~800kW。

(6)德国西门子公司的软起动器　3RW22 型的额定电流为 7~1 200A,共有 19 种额定值。

(7)英国欧丽公司的软起动器　如 MS2 型,电动机功率为 7.5~800kW,共有 22 种额定值。

此外,还有英国 CT 公司的 SX 型和德国 AEG 公司的 3DA、3DM 型等软起动器。

3. 软起动器有哪些技术指标?

常见软起动器的主要技术性能指标见表 12-1。

表 12-1　常用软起动器的主要技术指标

技术指标内容	ABB PSD/PSDH 系列	西门子 3RW30 系列	AB SMC 系列	GE QC 系列
额定电压(V)	220～690	220～690	220～600	220～500
额定电流(A)	14～1 000	5.5～1 200	24～1 000	14～1 180
起始电压	10%～16%	30%～80%	10%～60%	10%～90%
脉冲突跳	90%	20%～100%	有	95%
电流限幅倍数	2～5	2～6	0.5～5	2～5
加速斜坡时间(s)	0.5～60	0.5～60	2～30	1～999
旁路控制模式	有	有	有	有
节能控制模式	有	有	有	有
线性软停机(s)	0.5～240	0.5～60	选项	1～999
非线性软停机(s)	无	5～90	选项	有
直流制动	无	20%～85%	选项	有

4. 软起动器有哪些主要功能?

软起动器借助于单片机进行控制,它通常具备以下主要功能。

(1)自检功能　软起动器通电后,系统内部进行自检,如果有故障则立即报警。

(2)额定电流设定　电动机额定电流应为软起动器额定电流的 70%～100%。一旦软起动器的额定电流确定,也同时设定了电子过载保护器的跳闸等级。

(3)软起动功能　接到起动命令,软起动器自动进入起动程序,在规定的时间内(一般为 0.5～60s 可调)输出一个呈线性上升的电压给电动机。其初始电压即为电动机的起动电压。初始电压一般设定为 10%～60%的电动机额定电压;终止电压为电动机的额定电压。在起动操作前,起动电压的大小、上升时间等参数均可预先设定。对电动机的转矩可在5%～90%的锁定转矩值之间调节。软起动器的起动特性曲线如图12-1所示。

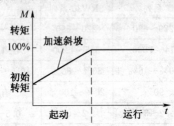

图 12-1　软起动器的起动特性曲线

(4)脉冲突跳起动功能　若负载在静止状态且具有较大阻力矩的状态下起动,可在斜坡软起动开始之前采用脉冲突跳起动。例如向电动机施加95%的额定电压、时间0.5s,以克服电动机起步时的阻力矩。软起动器可提供500%额定电流的电流脉冲,调整时间范围为0.4～2s。突跳起动的特性曲线如图12-2所示。

(5)平滑加速及平滑减速功能　通过单片机分析电动机变量的状态并发出控制命令,可对类似离心泵负载的起动及停止平滑地加速及减速,来减小系统中出现的喘振。起动时间可在2～30s之间调整,停止时间可在2～120s之间调整。平滑加速和平滑减速的特性曲线如图12-3所示。

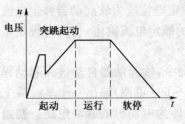

图 12-2　突跳起动特性曲线

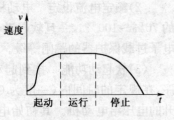

图 12-3　平滑加速及平滑
减速的特性曲线

(6)旁路切换功能　当起动结束、电动机达到额定转速时,软起动器输出切换信号,将电动机旁路切换至电网供电,以降低软起动器长期运行的热损耗。可以采用一台软起动器分别控制多台电动机的起动。

(7)软停止功能　软起动器在接到软停机的指令后,自动执行软停止程序,输出电压从额定值线性降至起动时的初始值。软停止斜坡时间可单独设定,一般在 0～240s 内。

(8)快速停止功能　该功能用在比自由停车快的场合。制动在设有附加的接触器或附加电源设备的情况下完成。制动电流的大小可在满载电流的 150%～400% 之间调整。

(9)低速制动功能　该功能主要用于电动机需正向低速定位停车和需要制动控制停车的场合。慢速调制速度为额定速度的 7%(低)或额定速度的 15%(高);低速加速电流,当加速时间为 2s 时,可在 50%～400% 之间调整;制动电流可在 150%～400% 之间调整;低速电流限制可在满载电流的 50%～450% 之间调整;不能采用突跳起动。低速制动特性曲线如图 12-4 所示。

(10)电流限制功能　最大软起动电流可以设置。若起动电流超过该设定值,电动机电压将受到限制不再升高,直到电动机电流降到电流设定值为止。通常电流限制的设定值为 200%～500% 的电动机额定电流(可调)。在起动过程中,若

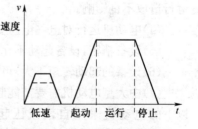

图 12-4　低速制动特性曲线

在规定时间内电流无法降至电流限制的设定值水平之下,则过电流切除功能投入运行,终止起动操作。

(11)节能功能　当电动机负载较轻时,软起动器自动降低施

加于电动机上的电压,从而提高电动机的功率因数,达到节能的目的。

(12)保护功能

①过热保护。当软起动器散热器的温度超过设定值时,温度传感器动作,保护电路切断软起动器的输出。

②晶闸管损坏保护。当一个或多个晶闸管损坏时,软起动器将报警。

③缺相保护。当三相交流电源发生缺相故障时,软起动器将立即关断并显示故障。

5. 软起动器适用于哪些场合?

软起动器在各类电力拖动中可全面取代传统的 Y-Δ 起动器、自耦减压起动器等。根据软起动器的功能,尤其适用于以下场合:

(1)正常运行时电动机不需要具有调整功能,只解决起动过程的工作状态。

(2)在正常运行时负载不允许降压、降速。

(3)电动机功率较大(如大于 100kW),起动时,会给主变压器运行造成不良影响。

(4)电动机运行对电网电压要求严格,电压降≤10%U_e。

(5)设备精密,设备起动不允许有起动冲击。

(6)设备的起动转矩不大,可进行空载或轻载起动。

(7)中大型电动机需要节能起动。从初投资看,功率在 75kW 以下的电动机采用自耦减压起动器比较经济。功率在 90～250kW 的电动机采用软起动器较合算。

(8)短期重复工作的机械。即指长期空载(轻载<35%),短时重载,空载率较高的机械,或者负载持续率较低的机械。如:起重机、皮带输送机、金属材料压延机、车床、冲床、刨床、剪床等。

(9)需要具有突跳、平滑加速、平滑减速、快速停止、低速制动、准确定位等功能的工作机械。

(10)长期高速、短时低速的电动机,当其负载率低于 35% 时,采用软起动器有较好的节能效果。

(11)有多台电动机且这些电动机不需要同时起动的场合。

典型设备的软起动效果及起动电流见表 12-2。

表 12-2 典型设备的软起动效果及起动电流

机械设备	运行方式	效 果	起动电流与额定电流之比
旋转泵	标准起动	避免压力冲击,延长管道的使用寿命	3
活塞泵	标准起动	避免压力冲击,延长管道的使用寿命	3.5
通风机	标准起动	使三角皮带和变速机构的损伤最小	3
传送带及其他物料传输装置	标准起动+脉冲突跳	起动平稳、基本无冲击现象,可降低对皮带材料的要求($t>30s$)	3
圆锯、带锯	标准起动	降低起动电流	3
搅拌机、混料机	标准起动	降低起动电流	3.5
磨粉机、碎石机	重载起动	降低起动电流	4~4.5

6. 哪些场合最适宜软起动器作轻载运行?

以下场合最适宜采用软起动器作轻载降压运行,并能收到较好的节电效果:

(1)短时有负载、长期轻载运行的场合(负载率<35%),如油田磕头式抽油机,水泥厂粉碎机,机械制造厂冲床、剪床等。

(2)配套电动机功率太大,电动机长期处于轻载运行的场合。

(3)电网电压长期偏高(如长期在 400V 以上),而电动机额定电压为 380V 的场合,用软起动器作降压运行。

在上述场合,电动机起动完毕,软起动器不短接,留在线路中用作轻载降压运行。其节电效果大致如下:

当负载率＜35％时,电动机节电率可达 20％～50％;当50％＞负载率＞35％时,节电率显著减小;当负载率＞50％时,节电率几乎为零。

如电动机额定功率 P_e 为 90kW、额定效率 η_e 为 92％。则电动机额定损耗 $\Delta P=(1-0.92)\times90=7.2(kW)$,电动机空载降压损耗节电:$\Delta P_s=(20\sim50)\%\times7.2=1.44\sim3.6(kW)$。

7. 软起动器与变频器有何不同?

软起动器与变频器的比较见表 12-3。

表 12-3　软起动器与变频器的比较

类别	软起动器	变频器
使用目的	只适用起动、制动过程	适用于起动、制动过程和连续运行过程
起动转矩	$(10\%\sim90\%)M_e$[①]	$(120\%\sim200\%)M_e$
起动方式	软起动、停机多样化,可恒压或恒流等	直线、倒 L、双 S、单 S 四种加减速模式,以输出频率为主
主要功能	起动后转换为工频运行	可调整或节能运行(处于变频状态)
适宜起动转矩	空载、轻载为主	可重载起动
控制方式	仅调压	调频、调压
主电路器件	晶闸管反并联,工频时短接	绝缘栅极场效应管(IGBT),脉宽调制技术(PWM),交-直-交
停车方式	自由停车,软停车,制动停车[②]	自由停车,软停车,制动停车[②],回馈制动
保护功能	齐全	齐全
投资费用	低	高
经济效果	仅限起动节电	起动及运行都可节电

注:①M_e 为电动机额定转矩。

　　②制动停车一般有机械制动和电气制动两种方式。

8. 选用软起动器或变频器应考虑哪些因素?

交流电动机是采用软起动器还是采用变频器,应根据具体情况,综合分析多种因素选用。考虑的主要因素有:

(1)对于负荷较轻,又不需要调整机械,或有轻载节能起动要求的机械,应选用软起动器。起动完毕便退出运行。

(2)对于负载转矩很大(≥50%电动机额定转矩),且没有调速要求的设备(如由大容量高压电动机驱动的风机、水泵等机械),应选用变频器起动方式。起动完毕变频器即停止运行。

(3)在既要软起动或软停车又要调速的场合,不论是低压电动机还是高压电动机,也不论它的负载转矩的大小,只能选用变频器。用于调速的变频器起动后将随电动机连续运行。

9. 用变频器作软起动器有哪些优点?

(1)一般的软起动器只能调压不能调频,因此电动机气隙磁通 Φ 随电压降低而减弱($\Phi \propto U/f$),电动机转矩 M 将随电压的平方而下降($M \propto U^2$)。用变频器作软起动器,起动时电动机气隙磁通 $\Phi = KU/f$ 保持恒定,电动机转矩 $M = C_m \Phi I'_2 \cos\varphi_2$,基本上取决于电流大小。不但可以实现无过电流起动,还能提供 1.2~2 倍额定转矩的起动转矩。

(2)起动用变频器中整流器大多采用二极管整流,因此产生的高次谐波少,减少电网侧的高次谐波,功率因数高。

(3)由于起动用变频器系短时工作制,所以其容量要比普通的变频器小许多,一般为调速用变频器的 1/3~1/4。

(4)软起动用变频器的价格较低。以负载为高压电动机为例,如软起动器为 1,则调整用变频器为 2~3.5,起动用变频器为 0.6~0.8。

用变频器作软起动器,特别适合于重载起动或满载起动的机械设备。如大功率高压风机、大型压缩机、挤压机的起动。

10. 国产 JLC 系列软起动器有哪些性能特点?

JLC 系列软起动器是上海集电电力电子技术发展有限公司产品。它适用于交流 380V、50Hz、11～315kW 各种负载的笼型电动机。

(1)工作条件

环境温度:0～40℃。

海拔:安装地点的海拔不超过 1000m。

相对湿度:20%～90%RH,无凝露。

环境:应安装在无爆炸危险、无导电尘埃、无腐蚀性气体及破坏绝缘的地方。

其他:无热源、无直接日晒,通风良好。

(2)主要性能特点

起动电流可控制在 3 倍额定电流以下,使电动机平稳起动。

转矩随转速增加而增大,且可有很大的最大转矩,加速平滑,加速时间在 7～55s 之间可调,起动冲击很小。

电动机初始起动电压(U_C)可调。

随电动机负载的变化,自动调整装置的输出电压,使电动机的铜损、铁损大大减小,提高了功率因数($\cos\varphi$)。对经常处于低负载以及负载变化较频繁的电动机,节能效果显著,其最高综合节电效果可达损耗的 40%。

软停止和瞬时停机功能。软停机时间可按要求设定。

相序自动识别及纠正,电路工作与相序无关。

脉冲变压器绝缘及主板绝缘等级均为 2500V(UL 规定)。

设有断相、过载和晶闸管超温保护。当电源断相、电动机过载、晶闸管散热器温度大于等于 75℃时,主板脉冲被封锁,晶闸管关闭。

控制电路采用美国 ENERPRO 公司的软起动技术,并使用该公司的原装主板,因此有极高的可靠性。

11. 国产 WJR 系列软起动器有哪些性能特点?

WJR 系列软起动器是齐齐哈尔电力半导体器件厂的产品。它适用于交流 380V、50Hz、22～315kW 各种负载的笼型电动机。

WJR 系列软起动器有节电型和旁路型两种。

(1)WJR 节电型软起动器

输入电压:AC 380×(1±10%)V、50Hz。

额定功率:22～315kW。

环境温度:−20℃～+40℃,−40℃～+40℃。

相序:有相序识别功能。

冷却方式:风冷。

最大过载能力:连续运行时为 105% 的额定电流。

起动方式:限流起动,最大起动电流为电动机额定电流的 4 倍,起动电流调整范围为 1.5～4 倍。

保护功能:断相、过电流、电动机过载、三相不平衡、晶闸管过热、晶闸管故障、外部故障点输入等,并在面板上通过 LED 以相应的代码显示。

其他功能:故障状态输出(ERROR)、运行状态输出(RUN),其输出继电器触点容量均为 250V/5A。

(2)WJR 旁路型软起动器

输入电压:AC 380×(1±10%)V、50Hz。

额定功率:22～315kW。

环境温度:−40℃～+40℃。

相序:有相序识别功能。

起动方式:限流起动,最大起动电流为电动机额定电流的 4 倍,起动电流调整范围为 1.5～4 倍。起动结束后旁路接触器投入运行。

保护功能:晶闸管过热、电动机过载、三相不平衡、断相等保护,并在线路板上有相应的指示灯显示。

灭弧功能:旁路接触器在通断切换时没有弧光产生。

12. 国产 CR1 系列软起动器有哪些性能特点?

CR1 系列软起动器是常熟开关制造有限公司的产品。它适用于交流 400V、50Hz、15~250kW 各种负载的笼型电动机。

(1)工作条件

海拔:安装地点的海拔不超过 2 000m。

振动:软起动器能承受的振动条件是振动频率为 10~150Hz,振动加速度不大于 $5m/s^2$。

环境:应安装在无爆炸危险、无导电尘埃、无腐蚀性气体及破坏绝缘的地方。

(2)主要性能特点

可对起动方式、软起动时间、软停车时间、起动基值电压、起动限流倍数和保护脱扣级别进行设定。

控制和保护功能强。可实现软起动、突跳加软起动、限流起动和软停车控制功能;起、停过程和正常运行均具有三相不平衡、断相、过载、起动峰值过电流、限流起动超时、散热器过热等保护,起动过程还具有逆序保护。

抗干扰能力强,可靠性高。

13. 国产 RQD-D7 型磁控软起动器有哪些性能特点?

RQD-D7 型磁控软起动器是天津市先导倍尔电气有限公司的产品。它是从电抗器降压起动产品衍生出来的一种新产品。饱和电抗器的交流绕组串联在电动机定子回路中,通过电流反馈调整电抗器控制绕组的直流电流,从而改变饱和电抗器的饱和程度,实现电动机的软起动。

其中 RQD-D7-0.38 型适用于交流 380V、50Hz、≤100~

355kW 笼型电动机；RQD-D7-6 型适用于交流 6kV、50Hz、≤250～8 000kW 笼型电动机；RQD-D7-10 型适用于 10kV、50Hz、≤250～8 000kW 笼型电动机。

RQD-D7 型软起动器的性能特点如下：

(1)实现电动机恒流起动，起动电流可在$(1.5～4.5)I_e$范围内任意选择(视负载不同)，起动完成时无二次浪涌电流冲击。

(2)具有电动机和起动器的热过载保护以及对传动机械的机械保护，消除转矩浪涌并降低冲击电流。

(3)用计算机仿真技术，使起动过程可预测。

(4)可以通过调整设定参数优化起动曲线。电动机起动倍数可连续调节，运行参数存储于 E^2PROM 中。

(5)采用西门子公司的 PLC(S7-200 型)和先进的多功能传感器模块，结构简单，性能可靠，设定灵活，具有全数字化的特点。

(6)采用标准人机接口，具有 2 行显示运行状态和数据，通过 8 个功能按键和 5 个设置按键实现参数设定、显示、系统控制及中文在线提示等功能。

(7)具有自检功能，可智能检测器件的故障，如电源电压、缺相、相序等故障，并自动闭锁。

(8)具有事件记录功能及录波功能，保存最近发生的 50 个事件，可通过文本显示器显示每个事件发生的年月日时分秒；保存起动的波形，可以通过文本显示器显示起动数据或通过电脑显示起动波形。

(9)文本显示器具有中文菜单，操作界面也具有中文菜单，每种操作都有中文提示说明，即使没有说明书也可以进行参数设定、故障处理，并可缩短检修时间。

(10)结构灵活。当用户受到安装条件的制约时，可将饱和电抗器与控制部分分开放置。

(11)重复使用性好,起动性能不受环境温度影响。

(12)免维护,使用寿命长;可实现软停止。

14. 雷诺尔 JJR1000 系列智能型软起动器有哪些性能特点?

JJR1000 系列智能型软起动器是上海雷诺尔电气有限公司的产品。它适用于交流 380V、50Hz、5.5～600kW 各种负载的笼型电动机。

JJR1000 系列智能型软起动器的性能特点如下:

(1)起动方式有限流型(可任意调整设定)和电压斜坡型两种。可设定 0～240s 的延时起动。

(2)停车方式有自由停车、软停车和制动停车三种。

(3)输出输入控制点均可编程;内设微机接口(RS485,地址 0～30),能实现微机控制或遥控;可实现人机对话。

(4)设有完善的保护报警功能:有短路、单相接地、过电压、过载、断相、相位颠倒等保护报警功能。内置电子速断保护,不需外加快速熔断器。

(5)具有自诊断功能:包括短路、单相接地、过电压、电动机过载、断相、堵转等故障的自诊断。

(6)采用自然风冷,对开关柜不需加排风机。

15. 雷诺尔 JJR2000 系列数字式软起动器有哪些性能特点?

JJR2000 系列数字式软起动器是上海雷诺尔电气有限公司的产品。它适用于交流 380V、50Hz、5.5～2 500kW 各种负载的笼型电动机。

JJR2000 系列数字式软起动器除了具有 JJR1000 系列智能型软起动器的所有功能外,还具有以下特点:

(1)在线控制全自动监控。

(2)具有 4～20mA 模拟电流信号输出,提高微机控制系统升级。

(3)内置电动机短路、过载、过热、电源缺相等保护功能。

(4)产品可靠性较 JJR1000 系列更高。

16. 雷诺尔 JJR5000 系列智能型软起动器有哪些性能特点？

JJR5000 系列智能型软起动器是上海雷诺尔电气有限公司的产品。它适用于交流 380V、50Hz、5.5～600kW 各种负载的笼型电动机。

JJR5000 系列智能型软起动器的性能特点如下：

(1)具有三种起动方式，其中电压斜坡起动方式可得到最大的输出转矩，恒流软起动方式有最大的限制起动电流，重载起动方式可输出最大的起动转矩。

(2)停车方式包括电压斜坡软停车方式及自由停车方式。

(3)具有可编程延时起动方式、可编程连锁控制及可编程故障接点输出。

(4)对输入电源无相序要求。

(5)起动时间、停车时间均可编程修改。

(6)具有多种保护功能，对过电流、三相电流不平衡、过热、缺相、电动机过载等进行保护。

(7)动态故障记忆功能，便于查找故障起因，可最多记录 5 个故障。

(8)可在线查找三相最大的起动电流和最大运行电流。

(9)现场总线的全动态控制监测起动器，易于组网(可选)。

(10)具有汉字显示功能，LCD(液晶屏)显示各种工况参数。在编程及故障状态下具有文字提示说明。

17. 奥托 QB4 系列软起动器有哪些性能特点？

奥托 QB4 系列软起动器是长沙奥托自动化技术有限公司的产品。它适用于交流 380V、50Hz、7.5～500kW 各种负载的笼型电动机。

(1)工作条件

储存温度:$-25℃\sim +55℃$。

运行温度:$-5℃\sim +40℃$。

海拔:安装地点的海拔高度$< 2\ 000m$时,额定值不变;$> 2\ 000m$时,额定值$-5\%/100m$。

相对湿度:$20\%\sim 90\%RH$,无凝露。

环境:应安装在无爆炸危险、无导电尘埃、无腐蚀性气体及破坏绝缘的地方。

工作方式:短时工作制。

外壳防护等级:IP20。

(2)主要性能特点(见表 12-4)

表 12-4　奥托 QB4 软起动器主要性能特点

项　　目		技　术　指　标
主电路	功率器件	晶闸管模块/普通晶闸管
	主电路电源	三相 $380×(0.85\sim 1.10)$V,50Hz/60Hz
	主电路功耗	每相每安培小于 2W
	功率器件电压	$\geqslant 1400$V
	dv/dt 保护	阻容滤波电路,压敏电阻
控制电路	控制电路电源	单相 $220×(0.85\sim 1.10)$V,50Hz/60Hz
	控制电压	$+12$V
	控制电路功耗	5W
	起动指令	无源触点,键盘,计算机指令
起动参数	起动方式	斜坡起动,突跳起动
	起始电压	$100\sim 380$V
	起动时间	$0\sim 120$s
	突跳时间	$0\sim 3$s

续表 12-4

项　目		技　术　指　标
故障保护	电源故障保护	断相、欠电压
	设备故障保护	晶闸管短路、过热
辅助输出	运行辅助输出	常开/常闭继电触点,AC 250V/2A
	故障辅助输出	常开/常闭继电触点,AC 250V/2A*
数字通信 (选配)	通信协议	QB-DLT™
	通信速率	187.5kbit/s
	通信距离	1200m(无中继),13200m(有中继)
	通信站点	99 个(软起动器),31 个(计算机)

18. 美国 RSD6 系列软起动器有哪些性能特点?

RSD6 系列软起动器是美国 BENSHAM 公司的产品。它采用了电力电子技术、微处理技术和模糊控制技术。其低压软起动器的额定电压为 208~690V,额定电流为 7.6~1 200A;中压软起动器的额定电压为 2 300 ~ 15 000V,额定功率为 1 500 ~ 15 000kW。它适用于笼型异步电动机、同步电动机、绕线型异步电动机、双速电动机等多种类型电动机的软起动、软停止。

RSD6 系列软起动器的主要性能特点如下:

(1)采用电脑控制,智能化程度高。运行中可滚动记录 99 个事件供检查用。

(2)过载能力强。一级负载,过载 350%、30s,过载 115%可连续工作;二级负载,过载 500%、30s,过载 115%可连续工作,或过载 500%、30s,过载 125%可连续工作等。

(3)具有背照光液晶显示器,可显示各种参数和故障情况。

(4)保护、监控功能齐全。采用电子保护和监控,具有缺相、过载、过电压、欠电压等保护功能和温度、晶闸管故障、转子堵转等监控功能。

(5)具有通信功能。设有 RS-422 或 RS-485 模块,采用异步通信方式。

19. 美国 GE 公司 ASTAT 系列软起动器有哪些性能特点?

美国通用公司(GE)生产的 ASTAT 系列软起动器具有以下性能特点:

(1)起动电压　在$(35\%\sim95\%)U_e$之间可调,相应的起动转矩为$(10\%\sim90\%)M_q$。其中,U_e为电动机额定电压,M_q为电动机直接起动转矩。

(2)脉冲突跳起动方式　对于如皮带输送机、挤压机、搅拌机等静阻转矩较大的负载,必须施加另一个短时的大起动转矩,以克服大的静摩擦力。脉冲突跳起动方式可以短时输出 $95\%U_e$ 电压(相当于 $90\%M_q$),0～400ms 可调。

(3)加速斜坡或快速控制　加速时间在 1～999s 内可调。

还设有限流[$(200\%\sim500\%)I_e$之间可调,其中 I_e 为电动机额定电流]起动加速方式,也可使电动机线性加速到额定转速。

(4)减速斜坡　可有 3 种方式供选择。

①直接切断电源,电动机自动停车。

②线性斜坡制动时间在 1～999s 内可调。

③非线性软制动,在泵的控制中可以消除水击。

(5)直流电流制动　制动时间可在 0～99s 内选择。

(6)节能运行方式　当电动机负载较轻时,软起动器自动降低施加于电动机定子上的电压,减小了电动机电流励磁分量,从而提高了电动机的功率因数,达到节能的目的。

(7)保护与监控功能　ASTAT 系列软起动器以字符式显示器提供设备的监控和快速故障诊断信息。它的主要保护功能如下：

①限流：在$(2\sim5)I_e$内可调。

②按It^2负载曲线提供过载保护。

③缺相：3s跳闸。

④晶闸管短路、散热器过热、转子堵转：200ms内跳闸。

⑤当电动机内热敏电阻的电阻值大于规定值时，200ms内跳闸。

⑥电源频率：小于48Hz或大于62Hz时不起动。

⑦未接电动机：10s关机。

⑧CPU故障：60ms关机。

⑨起动时间过长（当加速斜坡时间$t_a\leqslant120s$、起动时间大于$2t_a$，或$t_a>120s$、起动时间大于240s）时报警，在低速停留时间过长（$>120s$）时报警。

⑩可记录前4次故障。

ASTAT软起动器还提供通信功能。设有RS-422或RS-485模块，采用异步通信方式，传输速率为1 200～9 600bit/s，传输距离可达1km，通信网最多可接16台设备。

20. WZR型无刷自控绕线型异步电动机软起动器有哪些特点和技术参数？

WZR型无刷自控电动机软起动器是将起动电阻直接安装在电动机的转轴上进行同步运行。它利用电动机旋转时产生的离心力，控制起动电阻的大小，达到减少电动机起动电流和运行维护工作量，增加起动转矩，提高电动机拖动系统的可靠性。产品广泛应用于冶金、石油、化工、矿山、建材、橡胶、造纸、水厂、电站等工业领域的球磨机、破碎机、风机、水泵、打浆机、空压机、轧机、热磨机、制氧机、输送机等机电传动设备中绕线型异步电动机（变速、装有进相机的除外）的起动，使绕线型异步电动机实现无刷自控运行。它去掉了集电环、电刷及二次回路中的频敏变阻器、交流接触器、时间继电器等 10 多个易损件。

软起动机的额定电压有 380V、6kV 和 10kV。配用电动机功率为 130～2 000kW。

(1)性能特点

①选用的电解液对金属(铜和钢)具有防锈作用;通过大电流后,不发生电解液变质、极板腐蚀、产生气体的化学反应;电解液的冰点为 -25℃,沸点为 120℃,能满足不同环境下安全工作的要求。

②具有良好的起动特性,且起动电流、起动转矩可方便无级调整。

③当电网电压较低或负载较重,造成输出转矩不足时,电解液的温度会因通过电流而升高,电阻自动减小,从而逐步增大电动机起动电流,增加起动转矩,确保电动机起动成功。起动器起动过程由电动机自身的转速自动完成,无需人员操作。

④如电动机出现长期堵转现象,电动机堵转电流会自动加热电解液。由于消耗在电解液上的有功功率远大于消耗在电动机绕组上的有功功率,电解液会很快烧干。当电解液烧干后,电动机转子没有通电回路,相当于起动电阻变成无穷大,电动机转子电流会自动降为零,达到保护电动机的目的。运行过程中,遇到突加负载(如轧钢机在轧钢过程中出现堵转),随着电动机转速的降低,起动电阻会自动串入转子回路,达到增加转矩、减小电流和保护电动机的目的。

(2)主要技术参数　WZR 无刷自控电动机软起动器的主要技术参数见表 12-5。

表 12-5　WZR 无刷自控电动机软起动器主要技术参数

电动机额定功率 (kW)	电流倍数 (I_q/I_e)	转矩倍率 (T_q/T_e)	起动时间 (s)
130～230	0.8～2.0		
240～500	1.0～2.0	0.8～2.5	5～15
520～1050	1.0～2.0	(可调)	(可调)
1100～2000	1.0～2.0		

注：I_q—电动机起动电流；I_e—电动机额定电流；

　　T_q—电动机起动转矩；T_e—电动机额定转矩。

　　①电动机允许起动 6 次/h。

　　②电动机允许连续起动 2～3 次。

类似的 WSQ₃ 型无刷无环起动器，其额定电压为 380V，配用电动机功率为 15～125kW。主要技术参数：

电流倍率(I_q/I_e)：1.5～3.5；转矩倍率(T_q/T_e)：1.5～2.5；起动时间：5～15s。

21. SQR1 系列智能型异步电动机软起动器有哪些特点？

SQR1 系列智能型软起动器适用于交流 50Hz、380V、5.5～500kW 各种负载的三相笼型异步电动机。它具有以下特点：

(1)智能化数字式，单片机控制。

(2)延时起动功能，显示运行电流。

(3)在线控制全自动监控。

(4)自然风冷，节省空间。

(5)软起动器结构采用三进线六出线，产品可靠性更高。

(6)先进的软起动方式：a. 电压控制型；b. 限流控制型。

(7)具有人机对话功能。

(8)具有自诊断功能。

(9)内置微机通信口。

(10)内置电动机短路、过载、过热、电源缺相等保护功能。

22. SQR2 系列汉显智能型异步电动机软起动器有哪些特点?

SQR2 系列汉显智能型软起动器适用于交流 50Hz、380V、5.5～500kW 各种负载的笼型异步电动机。它具有以下特点:

(1)五种起动方式 限流起动、电压斜坡起动、斜坡＋限流软起动、突跳转矩起动、电压起动。

(2)停车方式 电压斜坡软停车,自由停车。

(3)可编程延时启动方式,可编程联锁控制,可编程故障接点输出。

(4)对输入电源无相序要求。

(5)起动时间、停车时间均可编程修改。

(6)具有多种保护功能 过电流、三相电流不平衡、过热、缺相、过载等。

(7)动态故障记忆功能,便于查找故障起因。可最多记录 5 个故障。

(8)可在线查找三相最大的起动电流和最大运行电流。

(9)现场总线的全动态控制监测起动器。

(10)汉字显示功能 LCD 液晶屏显示各种工况参数,编程及故障状态下具有中文提示说明。

23. 什么是软起动 MCC 控制柜? 它有哪些扩展功能?

MCC(Motor Control Center)是电动机控制中心的英文缩略语。软起动 MCC 控制柜由以下四部分组成:断路器、软起动器(包括电子控制电路及三相晶闸管)、旁路接触器、二次侧控制电路。

二次侧控制电路具有手动起动、遥控起动、软起动及直接起动等功能,还有电压、电流显示和故障、工作状态等显示。

将软起动 MCC 控制柜进一步加以组合,可以实现多种复合功能。例如：将两台控制柜与控制逻辑单元组合，可以组成"一用一备"电路，当其中一台出现故障时，可自动切换到另一台控制柜；将控制柜与可编程控制器（PLC）组合，可以实现负载运行的定时（如半个月）自动检测，定时自动关闭；将若干台电动机、软起动器与控制逻辑单元组合，可以根据需要逐次打开或关闭各台电动机，实现负载的最佳效率运行，也可以根据需要实现多台电动机的定期自动转换运行，使各台电动机都处于同等的运行寿命期。

24. 怎样选择软起动器？

现以 ABB 公司生产的 PSA、PSD 和 PSDH 型软起动器（PSA、PSD 型为一般起动型，PSDH 型为重载起动型）为例介绍如下：

（1）软起动器型号的选择

泵：选择 PSA 或 PSD 型。PSD 型软起动器有特别的泵停止功能（级落电压），使在停止斜坡的开始瞬间降低电动机电压，然后再继续线性地降至最终值，这提供了停止过程可能的最软的停止方法。

鼓风机：当起动较小功率的风机时，可选择 PSA 或 PSD 型；起动带重载的大型风机时，应选择 PSDH 型。其内部的过载继电器可保护电动机过于频繁起动引起的过热现象。

空压机：选用 PSA 或 PSD 型。选用 PSD 型可以提高功率因数和电动机效率，减小空载时的电能消耗。

输送带：一般可选用 PSA 或 PSD 型。如果输送带的起动时间较长，应选用 PSDH 型。

各软起动器可用于螺旋式输送机、滑轮提升机、液压泵、搅拌机、环形锯等。根据运行数据的计算，选择适当的软起动器，可用于破碎机、轧机、离心机及带形锯等。

(2)软起动器的型号规格　这3种类型的软起动器的型号规格见表12-6。

表 12-6　软起动器的型号规格

项　目	单位及信号器	PSA	PSD	PSDH
应用场合		一般起动	一般起动	重载起动
功率范围	200～230V　kW	4～18.5	22～250	7.5～200
	380～415V　kW	7.5～30	37～450	14～400
	500V　kW	11～37	45～560	18.5～500
	690V　kW	—	355～800	—
内部电子过载继电器		无	无④或有	有
功能(用于设定的电位器):				
起动斜坡时间(START)	s	0.5～30	0.5～60	0.5～60
初始电压(U_{1N1})		30%(不可调)	10%～60%	10%～60%
停止斜坡时间(STOP)	s	0.5～60	0.5～240	0.5～240
级落电压(U_{SD})		无	100%～30%	100%～30%
起动电流限制(I_{L1M})		2～5I_e	2～5I_e	2～5I_e
可调额定电动机电流(I_e)		无	70%～100%②	700%～100%
用于选择的开关:				
节能功能(PF)		无	有	有
脉冲突跳起动(KICK)		无	有	有
大电流关断(SC)		无	有	有
节能功能反应时间、正常速/慢速(TPF)		无	有	有

续表 12-6

项 目	单位及信号器		PSA	PSD	PSDH
信号继电器用于:	信号继电器	信号灯			
起动斜坡完成	K5	(T)③	有	有	有
运行	K4	(R)	无	有	有
故障	K6	(F1 和/或 F2)	无	有	有
过载	K3	(OVL)	无	有①④	有
电源电压	—	(On)	有	有	有
节能功能激活	—	(P)	无	有	有
认可		UL	有	有④	有

注:①带内部电子过载继电器。

②只适用于 U_e=690V,50%~100%。

③不适用于 PSA。

④不适用于 690V。

25. 怎样正确应用软起动器?

原则上,不需要调速的鼠笼型异步电动机均可应用软起动器。目前的应用范围是交流 380V(或 660V)、功率从几千瓦到 850kW 的电动机。

具体应用时,应根据必要性、性能、价格等正确选择。

(1)对于需要有特殊功能的设备,如需要平滑加、减速,突跳,快速停车,低速制动等功能,必须采用软起动器。

(2)对于经常需要开、停的设备,如允许轻载起动,可以采用软起动器。

(3)对于短时重复工作的设备,即长期空载(轻载<40%)运行,短时重载,或负载持续率较低,如起重机、皮带输送机、金属材料压延机、车床、冲床、刨床、剪床等,可以采用软起动器。

（4）对于功率在 90～250kW 要求减压起动的电动机，可以采用软起动器代替自耦减压起动器等。因为投资相差不很大，且可节约大量的硅钢片和铜材。

（5）软起动器只有在低负载率下才有较好的节电效果，不可不分对象地应用。如，对于恒定负载，连续长期运行的电动机，不宜采用软起动器；对于变负载，只有当负载率 $\beta < 30\%$ 时，采用软起动器才能节电。

（6）对于高压（中压）异步电动机，可以采用软起动器或变频器软起动。采用降压变压器-低压变频器-升压变压器的方案价格要比软起动器高 2～4 倍。一般来说，对起动转矩小于 50% 的负载，宜采用软起动器；而对起动转矩大于 50% 的负载，则宜采用变频器。

26. 使用软起动器应注意哪些问题？

（1）软起动器只有在规定的环境下才能安全可靠地工作。若环境条件中有不满足其要求的，则应采取相应的改善措施。软起动器的运行环境条件规定如下：

环境温度：根据产品不同，有 0℃～+40℃；−25℃～+40℃和−40℃～+40℃等。

相对湿度：20%～90%，不结露，无冰冻。

没有腐蚀性、可燃性气体。

无滴水，无热源，无直接日晒，通风良好。

海拔：安装地点的海拔不超过 2 000m。

振动：软起动器能承受的振动条件是振动频率为 10～150Hz，振动加速度不大于 5m/s²。

（2）软起动器本身没有短路保护，为了保护其中的晶闸管，应该采用快速熔断器。快速熔断器应根据软起动器的额定电流来选择。需指出，由于低压断路器开断时间较长（约为 0.1s），不宜用于晶闸管的保护。

（3）当软起动器使电动机制动停机时，只是由于晶闸管不导通，使电动机的输入电压为0V，但在电动机与电源之间并没有形成电气隔离，因此在检修电动机或线路时，必须切断供电电源。为此，应在软起动器与电源之间增设断路器。

（4）当软起动器功率较大或者台数较多时，产生的高次谐波会对电网造成不良影响，并对电子设备产生干扰。为此，可在电动机的起动线路中装设旁路接触器，当电动机平稳起动至正常转速时，旁路接触器闭合，把软起动器短接。即在起动完成之后，大功率晶闸管不再工作，从而消除高次谐波对电网及电子设备的干扰。电动机软起动电路加装旁路接触器电路如图12-5所示。

（5）软起动器内置有多种保护功能（如失速及堵转测试、相间平衡、欠载保护、欠电压保护、过电压保护等），具体应用时应根据实际需要通过编程来选择保护功能或使某些保护功能失效。比如，在突然断电比过负载造成的损失更大的场合，其过负载保护应作用于信号而不应作用于切断电路。

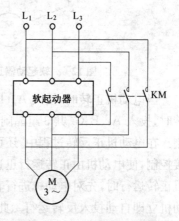

图12-5　旁路接触器的接线

（6）软起动器的使用环境要求比较高，应做好通风散热工作，安装时应在其上、下方留出一定空间，使空气能流过其功率模块。当软起动器的额定电流较大时，要采用风机降温。

27. 软起动器如何实现电动机正反转运行?

软起动器控制电动机正反转电路如图 12-6 所示。从图中可见,控制电路由 5 组晶闸管组成。

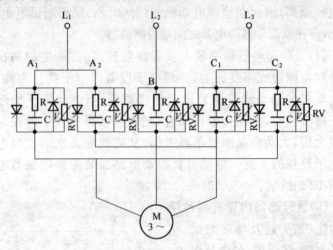

图 12-6　软起动器正反转控制原理电路

当电动机正转时,投入 A_1、B、C_1 共 3 组晶闸管;当电动机反转时,投入 A_2、B、C_2 共 3 组晶闸管。从而实现电动机的正反转控制。在电动机正反转过程中,还可根据需要对电动机直接进行反接控制,使电动机由正转运行迅速转变为反转运行。也可在电动机正转运行时,先对电动机进行直流能耗制动,能耗制动完毕,电动机立即自动投入反转运行。此时晶闸管由 A_1、B、C_1 导通供电改为 A_2、B、C_2 导通供电。采用直流能耗制动,可按预先设置的程序由小到大逐渐增加制动力矩,且制动电流由小到大的变化时间可根据工况的需要调整。能耗制动的优点是制动电流较小,冲击转矩小,可延长电动机的使用寿命。

图中，RC 为晶闸管阻容保护；RV 为晶闸管压敏电阻保护，都为防止晶闸管换相过电压。RC 保护，用以延缓过高的电压上升率（du/dt）；压敏电阻 RV 用以吸收过电压。

28. 怎样防止软起动器因控制触点竞争不能投入的故障？

电动机软起动主电路接线如图 12-7 所示。起动时，需先让交流接触器 KM₁ 投入，其主触点闭合后，再让控制软起动器的运行触点 KA 闭合，将软起动器投入运行，电动机软起动。当电动机达到一定转速后，旁路接触器 KM₂ 才投入工作，电动机全速运行。

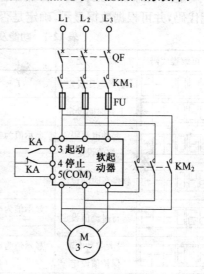

图 12-7　电动机软起动主电路接线

在一些软起动控制线路中，由于设计不合理，存在接触器 KM₁ 和继电器 KA 触点竞争问题。有可能出现 KA 触点先闭合，KM₁ 主触点后闭合，这时软起动器将不能投入运行，电动机起动不了。例如，继电器 KA 虽然通过接触器 KM₁ 的常开辅助触点闭合后才能吸合，似乎 KA 的常开触点闭合要比 KM₁ 的主触点闭合来得晚，然而由于继电器 KA 的触点行程短，作用力小，而接触器 KM₁ 的主触点行程长、作用力大，因而往往不是 KM₁ 主触点先闭合，而是 KA 触点先闭合。为此在设计软起动控制回路时，应确保 KM₁ 主触点先闭合，KA 触点后闭合。这实际很简单，只要让两者的动作时间有一个 1 至数秒钟延时即可保证软起动器可靠投入运行。

29. 软起动器有哪些功能代码及状态显示代码？

不同产品型号的软起动器有其不同的功能代码及状态显示代码,现以西普 STR 软起动器为例,其功能及代码见表 12-7；保护功能及状态显示见表 12-8。操作键盘上的按键,就能显示出功能代码,并可根据数据显示,确定是否修改。

表 12-7　功能及代码

可编程代码	功　能	说明及数据	出厂设定值
d 10----	初始电压设定	0～380V	40
d20----	上升时间设定	0～600s	30
d30----	起动电流限幅值设定	显示值为电动机额定电流百分比（40%～800%）	150
d40----	软停车时间设定	1～100s	1
d50----	运行过流值设定	显示值为电动机额定电流百分比（20%～300%）	200
d⁻0----	最大起动电流保护值设定	显示值为电动机额定电流百分比（400%～600%）	400
d7000-	操作方式设定	1. 键盘操作；2. 远控操作；3. 键盘和远控操作均可	1
d80----	软起动器额定电流值显示	此项只可查看,不可修改	控制器标称电流值
cd -	控制模式设定	1.电压斜坡控制；2.电流限幅控制；3. 点动控制	2
cd -	停车方式设定	0. 自由停车；1. 软停车	0
PE0000	允许写入状态	在该状态下,按 SET 键才可将修改后的新数据记忆在存储器	

注:日表示可修改数据码的有效位。

表 12-8 保护功能及状态显示

状态显示代码	状态说明	参考原因	对　策
rdY --	起动等待状态,最后两位为起停方式		
PU----	运行状态,后四位显示运行电流		
Phr	相序错误		调换任意两相输入电源线
PHO	输入电源断相		检查三相电源是否可靠接入
Pr 01	起动过电流保护	起动电流超过保护电流设定值	根据负载调整起动时间或初始电压
Pr 02	I^2t 保护	限流参数过小或起动时间过长	适当加大限流值或减少起动时间
Pr 03	运行过电流保护	负载突然加重或负载波动太大	调整负载运行状态
Pr 04	电动机过载保护	是否超载运行	减小负载
Pr 05	违反规程起动保护	违反操作程序	重新确认控制模式
Pr 06	断相保护	在起动或运行过程中缺相	检查三相电源是否可靠接入
Pr 07	干扰保护	外部干扰信号太强	查找并消除干扰源
Pr 08	参数故障保护	设定参数丢失	检查各参数并重新设定
OH	过热保护	起动器内散热器过热	减小起动电流或降低起动频度

操作键盘上可指示运行数据和故障状态。

30. 怎样操作软起动器的操作键盘？

以西普 STR 软起动器为例，其操作键盘如图 12-8 所示。

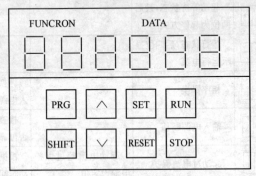

图 12-8　STR 软起动器操作键盘

图中，显示框有 6 位数（LED 显示），前两位为功能显示（功能码），后四位为数据显示（数据码），同时可显示输出电流、电压，保护时可显示故障类型。

PRG 键——进入和退出编程键；

SHIFT 键——在编程状态下查找功能码，连续按此键，可循环显示各功能码；

∧∨键——在编程状态下修改数据，∧键增大，∨键减小；

SET 键——将修改后的参数存入存储器；

RESET 键——保护动作时，用此键可消除警报，回到运行等待状态；

RUN 键——按此键使电动机起动；

STOP 键——按此键使电动机停止。

具体操作如下：

接通电源，显示屏显示"rdУ"，即运行等待，按一下 PRG 键即进入编程状态"dl0"。如果要修改数据（Yes），则按 ∧ 键或 ∨ 键，完毕后按一下 SHIFT 键，换到下一功能代码（连续按此键，可循环显示各功能码),如还有数据要修改,则重复上述功能。每次修改的数据,必须在显示"PE0000"时按下 SET 键(存储命令键),将功能参数存入存储器,否则断电后,维持修改前的数据。如果还有功能参数需设置或修改,再按一下 PRG 键,显示屏又会显示"rdY",再次进入运行等待状态,再按一下 PRG 键,修改过程同前述;如果不再修改(NO),则按一下 SHIFT 键、SET 键、PRG 键,即又回到"rdY"。

设置完毕的软起动器即可投入使用。合上总电源开关,显示屏即显示"rdY"(运行等待),按下 RUN 键,电动机即软起动;按下 STOP 键,电动机即软停机。

如果软起动器保护动作,发出报警信号,按下 RESET 键,即可消除报警。

31. 软起动器有哪几种典型接线? 它们各有哪些优缺点?

在软起动器使用说明书中,一般都会介绍几种典型的接线方式。

(1)标准单元的接线方式 如图 12-9 所示。

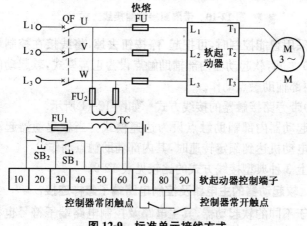

图 12-9 标准单元接线方式

当采用智能控制时,可把起/停按钮去掉,将线接在控制端子10 和 40 之间。

(2)带隔离接触器的接线方式　如图 12-10 所示。

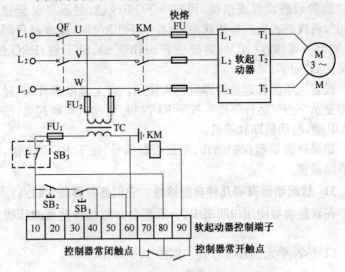

图 12-10　带隔离接触器接线方式

当采用智能控制时,可把起/停按钮去掉,将线接在控制端子10 和 40 之间,软起动器内部辅助触点设为正常模式,软起动的同时,其内部辅助触点动作。

(3)带旁路接触器的接线方式　如图 12-11 所示。

软起动器内部辅助触点设为达速模式。当软起动器起动过程结束电动机达到额定转速时,其内部辅助触点动作。

以上 3 种典型接线方式的比较见表 12-9。

32. 软起动器的主电路及控制电路端子怎样连接?

对于不同的软起动器,其主电路及控制电路端子符号也有所不同,接线也有所不同。

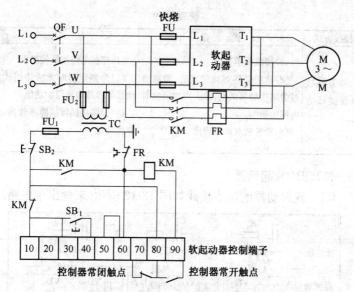

图 12-11 带旁路接触器接线方式

表 12-9 3 种典型接线方式的比较

接线方式	优 点	缺 点
标准单元接线方式	(1)配电元件少,造价低 (2)接线简单 (3)可以使用软起动器的多种内置保护功能	(1)工作时会产生高次谐波,对电网造成不良影响 (2)软起动器保护功能动作时,无法切断软起动器电源 (3)软起动器内部故障或控制电路故障时无法停止
带隔离接触器接线方式	(1)接线简单 (2)软起动器保护功能动作时,可以通过隔离接触器切断电源 (3)可以使用软起动器的多种内置保护功能	(1)工作时会产生高次谐波,对电网造成不良影响 (2)软起动器内部故障或控制电路故障时无法及时切断电源

续表 12-9

接线方式	优　点	缺　点
带旁路接触器接线方式	(1)接线简单 (2)软起动器起动完成后,负载通过旁路接触器供电,减少高次谐波对电网的影响 (3)延长软起动器寿命	(1)控制电路接线较简单 (2)旁路运行时无法使用软起动器的多种内置保护功能 (3)旁路接触器故障率较高,可靠性较低

(1)QB4 软起动器

QB4 软起动器的基本接线如图 12-12 所示(未画出主电路)。

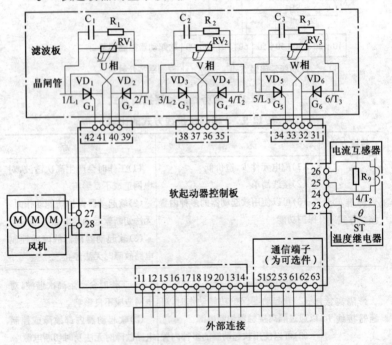

图 12-12　QB4 软起动器的接线

主电路端子见表 12-10,控制电路端子见表 12-11。

表 12-10　主电路端子

编号	1	3	5	2	4	6	PE
名称	L_1	L_2	L_3	T_1	T_2	T_3	PE
说明	U 相输入	V 相输入	W 相输入	U 相输出	V 相输出	W 相输出	保护接地

表 12-11　控制电路端子

编号	11	12	15	16	17	18	19	20	13	14	51 61	52 62	53 63
名称	N	L	KR	KR_1	KR_0	KF	KF_1	KF_0	ST_1	ST_2	N+	N−	N_0
说明	零线	相线	公共	常闭	常开	公共	常闭	常开			正	负	屏蔽
	控制电源		运行辅助输出			故障辅助输出			起动控制		数字通信(选配)		
	AC 220V		无源触点			无源触点			无源触点		QB-DLT™		

表中,端子 13、14 用于控制软起动器工作,接通时起动,断开时停止。15、16、17 为运行辅助触点,在起动结束后动作,用于控制旁路接触器,触点容量为 250V/2A。18、19、20 为故障辅助触点,在故障保护时动作,触点容量为 250V/2A。51～53、61～63 为数字通信端子,通过网络通信卡与主控计算机连接。

(2)CR1 软起动器

CR1 软起动器的基本接线如图 12-13 所示。

主电路端子见表 12-12,控制电路端子见表 12-13。

(3)STR 软起动器

STR 软起动器的基本接线如图 12-14 所示。

主电路端子见表 12-14,控制电路端子见表 12-15。

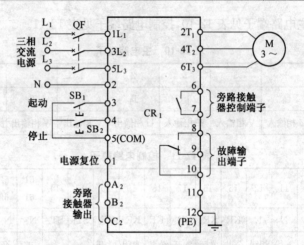

图 12-13 CR1 软起动器的接线

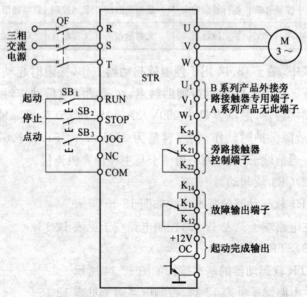

图 12-14 STR 软起动器的接线

表 12-12 主电路端子

编号	说明
1L₁	U 相输入
3L₂	V 相输入
5L₃	W 相输入
2T₁	U 相输出
4T₂	V 相输出
6T₃	W 相输出
A₂	旁路接触器 U 相输出
B₂	旁路接触器 V 相输出
C₂	旁路接触器 W 相输出

表 12-13 控制电路端子

编号	说明
1	控制电源控制电源相线
2	控制电源中性线
3	起动
4	停止
5	公共 (COM)
6	旁路常开输出
7	旁路常开输出
8	故障常开输出
9	故障常闭输出
10	故障公共
11	空
12	保护接地 (PE)

表 12-14 主电路端子

编号	说明
R	U 相输入
S	V 相输入
T	W 相输入
U	U 相输出
V	V 相输出
W	W 相输出
U₁	旁路接触器 U 相输出
V₁	旁路接触器 V 相输出
W₁	旁路接触器 W 相输出

注:旁路接触器输出为 B 系列专用,A 系列无此端子。

表 12-15 控制电路端子

	数字输入				数字输出			继电器输出					
编号	RUN	STOP	JOG	NC	COM	+12V	OC	COM	K14	K11	K12	K24	K21	K22
说明	起动	停止	点动	空	公共	内部电源	起动完成	公共	故障常开输出	故障常闭输出	故障公共	旁路接触器常开控制	旁路接触器常闭控制	旁路接触器公共控制

注:1. 故障输出触点容量:AC:10A/250V,DC:10A/30V;

2. 旁路接触器控制触点容量:AC:10A/250V 或 5A/380V。

33. CR1 系列软起动器不带旁路接触器的线路是怎样的?

线路如图 12-15 所示。图中端子的含义见本章第 32 问中表 12-12 和表 12-13。

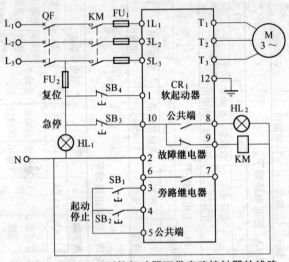

图 12-15　CR1 系列软起动器不带旁路接触器的线路

工作原理:合上断路器 QF,电源指示灯 HL$_1$ 点亮,接触器 KM 得电吸合。按下起动按钮 SB$_1$,端子 3、5 相连,电动机按设定参数[如起动电压 U_s=(30%~80%)U_e,起动时间 t_s=0.5~60s,可调]开始软起动。停机时,按下软停按钮 SB$_2$,端子 4、5 相接,电动机按设定参数(如斜坡时间 t_{OFF}=0.5~60s,关断电压 U_{OFF}≤U_s,可调)开始软停机。

当出现意外情况需要电动机紧急停机时,可按下急停按钮 SB$_3$。当软起动器发生故障自动停机后,先排除故障,再按一下电源复位按钮 SB$_4$,即可正常操作。

当软起动器内部发生故障时,故障继电器动作,接触器 KM 失电释放,切断软起动器输入端电源,同时故障指示灯 HL$_2$ 点亮。

34. CR1 系列软起动器无接触器而有中间继电器的线路是怎样的?

线路如图 12-16 所示。图中端子的含义见本章第 32 问中表 12-12 和表 12-13。

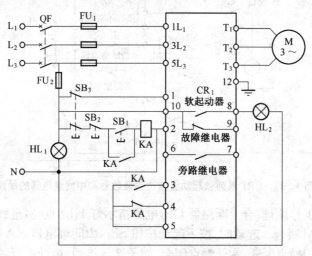

图 12-16 CR1 系列软起动器无接触器而有中间继电器的线路

工作原理:合上断路器 QF,电源指示灯 HL₁ 点亮,按下起动按钮 SB₁,继电器 KA 得电吸合并自锁,其常闭触点断开、常开触点闭合,端子 3、5 相接,电动机按设定参数开始软起动。停机时,按下软停按钮 SB₂,继电器 KA 失电释放,其常开触点断开,常闭触点闭合,端子 4、5 相接,电动机按设定参数开始软停机。SB₃ 为电源复位按钮,当软起动器发生故障自动停机后,先排除故障,再按一下 SB₃,即可正常操作。

35. CR1 系列软起动器带进线接触器和中间继电器的线路是怎样的?

线路如图 12-17 所示。

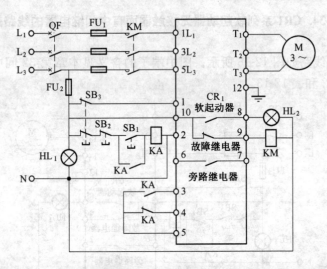

图 12-17　CR1 系列软起动器带进线接触器和中间继电器的线路

工作原理：合上断路器 QF，电源指示灯 HL₁ 点亮，进线接触器 KM 吸合。起动时，按下起动按钮 SB₁，中间继电器 KA 得电，其常闭触点断开、常开触点闭合，端子 3、5 接通，电动机开始软起动。停机时，按下软停按钮 SB₂，KA 失电释放，其常开触点断开，常闭触点闭合，端子 4、5 接通，电动机开始软停机。按钮 SB₃ 的作用见第 34 问。

36. CR1 系列软起动器带旁路接触器的线路是怎样的？

线路如图 12-18 所示。

工作原理：合上断路器 QF，电源指示灯 HL₁ 点亮，进线接触器 KM₁ 吸合。起动时，按下起动按钮 SB₁，中间继电器 KA 得电吸合并自锁，其常闭触点断开，常开触点闭合，端子 3、5 接通，电动机开始软起动，转速逐渐上升。当电动机转速达到额定值（即电动机电压达到额定电压）时，软起动器内部的旁路继电器触点 S 闭合，旁路接触器 KM₂ 自动吸合，将软起动器内部的主电路（三

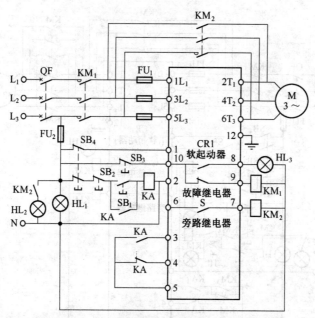

图 12-18 CR1 系列软起动器带旁路接触器的线路

相晶闸管)短路,从而使晶闸管等不致长期工作而发热损坏。当 KM₂ 吸合时,旁路运行指示灯 HL₂ 点亮。停机时,按下软停按钮 SB₂,继电器 KA 失电释放,其常开触点断开,常闭触点闭合,端子 4、5 接通,电动机软停机。当转速下降到一定值时,软起动器内部 触点 S 断开,接触器 KM₂ 失电释放,断开旁路接触器主触点。

图中,按钮 SB₃、SB₄ 的作用见第 33 问。

37. CR1 系列软起动器正反转运行线路是怎样的?

线路如图 12-19 所示。

图中,KM₁ 为进线接触器,KM₂ 为旁路接触器,KM₃ 为正转 接触器,KM₄ 为反转接触器,KA₁ 为中间继电器;SB₁ 为正转起动 按钮,SB₂ 为反转起动按钮,SB₃ 为软停机按钮,SB₄ 为控制电源

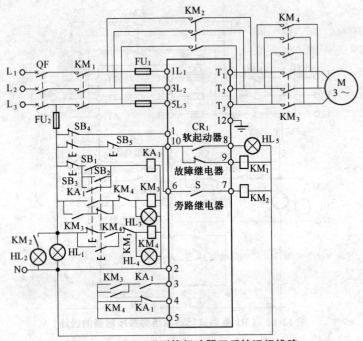

图 12-19　CR1 系列软起动器正反转运行线路

复位按钮,SB₅ 为电动机急停按钮;HL₁ 为电源指示灯,HL₂ 为旁路运行指示灯,HL₃ 为电动机正转指示灯,HL₄ 为电动机反转指示灯,HL₅ 为故障指示灯。

工作原理:合上断路器 QF,电源指示灯 HL₁ 点亮,进线接触器 KM₁ 得电吸合。

正转运行时,按下按钮 SB₁,中间继电器 KA₁ 和接触器 KM₃ 分别得电吸合并自锁,KA₁ 的常闭触点断开,常开触点闭合,KM₃ 的常开辅助触点闭合,端子 3、5 接通,电动机正转软起动,指示灯 HL₃ 点亮。当电动机转速达到额定值时,软起动器内部的旁路继电器触点 S 闭合,接触器 KM₂ 得电吸合,指示灯 HL₂ 点亮,电动机进入正转全压运行状态。

反转运行时,按下按钮 SB₂,KM₃ 失电释放,KM₄ 得电吸合并自锁,其常开辅助触点闭合,端子 3、5 接通,电动机反转软起动,指示灯 HL₄ 点亮。当电动机转速达到额定值时,内部触点 S 闭合,接触器 KM₂ 得电吸合,指示灯 HL₂ 点亮,电动机进入反转全压运行。

软停机时,按下按钮 SB₃,继电器 KA₁ 失电释放,其常开触点断开,常闭触点闭合,端子 4、5 接通,电动机软停机。

图中,复位按钮 SB₄ 和急停按钮 SB₅ 的作用见第 33 问。

38. RSD6 型软起动器怎样接线?

控制电动机正转运行的软起动器的接线如图 12-20 所示。

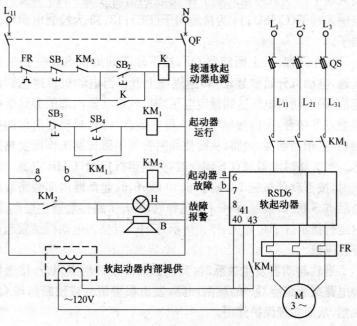

图 12-20 RSD6 型软起动器的接线

工作原理：合上隔离开关 QS 和控制回路断路器 QF，按下按钮 SB$_2$，接触器 K 得电吸合并自锁，接通软起动器电源。按下起动器运行按钮 SB$_4$，接触器 KM$_1$ 得电吸合并自锁，其常开辅助触点闭合，软起动器工作，电动机 M 起动运行。当起动器发生故障时，软起动器 RSD6 的触点 6、7 闭合，接触器 KM$_2$ 得电吸合，其常开触点闭合，接通故障报警电路，发出声光报警信号。

39. 雷诺尔 JJR1000XS 型软起动器的控制线路是怎样的？

JJR1000XS 型软起动器的控制线路如图 12-21 所示。

图中，1、2 为旁路继电器端子；3、4 为故障输出端子；7 为瞬停输入端子；8 为软停输入端子；9 为软起动输入端子；10 为公共接点输入端子(COM)；11 为接地端子(PE)；12、13 为控制电源输入端子。

工作原理：合上断路器 QF，按下软起动按钮 SB，端子 9、10 接通，电动机开始软起动，转速逐渐上升。当电动机转速达到额定值(即电动机电压达到额定电压)时，软起动器内部的旁路继电器触点 S 闭合，旁路接触器 KM 得电吸合，将软起动器内部的主触点(三相晶闸管)短路，从而使晶闸管等不致长期工作而发热损坏。当旁路继电器触点 S 闭合时，旁路运行指示灯 HR 点亮。停机时，按下软停按钮 5s，端子 8、10 断开，软起动器内部旁路继电器触点 S 断开，接触器 KM 失电释放，断开旁路接触器主触点，同时运行指示灯 HR 熄灭、停止指示灯 HG 点亮。电动机经软起动器软停机。

当软起动器发生故障时，其内部故障常开触点闭合，接通报警电路或断路器 QF 的跳闸回路，发出报警信号或使断路器 QF 跳闸，从而实现保护作用。

电器元件见表 12-16。

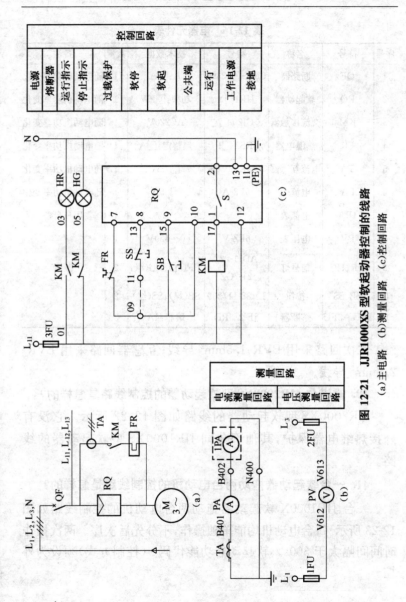

图 12-21 JJR1000XS 型软起动器控制的线路
(a) 主电路　(b) 测量回路　(c) 控制回路

表 12-16 电器元件表

序号	符号	名称	型号	技术数据	数量	备注
1	QF	断路器	CM1-□/3300	I_e:□A	1	随电动机功率变化
2	RQ	软起动器	JJR1□X	功率:□kW	1	随电动机功率变化
3	KM	交流接触器	CJ20-□	AC220V	1	随电动机功率变化
4	FR	热继电器	JRS2-□F	热整定:□A	1	随电动机功率变化
5	TA	电流互感器	LMK3-0.66	□/5A	1	随电动机功率变化
6	PA	电流表	6L2-A	□/5A	1	随电动机功率变化
7	1PA	电流表			1	用户自备
8	PV	电压表	6LZ-V	0～450V	1	
9	HR、HG	信号灯	AD11-22/21-7GZ	HR(红)、HG(绿)	2	
10	SB、SS	按钮	LA38-11/209	SB(绿)、SS(红)	2	
11	1FU～3FU	熔断器	JF-2.5RD	熔芯:4A	3	

二次回路采用 BVR-1.5mm² 导线;互感器回路采用 BVR-2.5mm² 导线。

40. 雷诺尔 JJR2000XS 型软起动器的控制线路是怎样的?

JJR2000XS 型软起动器的线路如图 12-22 所示。它没有外接热继电器保护,其他部分同 JJR1000XS 型软起动器的线路。

41. 一台软起动器拖动两台电动机的控制线路是怎样的?

一台 JJR1000X 软起动器拖动两台电动机的控制线路如图 12-23 所示。每台电动机均能单独操作,不分先后次序。两次操作时间间隔大于 300s。软起动器功能代码 9(控制方式)须设为外控。

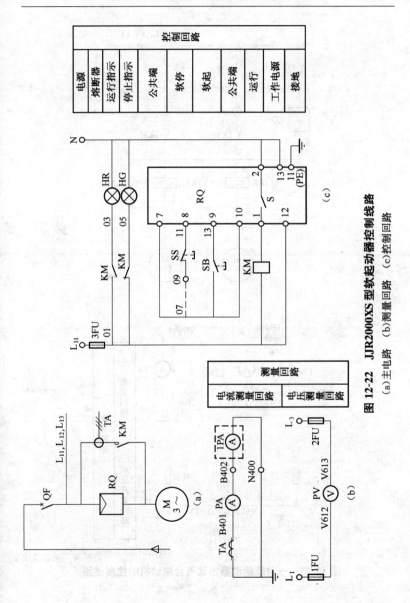

图 12-22 JJR2000XS 型软起动器控制线路

(a) 主电路 (b) 测量回路 (c) 控制回路

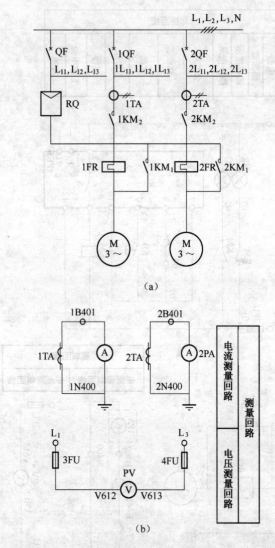

（a）

（b）

图 12-23　一台软起动器拖动两台电动机的控制线路

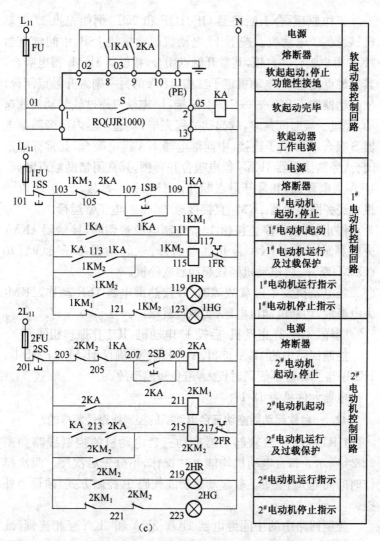

图 12-23 一台软起动器拖动两台电动机的控制线路(续)

(a)主电路 (b)测量回路 (c)控制回路

　　工作原理：合上断路器 QF、1QF 和 2QF，例如先投 1# 电动机、后投 2# 电动机。按下 1# 电动机起动按钮 1SB，中间继电器 1KA 得电吸合并自锁，其常开触点闭合，接触器 1KM₁ 得电吸合，其主触点接通 1# 电动机定子三相，1KA 的另一副常开触点闭合，软起动器端子 8(9)、10(COM)连接，1# 电动机通过软起动器软起动，经过一段时间延时，软起动过程完毕，软起动器内部旁路继电器 S 吸合，1、2 端子连接，中间继电器 KA 得电吸合，其常开触点闭合，旁路接触器 1KM₂ 得电吸合并自锁，其常闭辅助触点断开，1KA 失电释放，其常开触点断开，1KM₁ 失电释放，于是 1# 电动机就经旁路接触器 1KM₂ 直接接通 380V 网电正常运行。

　　停止时，按下停止按钮 15s，控制电源被切断，接触器 1KM₂ 失电释放，同时 1KA 常开触点断开，软起动器端子 8(9)、10(COM)断开，1# 电动机经软起动器软停机。

　　当电动机发生过载故障时，外接热继电器 1FR 动作，1KM₂ 失电释放，切断电动机电源，实现过载保护。

　　同样，先投 2# 电动机、后投 1# 电动机，其工作原理相同。

　　控制回路中的 1KA 与 2KA 互相联锁，确保 1KM₁ 与 2KM₁、1KM₂ 与 2KM₂ 不能同时投入，避免短路事故。

　　电器元件见表 12-17。

42. 一台软起动器拖动三台电动机的控制线路是怎样的？

　　JJR1000X 一台软起动器拖动三台电动机的控制线路如图 12-24 所示。每台电动机均能单独操作，不分先后次序。两次操作时间间隔大于 60s。软起动器功能代码 9(控制方式)须设为外控。

　　控制回路中的中间继电器 1KA、2KA 和 3KA 互相连锁，确保接触器 1KM₁、2KM₁ 与 3KM₁、1KM₂、2KM₂ 与 3KM₂ 不能同时投入，避免短路事故。

表 12-17 电器元件表

序号	符 号	名 称	型 号	技术数据	数量	备 注
1	QF,1QF,2QF	断路器	CM1-□/3300	I_e:□A	3	随电动机功率变化
2	RQ	软起动器	JJR1□X	功率:□kW	1	随电动机功率变化
3	1KM₁,1KM₂,2KM₁,2KM₂	交流接触器	CJ20-□	AC220V	4	随电动机功率变化
4	KA,1KA,2KA	中间继电器	JZC3-31d	AC220V	3	随电动机功率变化
5	1FR,2FR	热继电器	JRS2-□F	热整定:□A	2	随电动机功率变化
6	1TA,2TA	电流互感器	LMC3-0.66	□/5A	2	随电动机功率变化
7	1PA,2PA	电流表	6L2-A	□/5A	2	随电动机功率变化
8	PV	电压表	6L2-V	0~450V	1	
9	1HR,2HR	信号灯	AD11-22/21-7GZ	AC220V 红	2	
10	1HG,2HG	信号灯	AD11-22/21-7GZ	AC220V 绿	2	
11	1SB,2SB	起动按钮	LA38-11/209	绿	2	
12	1SS,2SS	停止按钮	LA38-11/209	红	2	
13	FU,1FU~4FU	熔断器	JPS-2.5RD	熔芯:4A	5	

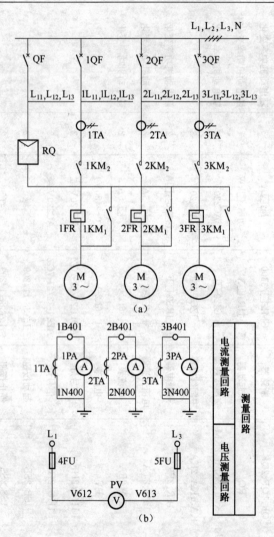

图 12-24　一台软起动器拖动三台电动机的控制线路

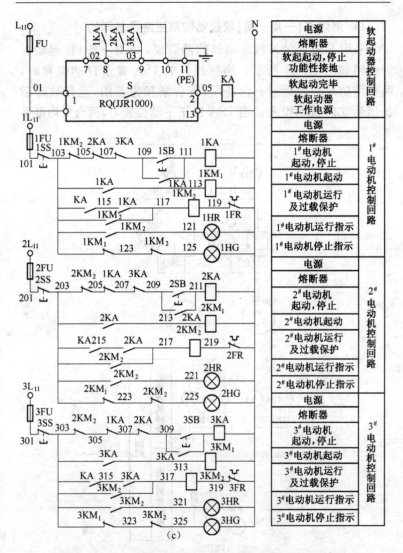

电源	软起动器控制回路
熔断器	
软起起动,停止 功能性接地	
软起动完毕	
软起动器 工作电源	
电源	1#电动机控制回路
熔断器	
1#电动机 起动,停止	
1#电动机起动	
1#电动机运行 及过载保护	
1#电动机运行指示	
1#电动机停止指示	
电源	2#电动机控制回路
熔断器	
2#电动机 起动,停止	
2#电动机起动	
2#电动机运行 及过载保护	
2#电动机运行指示	
2#电动机停止指示	
电源	3#电动机控制回路
熔断器	
3#电动机 起动,停止	
3#电动机起动	
3#电动机运行 及过载保护	
3#电动机运行指示	
3#电动机停止指示	

(c)

图 12-24 一台软起动器拖动三台电动机的控制线路(续)

(a)主电路 (b)测量回路 (c)控制回路

43. 消防泵(一用一备)软起动控制线路是怎样的?

采用 FSR1000X 软起动器的消防泵(一用一备)软起动控制线路如图 12-25 所示。当转换开关 1SA 置于自动位置时,两台消防泵一台运行一台备用,两台泵互为备用,运行故障后备用泵立即自动投入。当 1SA 置于手动位置时,两台泵均可手

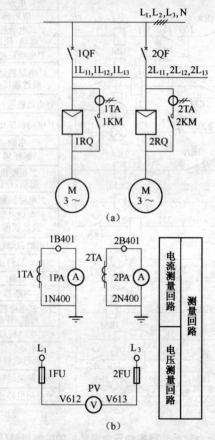

图 12-25   消防泵(一用一备)软起动控制线路

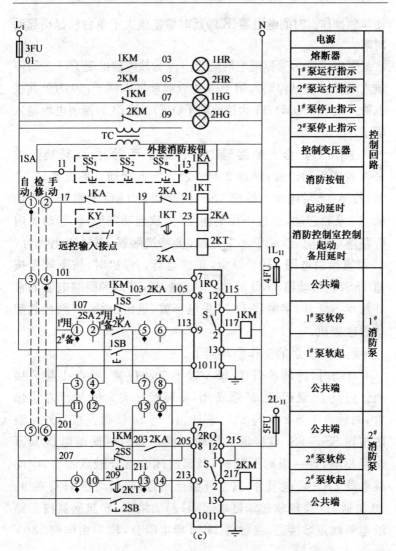

图 12-25 消防泵(一用一备)软起动控制线路(续)
(a)主电路 (b)测量回路 (c)控制回路

动单独操作。时间继电器(KT)延时整定值大于单台软起动起动时间。

图中,1、2 为旁路继电器端子;3、4 为故障输出端子;7 为瞬停输入端子;8 为软停输入端子;9 为软起动输入端子;10 为公共接点输入端子(COM);11 为接地端子(PE);12、13 为控制电源输入端子。

工作原理:合上断路器 1QF、2QF。手动时,将转换开关 1SA 置于手动位置,触点 3 与 4 及 5 与 6 接通。假设起动 1# 泵,按下 1# 泵软起动按钮 1SB,软起动器 1RQ 的端子 9、7 连接,1# 泵软起动,经过一段时间延时,软起动完毕,软起动器内旁路继电器吸合,端子 1、2 连接,旁路接触器 1KM 得电吸合,1# 泵直接由电网 380V 供电,正常运行。停机时,按下软停按钮 1SS,软起动器 1RQ 的端子 8、7 断开,其内旁路继电器的常开触点 S 断开,接触器 1KM 失电释放,退出运行,1# 泵经软起动器软停机。

起、停 2# 泵的工作原理同上。

自动时,将转换开关 1SA 置于自动位置,触点 1 与 2 接通。假设 1# 泵运行、2# 泵备用,将转换开关 2SA 置于左边位置,则触点 1 与 2、5 与 6、9 与 10、13 与 14 接通。按下外接消防按钮 SS₁~SS₃ 或接通远控输入接点 KY,时间继电器 1KT 线圈得电,经一段时间延时,其延时闭合常开触点闭合,中间继电器 2KA 得电吸合,其常开触点闭合,软起动器 1RQ 的 9、10 接通,1# 泵经软起动器软起动,起动结束,软起动器内旁路继电器触点 S 接通,接触器 1KM 得电吸合,1# 泵由电网 380V 供电,正常运行。

当中间继电器 2KA 吸合时,其常开触点闭合,时间继电器

2KT 线圈通时,经过一段时间延时,其延时闭合常开触点闭合。由于 1KM 常闭辅助触点断开,因此 2# 泵不能起动,处于备用状态。当 1# 泵停止运行时,1KM 失电吸放,其常闭辅助触点闭合,于是 2# 泵自动投入软起动,延过一段时间延时,软起动器 2RQ 内旁路继电器触点 S 闭合,接触器 2KM 得电吸合,2# 泵经电网 380V 供电,正常运行。

停机时,外接消防按钮 SS$_1$～SS$_3$ 闭合或远控输入接点断开,控制回路失电,1KT、2KT、2KA 均失电,2KA 常开触点断开,软起动器 2RQ 的端子 8、10 断开,旁路继电器触点 S 断开,接触器 2KM 失电释放,2# 泵经软起动器软停机。

同样,1# 泵备用、2# 泵运行,只要将转换开关 2SA 置于右边位置,工作原理同上。

电器元件见表 12-18。

44. 消防泵(两用一备)软起动控制线路是怎样的?

采用 FSR1000X 软起动器的消防泵(两用一备)软起动器控制线路如图 12-26 所示。当转换开关 1SA 置于自动位置时,两用一备运行,备用自投;当 1SA 置于手动位置时,分散单台手动操作。当转换开关 2SA 置于 1# 泵备用时,1# 泵备用,置于 2# 泵备用时,3# 泵备用,置于 3# 泵备用时,3# 泵备用。有故障备用自投后,需将转换开关 2SA 切换,再切断该故障泵电源方可检修。

图中,KY 为消防控制室控制接点;SS$_1$～SS$_n$ 为外接消防按钮。时间继电器(2KT)延时整定值大于单台软起动时间。

电器元件见表 12-19。

表 12-18　电器元件表

序号	符号	名称	型号	技术数据	数量	备注
1	1QF,2QF	断路器	CM1-□/3300	I_e:□A	2	随电动机功率变化
2	1RQ,2RQ	软起动器	JJR1□X	功率:□kW	2	随电动机功率变化
3	1KM,2KM	交流接触器	CJ20-□	AC220V	2	随电动机功率变化
4	1KA	中间继电器	JZC3-31d	AC36V 附:F4-22	1	
5	2KA	中间继电器	JZC3-40d	AC220V 附:F4-22	1	
6	1SA	转换开关	LW5-16/2		1	
7	2SA	转换开关	LW5-16/4		1	
8	TC	控制变压器	BK-250	220/36V	1	
9	1KT,2KT	时间继电器	JZC4-40+LA2T4	AC220V 延时 0~60s	2	
10	1TA,2TA	电流互感器	LMK3-0.66	□/5A	2	随电动机功率变化
11	1PA,2PA	电流表	6L2-A	□/5A	2	随电动机功率变化
12	PV	电压表	6L2-V	0~450V	1	
13	1HR,2HR	信号灯	AD11-22/21-7GZ	220V 红	2	
14	1HG,2HG	信号灯	AD11-22/21-7GZ	220V 绿	2	
15	1SB,2SB	起动按钮	LA38-11/209	绿	2	
16	1SS,2SS	停止按钮	LA38-11/209	红	2	
17	$SS_1 \sim SS_n$	消防按钮			n	用户自备
18	1FU~5FU	熔断器	JF-2.5RD	熔芯:4A	5	

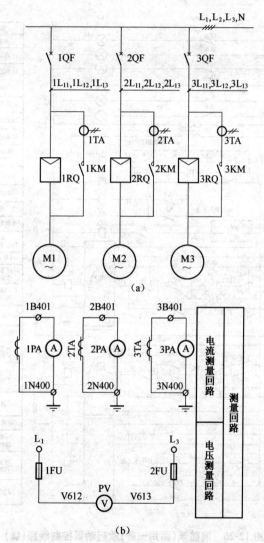

图 12-26　消防泵(两用一备)软起动器控制线路

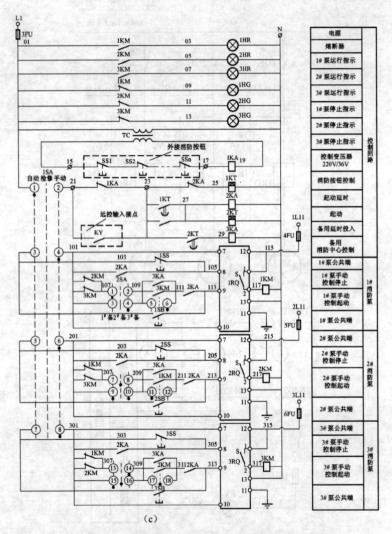

图 12-26　消防泵(两用一备)软起动器控制线路(续)

(a)主电路　(b)测量回路　(c)控制回路

表 12-19　电器元件表

序号	符号	名称	型号	技术数据	数量	备注
1	1QF~3QF	断路器	CM1-□/3300	I_e：□A	3	随电动机功率变化
2	1RQ~3RQ	软起动器	JJR1□X	功率：□kW	3	随电动机功率变化
3	1KM~3KM	交流接触器	C120-□	AC220V	3	随电动机功率变化
4	1KA	中间继电器	JZC3-22d	AC36V	1	
5	2KA,3KA	中间继电器	JZC3-40d	AC220V　附：辅助触头 F4-O4	2	
6	TC	控制变压器	BK-250	AC220/36V	1	
7	1KT,2KT	时间继电器	JCZ4-31+LA2DT4	AC220V 延时范围：1KT0~30s,2KT0~60s	2	
8	1SA	转换开关	LW5-16/2		1	
9	2SA	转换开关	LW5-16/5		1	
10	1TA~3TA	电流互感器	LMK3-0.66	□/5A	3	随电动机功率变化
11	1PA~3PA	电流表	6L2-A	□/5A	3	随电动机功率变化
12	PV	电压表	6L2-V	0~450V	1	
13	1HR~3HR	信号灯	AD11-22/21-7GZ	AC220V　红	3	
14	1HG~3HG	信号灯	AD11-22/21-7GZ	AC220V　绿	3	
15	1SB~3SB	起动按钮	LA38-11/209	绿	3	
16	1SS~3SS	停止按钮	LA38-11/209	红	3	
17	SS_1~SS_n	消防按钮			n	
18	1FU~6FU	熔断器	JFS-2.5RD	熔芯：4A	6	用户自备

十三、LOGO! 和 easy

1. 什么是 LOGO!?

LOGO! 是 Siemens(西门子)公司生产的通用逻辑模块,是替代繁琐继电器控制的全新产品。它集成以下元件和功能:

(1)电源;

(2)一个用于程序模块的接口和一根 PC 电缆;

(3)一个操作和显示单元;

(4)二进制指示器;

(5)控制功能;

(6)可调用的基本功能,这在实际应用中是经常遇到的。如接通和断开延时继电器和脉冲继电器功能等;

(7)时间开关;

(8)取决于设备类型的输入和输出。

LOGO! 模块内部集成 29 种功能,输入、控制和显示单元齐集于面板,输出电流最大可达 10A,外形尺寸为 72(或 126)×90×55(mm)。

LOGO! 运用自身的 29 种基本功能和特殊功能,通过编程和接线,将相应功能进行程序连接和组合,代替传统的开关、继电器等,完成接通、断开、适时等动作,实现对多种复杂系统的控制。例如:复杂的照明控制,橱窗、门的控制,暖通控制,工业生产过程控制等。

复杂的开关控制系统,只需动动手指,编编程,LOGO! 便可轻松办到。

2. LOGO! 的基本构成是怎样的？有哪些型号？

标准型 LOGO! 的结构如图 13-1 所示。

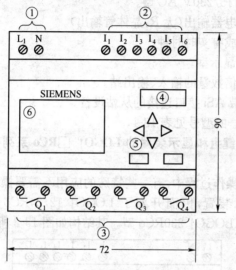

图 13-1　标准型 LOGO! 的结构

①电源　②输入　③输出　④带盖板的模块接口
⑤控制面板(RC。无)　⑥LC1 显示屏(RC。无)

可提供 12VDC、24VDC、24VAC 和 230VAC 电源的 LOGO! 有以下几种：

(1)标准型：6 输入，4 输出。

(2)无显示型：6 输入，4 输出。

(3)模拟量型：8 输入，4 输出。

(4)加长型：12 输入，8 输出。

(5)总线型：12 输入，8 输出，增加了 AS;总线接口，通过总线系统的 4 个输入、4 个输出，进行数据传输。

LOGO! 型号包含以下特征信息：

①12：12VDC 型。

②24：24VDC/AC 型。

③230：115/230V AC 型。

④R：继电器输出（无 R：晶体管输出）。

⑤C：集成有实时时钟。

⑥O：无显示型。

⑦L：两倍数量的输入、输出站。

⑧B_{11}：带 ASi 接口连接的从站设备。

LOGO! 的型号见表 13-1。

3. 不带键盘和显示装置的 LOGO! □RCo 系列有哪些特点和特性？

由于在操作过程中，有一些特殊的应用不需要操作单元诸如键盘和显示装置，因而开发了 LOGO! 12/24RCo 型、LOGO! 24RCo 型和 LOGO! 230RCo 型。其结构如图 13-2 所示。

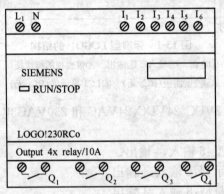

图 13-2　LOGO! □RCo 系列的结构

(1)优点

①较具有一个操作单元更为价格合理。

表 13-1　LOGO! 的型号

类型	符号	型号	输出	输出类型
标准型		LOGO! 12/24RC*	4×230V　10A	继电器
		LOGO! 24*	4×24A　0.3A	晶体管
		LOGO! 24RC(AC)	4×230V　10A	继电器
		LOGO! 230RC	4×230V　10A	继电器
无显示型		LOGO! 12/24RCo*	4×230V　10A	继电器
		LOGO! 24RCo(AC)	4×230V　10A	继电器
		LOGO! 230RCo	4×230V　10A	继电器

续表 13-1

类型	符　号	型号	输出	输出类型
加长型		LOGO! 12RCL	8×230V　10A	继电器
		LOGO! 24L	8×24V　0.3A	晶体管
		LOGO! 24RCL	8×230V　10A	继电器
		LOGO! 230RCL	8×230V　10A	继电器
总线型		LOGO! 24RCLB11	8×230V　10A	继电器
		LOGO! 230RCLB11	8×230V　10A	继电器

注:*——带 2 路模拟量输入;R——继电器输出(无 R 为晶体管输出);C——集成有实时时钟;L——无显示型;O——两倍数量的输入、输出站;B11——带 ASi(总线)接口连接的从站设备。

②较通常的硬件要求更小的机柜空间。

③较分常式硬件设备更为灵活和便宜。

④应用时有利,可替代 2~3 个常规的开关装置。

⑤使用非常方便。

⑥与 LOGO! 的基本型兼容。

⑦无需操作单元的编程

a. 在 PC 上用 LOGO! 软件生成程序并将程序传送至 LOGO!

b. 装程序从 LOGO! 程序模块/卡传送至不带显示装置的 LOGO!

（2）操作特性

当电源连接好时,LOGO! 就已准备好运行。可通过断开电源,例如拔掉插头,就可断开不带显示装置的 LOGO! 不能采用键的组合来设置 LOGO! RCo 型进行数据传送,同样地,程序也不可用键来停止或启动。LOGO! RCo 型已经修改了启动特性。

（3）启动特性

如果插入了 LOGO! 程序模块/卡,在 LOGO! 已经接通后,已储存的程序就立即复制到装置上,这样就重写了存在的程序。

如果插入了 PC 电缆,当接通后,LOGO! 就自动地转为 PC←→LOGO! 方式。使用 PC 软件 LOGO! 轻松软件可从 LOGO! 读出程序或将它们储存到 LOGO!,如果在程序存储器中已经有一个有效的程序,则在电源接通后,LOGO! 将自动地从 STOP 传送至 RUN。

（4）操作状态指示器

通过前盖上的 LED 指示操作状态,例如 Power On,RUN 和 STOP。

①红色 LED:Power On/STOP

②绿色 LED:Power On/RUN

在电源接通以后,只要 LOGO! 不在 RUN 方式,则红色 LED 给出指示。当 LOGO! 在 RUN 方式,则绿色 LED 给出指示。

4. LOGO! 对工作环境等有什么要求?

LOGO! 只有在规定的环境中才能安全可靠地工作。 LOGO! 的运行环境条件规定如下:

(1)环境温度:0~55℃。

(2)存储/运输:−40℃~+70℃。

(3)相对湿度:5%~95%,不结露。

(4)大气压:79.5~108kPa。

(5)污染物质:SO_2 10cm^3/m^3,4 天;

　　　　　　　　H_2S 1cm^3/m^3,4 天。

(6)保护类型:IP20。

(7)振动:10~57Hz(恒幅 0.15mm);

　　　　　57~150Hz(恒加速度 2g)。

(8)冲击:18 次冲击(半正弦 15g/11ms)。

(9)坠落:坠落高度 50mm;

　　带包装自由落体:1m。

(10)电磁场:场强 10V/m。

5. 对继电器输出和晶体管输出的 LOGO! 有什么不同要求?

(1)对继电器输出的要求

LOGO! ...R 表示继电器输出型。继电器的触点对电源和输入是隔离的。可以与继电器输出连接的负载有白炽灯、荧光灯、电动机、继电器、接触器等。连接到 LOGO! ...R 上的负载必须有以下性能:

①最大开关电流决定于负载的类型和操作的次数。

②当开关接通时(Q=1),对电阻性负载,最大电流为 10A(在230V AC 时为 8A)。电阻性负载的开关能力和使用寿命如图13-3 所示。

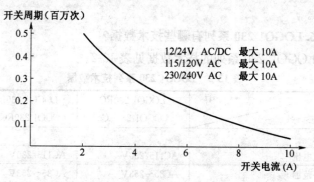

图 13-3   电阻负载(加热时)的开关能力和使用寿命

③当开关接通时(Q=1),对电感性负载,最大电流为 3A(在12/24V AC/DC 时为 2A)。电感性负载的开关能力和使用寿命如图 13-4 所示。

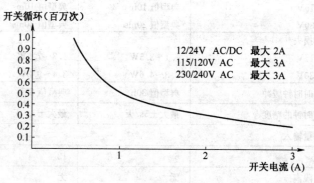

图 13-4   电感性负载时的开关能力和使用寿命

(2)晶体管输出的要求

　　LOGO! 类型标志中没有字母 R 的,为晶体管输出型。它有短路保护和过载保护;不需要给负载单独供电,LOGO! 本身可向负载供电。连接到晶体管的每个负载,其输出的最大开关电流为0.3A。

6. LOGO! 230 系列有哪些技术数据?

　　LOGO! 230 系列的技术数据见表 13-2。

表 13-2　LOGO! 230 系列技术数据

参　数 　　　　　型　号	LOGO! 230RC LOGO! 230RCo	LOGO! 230RCL LOGO! 230RCLB11
电源		
输入电压	AC115/230V	AC115/230V
允许范围	AC85~253V	AC85~253V
允许的主频率	47~63Hz	47~63Hz
耗电		
AC115V	10~30mA	15~65mA
AC230V	10~20mA	15~40mA
电压短路故障		
AC115V	典型值 10ms	典型值 10ms
AC230V	典型值 20ms	典型值 20ms
功率损失		
AC115V	1.1~3.5W	1.7~7.5W
AC230V	2.3~4.6W	3.4~9.2W
25℃时时钟缓冲	典型值 80h	典型值 80h
实时时钟的精度	最大±5s/天	最大±5s/天
数字量输入		
点数	6	12
电气隔离	无	无
输入电压 L_1 信号 0 信号 1	<AC40V >AC79V	<AC40V >AC79V

续表 13-2

型　号 参　数	LOGO! 230RC LOGO! 230RCo	LOGO! 230RCL LOGO! 230RCLB11
数字量输入		
输入电流 信号 0 信号 1	 <0.03mA >0.08mA	 <0.03mA >0.08mA
延迟时间 由 1 变 0 由 0 变 1	 典型值 50ms 典型值 50ms	 典型值 50ms 典型值 50ms
线长度（非屏蔽）	100m	100m
数字量输出		
点数	4	8
输出类型	继电器输出	继电器输出
电气隔离	有	有
每组点数	1	2
数字量输入作用	有	有
连续电流 I_{th}（每个连接器）	最大 10A	最大 10A
白炽灯负载（25 000 次开关循环） AC230/240V AC115/120V	 1 000W 500W	 1 000W 500W
荧光灯带电气控制装置 （25 000 次开关循环）	10×58W （在 AC230/240V）	10×58W （在 AC230/240V）
荧光灯管，有常规补偿 （25 000 次开关循环）	1×58W （在 AC230/240V）	1×58W （在 AC230/240V）
荧光灯管，无补偿 （25 000 次开关循环）	10×58W （在 AC230/240V）	10×58W （在 AC230/240V）
短路保护 cos1	电源保护 B16 600A	电源保护 B16 600A

续表 13-2

型 号 参 数	LOGO! 230RC LOGO! 230RCo	LOGO! 230RCL LOGO! 230RCLB11
数字量输出		
短路保护 cos 0.5~cos 0.7	电源保护 B16 900A	电源保护 B16 900A
输出并联以增加功率	不允许	不允许
输出继电器保护(如需要)	最大 16A	最大 16A
	特性 B16	特性 B16
开关速率		
机械	10Hz	10Hz
电阻负载/灯负载	2Hz	2Hz
感性负载	0.5Hz	0.5Hz
ASi 从接口(仅 LOGO! 230RCLB11)		
ASi 行规 I/O 配置 ID 码	——	7.F 7h F_h
虚拟输入点数	——	4
虚拟输出点数	——	4
电源	——	ASi 电源单元
功耗	——	典型值 30mA
电气隔离	——	有
反极性保护	——	有

7. LOGO! 24 系列有哪些技术数据?

LOGO! 24 系列的技术数据见表 13-3。

表 13-3 LOGO! 24 系列技术数据

参数 \ 型号	LOGO! 24	LOGO! 24RC LOGO! 24RCo
电源		
输入电压	DC24V	AC24V
允许范围	DC20.4~28.8V	AC20.4~26.4V
DC24V 时的耗电	10~20mA	15~120mA
电压故障桥接	—	典型值 5ms
24V 时的功耗	0.2~0.5W	AC0.3~1.8W
25℃时时钟缓冲	—	典型值 80h
实时时钟精度	—	最大±5s/天
数字量输入		
点数	6	6
电气隔离	无	无
输入电压 L+ 0 信号 1 信号	 <DC5V >DC8V	 <AC/DC 5V >AC/DC 12V
输入电流 0 信号 1 信号	 <0.3mA($I_1 \sim I_6$) <0.05mA($I_7 \sim I_8$) >1.0mA($I_1 \sim I_6$) >0.1mA($I_7 \sim I_8$)	 <1.0mA >2.5mA
延迟时间 由 1 变 0 由 0 变 1	 典型值 1.5ms 典型值 1.5ms	 典型值 1.5ms 典型值 1.5ms
线长度(非屏蔽)	100m	100m
模拟量输入		
点数	2(I_7, I_8)	—
范围	DC0~10V	—

续表 13-3

型号 参数	LOGO! 24	LOGO! 24RC LOGO! 24RCo
数字量输出		
点数	4	4
输出类型	晶体管,电流源	继电器输出
电气隔离	无	有
成组数	—	1
数字量输入作用	有	—
输出电压	电源电压	—
输出电流	最大 0.3A	—
持续电流 I_{th}	—	最大 10A
荧炽灯负载 (25 000 次开关循环)	—	1 000W
荧光灯管有电气控制装置 (25 000 次开关循环)	—	10×58W
荧光灯管,有常规补偿 (25 000 次开关循环)	—	1×58W
荧光灯管,无补偿 (25 000 次开关循环)	—	10×58W
短路保护和过载保护	有	—
短路电流限制	约 1A	—
额定值降低	整个温度范围内不降低额定值	—
短路保护 cos1	—	电源保护 B16 600A
短路保护 cos 0.5~cos 0.7	—	电源保护 B16 900A
输出并联以增加功率	不允许	不允许
输出继电器保护(如需要)	—	最大 16A　特性 B16

续表13-3

参　数 ＼ 型　号	LOGO! 24	LOGO! 24RC LOGO! 24RCo
开关频率		
机械	—	10Hz
电气	10Hz	—
阻性负载/灯负载	10Hz	2Hz
感性负载	0.5Hz	0.5Hz

8. LOGO! 12 系列有哪些技术数据?

LOGO! 12 系列的技术数据见表13-4。

表 13-4　LOGO! 12 系列技术数据

参　数 ＼ 型　号	LOGO! 12RCL	LOGO! 12/24RC LOGO! 12/24RCo
电源		
输入电压	12V DC	12/24V DC
允许范围	10.8～15.6V DC	10.8～15.6V DC 20.4～28.8V DC
耗电	10～165mA(12V DC)	10～120mA(12/24V DC)
电压故障桥接	典型值 5ms	典型值 5ms
12V DC 时的功耗	0.1～2.0W(12V DC)	0.1～1.2W(12/24V DC)
25℃时时钟缓冲	典型值 80h	典型值 80h
实时时钟精度	最大±5s/day	最大±5s/day
电气隔离	无	无
反极性保护	有	有
数字量输入		
点数	12	8
电气隔离	无	无

续表 13-4

型　号 参　数	LOGO! 12RCL	LOGO! 12/24RC LOGO! 12/24RCo
数字量输入		
输入电压 L+		
·0 信号	<4V DC	<5V DC
·1 信号	>8V DC	>8V DC
输入电流		
·0 信号	<0.5mA	<1.0mA
·1 信号	>1.5mA	>1.5mA
延迟时间		
·由 0 变 1	典型值 1.5ms	典型值 1.5ms
·由 1 变 0	典型值 1.5ms	典型值 1.5ms
线路长度(非屏蔽)	100m	100m
模拟量输入		
点数	—	2(17,18)
范围	—	0～10V DC
数字量输出		
点数	8	4
输出类型	继电器输出	继电器输出
电气隔离	有	有
成组数	2	1
数字量输入作用	有	有
输出电压	—	—
输出电流	—	—
持续电流 $I_{th(每个连接器)}$	最大 10A	最大 10A
白炽灯负载 (25 000 次开关循环)	1 000W	1 000W

续表 13-4

型 号 参 数	LOGO! 12RCL	LOGO! 12/24RC LOGO! 12/24RCo
数字量输出		
荧光灯管,带电气控制装置 (25 000 次开关循环)	10×58W	10×58W
荧光灯管,常规补偿 (25 000 次开关循环)	1×58W	1×58W
荧光灯管,没有补偿 (25 000 次开关循环)	10×58W	10×58W
短路保护和过载保护	—	—
短路电流限制	—	—
额定值降低	在整个温度范围内不降 低额定值	—
短路保护 cos 1	电源保护 B16 600A	电源保护 B16 600A
短路保护 cos 0.5～cos 0.7	电源保护 B16 900A	电源保护 B16 900A
输出并联以增加功率	不允许	不允许
输出继电器保护(如需要)	最大 16A, 特性 B16	最大 16A, 特性 B16
开关速度		
机械	10Hz	10Hz
电气	—	—
电阻负载/灯负载	2Hz	2Hz
感性负载	0.5Hz	0.5Hz

9. LOGO! Contact 24/230 系列有哪些技术数据?

LOGO! Contact 24 型和 LOGO! Contact230 型是用于直接开关电阻负载达 20A,电动机负载达 4kW 的模块。使用中模块没有噪声发射,没有交流声。它们的技术数据见表 13-5。

表 13-5　LOGO! Contact 24/230 系列技术数据

参　数 ＼ 型　号	LOGO! Contact 24	LOGO! Contact 230
工作电压	24V DC	230V AC；50/60Hz
开关容量		
使用类型 AC-1 开关电阻负载,在 55℃ 400V 时的工作电流 400V 时的三相负载输出	85～264V (小于 93V 时额定值降低) 20A 13kW	
使用类型 AC-2,AC-3 带滑差或鼠笼电机 400V 时工作电流 400V 时的三相负载输出	85～264V (小于 93V 时额定值降低) 8.4A 4kW	
短路保护 指定类型 1 指定类型 2	 25A 10A	
连接负载	带有线端套圈的细绞合线 单心线 $2\times(0.75～2.5)mm^2$ $2\times(1～2.5)mm^2$ $1\times4mm^2$	
尺寸(W×H×D)	36×72×55	
环境温度	−25℃～+55℃	
存储温度	−50℃～+80℃	

10. 对 LOGO! 的安装和接线有什么要求？

当 LOGO! 安装和接线时,应符合以下要求：

(1)应根据总的电流量采用适当截面面积的导线。可采用 $1.5mm^2$ 和 $2.5mm^2$ 的导线连接 LOGO!。连接线不需要导线终端的线鼻子。

(2)不要将连接器拧得太紧,最大转矩为 0.5N·m。

(3)连接线距离要尽可能短。若必须采用较长的导线,则应采用屏蔽电缆,以防止干扰,造成 LOGO! 误动作。

(4)交流(AC)导线和高压直流(DC)导线应与低压信号导线隔离。

(5)对可能受雷击及过电压影响的导线要有适当的过电压保护措施。

(6)LOGO! 必须安装在宽度为 35mm 的导轨上。

(7)LOGO! 自身有绝缘保护,故不需要接地(接零)。

(8)若将 LOGO! 安装在分线盒或控制柜内,要保证连接器有外罩。否则就有触电的危险。

(9)按照以下步骤拆除 LOGO! 如图 13-5 所示。

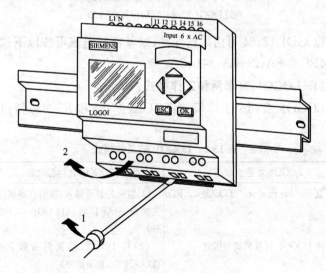

图 13-5　LOGO! 模块的拆除

①按图 13-5 所示,在搭锁扣下端的孔中插入旋具,然后将锁扣向下推动;

②将 LOGO! 从导轨中旋转拆除。

(10)按图 13-6 将 LOGO! 连接到系统。

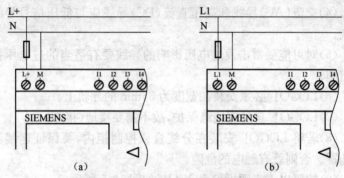

图 13-6　LOGO! 与电源系统的连接

(a)LOGO! 12/24　(b)LOGO! 230

LOGO! 12/24 可由熔丝保护,熔丝额定电流可按以下选择:
12/24RC 0.8A;24:2A;24L:3A。

11. LOGO! 有哪两种工作模式?

LOGO! 有两个工作模式:STOP(停止)和 RUN(运行),详见表13-6。

表 13-6　LOGO! 的工作模式

LOGO! 在停止状态	LOGO! 在运行状态
(1)显示:'No Program'(LOGO! …RCo 除外)	(1)监控并显示输入、输出点的状态(在主菜单 START 后)(LOGO! …RCo 除外)
(2)将 LOGO! 切换到编程模式	(2)将 LOGO! 切换到参数化模式(LOGO! …RCo 除外)
(3)LED 红灯亮(只是 LOGO! …RCo)	(3)LED 绿灯亮只是(LOGO! …RCo)

续表 13-6

LOGO! 在停止状态	LOGO! 在运行状态
LOGO! 的动作	LOGO! 的动作
(1)不读入输入	(1)读入输入状态
(2)不执行程序	(2)计算(结合程序)输出状态
(3)继电器触点常开或晶体管输出断开	(3)将继电器/晶体管接通或断开

12. 使用 LOGO! 有哪 4 个黄金规则?

(1)三键控制

①在编程模式下输入线路。同时按"◀"、"▶"和"OK"键,即进入编程模式。

②在参数化模式下可以改变时间和参数值。同时按"ESC"和"OK"键,即进入参数化模式。

(2)输出和输入

①编程中,输入线路时总是从输出到输入。

②可将一个输出连接到多个输入,但不可将多个输出连接到一个输入。

③在一个程序路径内不可将输出连接到前驱输入。在这种情况下需插入标志或输出(递归)。

(3)光标和光标移动

输入线路时有以下规定:

①当光标以下划线"—"的形式出现时,可以移动光标。

a. 用"◀"、"▶"、"▼"和"▲"四个键在线路中移动光标。

b. 按"OK"键选择连接器/功能块。

c. 按"ESC"键退出线路输入。

②当光标以实心方块"■"形式出现时,可选择连接器/功能块。

a. 用"▼"和"▲"键选择连接器/功能块。

b. 按"OK"键确认选择。

c. 按"ESC"键返回到上一步。

（4）设计　在输入线路前，总是需要在图纸上画出完整的线路图，或者直接使用 LOGO! 轻松软件编制 LOGO! 程序。

LOGO! 只能存储完整的程序。如输入一个不完整的程序，则 LOGO! 不能退出编程状态。

13. LOGO! 有哪些基本功能?

基本功能为布尔代数中的简单基本操作连接。根据不同的输入线路，可在基本功能表中找到相应的基本功能块，LOGO! 的基本功能见表 13-7。

表 13-7　LOGO! 的基本功能

线路图的表达	LOGO! 中的表达	基本功能
常开触点串联	&　1　2　3　Q	AND（与）
	& ↑　1　2　3　Q	AND 带 RLO 边缘检查
常闭触点并联	&　1　2　3　○Q	NAND（与非）
	& ↓　1　2　3　○Q	NAND 带 RLO 边缘检查

续表 13-7

线路图的表达	LOGO! 中的表达	基本功能
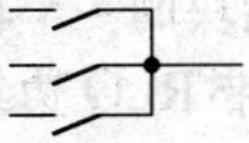 常开触点并联	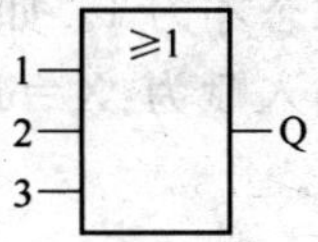 1 2 3 ≥1 —Q	OR(或)
 常闭触点串联	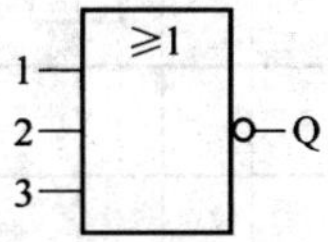 1 2 3 ≥1 —o Q	NOR(或非)
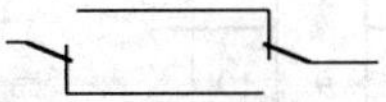 双换向触点	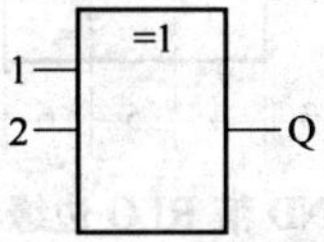 1 2 =1 —Q	XOR(异或)
反相器	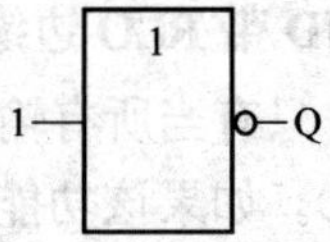 1 —o Q	NOT(非,反相器)

14. AND 和 AND 带 RLO 边缘检查功能是怎样的?

(1)AND(与) 只有所有输入的状态均为 1 时,输出(Q)的状态才为 1(即输出闭合)。如果该功能块的一个输入引线未连接(X),则将该输入赋为:X=1。AND 的逻辑表见表 13-8。

表 13-8   AND 的逻辑表

1	2	3	Q	1	2	3	Q
0	0	0	0	1	0	0	0
0	0	1	0	1	0	1	0
0	1	0	0	1	1	0	0
0	1	1	0	1	1	1	1

(2) AND 带 RLO 边缘检查　只有当所有输入的状态为 1,以及在前一个周期中至少有一个输入的状态为 0 时,该 AND 带 RLO 边缘检查的输出状态才为 1。如果该功能块的一个输入引线未连接(X),则将该输入赋为:X＝1。AND 带 RLO 边缘检查的时间图如图 13-7 所示。

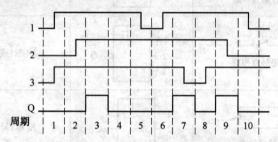

图 13-7　AND 带 RLO 边缘检查的时间图

15. NAND 和 NAND 带 RLO 边缘检查功能是怎样的?

(1) NAND(与非)　只有当所有输入的状态均为 1(即闭合),其输出(Q)才能为状态 0。如果该功能块的一个输入引线未连接(X),则将该输入赋为:X＝1。NAND 的逻辑表见表 13-9。

表 13-9　NAND 的逻辑表

1	2	3	Q	1	2	3	Q
0	0	0	1	1	0	0	1
0	0	1	1	1	0	1	1
0	1	0	1	1	1	0	1
0	1	1	1	1	1	1	0

(2) NAND 带 RLO 边缘检查　只有当至少有一个输入的状态为 0,以及在前一个周期中所有输入的状态都为 1 时,该 NAND 带 RLO 边缘检查的输出状态才为 1。如果该功能块的一个输入引线未连接(X),则将该输入赋为:X＝1。NAND 带 RLO 边缘检查的时间图如图 13-8 所示。

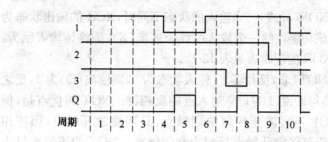

图 13-8 NAND 带 RLO 边缘检查的时间图

16. OR、NOR、XOR 和 NOT 的功能是怎样的?

(1)OR(或) 输入至少有一个为状态 1(即闭合),则输出(Q)为 1。如果该功能块的一个输入引线未连接(X),则该输入赋为:X=0。OR 的逻辑表见表 13-10。

表 13-10 OR 的逻辑表

1	2	3	Q	1	2	3	Q
0	0	0	0	1	0	0	1
0	0	1	1	1	0	1	1
0	1	0	1	1	1	0	1
0	1	1	1	1	1	1	1

(2)NOR(或非) 只在所有输入均断开(状态 0)时,输出才接通(状态 1)。如任意一个输入接通(状态 1),则输出断开(状态 0)。如果该功能块的一个输入引线未连接(X),则将该输入赋为:X=0。NOR 的逻辑表见表 13-11。

表 13-11 NOR 的逻辑表

1	2	3	Q	1	2	3	Q
0	0	0	1	1	0	0	0
0	0	1	0	1	0	1	0
0	1	0	0	1	1	0	0
0	1	1	0	1	1	1	0

（3）XOR（异或） 当输入的状态不同时，XOR 的输出状态为 1。如果该功能块的一个输入引线未连接（X），则将该输入赋为：X＝0。XOR 的逻辑表见表 13-12。

（4）NOT（非，反相器） 输入状态为 0，则输出（Q）为 1，反之亦然。换句话说，NOT 是输入点的反相器。NOT 的优点是，例如 LOGO！不再需要任何常闭触点，只需要常开触点，因应用 NOT 功能可将常开触点反相为常闭触点。NOT 的逻辑表见表 13-13。

<table>
<tr><th colspan="3">表 13-12 XOR 的逻辑表</th></tr>
<tr><td>1</td><td>2</td><td>Q</td></tr>
<tr><td>0</td><td>0</td><td>0</td></tr>
<tr><td>0</td><td>1</td><td>1</td></tr>
<tr><td>1</td><td>0</td><td>1</td></tr>
<tr><td>1</td><td>1</td><td>0</td></tr>
</table>

<table>
<tr><th colspan="2">表 13-13 NOT 的逻辑表</th></tr>
<tr><td>1</td><td>Q</td></tr>
<tr><td>0</td><td>1</td></tr>
<tr><td>1</td><td>0</td></tr>
</table>

17. LOGO！有哪些特殊功能？

当向 LOGO！输入程序时，可在特殊功能表中找到特殊功能块。表 13-14 中列出了部分特殊功能在线路图和 LOGO！中的对照表以及该功能可否设置成掉电保持（Re）。

表 13-14 LOGO！的特殊功能（部分）

线路图表示	LOGO！中的表示	特殊功能说明	Re
		接通延时	
		断开延时	

续表 13-14

线路图表示	LOGO! 中的表示	特殊功能说明	Re
	Trg / Par — Q	通/断延时	
R K₁ Trg K₁ Q K₁	Trg / R / T — Q	保持接通延时继电器	Re
R S K₁ K₁	S / R / Par — Q [RS]	RS 触发器	Re
	Trg / R / Par — Q	脉冲触发器	
	Trg / T — Q	脉冲继电器/脉冲输出	
	Trg / T — Q	边缘触发延时继电器	

续表 13-14

线路图表示	LOGO! 中的表示	特殊功能说明	Re
 NeW	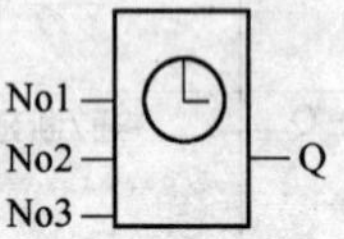 No1 No2 No3 Q	时钟	
	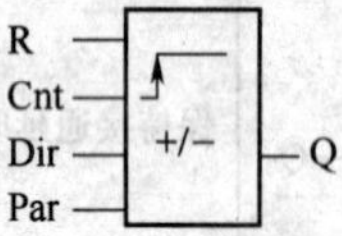 R Cnt Dir Par +/− Q	加/减计数器	
	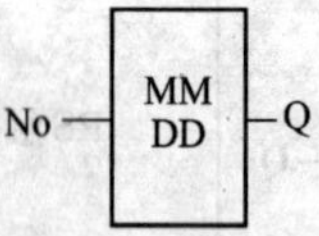 No MM DD Q	日历触发开关	
	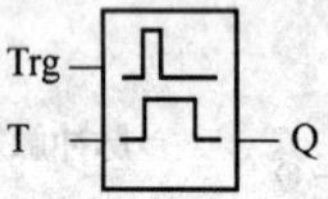 Trg T Q	楼梯照明开关	
	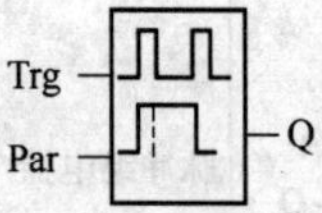 Trg Par Q	双功能开关	

表 13-14 中的各种输入说明如下：

(1)输入接线　输入可以接到其他功能块，也可以接到 LO-GO! 设备中的输入端。

S(位置)——S 输入允许将输出置位为"1"；

R(复位)——R 复位输入的优先权比其他输入的优先权高,并将输出断开为"0";

Trg(触发器)——用此输入启动一个功能的执行;

Cnt(计数)——输入记录计数脉冲值;

Dir(方向)——利用此输入信号设置计数器的计数方向(举例)。

(2)特殊功能输入端的连接器 X 如果将特殊功能输入信号接到连接端口 X,这此输入信号将被置为 0 值信号,即一个低值信号被施加到输入端。

(3)参数输入 有些输入不需要施加信号,对功能块使用定值进行参数化即可。

P_{ar}(参数)——输入无连接线,用于功能块的参数设定;

NO(数值)——输入无连接线,用于设置时间基值。

关于时间参数 T:使用一些特殊功能在设置时间时,要根据以下时间基值写入时间参数值。

时 间 基 值	— — : — —
s(秒)	秒:0.01 秒
min(分)	分:秒
h(小时)	小时:分

如 $\boxed{\begin{array}{l} B01:T \\ T=04.10h+ \end{array}}$ 即为 4.00h(240min)+0.10h(10min)= 250min。

[注意] 定义的时间 T 应满足 $T \geqslant 0.10s$,因为没有对 $T= 0.05s$ 和 $T=0.00s$ 的时间 T 的定义。

T 的精度:所有的电子元件都有细微的误差,因此设置时间

（T）会产生偏差。在 LOGO! 中,最大的偏差为 1%。如:1h 的偏差为±36s;1min 的偏差为±0.6s。

计时开关的精度:为了保证偏差不会导致 C 型 LOGO! 计时开关运行不准确,计时开关定期和一个高精度时间基准相比较并作相应的调整,以此保证每天最大的时间误差为±5s。

除了表 13-14 中介绍的特殊功能外,还有运行时间计时器、对称时钟脉冲发生器、异步脉冲发生器、随机发生器、频率发生器、模拟量触发器、模拟量比较器、文本/参数显示等。

18. 什么是时钟缓冲功能、掉电保持和参数保护设置功能?

(1)时钟缓冲功能　如果出现电源故障,LOGO! 模块内的内部时钟仍可以连续运行,因为它有一个供电缓冲器。保留电能的时间受环境温度的影响。在环境温度为 25℃时,一般供电可保持 80h。

(2)掉电保持功能　在特殊功能中,开关状态和计数器值可以保留。为实现该功能,必须在相应的功能中接通掉电保持开关。

(3)参数保护设置功能　参数保护设置功能允许用户定义参数是否可以在 LOGO! 中的参数分配模式中显示和修改。有两种设置方法:

十:此种设置表示参数可以在参数分配模式中显示和修改。

一:此种设置表示不能在参数分配模式中显示,只能在程序模式下修改。

19. 接通延时功能是怎样的?

在接通延时的情况下,输出在定义的时间段结束后置位,见表13-15。

表 13-15　接通延时

LOGO！的符号	接线	说　　明
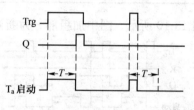	Trg 输入	由（Trg 触发）输入启动接通延时继电器的启动时间
	T 参数	T 时间后，输出接通（输出信号由 0 变 1）
	Q 输出	如触发信号仍存在，当时间 T 到后，输出接通

时序图如图 13-9 所示。图中加粗部分为接通延时的符号。

图 13-9　时序图

功能说明：

当 Trg 输入的状态从 0 变为 1 时，定时器 T_a 开始计时（T_a 为 LOGO！内部定时器），如 Trg 输入保持状态 1 至少为参数 T 时间，则经过定时时间 T 后，输出设置为 1（输入接通到输出接通之间有时间延迟，故称为接通延时）。

如 Trg 输入的状态在定时时间到达之前变为 0，则定时器复位。

当 Trg 输入为状态 0 时，输出复位为 0。

电源故障时，定时器复位。

20. 断开延时功能是怎样的？

在断开延时的情况下，输出在定义的时间段结束后复位，见表 13-16。

表 13-16　断开延时

LOGO! 中的符号	接线	说　　明
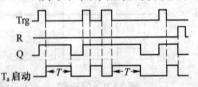	Trg 输入	在 Trg 输入(触发器)的下降沿(从 1 变 0)启动断开延时定时器
	R 输入	通过 R(复位输入),复位断开延时继电器的定时并将输出设置为 0
	T 参数	输出经历 T 时间后输出断开(输出信号从 1 变为 0)
	Q 输出	Trg 输入接通,则输出 Q 接通;Trg 输入断开,输出 Q 保持接通状态到定时时间 T 到达后断开

时序图如图 13-10 所示。图中加粗部分为断开延时的符号。

图 13-10　时序图

功能说明:

当 Trg 输入接通为状态 1,输出(Q)立即变为状态 1。如 Trg 输入从 1 变为 0,LOGO! 内部定时器 T_a 启动,输出(Q)仍保持为状态 1,T_a 时间到达设置值($T_a = T$),则输出(Q)复位为 0。

如 Trg 输入再次从接通到断开,则定时器再次启动。在定时 T_a 时间到达之前,通过 R(复位)输入可复位定时器和输出。

电源故障时,定时器复位。

21. 通/断延时功能是怎样的?

在通/断延时情况时,输出在参数化时间之后置位并在参数化时间周期到达之后复位,见表 13-17。

表 13-17　通/断延时

LOGO! 中的符号	接线	说　　明
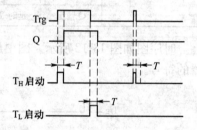	Trg 输入	Trg 输入(触发器)的上升沿(从 0 变 1)接触延时启动时间 T_H。下降沿(从 1 变 0)断开延时启动时间 T_L
	Par 参数	T_H 在它之后输出接通(输出信号从 0 变 1) T_L 在它之后输出断开(输出信号从 1 变 0)
	Q 输出	如果 Trg 仍处于设置状态,在参数化时间 T_H 到达之后,Q 接通,在时间 T_L 到达之后,如果在其间 Trg 尚未重新设置,则 Q 断开

时序图如图 13-11 所示。图中加粗部分为通/断延时的符号。

功能说明:

当 Trg 输入的状态由 0 变 1 时,定时器 T_H 启动。

如果 Trg 输入的状态至少在 T_H 时间内保留为 1 时,

图 13-11　时序图

T_H 到达之后,输出设置为 1(输入接通到输出接通之间有时间延迟)。

如果 Trg 输入的状态至少在定时 T_H 到达之前变为 0,则定时器复位。

当输入的状态变为 0 时,定时器 T_L 启动。

如果 Trg 输入的状态在 T_L 时间内保留为 0 时,T_L 到达之后,输出设置为 0(输入断开到输出断开之间有时间延迟)。

如果在定时 T_L 到达之前,Trg 输入的状态返回到 1 状态,则时间复位。

电源故障时,定时器复位。

22. 保持接通延时继电器功能是怎样的?

在一个输入脉冲之后,输出经定时周期后置位,见表 13-18。

表 13-18　保持接通延时继电器

LOGO! 中的符号	接线	说　明
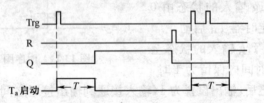	Trg 输入	通过 Trg(触发器)输入启动接通延时的定时
	R 输入	通过 R(复位)输入复位接通延时的定时和设置输出为 0
	T 参数	在时间 T 后,输出 Q 接通(输出状态由 0 变换为 1)
	Q 输出	延时 T 后,输出接通

时序图如图 13-12 所示。图中加粗部分为保持接通延时继电器的符号。

图 13-12　时序图

功能说明:

如 Trg 输入的状态从 0 变为 1,定时器 T_a 启动,当 T_a 到达时间 T,输出(Q)置位为 1,Trg 输入的另一个开关操作(即从 1 变为 0)对 T_a 没有影响。直到 R 输入再次变为 1,输出(Q)和定时器 T_a 才复位为 0。

电源故障时,T_a 被复位。

23. RS 触发器功能是怎样的?

输出 Q 由输入 S 置位,由输入 R 复位,见表 13-19。

表 13-19　RS 触发器

LOGO! 中的符号	接线	说　明
	R 输入	R 输入(复位)将输出(Q)复位为 0,如 S 和 R 同时为 1,则输出(Q)为 0
	S 输入	S 输入(置位)将输出(Q)置位为 1
	Par 参数	该参数用于接通或断开掉电保持功能 Rem:激活掉电保持功能 off=无掉电保持性 on=状态可以被存储
	Q 输出	当 S 接通时,Q 接通并保持一直到 R 输入置位才复位

时序图如图 13-13 所示。

图 13-13　时序图

开关特性:

锁定继电器是简单的二值存储单元,输出值取决于输入的状态和原来输出的状态。其逻辑表见表 13-20。

表 13-20　逻辑表

S_n	R_n	Q	注
0	0	×	状态保持为原数值
0	1	0	复位
1	0	1	置位
1	1	0	复位(复位优先级高于置位)

如果掉电保持特性被接通,则在电源故障后,故障前的有效信号设置在输出端。

24. 脉冲触发器功能是怎样的?

输出由输入的一个短脉冲进行置位和复位,见表 13-21。

表 13-21　脉冲触发器

LOGO! 中的符号	接线	说　明
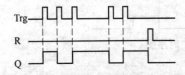	Trg 输入	用 Trg 输入(触发器)使输出接通和断开
	R 输入	使用 R 输入(复位)复位脉冲触发器和将输出设置为 0
	Par 参数	该参数用于接通或断开掉电保持功能 Rem:激活掉电保持功能 off=无掉电保持性 on=状态可以被存储起来
	Q 输出	触发后,输出保持接通为时间 T

时序图如图 13-14 所示。图中加粗部分为脉冲触发器的符号。

图 13-14　时序图

功能说明:

每次 Trg 输入的状态从 0 变为 1,输出(Q)的状态随之改变(即接通或断开)。

通过 R 输入将脉冲触发器复位为初始状态即输出设置为 0。

电源故障后,如果未接通掉电保持功能,则电流脉冲继电器置位,输出 Q 变为 0。

25. 脉冲继电器/脉冲输出功能是怎样的?

一个输入信号在输出端产生一个可定义长度的区间信号,见表 13-22。

表 13-22   脉冲继电器/脉冲输出

LOGO! 的符号	接线	说　　明
Trg T ──Q	Trg 输入	通过 Trg(触发器)输入启动脉冲继电器/脉冲输出的时间
	T 参数	经时间 T 后输出断开(输出信号从 1 到 0)
	Q 输出	Trg 接通后 Q 接通,经过延时时间 T 后 Q 断开

时序图如图 13-15 所示。图中加粗的部分为脉冲继电器/脉冲输出的符号。

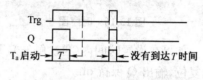

图 13-15   时序图

功能说明:

当 Trg 输入为状态 1,Q 输出立即为状态 1,同时定时器 T_a 启动而输出保持为 1,当 T_a 到达 T 值($T_a = T$),输出复位为 0(脉冲输出)。

如在时间 T 到达前,Trg 输入由 1 变为 0,则输出立即从 1 变为 0。

26. 边缘触发延时继电器功能是怎样的?

输入信号在输出时段产生参数化的信号,见表 13-23。

表 13-23   边缘触发延时继电器

LOGO! 的符号	接线	说　　明
Trg T ──Q	Trg 输入	Trg 输入(触发器)启动边沿触发内部延时继电器的工作
	T 参数	T 为输出由 on 变为 off 的时间间隔(输出信号由 1 变为 0)
	Q 输出	当 Trg 为 on 时,Q 立即为 on,Q 开关保持 on,直到延时 T 时间后断开

时序图如图 13-16 所示。图中加粗部分为边缘触发延时继电

器的符号。

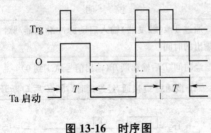

图 13-16　时序图

功能说明：

当 Trg 输入接通状态为 1，输出(Q)立即变为状态 1，同时 T_a 启动运行。如果 T_a 到达规定时间 $T(T_a=T)$，输出 Q 复位为 0(脉冲输出)。

如果在设置时间内(再次触发)，Trg 输入再次从 0 变为 1，T_a 则复位，输出 Q 保持 on。

27. 时钟功能是怎样的?

通过定义开/关的日期来控制输出的状态；支持一周时间的任何状态的组合；用隐藏非活动日期来选择活动日期，见表 13-24。

表 13-24　时钟

在 LOGO! 中的符号	接线	说　明
No1 No2 No3 ─ Q	参数 No1，No2，No3	No(时间段)参数可设为 on 和 off，可为 7 天时钟开关设置每一种时间段模式
	Q 输出	当参数化模板开关为 on 时，Q 开关为 on 状态

时序图如图 13-17 所示(三个例子)。

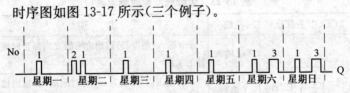

No1　每天：　　　　　　　05：30 至 07：30

No2　星期二：　　　　　　03：10 至 04：15

No3　星期六和星期日：　16：30 至 23：10

图 13-17　时序图(三个例子)

功能说明如下:

每个时间开关可以设置三个时间段。

在接通时间时,如果输出未接通,则时间开关将输出接通。

在断开时间时,如果输出未断开,则时间开关将输出断开。

如果在一个时间段上设置的接通时间与时间开关的另一个时间段上设置的断开时间相同,则接通时间和断开时间发生冲突。在这种情况下,时间段 3 优先权高于时间段 2,时间段 2 优先权高于时间段 1。

说明

(1)星期中的某一天(D)以字母代表　M——星期一(第一位);T——星期二(第二位);W——星期三(第三位);T——星期四(第四位);F——星期五(第五位);S——星期六(第六位);S——星期日(第七位)。如空缺,用"__"表示。

(2)时间开关设置　设定时间从 00:00 到 23:59 任选。__:__表示没有设置接通或断开时间开关。

(3)设置时钟开关　设置开关时间步骤如下:

①将光标置于一个时间开关段的 No 参数上,例如 No1。

②按 OK 键,LOGO! 打开该时间段的参数窗口,光标位于星期上。

③用▲和▼键选择星期中的某一天或某几天。

④用▶键将光标移到接通时间的第一个位置上。

⑤设置接通时间。用▲和▼可改变设定值,用◀和▶键可将光标从一个位置移到另一个位置,在第一个数位的地方只能选择数值__:__(__:__表示时间开关没有设置)。

⑥用▶键将光标移到设置断开时间的第一个位置上。

⑦设置断开时间(同步骤⑤)。

⑧按 OK 键结束输入。光标位于参数 No2(时间段 2),可参数化另一个时间段。

例 每天的 05：30 到 7：30 为 7 日时钟开关的输出。另外,星期二可以在 03：10 到 4：15 输出,周末在 16：30 到 23：10 输出。为此需要三个时间段。

根据上面的时序图,给出时间段 1、时间段 2 和时间段 3 的参数设置窗口。

```
B01:No1
D=MTWTFSS+
on=05:30
off=07:40
```

图 13-18　时间段 1 的参数设置窗口

时间段 1:在每天的 05：30 到 07：40,时间段 1 的 7 日时钟开关的输出接通,如图 13-18 所示。

时间段 2:每个星期二的 03：10 到 04：15,时间段 2 的 7 日时钟开关的输出接通,如图 13-19 所示。

时间段 3:每个星期六和星期日的 16：30 到 23：10,时间段 3 的 7 日时钟开关的输出接通,如图 13-20 所示。

```
B01:No2
D=-T-----+
on=03:10
off=04:15
```

图 13-19　时间段 2 的参数设置窗口

```
B01:No3
D=-----SS+
on=16:30
off=23:10
```

图 13-20　时间段 3 的参数设置窗口

最后结果参见图 13-17。

28. 加/减计数器功能是怎样的?

接收到一个输入脉冲后,内部计数器开始根据参数的设定进行加或减计数;当到达定义值后,输出置位。计数的方向由一个单独的输入设置,见表 13-25。

表 13-25　加/减计数器

LOGO! 中的符号	接线	说　　明
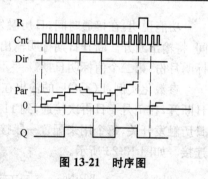	R 输入	通过 R(复位)输入复位内部计数器值并将输出清零
	Cnt 输入	在 Cnt(计数)输入时,计数器只计数从状态 0 到状态 1 的变化,而从状态 1 到状态 0 的变化是不计数的,输入连接器最大的计数频率为 5 Hz
	Dir 输入	通过 Dir(方向)输入来指定计数的方向,即 Dir=0:加计数 Dir=1:减计数
	Par 参数	Lim 为计数阈值,当内部计数器到达该值,输出置位。Rem 激活掉电保持
	Q 输出	当计数值到达时,输出(Q)接通

时序图如图 13-21 所示,其中,Cnt 为内部计数值。

功能说明如下:在每次 Cnt 输入的上升沿,内部计数器加 1(Dir＝0)或减 1(Dir＝1),如内部计数器大于或等于设置的 Par 参数值,则输出(Q)设置为 1,可使用复位输入将内部计数器和输出复位为"000000",只要 R＝1,输出(Q)即为 0,不再对输入 Cnt 计数。

图 13-21　时序图

29. 日历触发开关功能是怎样的?

通过定义开/关的日期来控制输出的状态,见表 13-26。

表 13-26 日历触发开关

LOGO! 中的符号	接线	说 明
No ┤ MM / DD ├ Q	No 输入	由 No 参数为日历触发开关设置时间段的接通和断开时间
	Q 输出	定义的时间段接通时,Q 接通

时序图如图 13-22 所示。

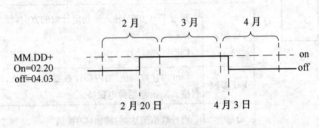

图 13-22　时序图

功能说明:在接通时间,日历触发开关将输出置位,在断开时间,将输出断开。断开日期标明输出复位为 0 的日期。第一个值标明月份,第二个值标明日期。

参数化实例:LOGO! 的输出在每年 3 月 1 日接通,到 4 月 4 日断开,在 7 月 7 日再次接通,到 11 月 19 日断开。为此需要 2 个日历触发开关,每个用来配置一段接通时间。输出由"或"功能块连接。如图 13-23 所示。

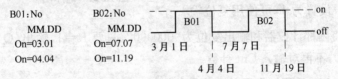

图 13-23　实例图

30. 楼梯照明开关功能是怎样的?

输入脉冲(触发沿控制)后,则参数化的时间周期启动。当最后一个周期结束时,输出复位。在时间还没结束的前 15s,发出断开(OFF)警报。见表 13-27。

表 13-27 时间设置

LOGO! 中的符号	接线	说 明
	Trg 输入	利用 Trg(触发器)输入,启动楼梯照明开关的开启时间(断开延时定时器)
Trg T Q	T 参数	经历 T 时间后,输出开关断开(输出信号从 1 变为 0) 缺省值设置时间单位:分钟
	Q 输出	当时间 T 结束后,Q 开关断开。在结束时间前 15s,输出开关变为 0,持续 1s

T 参数:见本章第 17 问关于时间参数 T。

时序图如图 13-24 所示。

功能说明:当 Trg 状态从 1 变为 0,Ta 启动,Q 输出置位为 1。Ta 到时的前 15s 钟,Q 输出为 0,持续 1s。Ta 到 T 时,Q 输出复位为 0。Ta 未到达 T,再次启动 Trg 输入,Ta 被复位。电源故障时,已经过的时间复位。

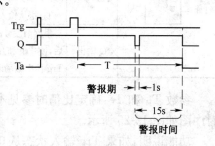

图 13-24 时序图

改变时间单位:警报时间和警报期间,可以设置不同的时间单位,见表 13-28。

表 13-28　时间单位设置

时间单位 T	报警时间	报警期间
秒*	750ms	50ms
分	15s	1s
小时	15min	1min

注：* 只有在程序运行周期＜25ms 时，才起作用。

31. 双功能开关功能是怎样的？

此开关有 2 种不同的功能：一是带断开延时的当前脉冲；二是开关（长久照明）。见表 13-29。

表 13-29　双功能开关

LOGO! 中的符号	接线	说　　明
 Trg Par ——□—— Q	Trg 输入	通过 Trg 输入（断开延时或长久照明）使 Q 输出接通 当 Q 输出为开时，可通过 Trg 使它复位
	Par 参数	T_H 指输出断开的延时时间（输出状态从 1 变为 0） T_L 指从输入使长久照明功能启动的时间
	Q 输出	根据触发 Trg 的脉冲长度而定的参数化时间过后，使 Trg 和开关再次断开后，Q 输出置位 ON，在 Trg 再次激励时 Q 输出复位

参数 T_H 和 T_L：确定比值时参见本章 17 问关于时间参数 T。时序图如图 13-25 所示。

功能说明：如果 Trg 输入状态从 0 变为 1，Ta 启动，Q 输出置位为 1。如果 Ta 到时间 T_H 后，Q 输出复位为零。电源故障时，经过的时间被复位。如果 Trg 输入状态从 0 变为 1，且 1 状态保持至少 T_L 时间，则激励长久照明功能，Q 输出开关持久接通。如果 Trg 被再次接通，T_H 复位，Q 输出被关断。

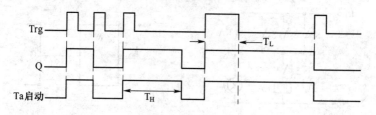

图 13-25　时序图

32. LOGO! 是怎样编程的?

所谓编程就是将控制线路转化为输入线路。程序实际上是由不同方式表达的线路的各个组成部分(功能块)。下面用实例说明从线路图到 LOGO! 程序的编程过程。

某电灯控制线路如图 13-26 所示。通过开关 S_1(或 S_2)与 S_3 的闭合或断开,控制负载(灯)E 点亮或熄灭。当 S_1 或 S_2 闭合、S_3 也闭合时,继电器 K 吸合,其常开触点闭合,点亮灯 E。

(1)编程　在 LOGO! 编程是从线路的输出开始的。输出是要操作的负载或继电器,本例为灯。将线路转换为功能块,从线路图的输出到输入逐步进行。

步骤 1:输出 Q_1,通过串联连接到开关 S_3。S_3 与另一个线路串联连接。串联连接相当于"与"(AND)功能块,如图 13-27 所示。

步骤 2:S_1 和 S_2 是并联连接,并联连接相当于"或"(OR)功能块,如图 13-28 所示。

该图是对 LOGO! 线路的完整描述,还需要将输入和输出连接到 LOGO!。

(2)接线　将开关 S_1 接到 LOGO! 的接线端子 I_1;将开关 S_2 接到 LOGO! 的接线端子 I_2;将开关 S_3 接到 LOGO! 的接线端子 I_3。

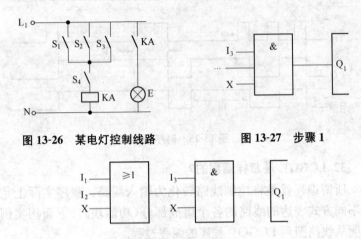

图 13-26　某电灯控制线路　　　　　图 13-27　步骤 1

图 13-28　步骤 2

　　"或"（OR）功能块只用了两个输入点，第三个输入点必须标记为没有使用，在其旁边用×表示。同样，"与"（AND）功能块也只用了两个输入点，第三个输入点也需在其旁边用 X 标示。

　　"与"（AND）功能块控制输出点 Q 的继电器，负载 E 连接到输出点 Q_1。

　　图 13-26 所示控制线路在 LOGO! 通用逻辑模块的实际接线如图 13-29 所示。

　　如果负载容量大，则可通过 LOGO! 内部的输出继电器 Q_1 触点，带动外加接触器，再去控制负载。

33. 应用 LOGO! 的办公室照明控制线路是怎样的？

　　设计办公室照明系统时，应根据所需照度选择灯具类型和数量。为了有效使用经费，荧光灯经常排列成一行，并根据房间的不同要求，将荧光灯再细分成若干开关组，如图 13-30 所示。

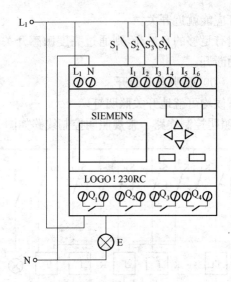

图 13-29　实际接线图

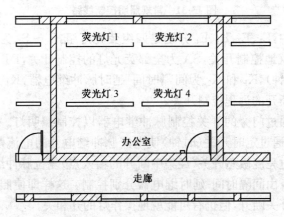

图 13-30　办公室照明布置示意图

照明系统的要求：

①荧光灯应能就近开关。

②如房间有足够的自然光,则通过亮度敏感开关将窗户一侧的照明灯自动断开。

③晚上 8：00,照明自动断开。

④任何时候均可就地开关照明灯。

(1)常规照明控制线路　常规照明控制线路如图 13-31 所示。

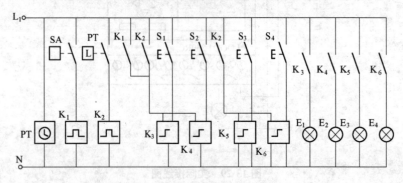

图 13-31　常规照明控制线路

图中,E_1、E_2、E_3、E_4 分别是四组荧光灯组,$S_1 \sim S_4$ 为四组荧光灯组就地控制开关,SA 为全部荧光灯的控制开关,PT 为时间开关(时钟),K_1 和 K_2 为间隔时间-延时脉冲继电器,$K_3 \sim K_6$ 为可集中断开的远程控制开关。

它通过门旁的开关控制脉冲继电器以控制照明灯。与此独立的是,通过定时开关(时钟)使电流脉冲继电器的电流复位,也可以通过亮度敏感开关(经集中断开的输入点)复位脉冲继电器。关灯命令由间隔时间-延时继电器分别控制。这样即使照明由集中控制开关断开,但仍有可能就地操作灯的开和关。

常规控制线路需要大量的接线,大量的机械部件会带来显著的磨损和高昂的维修费用,若需改动功能,所需费用大。

(2)LOGO! 接线图　可选用 LOGO! 230RC 逻辑模块,电源采用交流 220V,LOGO! 接线图如图 13-32 所示。

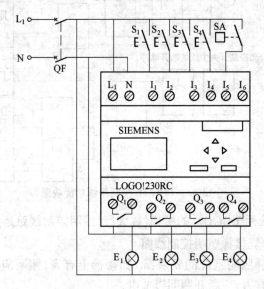

图 13-32　LOGO! 接线图

图中,$S_1 \sim S_4$ 为四组荧光灯组 $E_1 \sim E_4$ 的就地控制开关,SA 为全部荧光灯的控制开关。如按下开关 S_1,$I_1 = 1$,Q_1 输出($Q_1 = 1$),灯 E_1 点亮。其余同理。当按下开关 SA 时,$I_5 = 1$,$Q_1 = Q_2 = Q_3 = Q_4 = 0$,即输出均复位,所有灯均熄灭。

可根据需要直接将亮度敏感开关连接到 LOGO! 的一个输入点,也可设置附加的开关定时(在一天结束后,交替地关断照明)。

(3)控制系统功能块图　控制系统功能块图如图 13-33 所示。

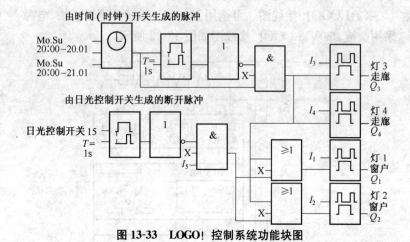

图 13-33　LOGO! 控制系统功能块图

34. 应用 LOGO! 的楼梯(或大厅)照明控制线路是怎样的?

(1)常规楼梯照明控制线路

①楼梯照明系统的要求:a. 如楼梯上有人,照明应亮;b. 如楼梯上没有人,应断开照明以节电。

②控制方案:通常有以下两种:a. 使用电流脉冲继电器;b. 使用自动楼梯照明。这两种照明系统的接线是相同的,如图 13-34 所示。

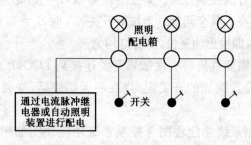

图 13-34　常规楼梯照明控制线路

当使用电流脉冲继电器时,其性能如下:a. 按任何开关,照明系统接通;b. 再次按任何开关,照明系统断开。

采用该方法控制的缺点:人们经常忘记将照明系统断开。

当使用自动装置时,其性能如下:a. 按任何开关,照明系统接通;b. 经过预置的时间后,照明系统自动断开。

采用该方法的缺点:不能在延长的时间周期(例如,为了清理目的需延长时间周期)使照明系统保持接通;要求自动照明装置保持常亮。但解决这些问题很困难,甚至不可能。

(2)使用 LOGO！的照明系统　使用 LOGO！可替换自动照明装置或电流脉冲继电器。只使用 LOGO！一种装置就能完成两种功能(定时的延迟断开和电流脉冲继电器)。不需要改装接线,就能完成附加的功能。

应用 LOGO！230RC 的照明系统接线如图 13-35 所示。

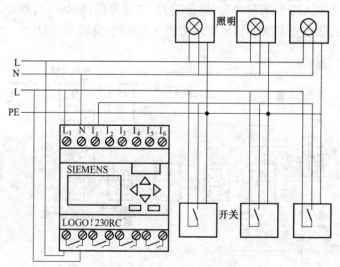

图 13-35　LOGO！接线图

应用 LOGO! 模块的照明系统的外部接线和常规的大厅、走廊或楼梯照明系统的接线方法相同。所不同的是替换了电流脉冲继电器或自动照明装置。增加的功能可直接输入到 LOGO!。

①应用 LOGO! 的电流脉冲继电器(见图 13-36)。

输入端 I_1 有脉冲时,输出端 Q_1 接通或断开。

②应用 LOGO! 的自动楼梯照明系统(见图 13-37)。

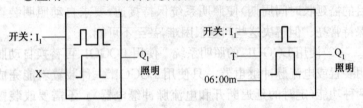

图 13-36　功能块　　　　　　　图 13-37　功能块

输入端 I_1 有脉冲时,输出端 Q_1 接通并保持 6min 后断开。

③应用 LOGO! 实现多功能开关系统(见图 13-38)。

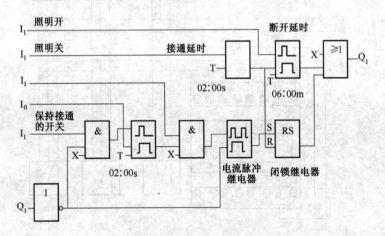

图 13-38　应用 LOGO! 实现多功能开关的照明控制系统功能块图

该控制线路有以下功能:

①当开关按下:照明接通,经过设定时间 6min(T=06：00m)后断开(断开延时)。

②当开关按下 2 次:照明常亮(通过电流脉冲继电器设置锁定继电器)。

③当开关按下 2s:照明断开(接通延时断开,包括常亮线路和正常照明线路,因此这个电路分支使用了 2 次)。

LOGO! 其余的输入、输出也可应用这个线路若干次,这样一个 LOGO! 可替代 4 个楼梯照明系统或 4 个电流脉冲继电器。当然,也可将其余的输入端和输出端用作完全不同的功能。

35. 应用 LOGO! 的刮泥机控制线路是怎样的?

沉淀均化池刮泥机工作示意图如图 13-39 所示。

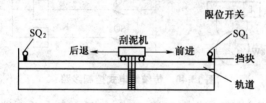

图 13-39 刮泥机工作示意图

(1)传统继电式控制线路 传统继电式控制线路如图 13-40 所示。

工作原理:按下前进起动按钮 SB_1,接触器 KM_1 得电吸合并自锁,电动机正转,带动刮泥机向前运动,指示灯 H_1 点亮。当前进至限位开关 SQ_1 处,其触点闭合,中间继电器 KA_2 得电吸合,其常闭触点断开,KM_1 失电释放;KA_2 常开触点闭合,接触器 KM_2 得电吸合并自锁,电动机反转,带动刮泥机向后运动,指示灯 H_2 点亮。当后退至限位开关 SQ_2 处,其触点闭合,中间继电器

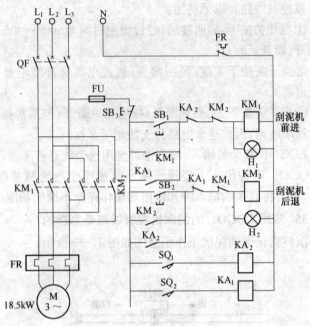

图 13-40　传统继电式控制线路

KA₁ 得电吸合,KM₂ 失电释放,KM₁ 又得电吸合并自锁,电动机又正转,带动刮泥机向前运动。如此循环往复地工作。若先按下后退启动接钮 SB₂,则工作原理类似。旋转停止按钮 SB₃(LA18-22×2 型),刮泥机停止工作。

(2)LOGO! 接线图　可选用 LOGO! 230RC 逻辑模块。该模块为六点输入、四点继电器输出,详细的技术数据见表 13-2。电源采用交流 220V,LOGO! 接线图如图 13-41 所示。

工作原理:旋转停止按钮 SB₃,使其复位(触点闭合),控制系统处于待起动状态,此时 $I_3 = I_4 = 1$(1:有工作电压;0:无工作电压)。按下前进起动按钮 SB₁ 则 $Q_1 = 1$(即内部继电器 Q_1 触点闭

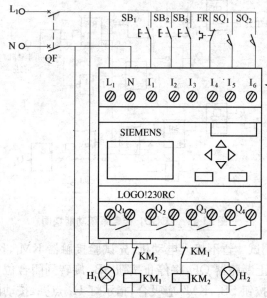

图 13-41　LOGO! 接线图

合),接触器 KM_1 得电吸合,电动机正转,刮泥机前进,指示灯 H_1 点亮。当前进至限位开关 SQ_1 处,$I_5=1$,$Q_1=0$(即内部继电器 Q_1 触点断开),KM_1 失电释放,电动机停转。经接通延时 2s 后使 $Q_2=1$,KM_2 得电吸合,刮泥机后退,指示灯 H_2 点亮。当后退至限位开关 SQ_2 处,$I_6=1$,$Q_2=0$,KM_2 失电释放,电动机停转。经接通延时 2s 后使 $Q_1=1$,刮泥机又前进,如此往复地工作。若先按下后退,启动按钮 SB_2,则工作原理类似。

　　之所以在电动机正转、反转更换过程中延时 2s,是为了避免正转、反转时的电流及机械冲击,延长了刮泥机使用寿命。

　　(3)控制系统功能块图(逻辑图)　控制系统功能块图如图 13-42 所示。

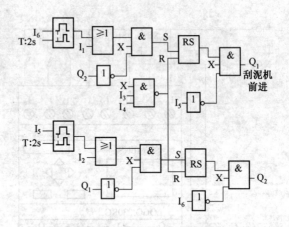

图 13-42　LOGO！控制系统功能块图

（4）调试　暂不接入电动机，先试验接触器 KM_1、KM_2 动作情况。合上断路器 QF，将停止按钮 SB_3 旋转到闭合位置。按下前进起动按钮 SB_1，KM_1 应吸合，指示灯 H_1 点亮；按动限位开关 SQ_1，KM_1 应释放，经 2s 延时后，KM_2 应吸合；按动限位开关 SQ_2，KM_2 应释放，经 2s 延时后，KM_1 应吸合，指示灯 H_2 点亮。将热继电器 FR 常闭触点接线断开，或将停止按钮 SB_3 旋转到断开位置，接触器应释放。

再按下后退起动按钮 SB_2，试验后退的工作情况。

如果接触器动作不正常，应先检查 LOGO！接线图（即 LO-GO！的外围接线）是否正确。若外围接线正确，则应检查 LO-GO！逻辑图。如果延时时间觉得太短，可按 LOGO！使用说明书对延时时间作出修正。

以上试验正常后，再接入电动机进行现场试验。

36. 应用 LOGO！的通风系统控制线路是怎样的？

通风系统既能将新鲜空气送入室内，又能将废气排出室外，该系统如图 13-43 所示。

图 13-43　某通风系统

在房间内安装有废气排气装置和新鲜空气送风装置。由流量传感器控制送风和排气装置。要求：

①在任何时候室内都不允许形成过压。

②只有流量监视器指示废气排气装置工作正常,新鲜空气送风装置才能投入运行。

③送风装置或排气装置如出现故障,则报警灯亮。

(1)传统继电式控制线路　传统继电式控制线路如图 13-44 所示。由接触器 KM_1 控制废气排气电动机;由 KM_2 控制新鲜空气送风电动机。图中,S_1 为废气排气装置处的流量监视器压力控制触点,S_2 为新鲜空气送风装置处的流量监视压力控制触点,当气压小于规定值时触点闭合;KT_1、KT_2 为时间继电器;KA 为故障报警中间继电器;SB_1 为起动按钮;SB_2 为停止按钮;H_1 为新鲜空气送风指示灯;H_2 为故障报警信号灯。

通风系统由流量监视器控制。如室内没有流通,则等待一个短暂时间,将系统断开并报警。这时用户应按停止按钮 SB_2,进行停电,并处理。

(2)LOGO! 接线图　可选用 LOGO! 230RC 逻辑模块。电源采用交流 220V,LOGO! 接线图如图 13-45 所示。如果在发生故障时需电铃报警,则可在信号灯 H_2 回路并联一个电铃即可。

(3)控制系统功能块图　控制系统功能块图如图 13-46 所示。

空余输出端 Q_4 可用于故障事件或电源故障的信号触点,如图 13-47 所示。系统运行时,输出端 Q_4 的触点是常闭的。除非电源故障或系统故障,继电器 Q_4 的触点是不会释放的。用它可作为远程故障指示。

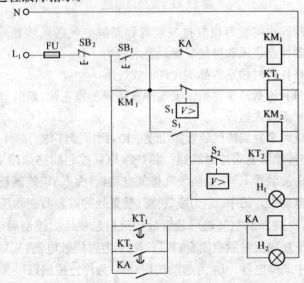

图 13-44　传统继电式控制线路

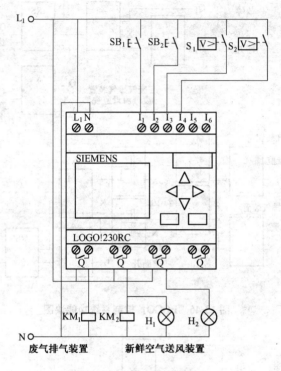

图 13-45　LOGO! 接线图

（4）调试　暂不接入两台风机,先试验接触器 KM_1、KM_2 动作情况。接通 LOGO! 电源,按下废气排气风机启动按钮 SB_1, KM_1 应吸合;按下新鲜空气送风起动按钮 SB_2,KM_2 应吸合,指示灯 H_1 点亮。按下流量监视压力控制触点 S_1 或 S_2,经过数秒的延时后,指示灯 H_2 点亮。

以上试验正常后,再将两台风机接入进行现场试验,并认真调整流量监视压力继电器的动作值。

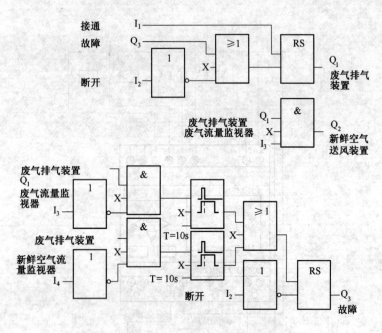

图 13-46   LOGO！控制系统功能块图

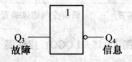

图 13-47   通过空余输出端 Q_4 生成一个信息

37. 应用 LOGO！的洗坛机控制线路是怎样的？

洗坛机是一种用于清洗酒坛、酱油坛、萝卜干坛、酱菜坛等常用坛的小型设备。

（1）传统继电式控制线路　传统继电式控制线路的主电路如图 13-48 所示。

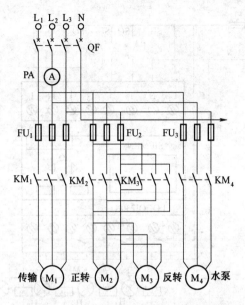

图 13-48   传统继电式控制线路的主电路

工作原理:设备起动后,电动机 M_1 负责传输带的传送,在行程开关闭合后 M_1 停止,电动机 M_2、M_3 延时正反转对坛进行清洗,电动机 M_4 负责清洗过程中的供水;在一个过程完成后,M_1 要求强行起动,冲开行程开关。由于整个过程要求长期运行并反复动作,因此采用传统继电器控制,系统会经常因继电器触点等故障而工作不可靠。

(2)LOGO! 接线图   可选用 LOGO! 230R 逻辑模块。该模块为六点输入、四点继电器输出。电源采用交流 220V,LOGO! 接线图如图 13-49 所示。

图中,SB_1 为起动按钮,SB_2 为停止按钮,SQ_1 为行程开关常开触点,SQ_2、SQ_3 为两个事故行程开关常开触点。

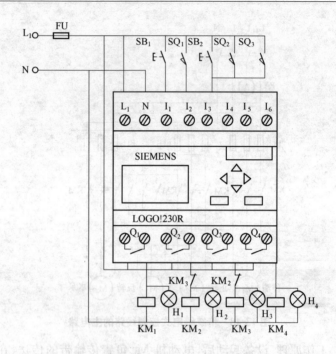

图 13-49　LOGO! 接线图

工作原理:接通电源,电源指示灯 H_5 点亮。按下起动按钮 SB_1,$I_1＝1$,$Q_1＝1$,Q_1 输出(吸合),接触器 KM_1 吸合,电动机 M_1 起动运行,带动传输带输送坛子,指示灯 H_1 点亮。当坛子到达预定位置时,行程开关 SQ_1 闭合(压合),$Q_1＝0$,Q_1 复位(释放),KM_1 失电释放,H_1 熄灭,传送带停止输送,同时 $Q_2＝1$,Q_2 输出,接触器 KM_2 吸合,电动机 M_2 正转运行洗坛,指示灯 H_2 点亮,经过 5s 延时后(可调),$Q_2＝0$,Q_2 复位,KM_2 失电释放,H_2 熄灭,同时 $Q_3＝1$,Q_3 输出,接触器 KM_3 吸合,电动机 M_3 反转运行洗坛,指示灯 H_3 点亮,又经过 5s 延时后(可调),$Q_3＝0$,Q_3 复位,$Q_1＝1$,Q_1 输出。于是继续下一循环。在 Q_2、Q_3 动作的同时,$Q_4＝1$,

Q_4 输出,即接触器 KM_4 吸合,水泵电动机 M_4 供给洗坛用水,指示灯 H_4 点亮。在电动机 M_2、M_3 正反转运行时,指示灯 H_6、H_7 交替点亮和熄灭,以便操作台上的工作人员监视系统工作情况。当按下停止按钮 SB_2 或两个事故行程开关 SQ_2、SQ_3 闭合时(即越位等时),$Q_1 = Q_2 = Q_3 = Q_4 = 0$,即全部复位(释放),所有电动机均停止运行。

(3)控制系统功能块图 控制系统功能块图如图 13-50 所示。

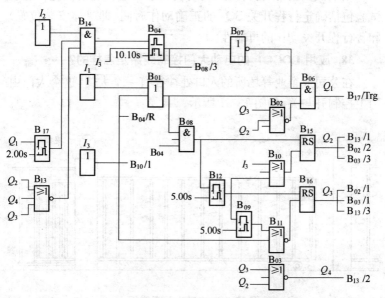

图 13-50 LOGO! 控制系统功能块图

(4)调试 暂不接入电动机,先试验接触器 $KM_1 \sim KM_4$ 的动作情况。接通电源,指示灯 H_5、H_6 应点亮。按下起动按钮 SB_1、KM_1 应吸合,指示灯 H_1 点亮;按下行程开关 SQ_1(可用导线碰触

I_2 端子和相线 L 代替),KM_1 应释放,H_1 熄灭。同时 KM_2 应吸合,H_2 点亮,经过 5s 延时后,KM_2 释放,H_2 熄灭,KM_3 应吸合,H_3 点亮,再经过 5s 延时后,KM_3 释放,H_3 熄灭。同时注意观察,不论在 KM_2 或 KM_3 吸合的同时,KM_4 都应吸合,H_5 点亮。而正、反转指示灯 H_6、H_7 交替点亮和熄灭。按下停止按钮 SB_2 或按压事故行程开关 SQ_2、SQ_3 时(可用导线碰触 I_3 端子和相线 L 代替),所有接触器 $KM_1 \sim KM_4$ 均应释放。

以上试验正常后,再接入电动机和水泵进行现场试验。现场试验包括确定行程开关 SQ_1 的正确动作时间(即具体安装位置)和各行程开关动作的可靠性。

38. 应用 LOGO! 的电动大门控制线路是怎样的?

在公司或企业等场所的入口处往往有一个大门,这个大门由门卫控制开与关,如图 13-51 所示。

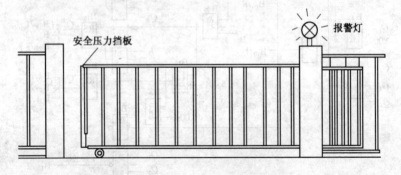

图 13-51　电动大门示意图

(1)大门控制系统的要求

①由门卫打开、关闭和监视大门,门卫在警卫室通过按钮控制大门。

②大门通常是完全打开或完全关闭,但开关门动作能在任何

时候中断。

③在大门即将动作前 5s,报警灯开始闪烁,只要门在移动,报警灯就持续闪烁。

④安装有安全压力挡板,保证门关闭时不会有人受伤和不会夹住或损坏物品。

(2)传统继电式控制线路 传统继电式控制线路如图 13-52 所示。

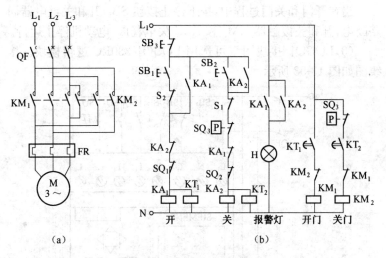

(a) (b)

图 13-52 传统继电式控制线路

(a)主电路 (b)控制电路

图中,SQ_1 为开门限位开关,门完全打开时触点断开;SQ_2 为关门限位开关,门完全关闭时触点断开;SQ_3 为安全压力挡板的压力开关;S_1 为开门开关;S_2 为关门开关。

工作原理:开门时,按下开门按钮 SB_1,只要开门限位开关 SQ_1 处于闭合状态,继电器 KA_1 得电吸合,其常开触点闭合,报警灯 H 闪烁。与此同时,时间继电器 KT_1 线圈得电,经过 5s 延时,其延时闭合常开触点闭合,开门接触器 KM$_1$ 得电吸合,电动机 M 正转,带动大门开门。当大门完全打开时,开门限位开关 SQ$_1$ 触点断开,KM$_1$ 和 KT$_1$ 均失电,KM$_1$ 失电释放,电动机停止运行。

关门的过程与开门的过程类同,只不过在关门继电器 KA$_2$ 回路串接有安全压力挡板的压力开关 SQ$_3$,当人体或物体被卡时,SQ$_3$ 触点便断开,从而使 KA$_2$ 和 KT$_2$ 失电,关门接触器 KM$_2$ 失电释放,电动机停止运转,从而确保人和物的安全。

当在开门和关门过程中,按下停止按钮 SB$_3$,开和关继电器回路断电,开和关接触器 KM$_1$ 和 KM$_2$ 失电释放,电动机停止运行。

(3)LOGO! 接线图   可选用 LOGO! 230RC 逻辑模块。接线图如图 13-53 所示。

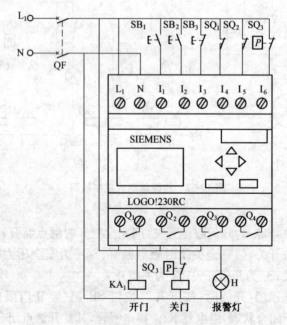

图 13-53   LOGO! 接线图

　　工作原理：开门时，按下开门按钮 SB_1，$I_1 = 1$，$Q_3 = 1$，Q_3 输出，H 闪烁，经 5s 延时，$Q_1 = 1$，Q_1 输出继电器 KA_1 得电吸合，其常开触点闭合，接触器 KM_1 得电吸合，电动机正转，开门（主电路见图 13-52a）。关门时，按下关门按钮 SB_2，$I_2 = 1$，Q_3 输出，H 闪烁，经 5s 延时，$Q_2 = 1$，Q_2 输出，继电器 KA_2 得电吸合，KM_2 得电吸合，电动机反转，关门。当限位开关 SQ_1、SQ_2 及安全压力挡板触点断开时，$Q_1 = Q_2 = 0$，即均复位，KA_1、KA_2 均失电释放，电动机停止运行。

　　(4)控制系统功能块图　控制系统功能块图如图 13-54 所示。

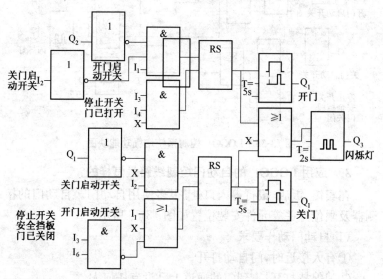

图 13-54　LOGO！控制系统功能块图

　　(5)LOGO！的增强功能方案　如果要求当安全挡板起作用时，门会再度自动打开，则 LOGO！控制系统增强功能块图如图 13-55 所示。

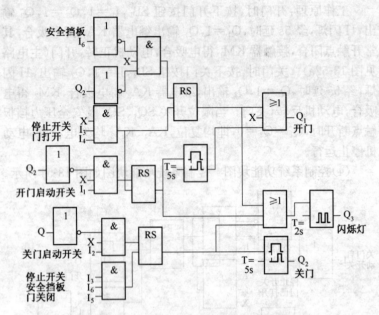

图 13-55　LOGO! 控制系统增强功能块图

39. 应用 LOGO! 的自动门控制线路是怎样的?

在宾馆、饭店、银行等入口处,很多使用自动门。自动门的检测器及限位开关等元件安装位置如图 13-56 所示。

(1)自动门动作要求

①有人接近时,门自动打开。

②门保持打开,直到门的通道上已没有任何人。

③当门的通道已没有任何人时,门在很短时间内自动关闭。

通常,门由具有安全离合器的电动机驱动,这样可避免将人夹伤。控制系统通过主开关连接到主电源。

(2)传统继电式控制线路　传统继电式控制线路如图 13-57 所示。

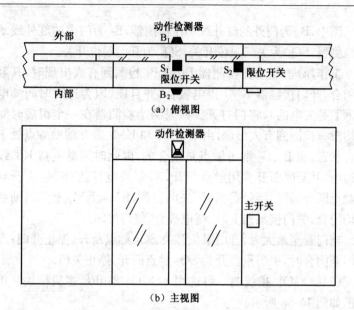

（a）俯视图

（b）主视图

图 13-56　自动门各有关元件的安装位置

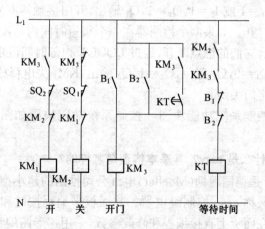

图 13-57　传统继电式控制线路

图中，B_1 为门外的红外线动作检测器，B_2 为门内的红外线动作检测器，SQ_1 为关门限位开关，SQ_2 为开门限位开关。

工作原理：当动作检测器 B_1 或 B_2 检测到有人出现时，其触点闭合，开门接触器 KM_3 得电吸合，并自锁(因为这时时间继电器 KT 是失电的)，将门打开。如果两个检测器在一个很短时间内均没有检测到有人出现，由于 KM_1 和 KM_3 常开辅助触点处于闭合状态，而 B_1、B_2 常闭触点是闭合的，因此时间继电器 KT 线圈通电，其延时断开常闭触点断开，KM_3 失电释放；KM_3 常开辅助触点断开，开门接触器 KM_1 失电释放；KM_1、KM_3 常闭辅助触点均闭合，关门接触器 KM_2 得电吸合，将门关闭。

当门开至最大时，开门限位开关 SQ_2 触点断开，停止开门；当关门至闭合时，关门限位开关 SQ_1 触点断开，停止关门。

(3)LOGO! 接线图　可选用 LOGO! 230RC 逻辑模块。接线图如图 13-58 所示。

工作原理：当动作检测器 B_1 或 B_2 检测到有人出现时，其触点闭合，$I_1=1$ 或 $I_2=1$，$Q_1=1$，Q_1 输出，开门接触器 KM_1 得电吸合，将门打开。如果两个检测器在一个很短时间内均没有检测到有人出现，它们的触点断开，经过 LOGO! 内部时间设定，约经 4s 延时后，$Q_1=0$，Q_1 置位，$Q_2=1$，Q_2 输出，KM_1 失电释放，KM_2 得电吸合，将门关闭。

(4)控制系统功能块图　控制系统功能块图如图 13-59 所示。

40. 什么是 easy？其基本构造是怎样的？

easy 是德国穆勒(Moeller)电气公司推出的超小型可编程序控制器，又称 easy 控制继电器。其面板带编程按键和液晶显示屏，可以在面板上直接编程和修改参数，采用梯形图编程方式，不但直观而且简单易学。

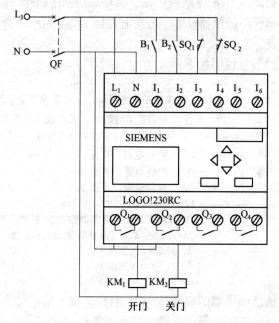

图 13-58 LOGO! 接线图

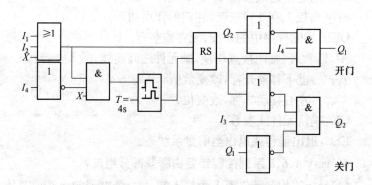

图 13-59 LOGO! 控制系统功能块图

easy 有 2、4、6、8 等系列产品。其中,新型的 easy8 系列产品既拥有可编程序控制器(PLC)的所有性能,又具备 easy 系列操作简便的特点。

easy 的型号说明如下:

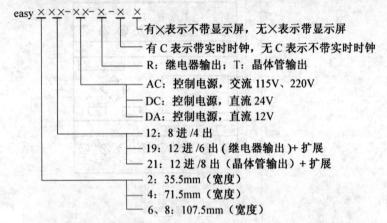

easy ×××-××-×-× ×
- 有×表示不带显示屏,无×表示带显示屏
- 有 C 表示带实时时钟,无 C 表示不带实时时钟
- R:继电器输出;T:晶体管输出
- AC:控制电源,交流 115V、220V
- DC:控制电源,直流 24V
- DA:控制电源,直流 12V
- 12:8 进 /4 出
- 19:12 进 /6 出 (继电器输出)+ 扩展
- 21:12 进 /8 出 (晶体管输出)+ 扩展
- 2:35.5mm (宽度)
- 4:71.5mm (宽度)
- 6、8:107.5mm (宽度)

easy 输出继电器的负载能力为:阻性负载 8A,感性负载 3A,可直接控制交流接触器或电磁阀等小型负载,寿命为 10^7 次。

easy 的基本组成如图 13-60 所示。

easy 面板上有 8 只按键,它们的作用如下:

DEL:删除程序中的连线、元件或空行。

ALT:常开、常闭接点切换,画元件之间连线,插入空行;

∧、∨:上下移动光标,改变数值;

<、>:左右移动光标,改变位置;

OK:确认元件或参数;

ESC:退出编程或退出当前显示状态。

41. easy 4、6、8 系列控制器各由哪些部分组成?

(1)easy 4 控制器　有 8 个输入端,4 个继电器输出端或晶体管输出端;直流型提供 2 个模拟量输入端;4 行液晶显示屏;3 个

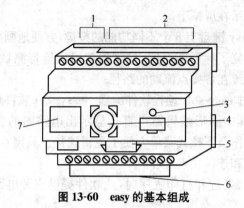

图 13-60　easy 的基本组成

1. 控制电源　2. 输入端　3. 运行状态显示（发光二极管）　4. 面板按键
5. 存储卡接口（计算机接口）　6. 输出端　7. 液晶显示屏

接点和 1 个线圈排成 1 行,最多可输入 41 行程序。

（2）easy 6 控制器　有 12 个输入端,6 个继电器输出端或 8
个晶体管输出端;直流型提供 2 个模拟量输入端;4 行液晶显示
屏;3 个接点和 1 个线圈排成 1 行,最多可输入 121 行程序。

最多可以显示 8 段文本,每段文本最多 48 个字符。另外,每
段文本可显示 2 个变量或功能继电器的参数值。

（3）easy 8 控制器　有 12 个输入端,6 个继电器输出端或 8
个晶体管输出端;直流型提供 4 个模拟量输入端和 1 个模拟量输
出端;4 行液晶显示屏;4 个接点和 1 个线圈排成 1 行,最多可输
入 256 行程序。

最多可以显示 32 段文本,每段文本最多 64 个字符,并且可
以显示多个变量或功能继电器的参数值。

42. easy 有哪两种编程方法?

（1）直接击键"画图"的 easy 面板编程　采用梯形图基本图形
符号中常开接点、常闭接点和继电器线圈的表示方法,只需简单
地操作键盘,便能进行逻辑连接,实现各种功能。每一个电路图

元件都会显示在屏幕上。

通过 easy 键盘上 8 个不同功能的按键,方便地画出梯形图电路。一旦画完了梯形图电路,控制器就可以进行测试,同时直观地显示出电流在各接点流动的路径。

(2)通过 easy-soft 编程软件编程　easy-soft 软件使用户编程特别方便,其中图形编辑器可直接显示出电路图的各种元件符号。拖曳操作及下拉式菜单方便了逻辑连接。只需点击鼠标,就可实现选择和连接接点、线圈。

在查看、处理和打印程序时,此软件提供三种电路图显示方式:

①按照国际电工技术委员会(IEC)标准规定使用的触点和线圈符号。

②采用 easy 的电路图形式。

③按照美国标准(ANSI)的电路图形式。

easy 的离线仿真功能,使用户能在程序试运行之前测试电路功能是否正确,而无需把计算机与 easy 设备连接。接点和线圈旁边的注释非常清楚。

程序设计完毕,将可靠地保存在 easy 中,直到下一次修改为止,并且无需辅助电源或电池。在电源断电的情况下,easy 不仅能保存电路和参数,甚至能记忆开关位置和状态。比如,计时器和计数器的实际读数、时间继电器已过的时间等都将被记录下来,并且在电源恢复之后继续运行。

43. easy 是怎样编程的?

easy 编程直接使用梯形图,与常规的电气原理图接近。接至输入端的均为常开接点,原电气原理图中的常闭触点可在 easy 编程时在开关符号处加上划线表示。如编程时 I_1 表示常开接点,$\overline{I_1}$ 表示常闭接点。每行程序最多 3 个接点、1 个线圈(最右边的是线圈）。如果电气原理图上实际触点大于 3 个，easy 编程时就要使用内部辅助继电器 M。

下面以图 13-61a 为例，说明具体编程步骤。

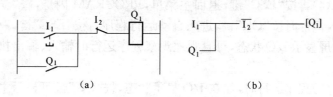

图 13-61　继电器控制电路

(a)电气原理图　(b)easy 程序图

（1）开机，液晶显示屏显示 I/O（输入/输出）状态。按"OK"键显示主菜单。主菜单初始情况为 PROGRAM（编程）闪烁。如果 PROGRAM 下面一行显示 RUN（运行），系统为 STOP（停机）状态，按"OK"键即可进入编程；如果 PROGRAM 下面显示 STOP，系统为 RUN（运行）状态，不能编程，应按"∨"键至 STOP 闪烁处，按"OK"键，按"∧"键回到 PROGRAM 闪烁处，按"OK"键，即可编程。

（2）PROGRAM 的子菜单为 PROGRAM 和 DELETE PROG。前者为再次确认编程，后者为删除原有全部程序。在 PROGRAM 下再按"OK"键，正式进入编程。

（3）方块光标闪烁处按"OK"键，自动显示 I_1，按"OK"键确认 I，再按"OK"键确认 1，光标右移。按"OK"键又显示 I_1，"I"闪烁，按"ALT"键取非，按"＞"键右移，按"∧"键出现 2，按"OK"键确认。按"ALT"键，按"＞"键连线，至输出继电器位置，按"OK"键出现[Q1]，按 2 次"OK"键加以确认并换行。

在第二行起头光标处按"OK"键出现 I_1，连续按"∧"直至出现 Q，2 次按"OK"键确认 Q_1。按"ALT"、"＞"、"∧"键，连接 I_1

自锁用的与 Q₁ 接点的并连线。至此,程序输入完毕。按"ESC"键,程序储存,退出编程。此时,easy 内部便存储了与图 13-61a 对应的程序,如图 13-61b 所示。

(4)再按"ESC"键,退回主菜单,PROGRAM 闪烁,按"∨",RUN 闪烁时按"OK"键,进入自动运行程序。按"ESC"键,液晶显示屏显示 I/O 状态,可直观地观察程序运行时输入、输出执行情况。

(5)程序运行时,如在 I/O 显示状态,按"OK"键可显示主菜单,但进入 PROGRAM 后不能编程,仅可浏览程序进行状态。比如:根据连接线的粗细变化,判别元件的得失电状况(此功能特别适用于调试程序);观察计数器、时间继电器等功能继电器的运行当前值、设定值和执行情况等。按"ESC"键返回 I/O 显示状态。

44. easy 是怎样实现对输出继电器和辅助继电器控制的?

(1)输出继电器控制　输出继电器 Q 和辅助继电器 M 有 4 种控制方式,在程序中分别用[、R、S、「四种符号表示。其中:符号[表示输出,使继电器线圈得电;符号 R 表示复位;符号 S 表示自锁;符号「表示脉冲沿转换(奇偶次继电器)。编程过程中在 Q 和 M 前可以用"∧"或"∨"键进行 4 种选择。

应用举例:

①自锁电路。自锁电路见图 13-61a,用 easy 编程表示其控制电路有 2 种方法,图 13-61b 为其中一种,另一种如图 13-62 所示,它们的功能是一样的。

I₁ ——————— S Q₁
I₂ ——————— R Q₁

图 13-62　自锁电路程序

②脉冲沿转换继电器(奇偶次继电器)。实际应用是用一只按钮控制继电器的通断。按一下按钮,继电器接通并自锁;再按一下按钮,继电器断开。如此周而复始,程序如图 13-63 所示。

$$T_1 \text{———————} \int Q_1$$

图 13-63　一只按钮控制继电器通断的程序

（2）辅助继电器控制

使用 easy 内部的辅助继电器可以省掉继电器控制电路中的许多中间继电器。另外，easy 的一行程序最多允许出现 4 个元件，即 3 个接点、1 个线圈，如果接点数量大于 3 个，就得借助于辅助继电器。例如，控制要求当 5 个常开接点都闭合时，输出继电器 Q_1 才接通。此时程序如图 13-64 所示。

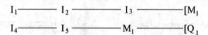

图 13-64　辅助继电器控制程序例

45. easy 是怎样实现对时间继电器控制的？

若 $T_1 \sim T_8$ 为 8 个时间继电器。以 T_1 为例，程序输入时，在 T_1 前有 T、R 两种控制符号可以选择：T 为触发信号，R 为复位信号。在 T_1 处 2 次按"OK"键后，液晶显示屏出现延时参数设置窗口。窗口左上角为延时模式选择，共有 6 种模式：×表示得电延时，延时时间可调；■表示得电瞬动，失电延时，延时时间可调；？×表示得电延时，延时时间随机；？■表示得电瞬动，失电延时，延时时间随机；∏表示单脉冲时间继电器，类似于单稳态延时电路，不论输入触发信号时间长短，触发后瞬间闭合，延时断开，延时时间可调；⊓表示脉冲发生器，类似于多谐振荡器，延时时间可调，但占空比恒为 1：1。

下面举例介绍时间继电器控制的编程实例。其中：I_1 为输入触发信号，T_1 为时间继电器，Q_1 为输出继电器。

(1)T₁为常开接点(选×模式,延时时间自行设定),得电延时闭合,程序如图 13-65 所示。注意:输入触发信号宽度必须大于延时时间的 1 倍,否则无输出;时间继电器延时动作后,输入触发信号必须消失,使 T₁ 复位,复位后才能再次使用 T₁。此程序与常规电路中延时时间继电器的用法相同。

(2)T₁为常开接点,得电瞬时闭合,失电延时断开。程序和实例(1)一样,只是延时模式选■。

(3)T₁为常闭接点(T₁的延时模式为×),得电延时断开。程序如图 13-66 所示。

```
I₁ ————————————— T T₁        I₁ ————————————— T T₁
T₁ ————————————— [Q₁]        T̄₁ ————————————— [Q₁]
```

图 13-65 得电延时闭合程序　　**图 13-66 得电延时断开程序**

(4)T₁为常闭接点(T₁选■模式),得电瞬时断开,失电延时闭合。程序如图 13-67 所示。

(5)单脉冲时间继电器(T₁的延时模式为⊓),I₁端触发后,Q₁立即吸合,延时断开,延时时间可调。程序如图 13-68 所示。

```
I₁ ————————————— T T₁        I₁ ————————————— T T₁
T₁ ————————————— [M₁]        T₁ ————————————— [Q₁]
M̄₁ ————————————— [Q₁]
```

图 13-67 得电瞬时断开,　　**图 13-68 瞬时吸合,**
**　　失电延时闭合程序**　　　　**　　延时断开程序**

(6)脉冲发生器(T₁的延时模式为⊔),I₁端触发后,Q₁随脉冲频率吸合和释放,频率＝1/(设定时间×2)。程序如图 13-69 所示。

```
I₁ ————————————— T T₁
T₁ ————————————— [Q₁]
```

图 13-69 继电器随脉冲频率
吸合和释放程序

46. easy 怎样使用计数器？

$C_1 \sim C_8$ 为 8 个计数器。以 C_1 为例，程序输入时，在 C_1 前有 C、R、D 三种控制符号可选择。其中：C 为计数端，计数器做加法；R 为复位端，计数器强制清零；D 为反向计数控制端，计数器做减法。程序输入在 C_1 处，2 次按"OK"键，液晶屏出现计数参数设置窗口，可以用"∧"、"∨"键设定计数值。下面举例说明。

(1)以设定值等于 3 为例，当 C_1 计数达到 3 时，Q_1 得电。如果断续计数 n 次(此处假定为 2 次)后有从 I_2 端输入的反向计数控制信号，则反向计数 n 次，使计数器为零。程序如图 13-70 所示。

(2)当 C_1 计数达到设定值 3 时，Q_1 得电。此后，I_3 输入复位信号使 C_1 清零，若要继续计数，I_3 必须断开。程序如图 13-71 所示。

```
I₁————————C C₁        I₁————————C C₁
I₂————————D C₁        I₃————————R C₁
C₁——————————[Q₁       C₁——————————[Q₁
```

图 13-70　C_1 计数达到设定值时　　**图 13-71　C_1 计数达到设定值时**
　　　(情况一)　　　　　　　　　　　**(情况二)**

47. 应用 easy 的高压电动机起动线路是怎样的？

一台 JZR1600-10 型、6kV、1 600kW 高压电动机、采用转子串接水电阻起动。原采用传统的继电式控制线路，现为了减少故障，提高作业率，改用 easy618-AC-RC 型可编程序控制器控制。

(1)高压电动机传统起动主电路及起动要求

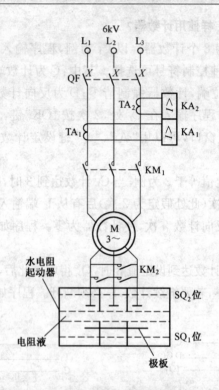

图 13-72　用水电阻起动的高压电动机主电路

用水电阻起动的高压电动机主电路如图 13-72 所示。起动要求如下：

①轴瓦润滑起动且油压正常。

②水电阻液位、液温正常，低压真空接触器 KM_2 必须断开以保证将水电阻串入转子回路。

③水电阻极板必须在最大距离(限位开关 SQ_1 处)，且当水电阻的极板运行到最小距离(限位开关 SQ_2 处)时，KM_2 必须吸合，否则断路器 QF 跳闸。

④当 KM₂ 吸合后,水电阻的极板(极板运动由一台 YPOL-4
型 1-1kW 电动机拖动)自动复位至 SQ₁ 位置,为下次起动做准
备。

⑤高压电动机在起动完毕后的轧钢生产过程中,绝对避免水
电阻被串入,如果 KM₂ 释放,电动机应立即跳闸。

(2)采用 easy 控制　采用 easy 控制的接线图如图 13-73 所
示。

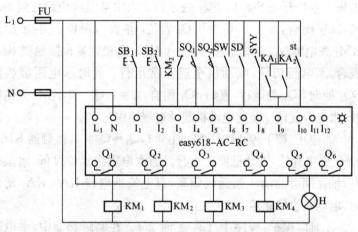

图 13-73　easy 控制的接线图

图中,SB₁ 为起动按钮,SB₂ 为停止按钮,SQ₁ 为水电阻极板
最大距离的限位开关,SQ₂ 为水电阻极板最小距离的限位开关,
SW 为水电阻液位开关,SD 为水电阻温度开关,SYY 为轴瓦润滑
油油压开关,KA₁、KA₂ 为电动机过电流继电器,st 为电动机温升
开关;KM₁ 为电动机主回路接触器,KM₂ 为电动机全速运行接触
器,KM₃ 为电动机起动接触器,KM₄ 为极距复位接触器,H 为信
号灯。

工作原理：

①起动条件：KM_2 断开($I_3=1$)，限位开关 SQ_1 闭合($I_4=1$)，水电阻水位正常($I_6=0$)，水电阻水温正常($I_7=0$)，油压压力正常($I_8=0$)，过电流继电器断开($I_9=0$)，高压电动机温度正常($I_{10}=0$)。

以上条件具备，信号灯 H 亮，指示可以起动。

②起动：按下起动按钮 SB_1，$I_1=1$，$Q_1=Q_3=1$，Q_1、Q_3 输出(吸合)。接触器 KM_1、KM_3 得电吸合，电动机起动，同时水电阻极板由限位开关 SQ_1 向 SQ_2 处运行。当水电阻极板运行到 SQ_2 处，SQ_2 闭合，$I_5=1$，$Q_3=0$，Q_3 置位(释放)，极距减小接触器 KM_3 失电释放。同时，$Q_2=Q_5=1$，KM_2 和极距复位接触器 KM_4 吸合，水电阻切除，电动机全速正常运行。此时水电阻极板由 SQ_2 处向 SQ_1 处运行，直到 SQ_1 闭合，$I_4=1$，$Q_4=0$，KM_4 失电释放，水电阻复位。至此电动机起动过程结束。

③停止：按下停止按钮 SB_2，$I_2=1$，$Q_1=Q_2=0$，接触器 KM_1、KM_2 失电释放，电动机停止运行。当水电阻中水位过低、水温过高、轴瓦润滑油油压偏低或偏高，过电流继电器 KA_1、KA_2 动作时，电动机也停止运行。

④延时保护：程序中 TT_1 延时 25s。在实际起动中，水电阻极板由 SQ_1 处运行到 SQ_2 处只需要 20s。如果 KM_2 没有吸合，导致水电阻在延时 25s 后未切除，则 easy 内部继电器 $M_1=1$，$I_3=1$，$Q_1=0$，Q_1 置位，KM_1 失电跳闸，电动机停止运行。

(3)编程

编程图如图 13-74 所示。编程主要运用 easy 中带锁定功能的继电器。如当 SQ_1 条件满足时，Q_1 吸合并锁定，且只有当 RQ_1 条件满足时，Q_1 断开；当 SQ_1、RQ_1 同时满足条件时，RQ_1 优先。SM_1、RM_1 与 SQ_1、RQ_1 相同。

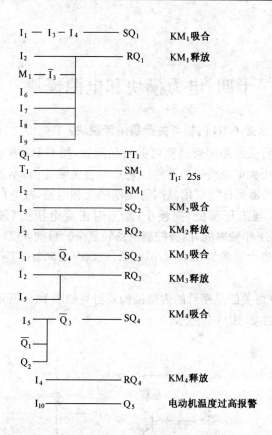

$I_1 \!-\! I_3 \!-\! I_4$ ————— SQ_1 KM_1吸合

I_2 ————— RQ_1 KM_1释放

$M_1 \!-\! \overline{I}_3$

I_6

I_7

I_8

I_9

Q_1 ————— TT_1

T_1 ————— SM_1 T_1: 25s

I_2 ————— RM_1

I_5 ————— SQ_2 KM_2吸合

I_2 ————— RQ_2 KM_2释放

$I_1 \!-\! \overline{Q}_4$ ————— SQ_3 KM_3吸合

I_2 ————— RQ_3 KM_3释放

I_5

$I_5 \!-\! \overline{Q}_3$ ————— SQ_4 KM_4吸合

$\overline{Q}_1$

Q_2

I_4 ————— RQ_4 KM_4释放

I_{10} ————— Q_5 电动机温度过高报警

图 13-74 编程图

十四、电力模块和电源模块

1. 什么是 GTO 门极可关断晶闸管模块?

门极可关断晶闸管简称可关断晶闸管,用 GTO 表示。它是一种高电压大电流全控型器件。它具有自关断能力,不像晶闸管(SCR)变频器那样需要用晶闸管关断的换相电路,故它的主电路结构简单,通态压降低、损耗小,断态时击穿电压高(最大可达9kV)。但工作频率低,门极控制电路较复杂。目前,GTO 可关断晶闸管的最大容量为 6 000V/6 000A、9 000V/2 500A,工作频率为1.5kHz。

GTO 可关断晶闸管的内部结构及符号如图 14-1 所示。其阳极伏安特性如图 14-2 所示。

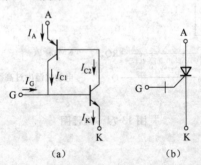

(a)　　　　　　　(b)

图 14-1　GTO 晶闸管内部结极及符号

(a)内部结构　(b)符号

GTO 可关断晶闸管的基本结构和普通晶闸管(SCR)类似,它的三个极也是阳极(A)、阴极(K)和门极(G)。其工作特点是:

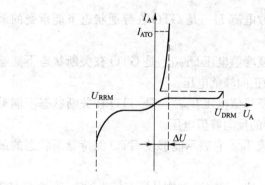

图 14-2　GTO 晶闸管的阳极伏安特性

当阳极加有正电压、阴极加有负电压时,在门极(控制极)上加以正电压或正脉冲信号,则 GTO 导通;当门极上信号消失后,GTO 仍保持导通状态,这和普通晶闸管的导通过程完全相同。这时如在门极与阴极之间加入反向电压或较强的反向脉冲信号,可使 GTO 关断。

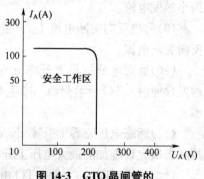

GTO 可关断晶闸管在门极加负脉冲关断信号时,有一个反向偏置工作安全区问题。所谓安全区,是指在一定条件下 GTO 能可靠关断的阳极电流和阳极电压的轨迹,它近似为一个矩形,如图 14-3 所示。

图 14-3　GTO 晶闸管的安全工作区

2. GTO 模块有哪些主要参数?

(1)最大可关断阳极电流 I_{ATO}　它表示用门极控制的方法能够关断的最大阳极电流。

(2)通态有效电流 I_T　是 GTO 在导通状态下能承受的最大有效电流。

(3)断态重复峰值电压 U_{DRM}　是 GTO 在关断状态下能够承受而不被击穿的正向峰值电压。

(4)反向重复峰值电压 U_{RRM}　是 GTO 在关断状态下能重复承受而不被击穿的反向峰值电压。

(5)维持电流 I_H　它表示能够使 GTO 保持导通状态的最小阳极电流。

(6)擎住电流 I_L　是 GTO 刚从断态转入通态,在立即取消门极电流信号的情况下,能够保持通态的最小电流。

(7)通态管压降 U_T　是 GTO 在导通状态下,阳极与阴极间的电压降。

(8)门极最小触发电流 I_{GL}　是 GTO 由断态转入通态所需的最小触发电流。

(9)门极反向关断电流 I_{GR}　是 GTO 由通态转入断态所需的反向关断电流。

(10)通态电流临界上升率 di/dt　是在规定条件下,由门极触发导通时 GTO 所承受而不产生有害影响的通态电流最大上升率。

(11)断态电压临界上升率 du/dt　是在规定条件下 GTO 保持断态所允许施加的最大电压上升率。

(12)开通时间 t_{ON}　是 GTO 由断态转入通态所需时间。

(13)关断时间 t_{OFF}　是 GTO 由通态转入断态所需时间。

3. GTO 对门极驱动电路有什么要求?

GTO 可关断晶闸管可根据其容量不同采用不同型式的门极驱动电路,如采用大功率晶体管直接驱动的门极控制电路,可驱动 2700A 的大功率 GTO。控制大功率晶体管的触发控制信号需经光电耦合器或脉冲变压器隔离转换后输出,以提高 GTO 可关断晶闸管的抗干扰能力。

门极触发电流的波形如图 14-4 所示。

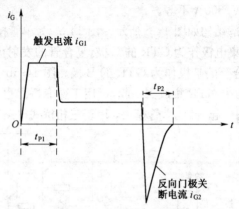

图 14-4　GTO 门极触发电流波形

(1)正向触发脉冲的要求

①前沿陡度应尽量地大,一般应 $di_{G1}/dt \geqslant 5A/\mu s$;

②触发脉冲宽度 t_{p1} 为 $10 \sim 60 \mu s$;

③触发脉冲的后沿陡度应比较平缓。

(2)反向门极关断脉冲的要求

①前沿陡度应尽量地大,一般应 $di_{G2}/dt \geqslant 10A/\mu s$;

②关断脉冲宽度 t_{P2} 应 $\geqslant 30 \mu s$;

③门极关断电流的幅值应满足:

$$-I_{GM} = (1/5 \sim 1/3)I_T$$

4. 什么是 GTR(或 BJT)电力晶体管模块?

在大功率开关器件中,高击穿电压、大容量的晶体管称为电力晶体管或双极晶体管。它通常是由两个或多个大功率晶体管(达林顿管)复合而成。又因为在变频器中,各逆变管旁边总要反并联一个续流二极管,所以模块内放有该反并联的续流二极管。采用了复合晶体管能使其放大倍数 β 提高很多,从而增加了电路的控制能力,减小了控制电路的电流。模块的容量范围从 450V/30A~1 400V/800A 不等。

　　模块内部结构如图 14-5 所示。图 14-5a 为单管模块电路,其中复合管的集电极作为 GTR 的 C 极,复合管的发射极作为 GTR 的 E 极,复合管的基极作为 GTR 的 B 极。图 14-5b 为双管模块电路,即把两个 GTR 集成到一起,可用于逆变桥。也可以把六个 GTR 集成到一起,做成六管模块,用于三相桥式电路。

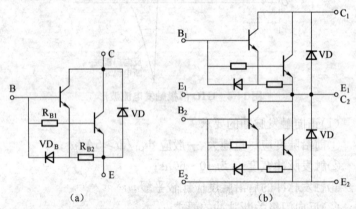

（a）　　　　　　　　　　　　（b）

图 14-5　GTR 模块内部结构

(a)单管模块电路　(b)双管模块电路

　　由于晶体管 B、E 极之间的反向击穿电压 U_{EBD} 较低,为了防止在反向偏置时被击穿,在 B、E 极之间接入钳位二极管 VD_B 和保护电阻 R_{B1}、R_{B2}。

5. GTR 模块有哪些主要参数?

　　(1)击穿电压 U_{CEO}　即开路阻断电压,它体现 GTR 的耐压能力。它表示在截止状态下能使集电极与发射极之间击穿的最小电压。在基极开路时,用U_{CEO}表示;在基极与发射极之间反向偏置时,用U_{CEX}表示。在大多数情况下,$U_{CEO}=U_{CEX}$。在380V等级的通用变频器中,通常使用U_{CEO}为1200V的GTR模块。

(2)漏电流I_{CEO}　是在截止状态下从集电极流向发射极的电流。在基极开路时,用I_{CEO}表示;在基极与发射极之间反向偏置时,用I_{CEX}表示。

(3)集电极最大持续电流I_{CM}　它体现GTR的容量。它表示饱和导通时集电极最大允许电流。通用变频器中,根据变频器的容量,使用30～400A的GTR模块。

(4)饱和电压降U_{CES}　是饱和导通时集电极和发射极之间的电压降。

(5)电流增益β　电流增益β即h_{FE},称为电流放大倍数,是集电极电流I_C与基极电流I_B之比值,即

$$\beta=\frac{I_C}{I_B}$$

当GTR作开关器件使用时,$I_C\leqslant\beta I_B$。β值越大,管子的驱动电路功率越小。一般达林顿型GTR的β值范围为50～20 000。

(6)开通时间t_{ON}　即从基极通入正向阶跃信号电流I_{B1}时起,到集电极电流上升到饱和电流的90%($0.9I_{CS}$)所需要的时间,如图14-6所示。

(7)关断时间t_{OFF}　即从基极电流消失(或加入反偏基极电流I_{B2})时起,到集电极电流下降到饱和电流的10%($0.1I_{CS}$)所需要的时间,如图14-6所示。

GTR在通用变频器中作为开关器件使用,其开通时间和关断时间的大小,将直接影响到脉宽调制时的载波频率。使用GTR时的上限载波频率为3kHz,实际使用的载波频率在1.5kHz以下。

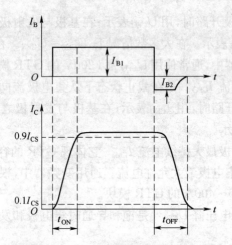

图 14-6　GTR 在电阻负载时的开关时间

6. GTR 的基极驱动模块有什么特点？

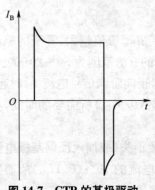

**图 14-7　GTR 的基极驱动
电流波形**

　　GTR 的基极驱动信号包括正向偏置基极电流 I_{B1} 和反向偏置基极电流 I_{B2}、电流上升率等。通常可采用如图 14-7 所示的基极驱动电流波形。

　　当由截止转为饱和导通时，为了使晶体管快速进入饱和状态，开始导通时的基极电流应大一些。当晶体管进入饱和状态后，为了使切换时容易退出饱和状态，应适当减小基极电流，减轻饱和深度。当由饱和转为截止时，为了使晶体管快速截止，应在 GTR 的 B 与 E 极之间加以反向偏置电压，所以有较大的反向基极电流。

为了防止干扰,驱动电路通常采用光电耦合器。GTR 的常用专门的集成驱动模块有 EXB356、EXB357、EXB359 和 HL202A 等。

EXB357 的电气性能见表 14-1。

表 14-1　EXB357 的电气性能

名　称	符号	最小值	最大值
延迟时间(μs)	td	—	5.0
上升时间(μs)	tr	—	1.5
存储时间(μs)	ts	—	5.0
反向偏置电流下降率(A/μs)	$-dI_{P2}/dt$	6.0	—
电压变化率(V/μs)	du/dt	4 000	—

HL202A 厚膜驱动器除了能对 100A 以内的 GTR 直接驱动外,还具有退饱和保护和负电源电压的欠压保护等功能。该器件内包括隔离电路、逻辑处理电路、放大电路等功能电路。其特点是:

(1)内装置光电耦合器实现信号隔离,隔离性能好。

(2)输出功率大,可驱动 100A 以内的 GTR,当外加功率放大电路之后,可驱动 150~400A 的 GTR。

(3)具有退饱和保护功能。

(4)具有负电源电压欠压保护功能。

(5)具有贝克钳位端,外接高反压快速二极管就可实现贝克钳位。

HL202A 的引脚功能见表 14-2。HL202A 的外部接线如图 14-8 所示。

表 14-2　HL202A 的引脚功能

引脚号	功　能　说　明
①	输入控制电压端(0V 和 3V)

续表 14-2

引脚号	功　能　说　明
②	通过阻容元件接＋15V 和控制地端
③～⑧	空
⑨	外接电容，该电容决定退饱和保护的死区时间（最小导通时间）
⑩	外接阻容元件端
⑪	负电源端
⑫	电源接地端
⑬	贝克钳位引入端
⑭	NPN 输出晶体管发射极端
⑮	正驱动电流输出端
⑯	退饱和保护的阈值控制，当退饱和阈值取 5V 时，可不外接电位器而将此端悬空
⑰	PNP 输出管集电极端
⑱	负基极电流输出端
⑲	退饱和保护引入端
⑳	正电源 V_{CC} 引入端

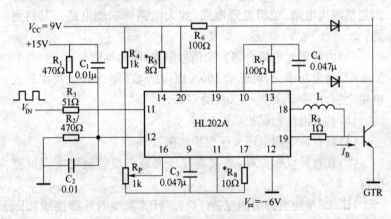

图 14-8　HL202A 的外部接线

7. 什么是 IGBT 绝缘栅双极型晶体管模块？

IGBT 绝缘栅双极型晶体管模块是场效应晶体管（MOSFET）和

电力晶体管(GTR)相结合的产物。它具有输入阻抗高、驱动功率小、开关损耗低、温度特性好以及开关频率高等特点。它比 GTR (或 BJT)更为新颖。IGBT 模块的击穿电压已达到 1 200V,集电极最大饱和电流已超过 1 500A,最高工作频率可达 30～40kHz,以IGBT为逆变器件的变频器的载波频率一般都在 10kHz 以上,故电动机的电流波形比较平滑,电磁噪声很小。缺点是断态时的击穿电压较低(最大约 3.3kV),功耗较大,电路较复杂。

　模块内部结构如图 14-9 所示。其主体部分与 GTR 相同,有集电极 C 和发射极 E,而控制极的结构是绝缘栅结构,称栅极 G。根据变频器的工作特点,IGBT 模块内也放有反并联的续流二极管。

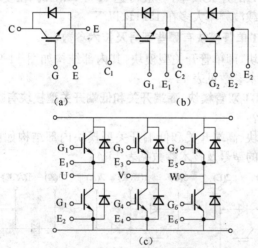

图 14-9　IGBT 模块内部结构
(a)单管模块电路　(b)双管模块电路　(c)六管模块电路

8. IGBT模块有哪些主要参数?

　(1)集电极-发射极额定电压 U_{CES}　是 IGBT 在截止状态下集电极与发射极之间能够承受的最大电压,一般 U_{CES} 小于或等于器件的雪崩击穿电压。

（2）栅极-发射极额定电压 U_{GE}　是 IGBT 栅极与发射极之间允许施加的最大电压，通常为 20V。栅极的电压信号控制 IGBT 的导通和关断，其电压不可超过 U_{GE}。

（3）集电极额定电流 I_C　是 IGBT 在饱和导通状态下，允许持续通过的最大电流。

（4）集电极-发射极饱和电压 U_{CE}　是 IGBT 在饱和导通状态下，集电极与发射极之间的电压降。该值越小，则管子的功率损耗越小。

（5）开关频率　在 IGBT 的使用说明书中，开关频率是以开通时间 t_{ON}、下降时间 t_1 和关断时间 t_{OFF} 给出的，根据这些参数可估算出 IGBT 的开关频率，一般可达 $30\sim40kHz$。在变频器中，实际使用的载波频率大多在 15kHz 以下。

9. IGBT 单管模块有哪些型号及技术参数？

单管模块，即单管开关型模块，其内部结构如图 14-9a 所示。其型号及技术参数见表 14-3。

10. IGBT 双管模块、高端开关和低端开关型模块有哪些型号及技术参数？

双管模块、高端开关和低端开关型模块内部结构如图 14-10 所示。它们的型号及技术参数见表 14-4。

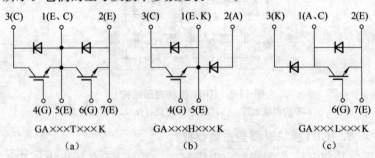

图 14-10　IGBT 的几种模块内部结构
(a)双管模块电路　(b)高端开关型模块电路　(c)低端开关型模块电路

表 14-3　IGBT 单管模块的型号及技术参数

$U_{CES}=600V, 1\,200V, I_c=200\sim800A, U_{ISO}=2\,500V$

型　号	I_c $T_c=85℃$ (A)	U_{CES} Max (V)	$U_{CE(on)}$ Typ. (V)	U_{GE} (V)	$P_D\text{max}$ $T_c=25℃$ (W)	$T_c=85℃$ (W)	R_{thjc} Max (K/W)	开关时间 Typ. t_{don} (ns)	t_{doff} (ns)	t_f (ns)	C_{ies} Typ. (PF)	t_{rr} Typ. (ns)	I_{rr} Typ. (A)
GA400DD60U	400	600	1.7	±20	1565	812	0.08	1033	688	255	40136	232	141
GA600DD60U	600	600	1.8	±20	2100	1100	0.06	1256	836	280	55410	300	165
GA800DD60U	800	600	1.8	±20	2700	1400	0.045	2066	1288	346	80262	332	180
GA200DD120K	200	1200	2.5	±20	1565	812	0.08	636	550	241	37343	196	131
GA300DD120K	300	1200	2.5	±20	2100	1100	0.06	828	816	324	51260	260	153
GA400DD120K	400	1200	2.5	±20	2700	1400	0.045	1260	1100	482	74693	386	180

注：P_D—最大损耗功率；R_{thjc}—结壳（铜底板）热阻；C_{ies}—输入电容；t_{rr}—二极管反向恢复时间；I_{rr}—二极管反向恢复峰值电流。

表 14-4　IGBT 双管模块、高端开关和低端开关型模块的型号及技术参数

$U_{CES}=600V,1\,200V,I_c=50\sim400A,U_{ISO}=2\,500V$

型　号	I_c $T_c=85℃$ (A)	U_{CES} Max (V)	$U_{CE(on)}$ Typ. (V)	U_{GE} (V)	P_{Dmax} $T_c=25℃$ (W)	$T_c=85℃$ (W)	R_{thjc} Max (K/W)	开关时间 Typ. t_{don} (ns)	t_{doff} (ns)	t_f (ns)	C_{ies} Typ. (PF)	t_{rr} Typ. (ns)	I_{rr} Typ. (A)
GA75TS60U													
GA75HS60U	75	600	1.7	±20	350	180	0.44	110	250	180	7880	107	69
GA75LS60U													
GA100TS60U													
GA100HS60U	100	600	1.6	±20	417	220	0.30	168	320	242	9837	143	95
GA100LS60U													
GA150TS60U													
GA150HS60U	150	600	1.7	±20	625	325	0.20	241	336	227	14000	140	100
GA150LS60U													
GA200TS60U													
GA200HS60U	200	600	1.8	±20	700	365	0.18	342	366	213	20068	137	96
GA200LS60U													
GA300TD60U													
GA300HD60U	300	600	1.8	±20	1250	650	0.10	645	418	220	27755	200	128
GA300LD60U													

续表 14-4

$U_{CES}=600V, 1200V, I_c=50\sim400A, U_{ISO}=2500V$

型号	I_c $T_c=85℃$ (A)	U_{CES} Max (V)	$U_{CE(on)}$ Typ. (V)	U_{GE} (V)	$P_D$max $T_c=25℃$ (W)	$P_D$max $T_c=85℃$ (W)	R_{thjc} Max (K/W)	开关时间 Typ. t_{don} (ns)	开关时间 Typ. t_{doff} (ns)	开关时间 Typ. t_f (ns)	C_{ies} Typ. (PF)	t_{rr} Typ. (ns)	I_{rr} Typ. (A)
GA400TD60U GA400HD60U GA400LD60U	400	600	1.7	±20	1400	730	0.09	1033	688	225	40136	232	141
GA50TS120K GA50HS120K GA50LS120K	50	1200	2.5	±20	417	217	0.30	100	287	60	8933	101	66
GA75TS120K GA75HS120K GA75LS120K	75	1200	2.5	±20	625	325	0.20	100	392	70	12812	174	104
GA100TS120K GA100HS120K GA100LS120K	100	1200	2.5	±20	700	365	0.18	180	405	90	16672	149	104
GA150TD120K GA150HD120K GA150LD120K	150	1200	2.5	±20	1250	650	0.10	380	412	100	25643	186	131
GA200TD120K GA200HTD120K GA200LD120K	200	1200	2.5	±20	1400	730	0.09	420	500	170	37343	196	131

11. IGBT 的栅极驱动模块有什么特点?

由于 IGBT 模块的栅极与发射极之间具有很高的阻抗,静态时几乎不需要驱动电流,但栅极与发射极之间存在着数千皮法左右的极间电容使快速驱动时需要提供较大的充电电流,因此对IGBT 的驱动有一定的要求。IGBT 对驱动信号的要求与场效应晶体管基本相同,其驱动电路基本上已经模块化。

(1)HL401A 厚膜驱动器　HL401A 厚膜驱动器的结构框图如图 14-11a 所示,它由输入隔离变压器、放大器和驱动管等构成;外部接线如图 14-11b 所示,引脚功能见表 14-5。

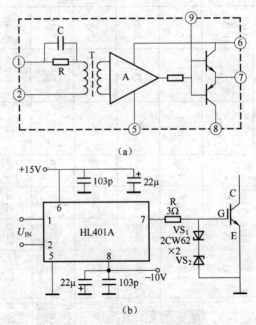

(a)

(b)

图 14-11　HL401A 厚膜驱动器

(a)结构框图　(b)外部接线图

表 14-5　HL401A 引脚功能

引脚号	功能说明	引脚号	功能说明	引脚号	功能说明
①	输入端	④	空	⑦	输出端
②	输入端	⑤	输出接地端	⑧	负电源端
③	空	⑥	正电源 U_{CC} 端	⑨	驱动管基极引出端

该器件的特点是：

①器件内设置微分变压器实现信号隔离，响应速度快、隔离电压高。

②器件响应迅速，开通延迟时间与上升时间之和小于 $0.5\mu s$，关断延迟时间与下降时间之和小于 $1\mu s$。

③输出正负脉冲电流的峰值电流大，在工作频率为 40kHz 时，脉冲宽度为 $2\mu s$ 时大于 2.5A，适用于 600V、300A 及 1200V、150A 以内 IGBT 的驱动。

(2)EXB850 驱动模块　EXB850 驱动模块的结构框图如图 14-12a 所示，它由光电耦合器、放大器和驱动管等构成，外部接线如图 14-12b 所示，引脚功能见表 14-6。

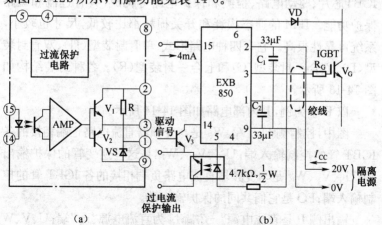

图 14-12　EXB850 驱动模块

(a)结构框图　(b)外部接线图

表 14-6　EXB850 引脚功能

引脚号	功能说明	引脚号	功能说明
①	连接用于反向偏置电源的滤波电容器	⑧	空
②	驱动模块工作电源＋20V	⑨	电源地,0V
③	输出驱动信号	⑩	空
④	用于连接外部电容器,以防止过流保护电路误动作(大部分场合不需电容器)	⑪	空
		⑫	空
		⑬	空
⑤	过流保护输出	⑭	驱动信号输入(一)
⑥	集电极电压监视端	⑮	驱动信号输入(＋)
⑦	空		

12. 什么是 IPM 智能功率模块?

IPM 智能功率模块是一种混合集成电力电子器件,它由IGBT芯片、驱动电路、检测和保护电路等构成,具有过流和短路保护功能。IPM 的通态损耗和开关损耗都比较低,尺寸也较小,系统可靠性很高。它有四种电路形式:单管封装型(H)、双管封装型(D)、六合一封装型(C)和七合一封装型(R)。各种封装结构如图 14-13 所示。

以 R 型为例,其内部电路如图 14-14 所示。

图中,控制侧 U_P、V_P、W_P 是与变频器直流电路正端相接的各IGBT 管的控制输入端;U_{FO}、V_{FO}、W_{FO}是这些逆变管的保护输出端;U_N、V_N、W_N 是与变频器直流电路负端相接的各 IGBT 管的控制输入端;FO 是它们共同的保护输出端。

输出侧 P 是直流电源"＋"端,N 为直流电源"一"端;U、V、W是三相交流输出端;B是外接制动电阻的接线端。

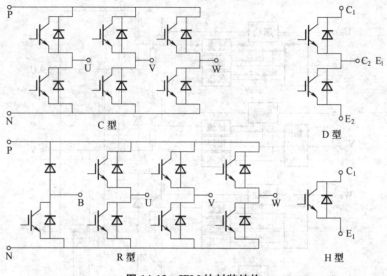

图 14-13　IPM 的封装结构

13. IPM模块有哪些主要参数？

IPM 的电气参数很多,详见 IPM 的使用手册,其中特性参数介绍如下:

(1)热阻　结壳之间的热阻 $R_{th(j-c)}$ 是指每一个 IGBT 或 FWD (续流二极管)的结壳之间的最大热阻,接触热阻 $R_{th(c-f)}$ 是指涂有导电硅脂的开关单元(IGBT－FWD 对)的外壳和散热片之间的最大热阻。

(2)PWM 输入频率 f_{PWM}　是变频器运行的脉冲宽度调制 (PWM)频率范围。

(3)死区时间 t_{dead}　是输入开通信号时防止上下臂同时导通的延迟时间。

(4)过电流动作值 O_C　是使过电流保护动作的集电极电流。

(5)短路动作数值 S_C　是使短路保护动作的集电极电流。

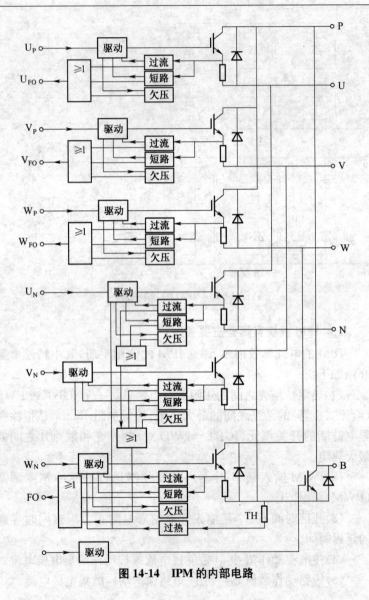

图 14-14 IPM 的内部电路

（6）过电流延迟时间 $t_{OFF(OC)}$ 是集电极电流超过 OC 到过电流保护动作的延迟时间。

（7）控制电源欠电压动作数值 U_V 是使欠电压保护动作的控制电源电压值。

（8）控制电源欠电压复位数值 U_{Vr} 是欠电压保护动作后使之复位对应的控制电源电压值。

（9）过热动作数值 O_T 是过热保护动作的基板温度。

（10）过热复位数值 O_{Tr} 是发生过热故障动作后因降温使之复位的基板温度。

14. 什么是 Power MOSFET 功率场效应晶体管？

Power MOSFET 全称为功率金属-氧化物-半导体场效应晶体管。其电气符号及基本接法如图 14-15 所示。

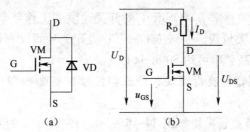

图 14-15　功率场效应晶体管

(a)电气符号　(b)基本接法

Power MOSFET 有三个电极，即源极（S）、漏极（D）和栅极（G）。控制信号 u_{GS} 加于栅极和源极之间，改变 u_{GS} 的大小，便可改变漏极电流 I_D 的大小。由于栅—源极之间的阻抗非常大，因此控制电流可以极小，几乎为 0，所以驱动功率很小。

器件内寄生有反向二极管，它在变频器电路中起续流保护作用。

15. Power MOSFET有哪些主要参数?

(1)最大漏极电流 I_{DM}　是允许连续运行的最大漏极电流。

(2)击穿电压 U_{DS}　是指漏极与源极之间的击穿电压,也就是指管子在截止状态下,漏极与源极之间的最大维持电压。

(3)阈值电压 U_{GS}　是能够使 MOSFET 管子导通的最低栅极电压。该电压为 $2\sim 6V$。实际使用时,栅极驱动电压应为 $(1.5\sim 2.5)U_{GS}$,即约 15V 左右。

(4)导通电阻 R_{ON}　是 MOSFET 管子导通时,漏极与源极之间的电阻值。R_{ON} 决定了管子的通态损耗。导通电阻 R_{ON} 具有正温度系数,即电流越大,R_{ON} 的值也因附加发热而自行增大。因此它对电流的增加有抑制作用。这在器件并联应用时有自动均衡电流的效果。

(5)开关频率　MOSFET 的开关速度和工作频率要比 GTR 高 $1\sim 2$ 个数量级。一般 MOSFET 的开关时间仅为几微秒至几十微秒,最高频率可达 500kHz 以上。

16. 双臂整流管模块和桥式整流模块有哪些型号及技术参数?

双臂整流管模块如图 14-16 所示。图 14-16a 为双臂串联模块;图 14-16b 为双臂负极并联模块。

单相桥式整流模块如图 14-17a 所示;三相桥式整流模块如图 14-17b 所示。

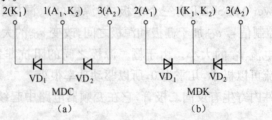

（a）　　　　　　　　（b）

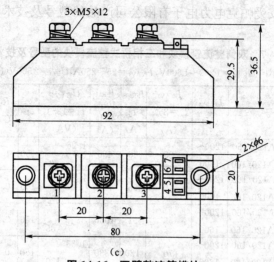

图 14-16 双臂整流管模块

(a)双臂串联模块 (b)双臂负极并联模块 (c)外形尺寸

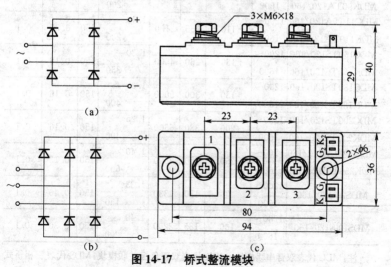

图 14-17 桥式整流模块

(a)单相桥式整流模块 (b)三相桥式整流模块 (c)外形尺寸

西安爱帕克电力电子有限公司产品的型号及技术参数见表14-7。

表 14-7　双臂整流管模块和三相桥式整流模块的型号及技术参数

$U_{DRM}=U_{RRM}=1\,200\sim1\,600V$, $I_{T(AV)}=25\sim250A$, $U_{ISO}=2\,500V(RMS)$

型号	U_{RRM} (V)	$I_{F(AV)}$ $T_c=85℃$ (A)	I_{FRMS} T_j (A)	I_{FRM} 10ms 45℃ (A)	U_{FM} I_F $T_j=125℃$ (VA)	T_{JM}	R_{thjc} (℃/W)	R_{thcs} (℃/W)
MDC25TA120/160	1200~	25	40	450	1.26	150	1.20	0.1
MDK25TA120/160	1600				30			
MDC40TA120/160	1200~	40	65	750	1.33	150	0.80	0.1
MDK40TA120/160	1600				80			
MDC55TA120/160	1200~	55	91	1050	1.22	150	0.50	0.1
MDK55TA120/160	1600				85			
MDC70TA120/160	1200~	70	130	1330	1.33	150	0.40	0.1
MDK70TA120/160	1600				150			
MDC90TA120/160	1200~	90	160	1700	1.33	150	0.36	0.1
MDK90TA120/160	1600				200			
MDC110TA120/160	1200~	110	165	2100	1.40	150	0.30	0.1
MDK110TA120/160	1600				200			
MDC160TS120/160	1200~	160	260	4500	1.30	150	0.18	0.1
MDK160TS120/160	1600				350			
MDC180TS120/160	1200~	180	300	5000	1.30	150	0.16	0.1
MDK180TS120/160	1600				400			
MDC200TS120/160	1200~	200	330	6600	1.25	150	0.16	0.1
MDK200TS120/160	1600				400			
MDC250TM120/160	1200~	250	450	8500	1.40	150	0.13	0.1
MDK250TM120/160	1600				600			
MDS70-120/160	1200~ 1600	70	130	1330	1.33 150	150	0.40	0.1
MDS100-120/160	1200~ 1600	100	185	2200	1.40 200	150	0.30	0.1

注：MDC代表双臂串联模块；MDK代表双臂负极并联模块；MDS代表三相桥式整流模块。

17. 晶闸管-整流管联臂模块和双臂晶闸管模块有哪些型号及技术参数?

晶闸管-整流管联臂模块是由一只晶闸管和一只整流二极管,通过串联或并联组成模块,如图 14-18 所示。图 14-18a 为整流管-晶闸管串联臂模块;图 14-18b 为晶闸管-整流管串联臂模块。外形同图 14-16c。

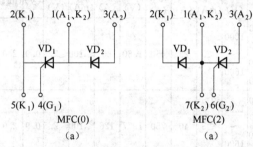

图 14-18 晶闸管-整流管联臂模块

(a)整流管-晶闸管串联臂模块 (b)晶闸管-整流管串联臂模块

双臂晶闸管模块如图 14-19 所示。图 14-19a 为双臂串联晶闸管模块;图 14-19b 为双臂负极并联晶闸管模块。外形同图 14-16c。

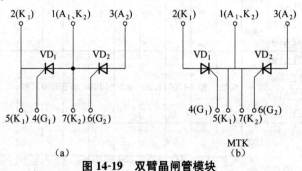

图 14-19 双臂晶闸管模块

(a)双臂串联晶闸管模块   (b)双臂负极并联晶闸管模块

以上几种模块的型号及技术参数见表 14-8。

表 14-8　晶闸管-整流管联臂模块和双臂
晶闸管模块的型号及技术参数

$U_{DRM}=U_{RRM}=1\,200V\sim1\,600V$　$I_{T(AV)}=25a\sim310A$　$U_{ISO}=2\,500V(RMS)$

型号	U_{DRM} U_{RRM} (V)	I_{DRM} I_{RRM} (mA)	$I_{T(AV)}$ $I_{F(AV)}$ (A)	I_{TSM} 10ms 45℃ (A)	U_{TM} $T_j=25℃$ (V)	I_{TM} (A)	I_{GT} $T_j=25℃$ (mA)	U_{GT} (V)	U_{TO} (V)	R_{TO} (mΩ)	R_{thjc} (K/W)	R_{thcs} (K/W)
MTC25TA160 MFC25TA160 MTK25TA160 MTX25TA160	1200 ～ 1600	<5	25	450	1.60	80	≤100	≤2.5	0.9	2.0	0.7	0.1
MTC40TA160 MFC40TA160 MTK40TA160 MTX40TA160	1200 ～ 1600	≤8	40	750	1.77	126	≤100	≤2.5	0.9	2.0	0.60	0.1
MTC55TA160 MFC55TA160 MTK55TA160 MTX55TA160	1200 ～ 1600	≤8	55	1000	1.55	172	≤100	≤2.5	0.9	2.0	0.50	0.1
MTC70TA160 MFC70TA160 MTK70TA160 MTX70TA160	1200 ～ 1600	≤8	70	1300	1.60	220	≤100	≤2.5	0.9	2.0	0.40	0.1
MTC90TA160 MFC90TA160 MTK90TA160 MTX90TA160	1200 ～ 1600	≤10	90	1700	1.50	300	≤100	≤2.5	0.8	1.85	0.36	0.1
MTC110TA160 MFC110TA160 MTK110TA160 MTX110TA160	1200 ～ 1600	≤10	110	2000	1.55	300	≤100	≤2.5	0.8	1.80	0.30	0.1

续表 14-8

型号	U_{DRM} U_{RRM} (V)	I_{DRM} I_{RRM} (mA)	$I_{T(AV)}$ $I_{F(AV)}$ (A)	I_{TSM} 10ms 45℃ (A)	$U_{TM}@I_{TM}$ $T_j=25℃$ U_{TM} (V)	I_{TM} (A)	I_{GT} $T_j=25℃$ (mA)	U_{GT} (V)	U_{TO} (V)	R_{TO} (mΩ)	R_{thjc} (K/W)	R_{thcs} (K/W)
MTC160TS160 MFC160TS160 MTK160TS160 MTX160TS160	1200 ~ 1600	≤15	160	3000	1.45	450	≤150	≤3.0	0.8	1.15	0.18	0.08
MTC180TS160 MFC180TS160 MTK180TS160 MTX180TS160	1200 ~ 1600	≤15	180	3400	1.50	520	≤150	≤3.0	0.8	1.15	0.16	0.08
MTC200TS160 MFC200TS160 MTK200TS160 MTX200TS160	1200 ~ 1600	≤40	200	5400	1.65	600	≤150	≤3.0	0.8	1.0	0.15	0.08
MTC250TM160 MFC250TM160 MTK250TM160 MTX250TM160	1200 ~ 1600	≤40	250	8500	1.53	600	≤150	≤3.0	0.9	1.0	0.14	0.08
MTC310TM160 MFC310TM160 MTK310TM160 MTX310TM160	1200 ~ 1600	≤50	310	9200	1.33	600	≤150	≤3.0	0.8	0.82	0.132	0.076

18. 使用电力模块应注意哪些问题？

（1）晶闸管模块和整流二极管模块

①根据负载的工作电压和额定电流选择合适规格的模块，一般选取的模块电流应为负载电流的 1.5～2 倍。

②过电流保护可采用外接快速熔断器和快速过电流继电器

或电流传感器的方法。

③过电压保护可采用与晶闸管并联的阻容吸收回路或用压敏电阻吸收过电压。

(2)IGBT 模块

①选择 IGBT 模块时不能超过参数表中所列的最大额定值。基于可靠性的原因,必须考虑安全系数。工作频率愈高,工作电流愈小。

②驱动电路,考虑到 IGBT 的 U_{CES} 和短路耐量之间的折衷关系,建议将栅极电压选为 $+U_G=(12\pm0.1)V,-U_G=5\sim10V$。

③使用 IGBT 时,应在栅极和驱动信号之间加一个栅极驱动电阻 Rg,Rg 与 IGBT 的开通和关断特性密切相关,Rg 小时开关损耗减少,开关时间减少,关断脉冲电压增加。应根据浪涌电压和开关损耗间最佳折衷(与频率有关)选择合适的 Rg 值,一般选为 $10\sim27\Omega$。为防止栅极开路,建议靠近栅极与发射极间并联 $20k\Omega\sim30k\Omega$ 电阻。

④IGBT 模块使用在高频时布线电感容易产生尖峰电压,必须注意布线电感和元件的配置,应注意以下保护项目:a. 过电流保护;b. 过电压保护;c. 栅极过压及欠压保护;d. 安全工作区;e. 过热保护。

⑤由于 IGBT 开关速度快,容易产生浪涌电压,所以必须设有浪涌钳位电路,吸收浪涌电压。

⑥IGBT 是静电敏感器件,为了防止器件受静电危害,应注意以下两点:

a. IGBT 模块驱动端子上的铜环是防静电导电管,用户用接插件引线时取下套管立即插上引线;在无防静电措施时,不要用手触摸驱动端子。

b. 焊接器件时,设备或电烙铁一定要接地。

19. 安装电力模块有哪些要求?

(1)散热器应根据使用条件和环境及模块参数进行匹配选择,以保证模块工作时对散热器的要求。

(2)散热器表面的光洁度应小于 $10\mu m$,每个螺钉之间的平面扭曲小于 $10\mu m$。

(3)为了减少接触热阻,推荐在散热器与模块之间涂上一层很薄的导热硅脂(导电膏)。

(4)模块底板为铜板的模块,模块均匀受力后,从模块边缘可看出有少许导热硅脂挤出为最佳。

(5)模块底板为 DBC 基板的模块,散热器表面必须平整、光洁,采用丝网印刷或圆滚滚动的方法涂敷一薄层导电硅脂,均匀压接。

(6)IGBT 模块安装在散热器,每个螺钉需用说明书中给出的力矩拧紧。力矩不足导致热阻增加或运动中出现螺钉松动。

(7)仅安装一个 IGBT 模块时,装在散热器中心位置,使热阻最小。

(8)安装几个 IGBT 时,应根据每个模块发热情况留出相应的空间,发热大的模块应留出较多的空间。

(9)两点安装紧固螺钉时,每一个和第二个依次紧固额定力矩的 $1/3$,然后反复几次达到额定力矩。

(10)四点安装和两点安装类似,IGBT 长的方向顺着散热器的纹路。紧固螺钉时,依次对角紧固额定力矩的 $1/3$,然后反复几次达到额定力矩。

(11)使用带纹路的散热器时,IGBT 长的方向顺着散热器的纹路,以减少散热器的变形。两只模块在一个散热器上安装时,短的方向并排摆放,中间留出足够的距离,主要是风机散热时减少热量迭加,容易散热,最大限度发挥散热器的效率。模块端子容易连接,有利于减少杂散电感,尤其高频使用时更重要。

(12)在连接器件时,主端子电极间不能有张力和压力作用,连接线必须满足应用,以免电极端子发热在模块上产生过热。

20. 4NIC-DC1.5～3000 集成一体化 DC/DC 模块有哪些特点?

4NIC 系列集成一体化电源是辽宁省朝阳市电源有限公司的产品。

4NIC-DC1.5～3000 集成一体化 DC/DC 变换器与一般的变换器相比,具有抗干扰能力强、可靠性高、输出功率大、品种齐全等特点,主要用于直流信号转换,测量系统,舰船系统,汽车装配控制等领域。输入输出完全隔离。输出多路不限,极性任选,固定或可调随意自定。本身具有过热、过流、短路保护。应客户要求可另加过欠压及极性保护。产品分军用、工业和商业三个品级。采用铝合金黑氧化外壳,六面金属屏蔽,内部实体封装。

工作环境温度:

航天军品:$-55℃～+85℃$;

军用品:$-40℃～+55℃$;

工业品:$-25℃～+50℃$;

商业品:$0℃～+50℃$。

输出功率 800W 以上者采用自带风机的隧道风冷外壳。

型号定义:

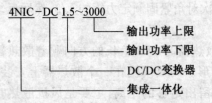

举例说明:4NIC-DC300

表示输出功率为 300W 的集成一体化 DC/DC 变换器,其输入可以是 6V、12V、24V、36V、48V 或 72V,其输出可以是 5V 60A、12V 25A 或 15V 20A。

对于自带风机的隧道风冷外壳,其型号的最后加一个字母 "F"。

21. 4NIC-DC5 集成一体化 DC/DC 模块有哪些型号规格及性能参数?

4NIC-DC5 集成一体化 DC/DC 模块的型号规格见表 14-9,性能参数见表 14-10。

表 14-9　4NIC-DC5 型号规格

型号规格	输入电压 (V)	输出电压 (V)	输出电流 (A)
4NIC-DC5-12S05	12(9~18)	5	1
4NIC-DC5-12S12		12	0.42
4NIC-DC5-12S15		15	0.34
4NIC-DC5-12S24		24	0.20
4NIC-DC5-24S05	24(18~36)	5	1
4NIC-DC5-24S12		12	0.42
4NIC-DC5-24S15		15	0.34
4NIC-DC5-24S24		24	0.20

表 14-10　4NIC-DC5 性能参数

参　数	测试条件	指　标	备　注
输出电压精度	60%额定负载	≤±1%	
纹波峰峰值	80%额定负载	≤1%	
负载效应	0~100%额定负载	≤±1%	

续表 14-10

参　数	测试条件	指　标	备　注
源效应		≤±0.5%	
开关频率		270kHz	
过流保护	全输入范围，壳温 Tc<Tcmax	≥110%	Tc:工业品-25℃～+55℃ 军品-40℃～+85℃
绝缘电阻	输入对外壳 DC500V	≥200MΩ	
	输入对输出 DC500V	≥200MΩ	
	输出对外壳 DC250V	≥200MΩ	

注:1. 不支持长时间短路;

2. 特殊输出电压、输入电压、工作温度的电源模块另行研制。

引脚说明:

1 脚:+Vin,输入电源正极。

2 脚:-Vin,输入电源负极。

3 脚:-Vout,模块输出负极。

4 脚:+Vout,模块输出正极。

外形尺寸:25.4mm×25.4mm×12.7mm。

22. 4NIC-DC10 集成一体化 DC/DC 模块有哪些型号规格及性能参数?

4NIC-DC10 集成一体化 DC/DC 模块的型号规格见表14-11,性能参数同表 14-10。

表 14-11　4NIC-DC10 型号规格

型号规格	输入电压（V）	输出电压（V）	输出电流（A）
4NIC-DC10-12S05	12(9～18)	5	2
4NIC-DC10-12S12		12	0.84
4NIC-DC10-12S15		15	0.67
4NIC-DC10-12S24		24	0.42

续表 14-11

型号规格	输入电压 (V)	输出电压 (V)	输出电流 (A)
4NIC-DC10-24S05	24(18～36)	5	2
4NIC-DC10-24S12		12	0.84
4NIC-DC10-24S15		15	0.67
4NIC-DC10-24S24		24	0.42

引脚定义同 4NIC-DC5 模块。

外形尺寸:50.8mm×25.4mm×10.8mm。

23. 4NIC-DC15 集成一体化 DC/DC 模块有哪些型号规格及性能参数?

4NIC-DC15 集成一体化 DC/DC 模块的型号规格见表14-12,性能参数除开关频率为 350kHz 外,其余参数同表 14-10。

表 14-12   4NIC-DC15 型号规格

型号规格	输入电压 (V)	输出电压 (V)	输出电流 (A)
4NIC-DC15-12S05	12(9～18)	5	3
4NIC-DC15-12S12		12	1.25
4NIC-DC15-12S15		15	1
4NIC-DC15-12S24		24	0.63
4NIC-DC15-24S05	24(18～36)	5	3
4NIC-DC15-24S12		12	1.25
4NIC-DC15-24S15		15	1
4NIC-DC15-24S24		24	0.63

引脚说明:

1 脚:＋Vin,输入电源正极。

2 脚:－Vin,输入电源负极。

3 脚:CTL,控制端。

4 脚:TRM,可调端。

5 脚:－Vout,模块输出负极。

6 脚:＋Vout,模块输出正极。

7 脚:NC,空脚。

外形尺寸:50.8mm×40.6mm×10.8mm。

24. 4NIC-DC25 集成一体化 DC/DC 模块有哪些型号规格及性能参数?

4NIC-DC25 集成一体化 DC/DC 模块的型号规格见表14-13,性能参数除开关频率为 350kHz 外,其余参数同表 14-10。

表 14-13　4NIC-DC25 型号规格

型号规格	输入电压 (V)	输出电压 (V)	输出电流 (A)
4NIC-DC25-12S05	12(9~18)	5	5
4NIC-DC25-12S12		12	2.08
4NIC-DC25-12S15		15	1.67
4NIC-DC25-12S24		24	1.04
4NIC-DC25-24S05	24(18~36)	5	5
4NIC-DC25-24S12		12	2.08
4NIC-DC25-24S15		15	1.67
4NIC-DC25-24S24		24	1.04

引脚定义同 4NIC-DC10 模块。

外形尺寸:50.8mm×50.8mm×10.8mm。

25. 4NIC-DC50~100 集成一体化 DC/DC 模块有哪些型号规格及性能参数?

4NIC-DC50~100 集成一体化 DC/DC 模块的型号规格见表14-14,性能参数除开关频率为 350kHz 外,其余参数同表 14-10。

表 14-14   4NIC-DC50～100 型号规格

型号规格	输出功率 (W)	输入电压 (V)	输出电压 (V)	输出电流 (A)
4NIC-DC50-12S05	50	12(9～18)	5	10
4NIC-DC50-12S12			12	4.17
4NIC-DC50-12S15			15	3.33
4NIC-DC50-12S24			24	2.08
4NIC-DC50-24S05		24(18～36)	5	10
4NIC-DC50-24S12			12	4.17
4NIC-DC50-24S15			15	3.33
4NIC-DC50-24S24			24	2.08
4NIC-DC50-48S05		48(36～72)	5	10
4NIC-DC50-48S12			12	4.17
4NIC-DC50-48S15			15	3.33
4NIC-DC50-48S24			24	2.08
4NIC-DC100-24S12	100	24(18～36)	12	8.34
4NIC-DC100-24S15			15	6.67
4NIC-DC100-24S24			24	4.17
4NIC-DC100-48S12		48(36～72)	12	8.34
4NIC-DC100-48S15			15	6.67
4NIC-DC100-48S24			24	4.17

引脚说明：

1 脚：－Vin，输入电源负极。

2 脚：GATE OUT，控制输出。

3 脚：GATE IN，控制输入。

4 脚：＋Vin，输入电源正极。

5 脚：＋Vout，模块输出正极。

6 脚：＋S。

7 脚：TRM，可调端。

8 脚：－S。

9 脚：－Vout，模块输出负极。

外形尺寸：61mm×58mm×12.7mm。

26. 4NIC-DC150～200 集成一体化 DC/DC 模块有哪些型号规格及性能参数？

4NIC-DC150～200 集成一体化 DC/DC 模块的型号规格见表 14-15，性能参数除开关频率为 350kHz 外，其余参数同表 14-10。

表 14-15　4NIC-DC150～200 型号规格

型号规格	输出功率（W）	输入电压（V）	输出电压（V）	输出电流（A）
4NIC-DC150-24S05	150	24(18～36)	5	30
4NIC-DC150-24S12			12	12.5
4NIC-DC150-24S15			15	10
4NIC-DC150-24S24			24	6.25
4NIC-DC150-48S05		48(36～72)	5	30
4NIC-DC150-48S12			12	12.5
4NIC-DC150-48S15			15	10
4NIC-DC150-48S24			24	6.25
4NIC-DC200-24S12	200	24(18～36)	12	16.66
4NIC-DC200-24S15			15	13.33
4NIC-DC200-24S24			24	8.33
4NIC-DC200-48S12		48(36～72)	12	16.66
4NIC-DC200-48S15			15	13.33
4NIC-DC200-48S24			24	8.33

引脚定义同 4NIC-DC50～100 模块。

外形尺寸：116.8mm×61mm×12.7mm。

27. 4NIC-X2～1500 一体化线性 AC/DC 模块有哪些特点?

4NIC-X2～1500 一体化线性 AC/DC 变换器是采用传导冷却方式的 AC/DC 线性电源,可靠性高、纹波电压小,因此适用于各种模拟电路、A/D 转换、各类放大器及高精度测量仪器设备中,且单路多路任选,正、负输出自定。输出电压可应要求做到小范围可调。产品分军用、工业和商业三个品级。采用铝合金黑氧化外壳,六面金属屏蔽,内部实体封装。

工作环境温度要求同本章 20 问。

功率在 240W 以上或电流 10A 以上者采用自带风机的隧道风冷外壳。

型号定义：

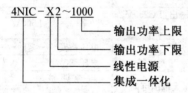

4NIC - X2～1000
┣━━ 输出功率上限
┣━━ 输出功率下限
┣━━ 线性电源
┗━━ 集成一体化

举例说明：

4NIC-X100

表示输出功率为 100W 的线性集成化电源,输出电压、电流为 5V20A。

对于自带风机的隧道风冷外壳,其型号的最后加一个字母"F"。

28. 4NIC-X 2～1500W 系列 AC/DC 一体化线性电源模块有哪些特点及技术参数?

4NIC-X 2～1500W 系列 AC/DC 一体化线性电源模块的特点及技术参数见表 14-16。

表 14-16　4NIC-X2～1500W 特点及技术参数

特点	安全参数	电参数(测试环境温度 25℃)
低纹波	隔离电压	输入
集成芯片控制可靠性高	输入对输出：AC1000V/分钟	电压范围——110/220/380VAC±10%，单相/三相
低压差电路设计高效率	输入对外壳：AC1500V/分钟	
设计裕量宽	(漏电流≤10mA)	频率——50Hz/400Hz
100%漂移检测	绝缘电阻	效率——55%～75%，典型60%
满足世界各国标准 AC 输入要求	输入对外壳：DC1000V ≥200MΩ	输出
保护	输入对输出：DC1000V ≥200MΩ	电压——DC0～300V 任选
过流保护	输出对外壳：DC250V≥200MΩ	电流——0～50A
短路保护	输出对输出：DC250V≥200MΩ	功率——2～1500W
过热保护	可实现功能	电压精度——≤1%
过压保护	TTL 电平开关控制	电压调整率——≤0.5%
工作环境温度	输出电压大范围可调	电流调整率——≤1%(5V≤2%)
商业品：0℃～+50℃	电压信号控制输出电压	补偿功能——1～3V(补偿式电源具备)
工业品：−25℃～+50℃	正负电源对称跟踪	纹波——V_{rms}≤1mV(Uo<48V)
军用品：−40℃～+55℃	输出极性可变	V_{p-p}≤10mV (Uo<48V)
航天军品：−55℃～+85℃	输出软启动	过流保护：限流式/关断式/循检式
冷却形式：自然/隧道风冷	故障告警等	典型应用 模拟电路　各类放大器 高精度测量设备等

29. 4NIC-K 2～10000W 系列 AC/DC 一体化开关电源模块有哪些特点及技术参数?

4NIC-K2～10000W 系列 AC/DC 一体化开关电源模块的特点及技术参数见表 14-17。

表 14-17　4NIC-K 2～10000W 特点及技术参数

特点	安全参数	电参数(测试环境温度 25℃)
集成芯片控制可靠性高	隔离电压	输入
工作频率 25kHz～500kHz	输入对输出:AC1000V/分钟	电压范围——110/220/380VAC±10%单相/三相
大功率电源 IPM 模块保护完善	输入对外壳:AC1500V/分钟	
设计裕量宽	(漏电流≤10mA)	频率——50Hz/400Hz
100%漂移检测	绝缘电阻	效率——75%～85%,典型 80%
满足世界各国标准 AC 输入要求	输入对外壳:DC1000V ≥200MΩ	输出
保护	输入对输出:DC1000V ≥200MΩ	电压——DC0～300V 任选
过流保护	输出对外壳:DC250V≥ 200MΩ	电流——0～50A
短路保护	输出对输出:DC250V≥ 200MΩ	功率——2～10 000W
过热保护	可实现功能	电压精度——≤1%
过压保护	TTL 电平开关控制	电压调整率——≤0.5%
工作环境温度	输出电压大范围可调	电流调整率——≤1% (5V≤2%)
商业品:0℃～+50℃	电压信号控制输出电压	补偿功能——1～3V(补偿式电源具备)
工业品:-25℃～+50℃		纹波——V_rms≤0.1%
军用品:-40℃～+55℃	大功率方波输出	V_P-P≤1%

续表 14-17

特点	安全参数	电参数（测试环境温度25℃）
航天军品：－55℃～＋85℃	故障告警等	过流保护：限流式/关断式/折回式
冷却形式：自然/隧道风冷	典型应用	
	数字电路　工业仪表　交通运输　通信设备　科研实验等	

30. 4NIC-Q20～20000 轻系列开关一体化 AC/DC 模块有哪些特点？

4NIC-Q20～20000 轻系列开关一体化 AC/DC 变换器是采用传导冷却方式的 AC/DC 开关电源，具有轻巧可靠、输入电压范围宽、高稳压精度、宽工作温度、高使用效率、电磁兼容性好、外观造型精致小巧等特点，适用于航空航天、军工兵器等高可靠领域和节能应用场合。单相、三相不限，输出电压、电流可按需配置，单路、多路任选，正、负输出自定。产品分军工、工业和商业三个品级。采用铝合金黑氧化外壳，六面金属屏蔽，内部实体封装。防霉、防震、防水、防腐蚀。

工作环境温度要求同本章第 20 问。

功率在 750W 以上或电流 100A 以上者采用自带风机的隧道风冷外壳。

型号定义：

举例说明：

4NIC-Q600

输出功率为 600W 的轻系列集成一体化电源,其输出电压、电流可以是 2V300A、5V120A、12V50A、15V40A、24V25A、30V20A、48V12.5A、60V10A 或 120V5A 等。

对于自带风机的隧道风冷外壳,其型号的最后加一个字母"F"。

31. 4NIC-Q20～20000 轻系列开关一体化 AC/DC 模块有哪些性能参数?

4NIC-Q20～20000 轻系列开关一体化 AC/DC 的性能参数见表 14-18。

表 14-18　4NIC-Q20～20000 性能参数

特点	安全参数	电参数(测试环境温度 25℃)
低噪声	绝缘电阻	输入
体积小　重量轻	输入对外壳:DC1 000V ≥200MΩ	电压范围——110/220/380VAC±20%,单相/三相
宽电压输入范围	输入对输出:DC1 000V ≥200MΩ	
零电压、零电流技术	输出对外壳:DC250V≥ 200MΩ	频率——50Hz/400Hz
良好的电磁兼容性	输出对输出:DC250V≥ 200MΩ	效率——80%～95%,典型85%
100%漂移检测	可实现功能	输出
工作频率 300kHz～ 1MHz	TTL电平开关控制	电压——DC0～220V 任选
满足世界各国标准 AC 输入要求	输出电压大范围可调	电流——0.5～1000A
保护	电压信号控制输出电压	功率——20～20 000W
过流保护	故障告警等	电压精度——≤1%
短路保护	典型应用	电压调整率——≤0.5%

续表 14-18

特点	安全参数	电参数(测试环境温度 25℃)
过热保护		电流调整率——≤1% (5V≤2%)
过压保护	航空航天　军工兵器 潜艇舰船　雷达侦测 高可靠、高效率电源系统 等	补偿功能——1～3V(补偿式电源具备)
工作环境温度		纹波——V_{rms}≤0.1% V_{P-P}≤1%
商业品:0℃～+50℃		
工业品:-25℃～+50℃		过流保护:限流式/关断式/折回式
军用品:-40℃～+55℃ 航天军品:-55℃～+85℃ 冷却形式:自然/隧道风冷	输出功率在 750W 以上或电流在 100A 以上采用自带风机的隧道风冷外壳。单路多路任意组合,正负电源任定。如果是三相 380V 输入,型号 4NIC-Q3P,如果是400kHz 输入,型号为 4NIC-QZ	

32. 4NIC-QD5～5000 导轨安装式 AC/DC 模块有哪些性能参数?

导轨安装式 AC/DC 模块可直接安装在配电柜内的标准导轨上,安装方法和安装断路器的方法相同,十分方便,可为电气自动化配电柜的接口板、继电器、记录仪提供可靠性非常高的直流电源。

4NIC- QD5～5000 导轨安装式 AC/DC 模块的性能参数见表 14-19。

表 14-19　4NIC-QD5～5000 性能参数

特点	安全参数	电参数(测试环境温度 25℃)
小巧精美	绝缘电阻	输入
直接安装到导轨上	输入对外壳:DC1 000V ≥200MΩ	电压范围——110/220/380VAC±10%
接线方便	输入对输出:DC1 000V ≥200MΩ	单相/三相

续表 14-19

特点	安全参数	电参数(测试环境温度 25℃)
中小功率输出	输出对外壳:DC250V≥200MΩ	频率——50Hz/400Hz
100%漂移检测	可实现功能	效率——80%～95%,典型 85%
满足世界各国标准 AC 输入要求	TTL 电平开关控制	输出
保护	输出电压大范围可调	电压——DC0～220V 任选
过流保护	电压信号控制输出电压	电流——0.5～1 000A
短路保护	故障告警等	功率——5～5 000W
过热保护	典型应用	电压精度——≤1%
过压保护	工业仪表	电压调整率——≤0.5%
工作环境温度	通信设备	电流调整率——≤1%
商业品:0℃～+50℃	组合机柜	(5V<2%)
工业品:−25℃～+50℃	发电变电等	纹波——V_{rms}≤0.1% V_{P-P}≤1%
军用品:−40℃～+55℃		
冷却形式:自然冷却		

33. 4NIC-NB5～1000 一体化逆变 DC/AC 模块有哪些性能参数?

4NIC-NB5～1000 一体化逆变 DC/AC 模块的性能参数见表 14-20。

表 14-20　4NIC-NB5～1000 性能参数

特点	安全参数	电参数(测试环境温度 25℃)
SPWM 技术	隔离电压	输入
纯正弦波输出	输入对输出:AC1 000V/分钟	电压范围——DC12V(9～14V)

续表 14-20

特点	安全参数	电参数(测试环境温度 25℃)
输出电压稳定	输出对外壳:AC1 000V/分钟	DC24V(20～27V)
瞬态响应好	(漏电流≤10mA)	DC48V(40～57V)
优异 EMI/EMC 指标	绝缘电阻	DC110V(92～131V)
特别设计的开机软启动电路	输入对外壳:DC500V≥200MΩ	DC220V(180～261V)
100%漂移检测	输入对输出:DC1 000V≥200MΩ	效率——75～88%,典型85%
保护	输出对外壳:DC1 000V≥200MΩ	输出
输入极性保护	可实现功能	电压——AC6～380V 任选
过流保护	TTL 电平开关控制	频率——25～400Hz 任选
短路保护	蓄电池过放保护	波形——纯正弦波
过热保护	故障告警等	功率——5～1 000W
输出过压保护	典型应用	电压调整率——≤±5%
工作环境温度	航空航天	电流调整率——≤±5%
商业品:0℃～+50℃	潜艇舰船	波形失真度——≤5%
工业品:-25℃～+50℃	工业控制	频率稳定度——≤±1%
军用品:-40℃～+55℃		过流保护:限流式/关断式/折回式
冷却形式:自然/隧道风冷		

34. 4NIC-BP5～1000 一体化变频 AC/DC 模块有哪些性能参数?

4NIC-BP5～1000 一体化变频 AC/DC 模块的性能参数见表 14-21。

表 14-21　4NIC-BP5～1000 性能参数

特点	安全参数	电参数(测试环境温度 25℃)
SPWM 技术	隔离电压	输入
纯正弦波	输入对输出:AC1 500V/分钟	电压范围——110/220/380VAC±10%
输出电压稳定	输入对外壳:AC1 500V/分钟	单相/三相
瞬态响应好	输出对外壳:AC1 000V/分钟	频率——50Hz
优异的 EMI/EMC 指标	(漏电流≤10mA)	效率——75%～85%,典型 80%
设计裕量宽	绝缘电阻	输出
100%漂移检测	输入对外壳:DC1 000V≥200MΩ	电压——AC6～380V 任选
满足世界各国标准 AC 输入要求	输入对输出:DC1 000V≥200MΩ	频率——400Hz 或其他
保护	输出对外壳:DC250V≥200MΩ	波形——纯正弦波
输出过压保护	输出对输出:DC250V≥200MΩ	功率——5～1000W
过流保护	可实现功能	电压调整率——≤±5%
短路保护	TTL 电平开关控制	电流调整率——≤±5%
过热保护	电压信号控制输出电压	波形失真度——≤5%
工作环境温度	故障告警等	频率稳定度——≤±1%
商业品:0℃～+50℃	典型应用	过流保护:限流式/关断式/折回式
工业品:-25℃～+50℃	航空航天　军事科研	
军用品:-40℃～+55℃	工业控制　医疗卫生	
冷却形式:自然/隧道风冷		

35. 4NIC-UPS 2.5～2000 一体化不间断电源 AC & DC/DC 模块有哪些特点？

4NIC-UPS 是一种故障率极低的免维护的在线式 UPS。切换时间等于零,特别适合于对电源输出品质要求特别高的场合,其控制芯片采用 32 位数据,总线微处理器,运算能力大大加强,可精确迅速地侦测控制 UPS 各动作点,确保高可靠性。它具有良好的人机界面,可以显示各种历史记录,输入输出状态,UPS 工作状态,电池监测,故障报警。它的主要特点是,输入电压范围宽,输出电压稳定、频率稳定,良好的正弦波输出,无切换时间,可靠性高。其输出多路不限,正、负自定,固定、可调随意,外接电池由用户自配。产品分军用、工业和商业三个品级。采用铝合金黑氧化外壳,六面金属屏蔽,内部实体封装。

工作环境温度要求同本章 20 问。

功率 800W 以上或电流 70A 以上者采用自带风机的隧道风冷外壳。

型号定义：

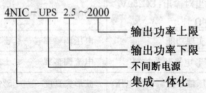

举例说明：

4NIC-UPS120

表示输出功率为 120W 不间断集成一体化电源,其输出电压、电流可以是 12V10A、15V8A、24V5A、48V 2A 或其他电压、电流的多路组合。

对于自带风机的隧道风冷外壳,其型号的最后加一个字母"F"。

36. 4NIC-UPS 2.5~20000 一体化不间断电源 AC & DC/DC 模块有哪些性能参数？

4NIC-UPS 2.5~20000 一体化不间断电源 AC & DC/DC 模块的性能参数见表 14-22。

表 14-22 4NIC-UPS2.5~20000 性能参数

特点	安全参数	电参数（测试环境温度 25℃）
主电和备电实现零秒切换	绝缘电阻	输入
输出多路不限	交流输入对输出：DC1 000V≥200MΩ	电压范围（1）110/220/380VAC±10%，单相/三相
集成芯片控制可靠性高	交流输入对外壳：DC1 000V≥200MΩ	（2）6/12/24/48/110/220VDC±10%
良好的电磁兼容性	直流输入对输出：DC500V≥200MΩ	频率——50Hz/400Hz
设计裕量宽	直流输入对交流输入：DC500V≥200MΩ	效率——78%~85%，典型80%
100%漂移检测	输出对外壳：DC250V≥200MΩ	输出
满足世界各国标准 AC 输入要求	可实现功能	电压——DC5~220V 任选
保护	TTL 电平开关控制	电流——0.5~200A
直流输入极性保护	输出电压大范围可调	功率——2.5~2 000W
过流保护	电压信号控制输出电压	电压精度——≤1%
短路保护	故障告警等	电压调整率——≤0.5%
过热保护	典型应用	电流调整率——≤1%（5V≤2%）
过压保护	发电冶金 石油堪探	纹波——V_rms≤0.1%
工作环境温度	高可靠直流供电设备	V_p-p≤1%
商业品：0℃~+50℃	无人值守重要场合	过流保护：限流式/关断式/循检式

续表 14-22

特点	安全参数	电参数(测试环境温度 25℃)
工业品:−25℃～+50℃	说明	
军用品:−40℃～+55℃	输出多路不限,正负自定	
航天军品:−55℃～+85℃	外接电池由用户自配	
冷却形式:自然/隧道风冷	输出电压固定或可调	

十五、晶闸管控制模块和直流调速模块

1. 什么是晶闸管智能控制模块?

晶闸管智能控制模块,高度集成了晶闸管主电路和移相控制电路,具有电力调控功能。大规格模块还具有过热、过流、缺相等保护功能。全控整流模块可实现逆变功能。晶闸管智能模块广泛应用于交流电动机软起动、直流电动机调速、工业电气自动化、固体开关、工业通信、军工等各类用途(调温、调光、励磁、电镀、充电、稳压)的电源。

晶闸管控制模块和直流调速模块具有以下特点:

(1)采用进口方形芯片和国外加工专用 IC、贴片元件等,大大提高了产品可靠性和智能化控制能力。

(2)采用陶瓷覆铜(DCB)板及其他高级导热绝缘材料,导热性能好,底板不带电,保证使用安全。

(3)使用寿命长。适用于阻性、感性负载。

(4)移相控制系统、主电路与导热底板相互隔离,介电强度≥2 500V。

(5)0～10V 直流信号,可对主电路输出电压进行平滑调节。

(6)可手动、仪表或微机控制。

(7)三相模块主电路交流输入无相序要求。

2. 晶闸管智能控制模块有哪些型号规格?

下面介绍淄博市临淄银河高技术开发有限公司的产品。

(1)型号含义

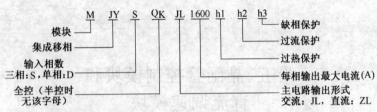

(2)半控型模块(见表 15-1)

表 15-1　半控型模块的型号规格

名称	型　号	规格	备注
三相 整流模块	MJYS-ZL-500	500A 450V	
	MJYS-ZL-400	400A 450V	
	MJYS-ZL-320	320A 450V	
	MJYS-ZL-200	200A 450V	
	MJYS-ZL-150	150A 450V	
	MJYS-ZL-100	100A 450V	
	MJYS-ZL-55	55A 450V	
	MJYS-ZL-30	30A 450V	
三相 交流模块	MJYS-JL-350	350A 450V	
	MJYS-JL-300	300A 450V	
	MJYS-JL-260	260A 450V	
	MJYS-JL-150	150A 450V	
	MJYS-JL-100	100A 450V	
	MJYS-JL-75	75A 450V	
	MJYS-JL-40	40A 450V	
	MJYS-JL-20	20A 450V	
单相 整流模块	MJYD-ZL-200	200A 450V	
	MJYD-ZL-150	150A 450V	
	MJYD-ZL-100	100A 450V	
	MJYD-ZL-55	55A 450V	
	MJYD-ZL-30	30A 250V	
单相 交流模块	MJYD-JL-300	300A 450V	
	MJYD-JL-150	150A 450V	
	MJYD-JL-100	100A 450V	

续表 15-1

名称	型　号	规格	备注
单相 交流模块	MJYD-JL-75	75A 450V	
	MJYD-JL-40	40A 450V	
	MJYD-JL-20	20A 250V	

(3) 全控型模块(见表 15-2)

表 15-2　全控型模块的型号规格

名称	型　号	规格	备注
三相 整流模块	MJYS-QKZL-2000	2000A 450V	※
	MJYS-QKZL-1500	1500A 450V	※
	MJYS-QKZL-1000	1000A 450V	※
	MJYS-QKZL-500	500A 450V	※
	MJYS-QKZL-400	400A 450V	※
	MJYS-QKZL-320	320A 450V	※
	MJYS-QKZL-200	200A 450V	
	MJYS-QKZL-150	150A 450V	
	MJYS-QKZL-100	100A 450V	
	MJYS-QKZL-55	55A 450V	
	MJYS-QKZL-30	30A 450V	
三相 交流模块	MJYS-QKJL-1600	1600A 450V	※
	MJYS-QKJL-1200	1200A 450V	※
	MJYS-QKJL-800	800A 450V	※
	MJYS-QKJL-350	350A 450V	※
	MJYS-QKJL-300	300A 450V	※
	MJYS-QKJL-260	260A 450V	※
	MJYS-QKJL-150	150A 450V	
	MJYS-QKJL-100	100A 450V	
	MJYS-QKJL-75	75A 450V	
	MJYS-QKJL-40	40A 450V	
	MJYS-QKJL-20	20A 450V	

注:1. 规格栏中的电流为模块最大输出直流电流平均值和交流有效值。电压为
　　模块输入端子间最高输入电压有效值。

　　2. 上述两表内的型号为常规产品,备注栏内带"※"的型号,可具备过热、过
　　流、缺相等保护功能(用 h1、h2、h3 表示)。

3. 晶闸管智能控制模块内部及控制端口接线是怎样的?

(1)单相整流智能控制模块(见图 15-1)

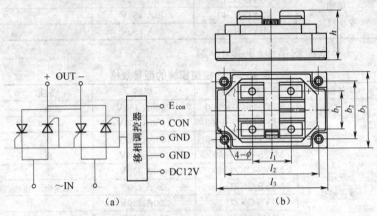

图 15-1　单相整流智能控制模块

(a)内部接线　(b)外形图

(2)单相交流智能控制模块(见图 15-2)

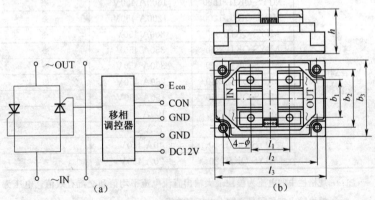

图 15-2　单相交流智能控制模块

(a)内部接线　(b)外形图

（3）三相整流智能控制模块（见图15-3）

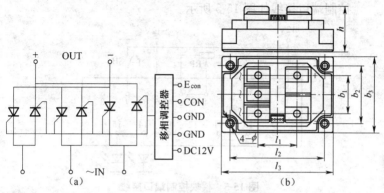

图 15-3　三相整流智能控制模块

（a）内部接线　（b）外形图

（4）三相交流智能控制模块（见图15-4）

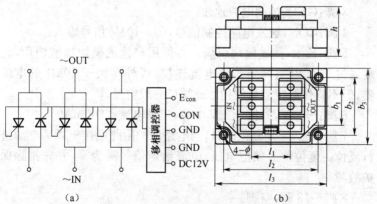

图 15-4　三相交流智能控制模块

（a）内部接线　（b）外形图

当所选模块不具备某项保护功能时，该模块对应引脚也将失效。例如，不具备过热保护的模块，过热保护指示端口（T_{GL}）将无效。

缺相保护电路检测模块输入端电压,而非输出端电压。
控制端口接线如图 15-5 所示。

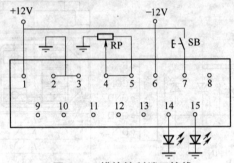

图 15-5　模块控制端口接线

引脚说明:

1 脚:＋12V,外接＋12V 直流电源正极,工作电流＜0.5A。

2 脚:GND,控制电源地线。

3 脚:GND,控制电源地线。

4 脚:CON,触发电路控制信号,(0～10)V 信号输入。

5 脚:E_{CON},测试模块引脚。方便用户检测模块功能使用,此端通过 1kΩ 电阻同＋12V 电流连接,可外接大于 10kΩ 的电位器,但不宜作给定信号使用。此端口一般空置。

6 脚:－12V,外接－12V 电源,工作电流＜200mA。

7 脚:R_{ES},手动复位端口,当电路保护后此端接＋12V 电源进行复位。复位前必须把电压、电流给定信号降为零,并先排除保护故障。

8 脚～13 脚:空脚。

14 脚:I_{GL},过流保护指示端口。当过流时输出高电平,外接发光二极管。

15 脚:T_{GL},过热保护指示端口。当过热时输出高电平,用法与 I_{GL} 相同。

4. 晶闸管智能控制模块有哪些主要技术参数?

(1)模块通用参数

①电网频率 f 为 50Hz;

②输入线电压范围 $U_{IN(RMS)}$ 为交流 300~450V;

③三相交流输出电压不对称度<6%;

④控制信号电压 U_{CON} 为交流 0~10V;

⑤控制信号电流 $I_{CON} \leqslant 10\mu A$;

⑥输出电压温度系数<600PPM/℃;

⑦模块绝缘电压 $U_{ISO(RMS)} \geqslant 2\,500V$;

(2)模块主要技术参数(见表 15-3)

表 15-3　模块主要技术参数

参数名称 参数值 模块型号	最高输出电压 $U_{T(AV)}$ 或 $U_{T(RMS)}$ (V)	每相最大输入电流 $I_{IN(RMS)}$ (A)	最大输出电流 $I_{T(AV)}$ 或 $I_{T(RMS)}$ (A)	触发电源电流 I_E (mA)	结壳热阻 R_{jc} (℃/W)	工作壳温 T_C (℃)
三相整流 MJYS-QKZL-2000	1.35V_{IN}	1600	2000	1000	0.03	≤80
MJYS-QKZL-1500		1200	1500	800	0.03	
MJYS-QKZL-1000		800	1000	600	0.04	
MJYS-ZL-500		410	500	400	0.04	
MJYS-QKZL-500						
MJYS-ZL-400		320	400	400	0.05	
MJYS-QKZL-400						
MJYS-ZL-320		260	320	400	0.06	
MJYS-QKZL-320						
MJYS-ZL-200		160	200	400	0.15	
MJYS-QKZL-200						
MJYS-ZL-150		120	150	400	0.20	
MJYS-QKZL-150						
MJYS-ZL-100		82	100	400	0.30	≤85
MJYS-QKZL-100						

续表 15-3

参数名称 参数值 模块型号	最高输出 电压 $U_{T(AV)}$ 或 $U_{T(RMS)}$ (V)	每相最大 输入电流 $I_{IN(RMS)}$ (A)	最大输出 电流 $I_{T(AV)}$ 或 $I_{T(RMS)}$ (A)	触发电源 电流 I_E (mA)	结壳 热阻 R_{jc} (℃/W)	工作 壳温 T_C (℃)
三相整流 MJYS-ZL-55		45	55	400	0.55	
MJYS-QKZL-55	1.35V_{IN}					≤88
MJYS-ZL-30		25	30	300	0.60	
MJYS-QKZL-30						
MJYS-QKJL-1600		1600	1600	1000	0.03	
MJYS-QKJL-1200		1200	1200	800	0.03	
MJYS-QKJL-800		800	800	600	0.04	
MJYS-JL-350		350	350	400	0.04	
MJYS-QKJL-350						
MJYS-JL-300		300	300	400	0.05	
MJYS-QKJL-300						≤80
MJYS-JL-260		260	260	400	0.06	
MJYS-QKJL-260						
三相交流 MJYS-JL-150	1.0V_{IN}	150	150	400	0.15	
MJYS-QKJL-150						
MJYS-JL-100		100	100	400	0.20	
MJYS-QKJL-100						
MJYS-JL-75		75	75	400	0.30	≤85
MJYS-QKJL-75						
MJYS-JL-40		40	40	400	0.40	
MJYS-QKJL-40						≤88
MJYS-JL-20		20	20	300	0.50	
MJYS-QKJL-20						
单相整流 MJYD-ZL-200		222	200		0.20	≤80
MJYD-ZL-150	0.9V_{IN}	166	150	300	0.25	
MJYD-ZL-100		111	100		0.40	≤85

续表 15-3

参数名称 参数值 模块型号	最高输出 电压 $U_{T(AV)}$ 或 $U_{T(RMS)}$ (V)	每相最大 输入电流 $I_{IN(RMS)}$ (A)	最大输出 电流 $I_{T(AV)}$ 或 $I_{T(RMS)}$ (A)	触发电源 电流 I_E (mA)	结壳 热阻 R_{jc} (℃/W)	工作 壳温 T_C (℃)
单相整流 MJYD-ZL-55	0.9V_{IN}	61	55	300	0.55	≤85
MJYD-ZL-30		33	30		0.60	≤88
单相交流 MJYD-JL-300	1.0V_{IN}	300	300	200	0.20	≤80
MJYD-JL-150		150	150		0.40	≤85
MJYD-JL-100		100	100		0.45	
MJYD-JL-75		75	75		0.50	
MJYD-JL-40		40	40		0.60	≤88
MJYD-JL-20		20	20		0.65	

5. 晶闸管智能控制模块芯片有哪些主要技术参数？

(1)晶闸管芯片主要参数

①芯片结温：$T_j = 125℃(max)$；

②断态电压临界上升率 du/dt：$500V/\mu s$；

③通态电流临界上升率 di/dt：$100A/\mu s$。

(2)晶闸管芯片技术参数(见表 15-4)

表 15-4　晶闸管芯片的技术参数

代号 参数 模块型号	通态平均电流 $I_{T(AV)}$ $T_j=$ 125℃(A)	通态浪涌电流 I_{TSM} 45℃ 10ms(A)	最大漏电流 I_C I_R 125℃ (mA)	通态压降 U_T $T_j=25℃$ (V)	通态直流电流 I_T $T_j=25℃$ (A)	门槛电压 U_{TO} (V)	正反向重复峰值电压 U_{DRM} U_{RRM} (V)
MJYS-QKZL-2000	250	8 000	20	1.20	600	0.8	1 200～2 200
MJYS-QKJL-1600							

续表 15-4

代号 参数 模块型号	通态平 均电流 $I_{T(AV)}$ $T_j=$ 125℃(A)	通态浪 涌电流 I_{TSM} 45℃ 10ms(A)	最大漏 电流 I_C I_R 125℃ (mA)	通态 压降 U_T $T_j=$	通态直 流电流 I_T 25℃ (A)	门槛 电压 U_{TO} (V)	正反向 重复峰 值电压 U_{DRM} U_{RRM} (V)
MJYS-QKZL-1500							
MJYS-QKJL-1200							
MJYS-QKZL-1000							
MJYS-QKJL-800							
MJYS-ZL-500	250	8 000	20	1.20	600		
MJYS-QKZL-500							
MJYS-JL-350							
MJYS-QKJL-350							
MJYS-ZL-400							
MJYS-QKZL-400	220	7 000	15	1.24	600		
MJYS-JL-300							
MJYS-QKJL-300						0.8	1 200～ 2 200
MJYS-ZL-320							
MJYS-QKZL-320							
MJYS-JL-260	180	5 000	15	1.25	450		
MJYS-QKJL-260							
MJYD-JL-300							
MJYS-ZL-200							
MJYS-QKZL-200							
MJYS-JL-150							
MJYS-QKJL-150	100	2 300	10	1.36	300		
MJYD-ZL-200							
MJYD-JL-150							

续表 15-4

参数 \ 代号 \ 模块型号	通态平均电流 $I_{T(AV)}$ $T_j=$ 125℃(A)	通态浪涌电流 I_{TSM} 45℃ 10ms(A)	最大漏电流 I_C I_R 125℃ (mA)	通态压降 U_T $T_j=25$℃ (V)	通态直流电流 I_T (A)	门槛电压 U_{TO} (V)	正反向重复峰值电压 U_{DRM} U_{RRM} (V)
MJYS-ZL-150							
MJYS-QKZL-150							
MJYD-ZL-150	74	1 500	10	1.39	200	0.8	1 200～ 2 200
MJYS-JL-100							
MJYS-QKJL-100							
MJYD-JL-100							
MJYS-ZL-100							
MJYS-QKZL-100							
MJYD-ZL-100	57	1 150	10	1.55	200	0.85	
MJYS-JL-75							
MJYS-QKJL-75							
MJYD-JL-75							1 200～ 1 800
MJYS-ZL-55							
MJYS-QKZL-55							
MJYD-ZL-55	35	600	3	1.35	60	0.85	
MJYS-JL-40							
MJYS-QKJL-40							
MJYD-JL-40							
MJYS-ZL-30							
MJYS-QKZL-30	24	400	2	1.42	45	0.90	1 200～ 1 600
MJYS-JL-20							
MJYS-QKJL-20							
MJYD-ZL-30	19	300	1	1.55	44	0.90	800～ 1 200
MJYD-JL-20							

6. 怎样选择和使用晶闸管智能控制模块?

(1)模块电流规格的选择　模块的标称电流为模块正常工作允许通过的最大电流,考虑到晶闸管抗电流冲击能力较差,选择模块时应留有裕量,根据负载不同的按以下要求选择:

①阻性负载。模块标称电流应为负载额定电流的2倍。

②感性负载。模块标称电流应为负载额定电流的3倍。

(2)导通的要求　模块在较小导通角时(即模块高输入电压、低输出电压)输出较大电流,这样会使模块严重发热甚至烧毁。因为在非正弦波的状态下用普通仪表测出的电流值不是有效值,所以尽管仪表显示的电流值并未超过模块的标称值,但有效值会超过模块标称值的几倍,因此要求模块应在较大导通角下(100℃以上)工作。模块在不同输出电压下允许的最大输出电流比例可参见表15-5。

表 15-5　模块在不同输出电压下允许的最大输出电流比例

模块实际输出电压/模块能输出的最高电压	1	0.75	0.50	0.25	0.15
模块实际输出电流/模块标称最大电流	1	0.85	0.60	0.45	0.3

例如,100A的三相交流模块,电网为380V,对应不同输出电压下最大输出电流见表15-6。

表 15-6　不同输出电压下最大输出电流

输出电压(V)	380	285	190	50
最大输出电流(A)	100	85	60	25

(3)DC±12V 稳压电源要求

①DC±12V 电源电压要求:(±12±0.5)V,纹波电压小于10mV。

②DC±12V 电源的电流必须大于实际工作电流2倍以上。

③若采用变压器整流式稳压电源,滤波电容必须大于2000μF/25V。

④DC±12V 电源极性严禁反接,否则将烧坏模块。

(4)使用环境要求

①环境适应温度:-25℃~+45℃。

②工作场所要求干燥、通风、无尘、无腐蚀性气体。

(5)其他要求

①因模块主电路引出极弯曲 90°,极易掀起折断,所以接线时应防止外力或电缆重力将电极拉起折断。

②严禁不用接线端头而直接将铜线压接在模块电极上,以防止接触不良而发热。

③模块不能用作隔离开关,为保证安全,模块前面要加断路器。

④测量模块工作壳温时,测试点选择靠近模块底板中心的散热器表面。可将散热器表面以下打一深孔至散热器中心,把点温计探头插到孔底。要求该测试点的温度≤80℃。

7. 晶闸管智能控制模块怎样实现手动、计算机或仪表控制接线?

模块手动(电位器)控制的接线如图 15-6 所示。

模块与计算机接口如图 15-7 所示。

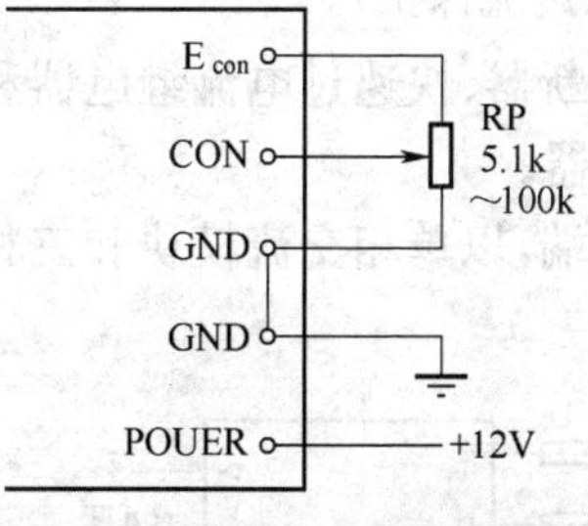

图 15-6　模块手动控制的接线 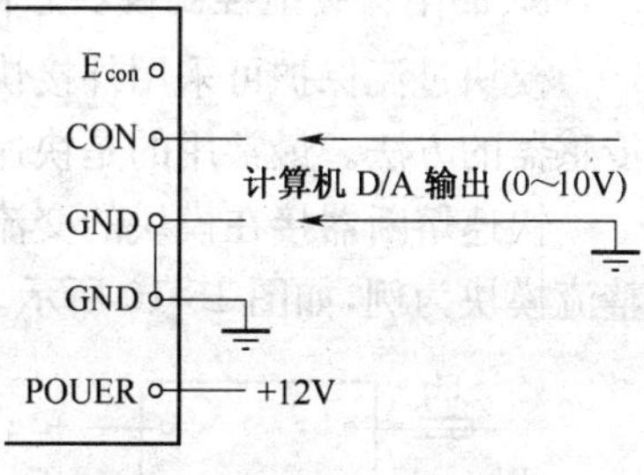　　　图 15-7　模块与计算机接口

模块与仪表接口如图 15-8 所示。图中稳压管 VS 稳压值 2.4~2.7V 均可,也可用 4 只二极管串联替代。

模块与 0~5V 信号接口如图 15-9 所示。

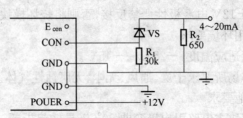

图 15-8　模块与仪表接口

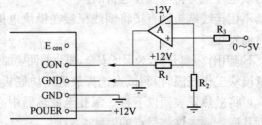

图 15-9　模块与 0～5V 信号接口

图中，A 为运算放大器。电阻 $R_1 \sim R_3$ 的选择要求：

$$R_1 = R_2 \geqslant 20\text{k}\Omega, R_3 = R_2/R_1$$

8. 晶闸管智能控制模块怎样实现过流保护？

模块过流保护可采用外接快速熔断器、快速过电流继电器和传感器的方法。最常用的是快速熔断器。

快速熔断器接在模块的交流输入端，以单相交流模块和三相整流模块为例，如图 15-10 所示。

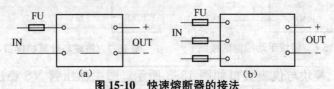

图 15-10　快速熔断器的接法

(a)单相交流模块　(b)三相整流模块

快速熔断器的选择：

(1)熔断器的额定电压应大于电路上正常工作电压。

(2)熔断器额定电流的选取参考表 15-7。

表 15-7　模块快速熔断器的选择

模块型号	熔　断　器		额定电压(V)
	额定电流(A)	数量(只)	
MJYS-QKZL-2000	1 000	3	500
MJYS-QKJL-1600			
MJYS-QKZL-1500	750	3	
MJYS-QKJL-1200			
MJYS-QKZL-1000	500	3	
MJYS-QKJL-800			
MJYS-ZL-500	250	3	
MJYS-QKZL-500			
MJYS-JL-350			
MJYS-QKJL-350			
MJYS-ZL-400	160	3	
MJYS-QKZL-400			
MJYS-JL-300			
MJYS-QKJL-300			
MJYD-ZL-300		1	
MJYS-ZL-320	160	3	
MJYS-QKZL-320			
MJYS-JL-260			
MJYS-QKJL-260			
MJYS-ZL-200	80	3	
MJYS-QKZL-200			
MJYS-JL-150			
MJYS-QKJL-150			
MJYD-ZL-200		1	
MJYD-JL-150			
MJYS-ZL-150	60	3	

续表 15-7

模块型号	熔 断 器		
	额定电流(A)	数量(只)	额定电压(V)
MJYS-QKZL-150	60	3	500
MJYS-JL-100			
MJYS-QKJL-100			
MJYD-ZL-150		1	
MJYD-JL-100			
MJYS-ZL-100	40	3	
MJYS-QKZL-100			
MJYS-JL-75			
MJYS-QKJL-75			
MJYD-ZL-100		1	
MJYD-JL-75			
MJYS-ZL-55	25	3	
MJYS-QKZL-55			
MJYS-JL-40			
MJYS-QKJL-40			
MJYD-ZL-55		1	
MJYD-JL-40			
MJYS-ZL-30	16	3	
MJYS-QKJL-30			
MJYS-JL-20			
MJYS-QKJL-20			
MJYD-ZL-30		1	
MJYD-JL-20			

9. 晶闸管智能控制模块怎样实现过电压保护?

模块的过电压保护,推荐使用阻容吸收和压敏电阻两种方式并用。

(1)阻容吸收回路　电容器把过电压的电磁能量变成静电能

量存储,电阻防止电容与电感产生谐振。这种吸收回路能抑制晶闸管由导通到截止时产生的过电压,有效避免晶闸管被击穿。接线方法如图 15-11 所示。R 和 C 值的选取见表 15-8。

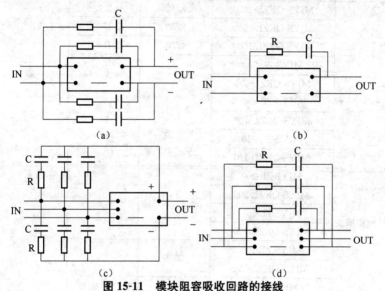

(a)   (b)

(c)   (d)

图 15-11　模块阻容吸收回路的接线

(a)单相整流模块　(b)单相交流模块　(c)三相整流模块　(d)三相交流模块

表 15-8　模块阻容元件的选取

名称	模块型号	$R(\Omega/W)$	$C(\mu F)630V$	数量
单相 整流模块	MJYD-ZL-200	20/10	0.33	各 4
	MJYD-ZL-150			
	MJYD-ZL-100	33/5		
	MJYD-ZL-55	62/5	0.22	
	MJYD-ZL-30			
单相 交流模块	MJYD-JL-300	20/10	0.33	各 1
	MJYD-JL-150			
	MJYD-JL-100			
	MJYD-JL-75	33/5	0.22	

续表 15-8

名称	模块型号	$R(\Omega/W)$	$C(\mu F)630V$	数量
单相 交流模块	MJYD-JL-40	62/5	0.22	各1
	MJYD-JL-20			
三相 整流模块	MJYS-QKZL-2000	2/40	2.2	
	MJYS-QKZL-1500	3/30	1.5	
	MJYS-QKZL-1000	4/20	1.0	
	MJYS-ZL-500	8.2/15	0.68	
	MJYS-QKZL-500			
	MJYS-ZL-400			
	MJYS-QKZL-400			
	MJYS-ZL-320			
	MJYS-QKZL-320			各6
	MJYS-ZL-200	20/10	0.33	
	MJYS-QKZL-200			
	MJYS-ZL-150			
	MJYS-QKZL-150			
	MJYS-ZL-100	33/5		
	MJYS-QKZL-100			
	MJYS-ZL-55	62/5	0.22	
	MJYS-QKZL-55			
	MJYS-ZL-30			
	MJYS-QKZL-30			
	MJYS-JL-40			各3
	MJYS-QKJL-40			
	MJYS-JL-20			
	MJYS-QKJL-20			
三相 交流模块	MJYS-QKJL-1600	2/40	2.2	
	MJYS-QKJL-1200	3/30	1.5	
	MJYS-QKJL-800	4/20	1.0	各3
	MJYS-JL-350	8.2/15	0.68	
	MJYS-QKJL-350			

续表 15-8

名称	模块型号	$R(\Omega/\mathrm{W})$	$C(\mu\mathrm{F})630\mathrm{V}$	数量
三相 交流模块	MJYS-JL-300	8.2/15	0.68	各3
	MJYS-QKJL-300			
	MJYS-JL-260			
	MJYS-QKJL-260			
	MJYS-JL150	20/10	0.33	
	MJYS-QKJL-150			
	MJYS-JL-100			
	MJYS-QKJL-100			
	MJYS-JL-75	33/5	0.22	
	MJYS-QKJL-75			

（2）压敏电阻吸收过电压　压敏电阻吸收由于雷击等原因产生能量较大、持续时间较长的过电压。压敏电阻标称电压 $U_{1\mathrm{mA}}$ 的选取：$710\mathrm{V}{\leqslant}U_{1\mathrm{mA}}{\leqslant}1\,000\mathrm{V}$。

接线方法如图 15-12 所示。

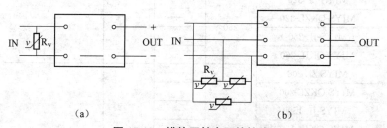

图 15-12　模块压敏电阻的接线

(a)单相模块　(b)三相模块

10. 怎样选择晶闸管智能控制模块的散热器？

散热条件的好坏，直接影响模块的安全性和可靠性。不同型号模块在其额定电流工作状态下，环境温度为 40℃时所需散热器长度、风机的规格等参考表 15-9。

表 15-9　　模块用散热器的选择

模块型号	散热器长度(mm)		散热器型号	轴流风机规格及数量
	强迫风冷	自然冷却		
MJYS-QKZL-2000	800	—	006	AC220V/50Hz/44W 220×220×60 2 台
MJYS-QKJL-1600		—		
MJYS-QKZL-1500	700	—		
MJYS-QKJL-1200		—		
MJYS-QKZL-1000	600	—		
MJYS-QKJL-800		—		
MJYS-ZL-500	350	—	DXC-573	AC220V/50Hz/44W 220×220×60 1 台
MJYS-QKZL-500		—		
MJYS-JL-350		—		
MJYS-QKJL-350		—		
MJYS-ZL-400	300	—		
MJYS-QKZL-400		—		
MJYS-JL-300		—		
MJYS-QKJL-300		—		
MJYS-ZL-320	260	—		
MJYS-QKZL-320		—		
MJYS-JL-260		—		
MJYS-QKJL-260		—		
MJYS-ZL-200	300	—	DXC-578	AC220V/50Hz/38W 172×150×51 1 台
MJYS-QKZL-200		—		
MJYS-JL-150		—		
MJYS-QKJL-150		—		
MJYS-ZL-150	260	—		
MJYS-QKZL-150		—		
MJYS-JL-100		—		
MJYS-QKJL-100		—		
MJYS-ZL-100	200	—		
MJYS-QKZL-100		—		

续表 15-9

模块型号	散热器长度(mm)		散热器型号	轴流风机规格及数量
	强迫风冷	自然冷却		
MJYS-JL-75		—		
MJYS-QKJL-75	200	—		
MJYD-ZL-200		—		
MJYD-JL-300		—		
MJYS-ZL-55		—		AC220V/50Hz/10W
MJYS-QKZL-55		—		120×120×38
MJYS-JL-40		—		1台
MJYS-QKJL-40	160	—		
MJYD-ZL-150		—	DXC-578	
MJYD-ZL-100		—		
MJYD-JL-150		—		
MJYD-JL-100		—		
MJYD-ZL-55	—			
MJYD-JL-75	—			
MJYS-ZL-30	—	120		
MJYS-QKZL-30	—			
MJYS-JL-20	—			无
MJYS-QKJL-20	—			
MJYD-ZL-30	—			
MJYD-JL-40	—	80	DXC-721	
MJYD-JL-20	—			

散热器参数见表 15-10。

O

表 15-10 散热器参数

散热器型号	宽度(mm)	厚度(mm)	周长(mm)	截面积(cm²)	质量(kg/m)
006	400	50	3 443	85.2	23.6

续表 15-10

散热器 型号	宽度 (mm)	厚度 (mm)	周长 (mm)	截面积 (cm²)	质量 (kg/m)
DXC-573	260	80	2 540	99.3	25.2
DXC-578	160	80	1 652	44.5	12
DXC-721	150	46	1 924	29.3	7.95

注：1. 轴流风机风速应≥6m/s。

　　2. 若模块达不到满负载工作，可酌减散热器长度。

　　3. 若采用自然冷却，必须保证散热器周围的空气能够自然对流。

　　4. 因水冷散热效果好，有水冷条件的，首选水冷散热形式。

11. 什么是晶闸管恒流恒压控制模块？

晶闸管恒流恒压控制模块是高度集成的反馈控制稳流稳压系统，内置大功率晶闸管芯片、移相控制电路、反馈控制电路、保护电路和线性电压、电流传感器，是新一代电力调控器件。产品广泛应用于电动机、发电机励磁，蓄电池充电，各类电源及各类大功率整流装置电源的前级调压。

模块具有以下特点：

（1）采用进口方形芯片、DCB 板、高级热绝缘材料，特殊焊接工艺。使用寿命长。

（2）主电路、导热基板、控制电路相互隔离，介电强度≥2 500V，使用安全。

（3）采用线性控制稳流稳压电路，高控制精度。

（4）具有过流、过热、缺相保护。

模块的外形如图 15-13～图 15-16 所示。

12. 晶闸管恒流恒压控制模块有哪些型号规格？

下面介绍淄博市临淄银河高技术开发有限公司的产品。

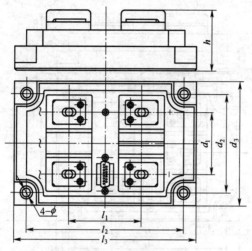

图 15-13　单相整流模块

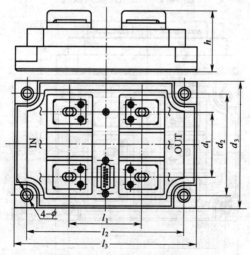

图 15-14　单相交流式模块

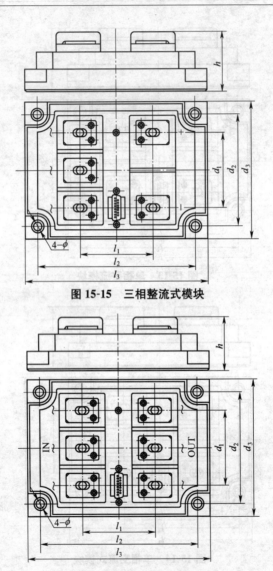

图 15-15　三相整流式模块

图 15-16　三相交流式模块

(1)型号含义

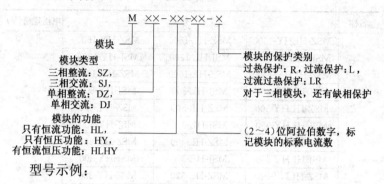

型号示例：

MSZ-HLHY-200LR

表示三相整流 200A 恒流恒压功能模块，具备过流过热缺相保护功能。

(2)模块的型号规格(见表 15-11)

表 15-11　模块的型号规格

名称	型　　　号			电压规格(V)
单 相	MDJ-HLHY-300	MDJ-HL-300	MDJ-HY-300	450
	MDZ-HLHY-200	MDZ-HL-200	MDZ-HY-200	
	MDJ-HLHY-150	MDJ-HL-150	MDJ-HY-150	
	MDZ-HLHY-150	MDZ-HL-150	MDZ-HY-150	
	MDJ-HLHY-100	MDJ-HL-100	MDJ-HY-100	
	MDZ-HLHY-100	MDZ-HL-100	MDZ-HY-100	
	MDJ-HLHY-75	MDJ-HL-75	MDJ-HY-75	
	MDZ-HLHY-55	MDZ-HL-55	MDZ-HY-55	
	MDJ-HLHY-40	MDJ-HL-40	MDJ-HY-40	
	MDZ-HLHY-30	MDZ-HL-30	MDZ-HY-30	
	MDJ-HLHY-20	MDJ-HL-20	MDJ-HY-20	
三 相	MSZ-HLHY-2000	MSZ-HL-2000	MSZ-HY-2000	
	MSJ-HLHY-1600	MSJ-HL-1600	MSJ-HY-1600	

续表 15-11

名称	型　　　号			电压规格(V)
三相	MSZ-HLHY-1500	MSZ-HL-1500	MSZ-HY-1500	450
	MSJ-HLHY-1200	MSJ-HL-1200	MSJ-HY-1200	
	MSZ-HLHY-1000	MSZ-HL-1000	MSZ-HY-1000	
	MSJ-HLHY-800	MSJ-HL-800	MSJ-HY-800	
	MSZ-HLHY-500	MSZ-HL-500	MSZ-HY-500	
	MSJ-HLHY-350	MSJ-HL-350	MSJ-HY-350	
	MSZ-HLHY-400	MSZ-HL-400	MSZ-HY-400	
	MSJ-HLHY-300	MSJ-HL-300	MSJ-HY-300	
	MSZ-HLHY-320	MSZ-HL-320	MSZ-HY-320	
	MSJ-HLHY-260	MSJ-HL-260	MSJ-HY-260	
	MSZ-HLHY-200	MSZ-HL-200	MSZ-HY-200	
	MSJ-HLHY-150	MSJ-HL-150	MSJ-HY-150	
	MSZ-HLHY-150	MSZ-HL-150	MSZ-HY-150	
	MSJ-HLHY-100	MSJ-HL-100	MSJ-HY-100	
	MSZ-HLHY-100	MSZ-HL-100	MSZ-HY-100	
	MSJ-HLHY-75	MSJ-HL-75	MSJ-HY-75	
	MSZ-HLHY-55	MSZ-HL-55	MSZ-HY-55	
	MSJ-HLHY-40	MSJ-HL-40	MSJ-HY-40	
	MSZ-HLHY-30	MSZ-HL-30	MSZ-HY-30	
	MSJ-HLHY-20	MSJ-HL-20	MSJ-HY-20	

注:1. 电流规格为模块正常工作输出最大直流电流平均值或交流电流有效值;电压为模块输入端子间最大输入电压有效值。

　2. 特殊规格,可按用户要求协议定做。

　3. 上述表内的型号为常规产品。当模块需要保护功能时,由用户订货时在模块型号后面加注保护代号。

13. 晶闸管恒流恒压控制模块端口接线是怎样的?

(1)引脚说明

1 脚:+12V,外接+12V 电源正极,工作电流<0.5A。

2 脚:GND,控制电源地线。

3 脚：GND,控制电源地线。

4 脚：CON,触发电路控制信号,(0～10)V 信号输入。

恒流或恒压应用时此脚空置。

CON 脚输入控制信号时,OFF 端必须直接接地。OFF 接地后不具备恒流或恒压功能,只能当作普通移相调压模块,但各种保护正常(具体操作参照 OFF 脚)。

5 脚：E_{CON},测试模块引脚。

方便用户检测模块功能使用,此端通过 1kΩ 电阻同＋12V 电源连接,可外接大于 10kΩ 电位器,但不宜作给定信号使用。此端口一般空置。

6 脚：－12V,外接－12V 电源,工作电流＜200mA。

7 脚：R_{ES},手动复位端口。

当电路保护后此端接＋12V 电源进行复位。复位前必须把电压电流给定信号降为零,并先排除保护故障。

8 脚：IVS,恒流、恒压控制选择端口。

恒流时接＋12V;恒压时接地或悬空。

9 脚：I_G,恒流控制给定信号输入,(0～10)V 直流电平。

10 脚：U_G,恒压控制给定信号输入,(0～10)V 直流电平。

U_G、I_G 为直流电平信号,要求稳定无毛刺,一般由基准电压源提供。

11 脚：保留。

12 脚：保留。

13 脚：OFF,恒流恒压禁止端口。

当 OFF 接地时失去恒流恒压功能,模块仅有移相控制功能,由 CON 端输入控制信号。此端也可作为保护控制端口。

14 脚：I_{GL},过流保护指示端口。

过流时输出高电平,外接发光二极管。

15 脚：T_{GL},过热保护指示端口。

当过热时输出高电平,用法与 I_{GL} 相同。

注:1. 当模块不具备某项功能时,该模块对应引脚也将失效。例如:不具备过热保护的模块,过热保护指示端口(T_{GL})将无效。

2. 缺相保护电路检测模块输入端电压,而非输出端电压。

(2)模块控制端口接线(见图 15-17~图 15-20)

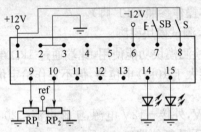

图 15-17　恒流恒压端口接线

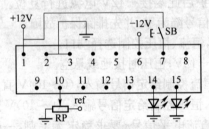

图 15-18　恒压端口接线

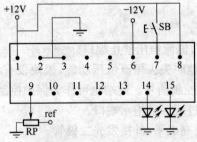

图 15-19　恒流端口接线

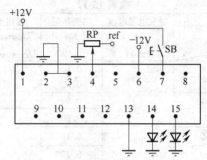

图 15-20　禁止恒流恒压功能端口接线

注：图中的 ref 为基准电压源，一般为 10V。若没有基准电压源，则改接到 5 脚，但对稳定程度要求高时最好外接基准电压源。

14. 怎样选择晶闸管恒流恒压控制模块及其保护元件？

（1）模块通用参数

①电网频率为 50Hz；

②输入电压范围：单相 220（1±20％）V，三相 380（1±20％）V（线电压）；

③恒流恒压范围：模块标称电流电压的（10～85）％；

④恒流精度≤（1～3）％；恒压精度≤（1～3）％（相对于负载变化 60％，电网变化 20％）；

⑤给定信号电压：0～10V，电流：≤0.1mA；

⑥模块绝缘电压 $U_{ISO(RMS)}$≥2 500V。

（2）模块技术参数（见表 15-12）

表 15-12　模块主要技术参数

型号 数值	参数名称	触发电源电流 I_E (mA)	结壳热阻 R_{jc} (℃/W)	输出电压 $U_{OUT(AV)}$ 或 $U_{OUT(RMS)}$ (V)	工作壳温 T_C (℃)
单相 整流	MDZ-200	300	0.20	0.9U_{IN}	<80
	MDZ-150		0.25		

续表 15-12

参数名称 / 数值 / 型号		触发电源电流 I_E (mA)	结壳热阻 R_{jc} (℃/W)	输出电压 $U_{OUT(AV)}$ 或 $U_{OUT(RMS)}$ (V)	工作壳温 T_C (℃)
单相整流	MDZ-100		0.40		
	MDZ-55		0.55	$0.9U_{IN}$	
	MDZ-30		0.60		
单相交流	MDJ-300		0.20		
	MDJ-150	300	0.40		
	MDJ-100		0.45	$1.0U_{IN}$	
	MDJ-75		0.50		
	MDJ-40		0.60		
	MDJ-20		0.65		
三相整流	MSZ-2000	1000	0.03		
	MSZ-1500		0.03		
	MSZ-1000	800	0.04		
	MSZ-500		0.04		
	MSZ-400		0.05		
	MSZ-320		0.06	$1.35U_{IN}$	<80
	MSZ-200	400	0.15		
	MSZ-150		0.20		
	MSZ-100		0.30		
	MSZ-55		0.55		
	MSZ-30	300	0.60		
	MSJ-1600	1000	0.03		
	MSJ-1200		0.03		
	MSJ-800	800	0.04		
	MSJ-350		0.04		
	MSJ-300		0.05		
	MSJ-260	400	0.06	$1.0U_{IN}$	
	MSJ-150		0.15		
	MSJ-100		0.20		

续表 15-12

参数名称 数值 型号		触发电源电流 I_E (mA)	结壳热阻 R_{jc} (℃/W)	输出电压 $U_{OUT(AV)}$ 或 $U_{OUT(RMS)}$ (V)	工作壳温 T_C (℃)
三相 交流	MSJ-75	400	0.30		
	MSJ-40		0.40	$1.0U_{IN}$	<80
	MSJ-20	300	0.50		

　　模块的选择、导通角的要求、DC12V 稳压电源要求,以及使用环境要求等,同晶闸管智能控制模块,详见本章 6 问。

　　模块的过流保护的快速熔断器选择,模块的过电压保护的阻容元件及压敏电阻的选择,以及模块的散热器选择,是根据晶闸管芯片的额定电流决定的,其选择方法同晶闸管智能控制模块。

15. 什么是双闭环直流调速模块?

　　双闭环直流调速模块,内含功率晶闸管、移相控制电路、电流传感器、转速与电流双闭环调速电路,可对直流电动机进行速度调节,其原理方框图如图 15-21 所示。模块应用于直流电动机调速。

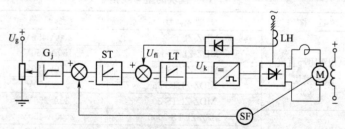

图 15-21　双闭环直流调速模块原理方框图

模块具有以下特点:

　　(1)采用进口方形芯片和国外加工专用 IC,大大提高了智能化控制能力,使用寿命长。

　　(2)控制电路置于模块内部,简化了外围器件,增强可靠性。

　　(3)移相控制系统,主电路、导热基板相互隔离,介电强度

≥2 500V,使用安全。

(4)三相模块主电路交流输入无相序要求。

(5)使用方便

①0～10V 直流信号,可对主电路输出电压进行平滑调节。

②给定积分环节可实现直流电动机软起动,并且积分时间可调。

③电动机起动电流可调节。

④模块具有过流、过热和缺相三种保护。

16. 双闭环直流调速模块及芯片有哪些型号规格?

下面介绍淄博市临淄银河高技术开发有限公司的产品。

(1)型号含义

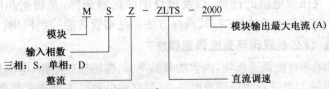

(2)模块的型号规格(见表 15-13)

表 15-13　模块的型号规格

名　称	型　号	规　格
单相双闭环直流调速模块	MDZ-ZLTS-200	200A 450V
	MDZ-ZLTS-150	150A 450V
	MDZ-ZLTS-100	100A 450V
	MDZ-ZLTS-55	55A 450V
	MDZ-ZLTS-30	30A 250V
三相双闭环直流调速模块	MSZ-ZLTS-2000	2000A 450V
	MSZ-ZLTS-1500	1500A 450V
	MSZ-ZLTS-1000	1000A 450V
	MSZ-ZLTS-500	500A 450V
	MSZ-ZLTS-400	400A 450V
	MSZ-ZLTS-320	320A 450V
	MSZ-ZLTS-200	200A 450V
	MSZ-ZLTS-150	150A 450V

续表 15-13

名　称	型　号	规　格
三相双闭环直流调速模块	MSZ-ZLTS-100	100A 450V
	MSZ-ZLTS-55	55A 450V
	MSZ-ZLTS-30	30A 450V

（3）晶闸管芯片的技术参数（见表 15-14）

表 15-14　晶闸管芯片的技术参数

代号　　参数　　模块型号	$I_{T(AV)}$ $T_j=$ 125℃(A)	I_{TSM} 45℃ 10ms(A)	I_D I_K 125℃ (mA)	U_T $T_j=$ (V)	I_T 25℃ (A)	U_{TO} (V)	U_{DRM} U_{RRM} (V)
MSZ-ZLTS-2000	250	8 000	20	1.20	600		
MSZ-ZLTS-1500							
MSZ-ZLTS-1000							1 200～ 2 200
MSZ-ZLTS-500						0.80	
MSZ-ZLTS-400	220	7 000	15	1.24	600		
MSZ-ZLTS-320	180	5 000	15	1.25	450		
MSZ-ZLTS-200	100	2 300	10	1.36	300		
MDZ-ZLTS-200							
MSZ-ZLTS-150	74	1 500	10	1.39	200		
MDZ-ZLTS-150							
MSZ-ZLTS-100	57	1 150	10	1.55	200		1 200～ 1 800
MDZ-ZLTS-100						0.85	
MSZ-ZLTS-55	35	600	3	1.35	60		
MDZ-ZLTS-55							
MSZ-ZLTS-30	24	400	1	1.42	45	0.90	1 200～1 600
MDZ-ZLTS-30	19	300	1	1.55	44		1 800～1 200

17. 双闭环直流调速模块内部接线及模块参数是怎样的？

（1）模块内部接线及外形图

①单相双闭环直流调速模块（见图 15-22）。

②三相双闭环直流调速模块（见图 15-23）。

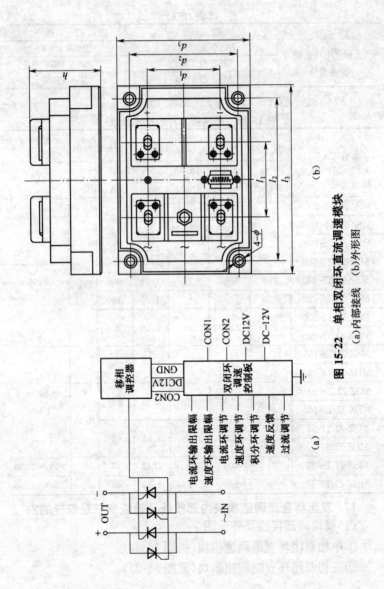

图 15-22 单相双闭环直流调速模块
(a)内部接线 (b)外形图

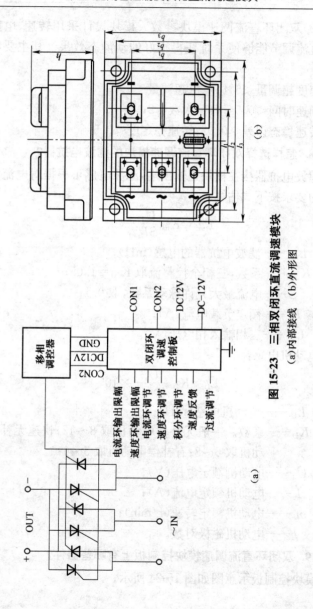

图 15-23 三相双闭环直流调速模块

(a) 内部接线　(b) 外形图

（2）双闭环直流调速模块参数　模块设计采用转速、电流双闭环直流调节能够使系统获得很好的动静态效果。其主要参数如下：

速度超调量<5%；电流超调量<5%；

调速时间<0.5s；振荡次数≤2；

转速稳态误差≤0.02；转速稳定度<0.5%。

18. 怎样选择双闭环直流调速模块的滤波电抗器？

滤波电抗器接在模块正输出端，滤波电感可根据对电流脉动情况的要求按下式估算：

$$L_{md}=K_{md}\frac{U_2}{SI_{fz}}-L_D$$

式中　L_{md}——滤波电抗器的电感（mH）；

　　K_{md}——系数，三相全控整流取 $K_{md}=1.05$；

　　S——电流最大允许脉动系数，取 0.1；

　　I_{fz}——额定负载电流（A）；

　　U_2——三相输入相电压（V）。

电动机电感：

$$L_D=K_D\frac{U_e}{2pn_eI_e}\times10^3$$

式中　L_D——电动机电感（mH）；

　　K_D——系数。一般无补偿电动机取 8～12；快速无补偿电动机取 6～8；有补偿电动机取 5～6；

　　U_e——电动机额定电压（V）；

　　I_e——电动机额定电流（A）；

　　n_e——电动机额定转速（r/min）；

　　p——电动机磁极对数。

19. 双闭环直流调速模块控制板上有哪些器件？

模块控制板示意图如图 15-24 所示。

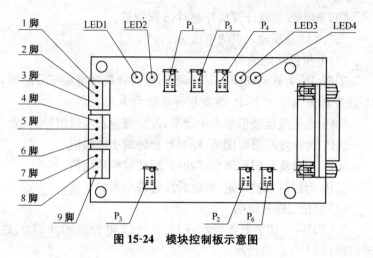

图 15-24　模块控制板示意图

（1）引脚说明

1 脚：外接＋12V 电源。

2 脚：地。

3 脚：外接－12V 电源。

4 脚：地。

5 脚：控制信号输入端，给定信号由此端输入。

6 脚：同 1 脚相连。

7 脚：测速发电机正信号输入。

8 脚：测速发电机负信号输入。

9 脚：复位端，为模块处于保护状态时，此端接＋12V 对模块进行复位。

注：

①4、5、6 脚一般接控制电位器，接电位器时 5 脚必须接中心轴头并且保证 5 脚初始状态为 0V。控制电位器一般选用 10～47kΩ 为宜。

②5 脚由仪表或计算机控制时,6 脚空置。

③7,8 脚最高输入直流电压为 110V。

(2)电位器功能说明

①P₁、P₂ 为软起动积分时间调节,顺时针旋转增加积分时间。P₁ 改变积分信号大小,P₂ 改变积分常数大小。

②P₃ 为速度反馈信号大小调节,改变测速发电机信号大小。

③P₄ 为速度环限幅调节,顺时针旋转减小限幅值。

④P₅ 为电流环限幅调节,顺时针旋转减小限幅值。

⑤P₆ 为过流保护设定,顺时针旋转减小保护电流。

(3)发光二极管说明

①LED1:+12V 电源指示;LED2:-12 电源指示;LED3:过流指示;LED4:过热指示。

②LED3、LED4 全亮时表示缺相。

20. 怎样选择和使用双闭环直流调速模块?

(1)模块电流规格的选择

模块标称电流一般取直流电动机额定电流的 2.5 倍。

(2)DC12V 稳压电源要求

①DC12V 电源电压要求:±12V±0.5V。

②DC±12V 电源的电流必须大于触发电源电流 2 倍以上,具体可参照表 15-14(晶闸管芯片参数)。

③若采用变压器整流式稳压电源,滤波电容必须大于 1000μF/25V。

④DC±12V 电源极性严禁反接,否则将烧坏模块。

(3)使用环境要求

①环境适应温度:-25℃～+45℃。

②工作场所要求干燥、通风、无尘、无腐蚀性气体。

(4)其他要求

①因模块主电路引出极弯曲 90°,极易掀起折断,所以接线时应防止外力或电缆重力将电极拉起折断。

②严禁不用接线端头而直接将铜线压接在模块电极上,以防止接触不良引起发热和故障。

③散热器的温度:测试点选择靠近模块中心点、紧贴模块外壳的散热器表面,温度要求勿超过 70℃,否则会烧坏模块。

21. 怎样选择双闭环直流调速模块的保护元件?

(1)模块保护元件的选择

模块的过流保护的快速熔断器选择、模块的过电压保护的阻容元件及压敏电阻的选择,以及模块的散热器选择,是根据晶闸管芯片的额定电流决定的,其选择方法同晶闸管智能控制模块。

(2)保护元件的参数整定

①过电流保护。加大负载,增加电动机电流达到最大值,调节控制板上的 P_6 电位器,使电动机刚刚进入保护状态。再调节 P_6 使保护电流稍大于电动机最大电流即可。

②电动机过载电压调整。调节控制板上的 P_5 电位器(即电流环限幅值),使模块最大输出电压为电动机最大工作电压即可。

③积分时间的调整。调节控制板上的 P_1、P_2 电位器,即可调整积分(即电动机软起动)时间的长短。

④速度环、电流环参数的调整。模块内的 C_4、R_{17} 为速度环 PI 调节元件;C_3、R_{16} 为电流环 PI 调节元件,具体值可参照表 15-15 选取。

表 15-15　C_4、R_{17}、C_3、R_{16} 参数的选择

直流电机参数			对应的 $C_4 R_{17}$、$C_3 R_{16}$ 的参数			
额定电压(V)	额定电流(A)	额定转速(r/min)	C_4	R_{17}	C_3	R_{16}
220	12.35	1 500	$0.5\mu F$	680K	$2\mu F$	56K
220	41.8	1 500	$0.2\mu F$	680K	$2\mu F$	56K

续表 15-15 C_4、R_{17}、C_3、R_{16} 参数的选择

直流电机参数			对应的 C_4R_{17}、C_3R_{16} 的参数			
220	68.7	1 500	0.2μF	700K	2μF	56K
220	115.4	1 500	0.2μF	700K	2μF	56K
220	156.9	1 500	0.18μF	800M	2μF	56K
220	208	1 500	0.18μF	1M	2μF	56K
220	284	1 500	0.2μF	1.2M	2μF	56K

22. 怎样测试双闭环直流调速模块？

双闭环直流调速模块可按以下方法进行简单测试。

(1)按控制板的器件连接原理图连接好模块，在模块输出端接一假负载(如灯泡)，接通电源，调节给定信号使模块输出一较小电压值，如 100V。

(2)接上直流电动机和直流测速发电机，缓慢调节给定信号，若电动机速度随给定信号缓慢改变，说明系统运行正常。否则，重新检查连线。如果接线正确，电动机仍运行不正常，则需调节 C_4、R_{17}、C_3、R_{16}。

十六、电动机控制模块和电控设备电子模块

1. 什么是智能电动机控制模块？

智能电动机控制模块是采用单片机控制的移相触发调压型软起动模块，用于三相交流电动机的软起动，实现电动机平滑起动，减小起动电流，避免冲击电网，减小配电容量。

模块具有以下特点：

（1）主电路部分

①采用进口方形芯片和国外加工专用 IC、贴片元件等，大大提高了智能化控制能力。

②采用陶瓷覆铜（DCB）板及其他高级热绝缘材料，导热性能好，底板不带电，保证使用安全。

③使用寿命长。

（2）控制部分

①采用单片机数字自动控制。

②具有全压起动、电压斜坡起动、电压阶跃起动、限流起动等起动方式。

③起始电压可调，保证电动机起动的最小起动转矩，避免电动机过热。

④起动电流可根据负载情况调整，以最小的电流产生最佳转矩。

⑤起动时间可调，在该时间范围内，电动机转速逐渐上升，避免转速冲击。

⑥自由停车和软停车,软停车时间可调。

⑦用户输入的各种起动参数可保存,关机或掉电后不丢失。

⑧五位数码管可显示相应电流、电压值。

⑨可实现过流保护、过热保护和缺相保护。

2. 智能电动机控制模块有哪些型号规格?

下面介绍淄博市临淄银河高技术开发有限公司的产品。

(1)型号含义

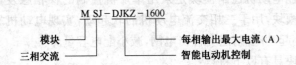

(2)模块的型号规格(见表 16-1)

表 16-1　模块的型号规格

型　　号	规　　格	电机功率
MSJ-DJKZ-1600	3×1600A　450V	240kW
MSJ-DJKZ-1200	3×1200A　450V	180kW
MSJ-DJKZ-800	3×800A　450V	120kW
MSJ-DJKZ-350	3×350A　450V	55kW
MSJ-DJKZ-300	3×300A　450V	48kW
MSJ-DJKZ-260	3×260A　450V	45kW
MSJ-DJKZ-150	3×150A　450V	22kW
MSJ-DJKZ-100	3×100A　450V	15kW
MSJ-DJKZ-75	3×75A　450V	11kW

注:规格栏中的电流为模块输出最大交流有效值;电压为最高输入工作线电压有效值。

(3)模块内部接线及外形(见图 16-1)

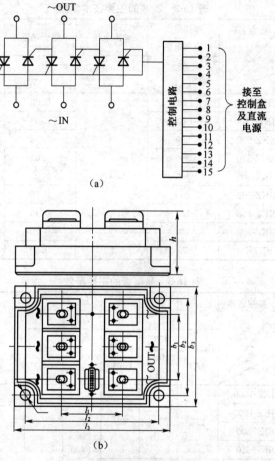

图 16-1　模块内部接线及外形

(a)内部接线　(b)外形

3. 智能电动机控制模块有哪些主要技术参数?

模块的主要技术参数见表 16-2。其中晶闸管技术参数见表
16-3。

表 16-2　模块的主要技术参数

参数名称 数　值 模块型号	每相最大 输入电流 $I_{IN(RMS)}$ (A)	输出电压 U_{OUT} (V)	结壳热阻 R_{JC} (℃/W)	工作壳温 T_C (℃)
MSJ-DJKZ-1600	1 600		0.03	
MSJ-DJKZ-1200	1 200		0.03	
MSJ-DJKZ-800	800		0.04	
MSJ-DJKZ-350	350		0.04	
MSJ-DJKZ-300	300	$1.0U_{IN}$	0.05	<80
MSJ-DJKZ-260	260		0.06	
MSJ-DJKZ-150	150		0.15	
MSJ-DJKZ-100	100		0.20	
MSJ-DJKZ-75	75		0.30	

表 16-3　晶闸管的主要参数

参数名称 数　值 模块型号	$I_{T(AV)}$ $T_F 125℃$ (A)	I_{RSM} 45℃ 10ms (A)	I_D I_R 125℃ (mA)	U_{RRM} U_{DRM} (V)	T_j max (℃)	di/dt (A/μs)	du/dt (V/μs)
MSJ-DJKZ-1600							
MSJ-DJKZ-1200	250	7 100	20				
MSJ-DJKZ-800							
MSJ-DJKZ-350				1 200 ～ 2 200	125	100	500
MSJ-DJKZ-300	220	6 400	15				
MSJ-DJKZ-260	180	5 000					
MSJ-DJKZ-150	100	2 000					
MSJ-DJKZ-100	74	1 500	10				
MSJ-DJKZ-75	57	1 150					

4. 怎样选择和使用智能电动机控制模块?

(1)模块电流规格的选择

①模块最大电流应为负载额定电流的 3 倍。

②对于电流变动大的负载,选取模块时,电流倍数适当增加。

(2)±12V、±5V 稳压电源的要求

①±12V 电源要求:±12±0.5V。

②±5V 电源要求:±5±0.1V。

③+12V 电源的电流需大于 800mA。

④+5V 电源的电流需大于 500mA。

⑤−5V、−12V 电源的电流需大于 300mA。

⑥若采用变压器整流式稳压电源,滤波电容必须大于 2 000μF/25V。

⑦±12V、±5V 电源极性严禁反接,否则将烧坏模块。

(3)使用环境要求

①环境适应温度:−25℃～+45℃。

②工作场所要求干燥、通风、无尘、无腐蚀性气体。

(4)其他要求

同晶闸管智能控制模块的其他要求,见第十五章第 6 问(5)项;模块的散热器选择,是根据晶闸管芯片的额定电流决定的,其选择方法同晶闸管智能控制模块。

5. 怎样对智能电动机控制模块进行简单测试?

模块正确安装接线后,可先加一小功率电动机(或其他小功率负载)进行简单测试。模块的控制盒面板如图 16-2 所示。

(1)加入±12V、±15V 电源后,控制盒上数码管显示"Yin-he"。

(2)模块输入端加上电源(如三相 380V)。

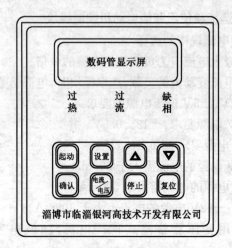

图 16-2　模块控制盒面板

(3)设置为全压起动方式,方法如下:

①按"设置"键数次,出现"○一";

②按"确认"键,出现"○";

③按"起动"键后,电动机若正常起动(或模块输出电压约等于模块输入电压),则测试成功;

④按"复位"键,结束测试。

6. 智能电动机控制模块起动功能设定包括哪些内容?

模块正确安装接线后,在输入端加电(若不加电,按"起动"键后模块无反应)。五芯排线±12V、±5V 输入端正确加电,则模块进行自检及初始化。若正常,则显示"Yinhe",如果是第一次使用,必须先按实际要求进行设定(设置)。设定内容包括三项:

(1)起动方式设定(起动方式有多种,如果用户连续设定多种,模块将确认最后一种);

(2)停止方式设定(通过设定停止时间,可实现自由停车或软停车）；

(3)是否节能设定。

设定完成后，只需按"起动"键，模块即可自动按所设定方式进行起动及运行；停止时，只需按"停止"键，即可按所设定方式进行停止。

7. 怎样对智能电动机控制模块进行全压起动和电压斜坡起动设定？

(1)全压起动

即快速将输入端电压加至电动机上，时间约为 0.2s。

第一步：按"设置"键数次，直至数码管显示"○—"。

第二步：按"确认"键，数码管显示"○"。

设定完成。

(2)电压斜坡起动

即先输出一初始电压 U_S，再逐渐上升至输入端电压 U_{max}，如图 16-3 所示。其中，U_S 可调，范围80～300V；T_S（由 U_S 上升至 U_{max} 时间）可调，范围1～90s。

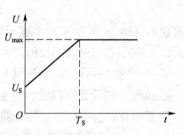

图 16-3　电压斜坡起动曲线

第一步：按"设置"键数次，直至数码管显示"IU"；

第二步：按"△"键或"▽"键，调整初始起动电压 U_S，数码管显示"U＊＊＊"（＊＊＊表示电压值）。U_S 可选择值为 80、100、120、140、160、180、200、220、240、260、280、300；

第三步：按"确认"键，数码管显示"1U"；

第四步：按"设置"键数次，直至数码管显示"1T"；

第五步：按"△"键或"▽"键，调整起动时间 T_S，数码管显示"T

＊＊"(＊＊表示时间值)。T_S 可选值为 1、2、5、10、20、30、40、50、60、70、80、90；

第六步：按"确认"键，数码管显示为"1T"。

设定完成。

8. 怎样对智能电动机控制模块进行电压阶跃起动设定？

电压阶跃起动，即输出一起动电压 U_K，持续一段时间 T_K 后，

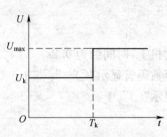

图 16-4　电压阶跃起动曲线

再上升至输入端电压 U_{max}，如图 16-4 所示。其中，U_K 可调，范围 $100 \sim 300V$，T_K 可调，范围 $1 \sim 90s$。

第一步：按"设置"键数次，直至数码管显示"2U"；

第二步：按"△"键或"▽"键，调整初始阶跃起动电压 U_K，数码管显示"U＊＊＊"(＊＊＊表示电压值)。U_S 可选值为 100、110、130、150、170、190、200、210、230、250、270、280、290、300；

第三步：按"确认"键，数码管显示"2U"；

第四步：按"设置"键数次，直至数码管显示"2T"；

第五步：按"△"键或"▽"键，调整阶跃起动时间 T_K，数码管显示"T＊＊"。T_K 可选值为 1、2、5、10、20、30、40、50、60、70、80、90；

第六步：按"确认"键，数码管显示"2T"。

设定完成。

注：因阶跃起动时输出电压为开环控制，所以起动电压实际值与设定值有一定的偏差。若用户选用该方式起动，且对起动电压精度有较高要求，可按下述方法对起动电压进行手动调整。调整准确后，再进行起动。具体方法如下：

①在模块输出端接一电压表,测电压实际输出值。

②将阶跃起动电压设定为所需起动电压。

③将阶跃起动时间设定为90s。

④按下"起动"键后,观测电压表数值。此时按"△"键可使输出电压升高,按"▽"键可使输出电压降低。通过调整"△"键、"▽"键,使电压表测量的实际值达到所需要的起动电压值(该过程应尽量缩短,以避免起动电压长时间加在电动机上,对电动机造成损害)。

⑤按"确认"键(按该键时持续时间稍长一点(1s以上),否则可能不起作用)。

⑥按"复位"键。

⑦按"设置"键数次,直至数码管显示"2T"。注意,不要对"2U"调整,否则将冲掉前面已调整好的阶跃起动电压值。

⑧按"△"键或"▽"键,选择所需起动时间 T_s。

⑨按"起动"键,即可进行准确的起动电压起动。

⑩若出现电压仍旧不准,可再重新进行以上操作。

9. 怎样对智能电动机控制模块进行限流起动设定?

限流起动,即在整个起动过程中,实际电流值不超过用户所设定的电流值 I_K,如图16-5所示。

第一步:按"设置"键数次,直至数码管显示"3＊＊＊"(＊＊＊表示电流值);

第二步:按"△"键或"▽"键,调整限流值 I_K,数码管显示"3＊＊＊"(＊＊＊表示电流值);

第三步:按"确认"键,数码管显示"3"。

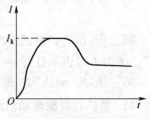

图16-5　限流起动曲线

设定完成。

10. 怎样对智能电动机控制模块进行软停车设定和节能运行设定？

（1）软停车　软停车时，模块输出电压由最大值 U_{max} 逐渐减小至 0V，整个过程时间为 T_P，如图 16-6 所示。

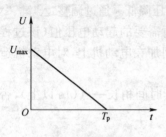

图 16-6　软停车曲线

具体设定步骤如下：

第一步：按"设置"键数次，直至数码管显示"4T"；

第二步：按"△"键或"▽"键，调整停止时间 T_P，数码管显示"4T＊＊"（＊＊表示时间值）。

T_P 可选择值为 0、1、2、5、10、20、30、40、50、60、70、80、90；

第三步：按"确认"键，数码管显示"4"，即可实现软停车参数设定。

设定完成。

（2）自由停车　将软停车时间改为 0s，即可实现自由停车。

（3）节能运行

第一步：按"设置"键数次，直至数码管显示"5＊"（＊为 1 或 0）；

第二步：按"△"键或"▽"键，选择节能运行，数码管显示"5＊"。＊为 1 时表示打开，＊为 0 时表示关闭；

第三步：按"确认"键，即可实现节能运行参数设定。

11. 怎样对智能电动机控制模块显示电压和电流进行调整？

当发现模块控制盒上数码管显示电压或电流与实际电压或电流不相等时，可进行调整（注：因显示值不影响模块的正常工作，可不调整）。

（1）显示电压的调整

①使模块处于电动机未起动状态，数码管显示"Yinhe"；

②连续按 6 次"电流/电压"键，显示一值（在 0～255）；

③若运行时的显示值小于实际值，则按"△"键，使该数字值增大；反之，按"▽"键，使之减小；

④按"确认"键；

⑤按"复位"键；

⑥再次起动电动机进行观察，若仍不准确，重新进行上述操作。

（2）显示电流的调整

①使模块处于电动机未起动状态，数码管显示"Yinhe"；

②连续按 8 次"电流/电压"键，显示一值（在 0～255）；

③若运行时的显示值小于实际值，则按"△"键，使该数字值增大；反之，按"▽"键，使之减小；

④按"确认"键；

⑤按"复位"键；

⑥再次起动电动机进行观察，若仍不准确，重新进行上述操作。

12. 智能电动机控制模块怎样实现过流保护？

为保证模块安全工作，应具有过流、过热、缺相、过压保护。前三种保护模块本身具有，过压保护需由用户外加。

若一相电流值超过模块额定电流值且持续 1s 以上，则模块自动断电，控制盒上"过流"两字对应的一个数码管闪烁显示。同时，控制盒上 15 芯插座内的第 9 脚电压由＋5V 变为 0（用户可开发使用）。此时需按"复位"键恢复到未起动之前状态。

为保证模块绝对安全，推荐另外使用外接快速熔断器、快速过电流继电器、传感器进行过流保护。最常用的是快速熔断器，接在模块输入端,如图 16-7 所示。

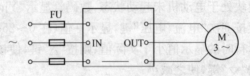

图 16-7　快速熔断器的接线

快速熔断器的选择:

(1)熔断器的额定电压应大于电路上正常工作电压。

(2)熔断器额定电流的选取参数表 16-4。

16-4　模块快速熔断器的选择

模块型号	熔　　断　　器		
	额定电流(A)	数量(只)	额定电压(V)
MSJ-DJKZ-1600	1000		
MSJ-DJKZ-1200	750		
MSJ-DJKZ-800	500		
MSJ-DJKZ-350	250		
MSJ-DJKZ-300	160	3	500
MSJ-DJKZ-260	160		
MSJ-DJKZ-150	80		
MSJ-DJKZ-100	60		
MSJ-DJKZ-75	40		

13. 智能电动机控制模块怎样实现过热保护和缺相保护?

(1)**过热保护**　主电路芯片温度超过 100℃,模块自动切断电机,控制盒上"过热"两字对应的一个数码管闪烁显示。同时,控制盒上 15 芯插座内的第 1 脚电压由+5V 变为 0(用户可开发使用)。此时需按"复位"键恢复到未起动之前状态。

(2)**缺相保护**　若出现任何一相缺相时,模块自动切断电机,控制盒上"缺相"两字对应的一个数码管闪烁显示。同时,控制盒上15芯插座内的第4脚电压由+5V变为0(用户可开发使用)。此时需按"复位"键恢复到未起动之前状态。

14. 智能电动机控制模块怎样实现过压保护?

模块的过压保护,推荐使用阻容吸收和压敏电阻两种方式并用。

(1)阻容吸收回路　电容器把过电压的电磁能量变成静电能量存储,电阻防止电容与电感产生谐振。这种吸收回路能抑制晶闸管由导通到截止时产生的过电压,有效避免晶闸管被击穿。接线方法如图16-8所示,R和C值根据表16-5选取。

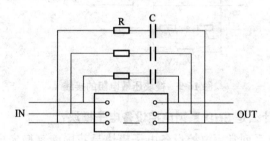

图16-8　模块阻容吸收回路的接线

表16-5　模块阻容元件的选择

模块型号	$R(\Omega/W)$	$C(\mu F)630V$	数　量
MSJ-DJKZ-1600	2/40	2.2	
MSJ-DJKZ-1200	3/30	1.5	
MSJ-DJKZ-800	4/20	1.0	
MSJ-DJKZ-350	8.2/15	0.68	
MSJ-DJKZ-300	8.2/15	0.68	各3
MSJ-DJKZ-260	8.2/15	0.68	
MSJ-DJKZ-150	20/10	0.33	
MSJ-DJKZ-100	20/10	0.33	
MSJ-DJKZ-75	33/5	0.22	

（2）压敏电阻吸收过电压　压敏电阻吸收由于雷击原因产生的能量较大、持续时间较长的过电压。压敏电阻标称电压（U_{1mA}），是指压敏电阻流过 U_{1mA} 电流时它的两端的电压，压敏电阻电压选取：

$$710V < U_{1mA} < 1\,000V$$

压敏电阻的接法如图 16-9 所示。

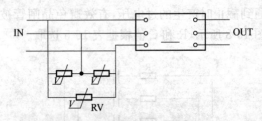

图 16-9　模块压敏电阻的接线

15. 什么是 SHD 系列电控设备电子模块？

SHD 系列常用电控设备电子模块是我国南京微宏电子电器研究所在吸收国外电子模块技术的基础上，开发研制出来的电子模块系列产品。模块种类有以下几种：

（1）液位模块　它通过电极液位传感器将液位变成开关量，经水泵控制盒起、停水泵，用于液位控制。

（2）触点定位模块　它通过干簧管，电触点温度表或电触点压力表等触点的通断变成记忆功能的开关量经水泵控制盒起、停水泵。用于液位控制、热水循环泵、变频调速恒压供水系统。

（3）起动模块　它是降压起动中起重要作用的功能器件。它由延时、电流控制门以及安全保护等电路组成，用于星-三角和自耦降压起动电路中。

（4）延时模块　它是为提高可靠性、安全性以及功能性要求而设置的延时器件,主要用于自动喷洒泵和软起动电路。

(5)短接模块　它是为消防泵控制电路中短接热继电器触点而设置的,以便合理使用消防泵。

(6)加、减脉冲模块　它主要用于变频调速恒压供水系统中增加或减少工频泵的数量。

(7)双电源转换模块　它是双电源转换电源箱中的控制模块,主要用于中性线不分断的低压配电系统中。

该系列产品具有智能化程度高、自动报警、抗腐蚀、体积小、重量轻、噪声极小、安全可靠、低维护等优点,前景广阔,应大力宣传推广。

16. SHD 系列电控设备电子模块产品有哪些?

产品中有 SHD1 系列给水泵(全压、降压)用模块,SHD2 系列给水泵(软起动)用模块,SHD3 系列给水泵(变频)用模块,SHD4 系列消火栓用消防泵用模块,SHD5 系列自动喷洒用消防泵用模块,SHD6 系列补压泵用模块,SHD7 系列排水泵用模块,SHD8 系列热水循环泵用模块,SHD9 系列中央空调用风机与泵用模块,SHD10 系列风机用模块和 SHD11 系列双电源转换模块等,详见表 16-6。

表 16-6　SHD 系列电控设备电子模块产品

系列	型号	控　制　线　路
SHD1 给水泵 (全压、降压)	SHD101	单台给水泵水位自控全压起动
	SHD102	单台给水泵水位自控自耦降压闭式起动
	SHD103	单台给水泵水位自控星三角开式起动
	SHD104	单台给水泵水位自控星三角闭式起动
	SHD105	两台给水泵一用一备自动轮换全压起动,备用泵电流控制自投(管网)
	SHD106	两台给水泵一用一备自动轮换全压起动,备用泵电流控制自投(水池)

续表 16-6

系列	型号	控　制　线　路
SHD1 给水泵 （全压降 压）	SHD107	两台给水泵一用一备自动轮换自耦降压闭式起动,备用泵电流控制自投(管网)
	SHD108	两台给水泵一用一备自动轮换自耦降压闭式起,备用泵电流控制自投(水池)
	SHD109	两台给水泵一用一备自动轮换星三角开式起动,备用泵电流控制自投(管网)
	SHD110	两台给水泵一用一备自动轮换星三角开式起动,备用泵电流控制自投(水池)
	SHD111	两台给水泵一用一备自动轮换星三角闭式起动,备用泵电流控制自投(管网)
	SHD112	两台给水泵一用一备自动轮换星三角开式起动,备用泵电流控制自投(水池)
	SHD113	两台给水泵一用一备自动轮换全压起动,备用泵水压控制自投(管网)
	SHD114	两台给水泵一用一备自动轮换全压起动,备用泵水压控制自投(水池)
	SHD115	两台给水泵一用一备自动轮换自耦降压闭式起动,备用泵水压控制自投(水池)
	SHD116	两台给水泵一用一备自动轮换星三角开式起动,备用泵水压控制自投(水池)
	SHD117	两台给水泵一用一备自动轮换星三角闭式起动,备用泵水压控制自投(水池)
	SHD118	两台给水泵一用一备自动轮换运行全压起动供多台水箱,备用泵电流控制自投(浮球阀)
	SHD119	两台给水泵一用一备自动轮换运行全压起动供多台水箱,备用泵电流控制自投(电磁阀)
	SHD120	两台泵一主一辅匹配式给水全压起动,备用泵电流控制自投
	SHD121	五台泵四主一辅匹配式给水全压起动,备用泵电流控制自投

续表 16-6

系列	型号	控　制　线　路
SHD2 给水泵 （软起 动）	SHD201	单台给水泵水位自控软起动(一)
	SHD202	单台给水泵水位自控软起动(二)
	SHD203	两台给水泵一用一备自动轮换软起动
	SHD204	三台给水泵二用一备自动轮换软起动
	SHD205	四台给水泵三用一备自动轮换软起动
	SHD206	两台软起动器备自投,两台给水泵一用一备自动轮换软起动
	SHD207	两台软起动器互自投,各供一台给水泵软起动
	SHD208	两台软起动器备自投,四台给水泵三用一备自动轮换软起动
	SHD209	两台软起动器互自投,各供两台给水泵软起动
	SHD210	两台给水泵一用一备自动轮换软起动成组
	SHD211	四台给水泵三用一备自动轮换软起动成组
SHD3 给水泵 （变频）	SHD301	单台给水泵变频调速恒压供水
	SHD302	两台给水泵变频调速恒压供水
	SHD303	三台给水泵变频调速恒压供水
	SHD304	四台给水泵变频调速恒压供水
	SHD305	两台变频器备自投,四台给水泵变频调速恒压供水
	SHD306	两台变频器互自投,四台给水泵变频调速恒压供水
SHD4 消火栓 用消防 泵	SHD401	单台消火栓用消防泵全压起动
	SHD402	单台消火栓用消防泵自耦降压闭式起动
	SHD403	两台消火栓用消防泵一用一备全压起动,备用泵电流控制自投
	SHD404	两台消火栓用消防泵一用一备自耦降压闭式起动,备用泵电流控制自投
	SHD405	两台消火栓用消防泵一用一备全压起动,备用泵水压控制自投
	SHD406	两台消火栓用消防泵一用一备自耦降压闭式起动,备用泵水压控制自投
	SHD407	三台消火栓用消防泵二用一备全压起动,备用泵电流控制自投
	SHD408	三台消火栓用消防泵二用一备自耦降压闭式起动,备用泵电流控制自投

续表 16-6

系列	型号	控 制 线 路
SHD4 消火栓用消防泵	SHD409	三台消火栓消防泵二用一备全压起动,备用泵水压控制自投
	SHD410	三台消火栓用消防泵二用一备自耦降压闭式起动,备用泵水压控制自投
	SHD411	压力平缓式三台消火栓用消防泵二用一备全压起动,备用泵电流控制自投
	SHD412	特别重要负荷两台消火栓用消防泵一用一备全压起动,备用泵电流控制自投
	SHD413	特别重要负荷两台消火栓用消防泵一用一备自耦降压闭式起动,备用泵电流控制自投
	SHD414	特别重要负荷两台消火栓用消防泵一用一备全压起动,备用泵水压控制自投
	SHD415	特别重要负荷两台消火栓用消防泵一用一备自耦降压闭式起动,备用泵水压自投
	SHD416	特别重要负荷三台消火栓用消防泵二用一备全压起动,备用泵电流控制自投
	SHD417	特别重要负荷三台消火栓用消防泵二用一备自耦降压闭式起动,备用泵电流控制自投
	SHD418	特别重要负荷三台消火栓用消防泵二用一备全压起动,备用泵水压控制自投
	SHD419	特别重要负荷三台消火栓用消防泵二用一备自耦降压闭式起动,备用泵水压控制自投
	SHD420	建筑群共用两台消火栓用消防泵一用一备全压起动,备用泵电流控制自投
SHD5 消防泵自动喷洒	SHD501	单台自动喷洒用消防泵全压起动
	SHD502	两台自动喷洒用消防泵一用一备全压起动,备用泵电流控制自投
	SHD503	两台自动喷洒用消防泵一用一备自耦降压闭式起动,备用泵电流控制自投

续表 16-6

系列	型号	控 制 线 路
SHD6 补压泵	SHD601	两台补压泵一用一备全压起动,备用泵电流控制自投
	SHD602	两台补压泵一用一备自动轮换全压起动,备用泵电流控制自投
SHD7 排水泵	SHD701	单台排水泵水位自控全压起动
	SHD702	单台排水泵水位自控超高水位报警全压起动
	SHD703	两台排水泵一用一备自动轮换全压起动,备用泵电流控制自投
	SHD704	两台排水泵按不同水位投入相应台数自动轮换全压起动,备用泵电流控制自投
	SHD705	三台排水泵按不同水位投入相应台数自动轮换全压起动,备用泵电流控制自投
	SHD706	四台排水泵按不同水位投入相应台数自动轮换全压起动,备用泵电流控制自投
SHD8 热水循 环泵	SHD801	单台热水循环泵温度自控全压起动
	SHD802	两台热水循环泵一用一备自动轮换温度自控全压起动,备用泵电流控制自投
SHD9 中央空 调用风 机与泵	SHD901	单台冷却塔风机全压起动
	SHD902	两台冷却水泵一用一备全压起动
	SHD903	两台冷却水泵一用一备自耦降压闭式起动
	SHD904	三台冷却水泵二用一备全压起动
	SHD905	三台冷却水泵二用一备自耦降压闭式起动
	SHD906	两台媒水泵一用一备全压起动
	SHD907	两台媒水泵一用一备自耦降压闭式起动
	SHD908	三台媒水泵二用一备全压起动
	SHD909	三台媒水泵二用一备自耦降压闭式起动
	SHD910	两台冷水机组自耦降压闭式起动
SHD10 风机	SHD1001	单台排烟风机全压起动
	SHD1002	单台排烟风机自耦降压闭式起动
	SHD1003	单台单绕组中点抽头恒功率双速风机全压起动
	SHD1004	单台双独立绕组恒转矩双速风机全压起动

续表 16-6

系列	型号	控 制 线 路
	SHD1005	两台排烟风机一用一备全压起动,备用风机电流控制自投
	SHD1006	单台正压风机全压起动
	SHD1007	单台正压风机自耦降压闭式起动
	SHD1008	两台正压风机一用一备全压起动,备用风机电流控制自投
	SHD1009	两台正压风机一用一备自耦降压闭式起动,备用风机电流控制自投
SHD10 风机	SHD1010	小高层正压风机控制系统
	SHD1011	单台排风机、新风机全压起动
	SHD1012	单台排风机、新风机自耦降压闭式起动
	SHD1013	两台排风机、新风机一用一备全压起动,备用风机电流控制自投
	SHD1014	两台排风机、新风机一用一备自耦降压闭式起动,备用风机电流控制自投
	SHD1015	单台换风机间断运行,全压起动
SHD11 双电源 转换	SHD1101	三相四线 TN-C 母线连通式模块控制
	SHD1102	三相四线 TN-C 母线连通式控制盒控制
	SHD1103	三相四线 TN-S 母线连通式控制盒控制
	SHD1104	三相四线 TN-S 母线两段式控制盒控制(供两台设备)
	SHD1105	三相四线 TN-S 母线两段式控制盒控制(供三台设备)

17. SHD 系列电控设备电子模块有哪些性能特点?

(1)与电磁式继电器比较　　电子模块系列产品与传统的电磁式继电器相比,有着显著的优点。两者性能比较见表 16-7。

表 16-7　电子模块与电磁式继电器性能比较

技术性能、环境条件	电磁式继电器	控制模块
空气、尘埃	触点氧化、接触不良、机械转动不灵	抗氧化、无触点、无机械转动

续表 16-7

技术性能、环境条件	电磁式继电器	控制模块
冲击、震动、倾斜	不能承受强烈震动,倾斜度有要求	能耐受强烈振动,可任意位置安装
防潮、防水、抗腐蚀	防潮性能差、不能防水、抗腐蚀性差	喷涂防腐、防水剂,可防潮、防水、防腐
体积、重量	大、重	小、轻
功耗	大(W)、发热多	小(mA)、发热少
噪声	高	极低
控制柜中接线长度	L	$(1/3\sim1/2)L$
控制柜制作工时	T	$(1/3\sim1/2)T$
维修速度	慢	极快
使用电压及安全	高(220～380V)、危险	安全电压(12V)、安全
功能	单一	多功能
智能化	低	高
维护	经常	2～3 年可免维护
抗干扰	高	需加抗干扰措施
造价	较低	较继电器平均高 10%～20%,随技术发展价格下降
可靠性、实用性(综上所述)	差	好

(2)光声显示报警功能　电子模块系列产品具有过负荷保护和光声显示报警功能。光声显示报警功能有以下几类:

①起动指示灯　表示起动指令下达,控制盒起动触点接通接触器,将电源送到电动机,起动指示灯亮,但不表示电动机运行。

②运行指示灯　电动机运转后,电动机电流通过运行传感器或经压力继电器触点,将电压信号送至控制盒,电动机反馈的电压信号与起动指令构成闭环控制,运行指示灯亮。

③故障指示灯　起动指令下达,经延时,运行传感器或压力

继电器触点未能将电压信号送到控制盒,故障指示灯闪光。

　　④故障声报警　为引起工作人员的注意,控制盒设有声报警单元和相应的试验、消声按钮。

　　该系列产品具有良好的抗干扰性能,可靠性很高。例如:①起、停控制线(宜双绞线)可长达2000m,控制触点长期氧化接触电阻增大至10kΩ,均能可靠动作;②液位模块系交流电极型(AC12V、6mA),不会产生水电介极化作用,确保电极长期导电性。

　　18. SHD101型单台给水泵水位自控全压起动线路是怎样的?

　　线路如图16-10所示。

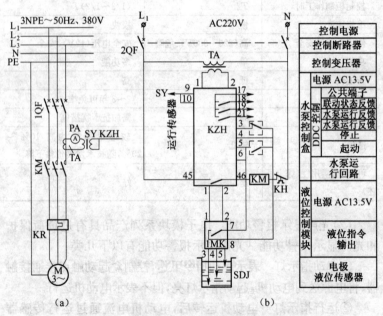

图16-10　SHD101型单台给水泵水位自控全压起动线路

(a)主电路　(b)控制电路

　　(1)自动控制由液位传感器经液位控制模块输出液位指令送

至水泵控制盒实现。手动由控制盒面板上的按钮操作。

（2）水泵控制盒面板上设有电源、起动、运行、故障显示。水泵电机故障有声、光报警和试验、消声按钮。

（3）设有联动、运行、故障等反馈信号和远方操作，可满足DDC系统的要求。

（4）若需要控制水位又要显示水箱水位并能超低、超高水位报警，可采用图16-11电路。用HKD-1SG代替1MK、HKD-1SG的输出控制触点47、48接至KZH-4～5。

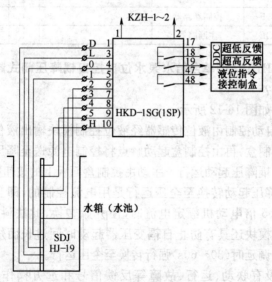

图16-11　HKD-1SG电路

主要设备材料见表16-8。

表16-8　主要设备材料表

序号	项目代号	名称	型号及规格	数量	单位	备注
1	SDJ	电极液位传感器	HJ-13	1	套	
2	TC	控制变压器	AC220/13.5V,10VA	1	个	

序号	项目代号	名称	型号及规格	数量	单位	备注
3	MK	液位模块	HKC-1SG	1	个	
4	KZH	水泵控制盒	HDK-21B	1	个	
5	SY	运行传感器	HYC-1	1	个	
6	PA	交流电流表	6L2-A	1	个	
7	TA	电流互感器		1	个	
8	KH	热继电器		1	个	
9	KM	交流接触器		1	个	
10	2QF	控制断路器		1	个	
11	1QF	主断路器		1	个	

19. SHD102 型单台给水泵水位自控自耦降压闭式起动线路是怎样的?

线路如图 16-12 所示。

(1)自动控制由液位传感器经液位控制模块输出液位信号送至水泵控制盒,再由控制盒起动触点将控制电源送至降压起动模块完成自耦降压起动运行。手动由控制盒面板上的按钮操作。

(2)降压起动转换至全压运行是用电流控制的,即当起动电流降压 1.5 倍电动机额定电流时,便开始转换,此法科学合理。降压起动模块还具有防止自耦变压器起动时间过长而烧毁的功能。用可调延时(30~60s)强行转换至全压运行。

(3)设有联动、运行、故障等反馈信号和远方操作,可满足 DDC 系统的要求。控制盒面板上设有电源、起动、运行、故障显示;水泵电机故障时有声、光报警和试验、消声按钮。

(4)自耦降压闭式起动无二次冲击电流。

(5)若需要控制水位又要显示水箱水位并能超低、超高水位报警,可采用图 16-11 电路。用 HKD-1SG 代替 1MK、HKD-1SG 的输出控制触点 47、48 接至 KZH-4~5。

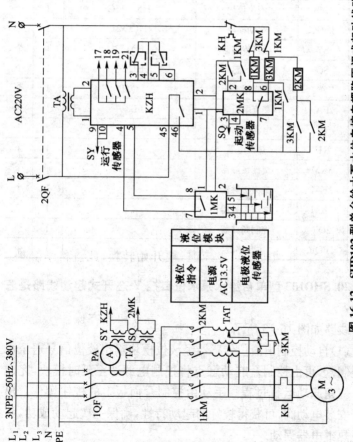

图 16-12　SHD102 型单台给水泵水位自控自耦降压闭式起动线路

(a)主电路　(b)控制电路

主要设备材料见表 16-9。

表 16-9　主要设备材料表

序号	项目代号	名称	型号及规格	数量	单位
1	TC	控制变压器	AC220/13.5V,10VA	1	个
2	SDJ	电极液位传感器	HJ-13	1	套
3	KZH	水泵控制盒	HKD-21B	1	个
4	1MK	液位模块	HKC-1SG	1	个
5	2MK	起动模块	HQC-21	1	个
6	SY	运行传感器	HYC-1	1	个
7	SQ	起动传感器	HQC-1	1	个
8	TAT	自耦降压变压器	QZB	1	个
9	PA	交流电流表	6L2-A	1	个
10	TA	电流互感器		2	个
11	KH	热继电器		1	个
12	3KM	交流接触器		1	个
13	2KM	交流接触器		1	个
14	1KM	交流接触器		1	个
15	2QF	控制断路器		1	个
16	1FQF	主断路器		1	个

20. SHD103 型单台给水泵水位自控 Y-△开式起动线路是怎样的?

线路如图 16-13 所示。

(1)自动控制由液位传感器经液位模块输出液位信号送至水泵控制盒,再由控制盒起动触点将控制电源送至延时模块,完成星—三角起动运行过程。手动由控制盒面板上的按钮操作。出水管安装电动阀,可获得较好的起动特性,确保一次起动成功,可避免热继电器误动。

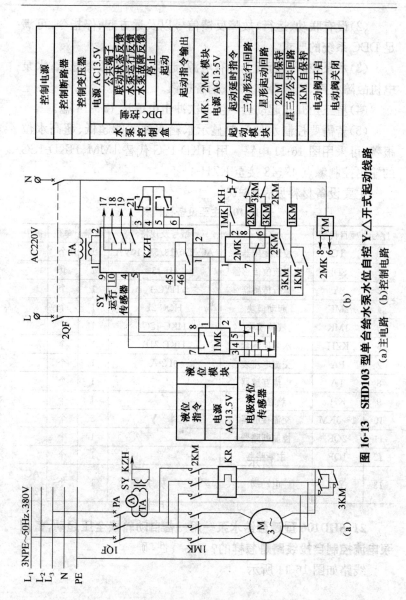

图 16-13　SHD103 型单台给水泵水位自控 Y-△ 开式起动线路

(a) 主电路　(b) 控制电路

（2）设有联动、运行、故障反馈信号以及远方起、停指令，可满足 DDC 系统的要求。

（3）水泵控制盒面板上设有电源、起动、运行、故障显示；水泵电机故障有声、光报警和试验、消音按钮。

（4）星三角开式起动会产生二次冲击电流达 $13\sim14I_{mn}$。

（5）若需要控制水位又要显示水箱水位并能超低、超高水位报警，可采用图 16-11 电路。用 HKD-1SG 代替 1MM、HKD-1SG 的输出控制触点 47、48 接至 KZH-4～5。

主要设备材料见表 16-10。

表 16-10　主要设备材料表

序号	项目代号	名称	型号及规格	数量	单位	备注
1	TC	控制变压器	AC/220/13.5V,10VA	1	个	
2	SDJ	电极液位传感器	HJ-13	1	套	
3	SY	运行传感器	HYC-1	1	个	
4	2MK	起动模块	HQC-21	1	个	
5	1MK	液位模块	HKC-1SG	1	个	
6	KZH	水泵控制盒	HKD-21B	1	个	
7	PA	交流电流表	6L2-A	1	个	
8	TA	电流互感器		1	个	
9	KH	热继电器		1	个	
10	1～3KM	交流接触器		3	个	
11	2QF	控制断路器		1	个	
12	1QF	主断路器		1	个	
13	YM	电动阀		1	个	AC 220V

21. SHD106 型两台给水泵一用一备自动轮换全压起动,备用泵电流控制自投线路是怎样的?

线路如图 16-14 所示。

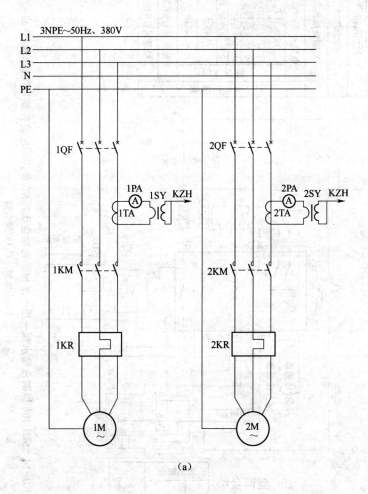

（a）

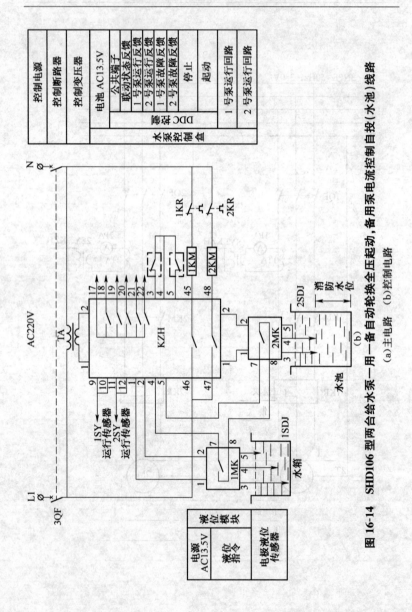

图16-14 SHD106型两台给水泵一用一备自动轮换全压起动,备用泵电流控制自投(水池)线路

(a)主电路 (b)控制电路

(1)该线路适用于给水泵进水接自消防水池的场合。自动由液位传感器经液位模块输出液位指令至水泵控制盒实现。手动由控制盒面板上的按钮操作。正常情况下，随着液位指令的变换，两台水泵轮流交替运行。

(2)水泵控制盒面板上设有电源、起动、运行、故障显示；水泵电机故障则有声、光报警和试验、消声按钮。

(3)设有联动、运行、故障等反馈信号和远方操作；可满足DDC系统的要求。

(4)若需要控制水位又要显示水箱水位并能超低、超高水位报警，可采用虚线框内电路，用 HKD-1SG 代替 1MK；若消防水池需达到上述要求，可用 HKD-1SP 代替 2MK、HKD-1SG、1SP 的输出控制触点 47～48 串联后接至 KZH-4～5。

主要设备材料见表 16-11。

表 16-11　主要设备材料表

序号	项目代号	名称	型号及规格	数量	单位	备注
1	TC	控制变压器	AC220/13.5V,10VA	1	个	
2	1～2SDJ	电极液位传感器	HJ-13	2	套	
3	2MK	液位模块	HKC-1SP	1	个	
4	1MK	液位模块	HKC-1SG	1	个	
5	KZH	水泵控制盒	HDK-22B	1	个	
6	1～2YS	运行传感器	HYC-1	2	个	
7	1～2PA	交流电流表	6L2-A	2	个	
8	1～2TA	电流互感器		2	个	
9	1～2KR	热继电器		2	个	
10	1～2KM	交流接触器		2	个	
11	3QF	控制断路器		1	个	
12	1～2QF	主断路器		2	个	

22. SHD201 型单台给水泵水位自控软起动线路是怎样的？

线路如图 16-15 所示。

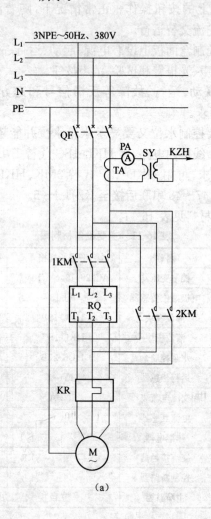

(a)

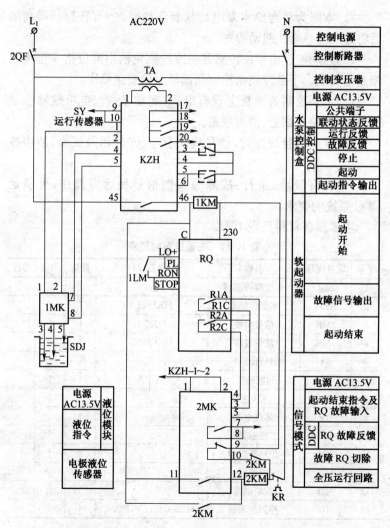

图 16-15　SHD201 型单台给水泵水位自控软起动线路

(a)主电路　(b)控制电路

(1)本图为单台给水泵电机软起动线路之一,软起动器故障后将进入应急全压起动程序。

(2)自动控制由液位传感器经液位模块输出液位指令至水泵控制盒实现。手动控制由控制盒面板上的按钮操作。

(3)水泵控制盒面板上设有电源、起动、运行、电机故障显示和声、光报警及试验、消声按钮。

(4)软起动器故障时,信号模块有声、光显示及试验、消声按钮。

(5)设有联动、运行、故障等反馈信号和远方操作,可满足DDC系统的要求。

主要设备材料见表 16-12。

表 16-12　主要设备材料表

序号	项目代号	名称	型号及规格	数量	单位	备注
1	SDJ	电极型传感器	HJ-13	1	套	
2	KZH	水泵控制盒	HKD-21B	1	个	
3	2MK	信号模块	HXC-1	1	个	
4	1MK	液位模块	HKC-1SG	1	个	
5	SY	运行传感器	HYC-1	1	个	
6	PA	电流表	6L2-A	1	个	
7	TA	电流互感器		1	个	
8	KR	热继电器		1	个	
9	1~2KM	接触器		2	个	
10	2QF	控制断路器		1	个	
11	1QF	断路器		1	个	
12	RQ	软启动器		1	台	
13	TC	控制变压器	AC220/13.5V,10VA	1	个	

23. SHD301 型单台给水泵变频调速恒压供水线路是怎样的?

线路如图 16-16 所示。

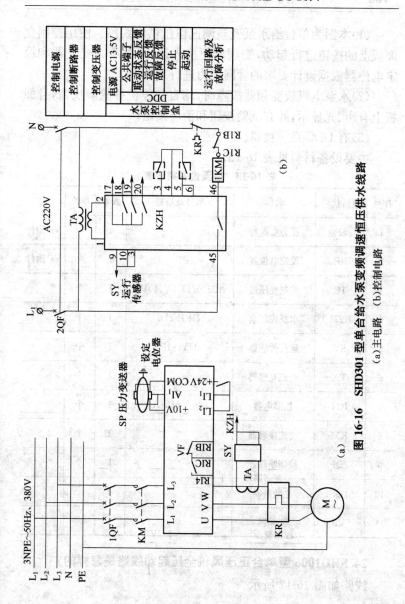

图 16-16　SHD301 型单台给水泵变频调速恒压供水线路

(a)主电路　(b)控制电路

(1)本图为单台给水泵变频调速恒压供水线路。使用控制盒面板上的按钮进行起动,变频器便投入运行,由压力变送器和设定电位器根据设计要求的管网压力进行现场调试。

(2)水泵电机或变频器故障时,均自动停机并故障反馈,且面板上有声、光显示,并有试验按钮和消声按钮。

(3)有 DDC 系统接口。

主要设备材料见表 16-13。

表 16-13　主要设备材料表

序号	项目代号	名称	型号及规格	数量	单位	备注
1	SP	压力变送器		1	个	VF 附件
2	RP	设定电位器		1	个	VF 附件
3	TC	控制变压器	AC220/13.5V,10VA	1	个	
4	KZH	水泵控制盒	HKD-21B	1	个	
5	SY	运行传感器	HYC-1P	1	个	
6	TA	电流互感器		1	个	
7	KH	热继电器		1	个	
8	KM	交流接触器		1	个	
9	2QF	控制断路器		1	个	
10	1QF	主断路器		1	个	
11	VF	变频器		1	台	

24. SHD1006 型单台正压风机全压起动线路是怎样的?

线路如图 16-17 所示。

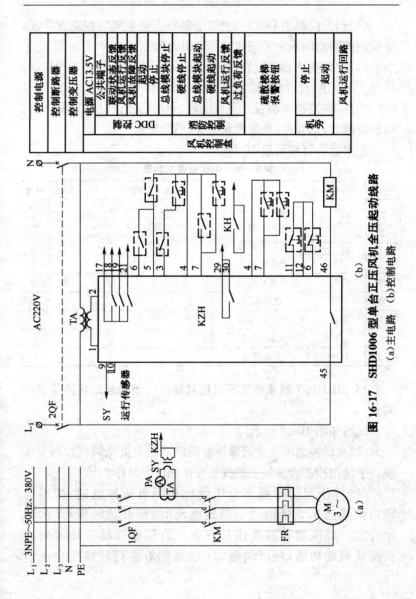

图 16-17 SHD1006 型单台正压风机全压起动线路
(a)主电路 (b)控制电路

（1）远方控制由 DDC 系统继电器触点接至风机控制盒实现。手动由控制盒面板上的按钮操作和机旁操作。

（2）设有联动、运行、故障、过负荷等反馈信号和远方操作，可满足 DDC、消防控制等要求。

（3）风机控制盒面板上设有电源、起动、运行、故障显示；风机电机故障时，则有声、光报警和试验、消声按钮。

主要设备材料见表 16-14。

表 16-14　主要设备材料表

序号	项目代号	名称	型号及规格	数量	单位
1	TC	控制变压器	AC220/13.5V,10VA	1	个
2	KZH	风机控制盒	HKD-21F	1	个
3	SY	运行传感器	HYC-1	1	个
4	PA	交流电流表	6L2-A	1	个
5	TA	电流互感器		1	个
6	KH	热继电器		1	个
7	KM	交流接触器		1	个
8	2QF	控制断路器		1	个
9	1QF	主断路器		1	个

25. SHD1007 型单台正压风机自耦降压闭式起动线路是怎样的？

线路如图 16-18 所示。

（1）自动控制由火灾报警控制器联动触点接至风机控制盒实现。手动由控制盒面板上的按钮操作和机旁操作。

（2）降压起动转换至全压运行是用电流控制的，即当起动电流降至 1.5 倍电动机额定电流时，便开始转换，此法科学合理。降压起动模块还具有防止自耦变压器起动时间过长而烧毁的功能，用可调延时（30～60s)强行转换至全压运行。

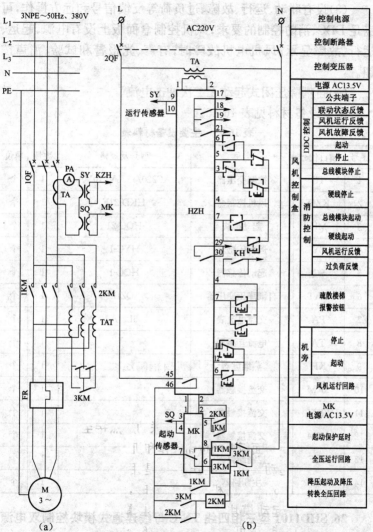

图 16-18　SHD1007 型单台正压风机自耦降压闭式起动线路

(a)主电路　(b)控制电路

（3）设有联动、运行、故障、过负荷等反馈信号和远方操作，可满足 DDC、消防控制的要求；风机控制盒面板上设有电源、起运、运行、故障显示；风机电机故障时，有声、光报警和试验、消声按钮。

（4）自耦降压闭式起动无二次冲击电流。

主要设备材料见表 16-15。

表 16-15　主要设备材料表

序号	项目代号	名称	型号及规格	数量	单位
1	TC	控制变压器	AC220/13.5V,10VA	1	个
2	KZH	风机控制盒	HKD-21F	1	个
3	MK	起动模块	HQC-21	1	个
4	SY	运行传感器	HYC-1	1	个
5	SQ	起动传感器	HQC-1	1	个
6	TAT	自耦降压变压器	QZB	1	个
7	PA	交流电流表	6L2-A	1	个
8	TA	电流互感器		1	个
9	KH	热继电器		1	个
10	3KM	交流接触器		1	个
11	2KM	交流接触器		1	个
12	1KM	交流接触器		1	个
13	2QF	控制断路器		1	个
14	1QF	主断路器		1	个

26.SHD1101 型三相四线 TN-C 母线连通式模块控制双电源转换线路是怎样的？

线路如图 16-19 所示。

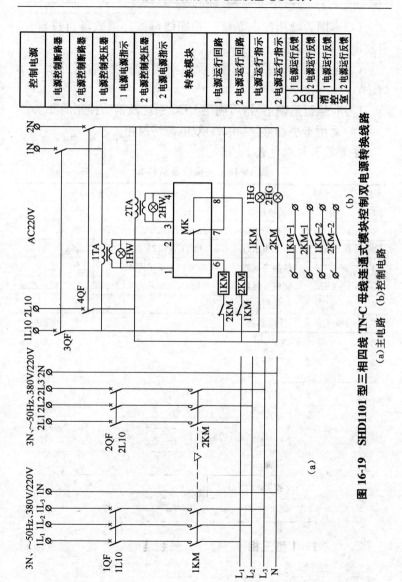

图 16-19 SHD1101 型三相四线 TN-C 母线连通式模块控制双电源转换线路

(a)主电路 (b)控制电路

（1）本图为低压配电系统三相四线母线连通式备自投自复、自复电源转换线路。

（2）电路简单、可靠、价廉，模块功能集成度低，需外接指示灯。

（3）有运行反馈信号，可满足 DDC 系统及消防控制的要求。

（4）适用于小容量（≤100A）双电源转换箱。

主要设备材料见表 16-16。

表 16-16　主要设备材料表

序号	项目代号	名称	型号及规格	数量	单位	备注
1	MK	转换模块	HZC-21	1	个	
2	1～2HG	运行指示灯	AD11-AC220V	2	个	
3	1～2HW	电源指示灯	AD11-AV12V	2	个	
4	1～2TC	控制变压器	AC220/13.5V,10VA	2	个	
5	1～2KM	交流接触器	3P-AC220V	2	个	机械联锁
6	3～4QF	控制断路器		2	个	
7	1～2QF	主断路器		2	个	电磁脱扣